“十二五”普通高等教育本科国家级规划教材配套

U0590338

大学物理教程

（第四版）学习指导书

主　编　廖耀发　黄楚云
副主编　闵　锐　岳　平

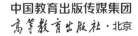
中国教育出版传媒集团
高等教育出版社·北京

内容简介

本书是与廖耀发教授等主编的《大学物理教程》（第四版）配套的学习指导书。全书共 30 章，其章节顺序与主教材完全一致。每章均安排了目的要求、内容提要、重点难点、方法技巧、习题解答、自我检测 6 部分内容，力求帮助读者了解本课程的教学基本要求，明确物理基本概念和规律间的联系与区别，熟练运用所学的知识去解决学习中解题困难的问题，提高其分析问题、解决问题的能力。

本书可供选用《大学物理教程》（第四版）作为主教材的高校选作教学参考书，也可供使用其他大学物理教材或自学大学物理的读者参考使用。

图书在版编目（CIP）数据

大学物理教程（第四版）学习指导书/廖耀发，黄楚云主编；闵锐，岳平副主编 . -- 4 版 . -- 北京：高等教育出版社，2023.3（2024.3 重印）
ISBN 978-7-04-060096-4

Ⅰ.①大… Ⅱ.①廖… ②黄… ③闵… ④岳… Ⅲ.①物理学 – 高等学校 – 教学参考资料 Ⅳ.① O4

中国国家版本馆 CIP 数据核字（2023）第 036142 号

DAXUE WULI JIAOCHENG (DI SI BAN) XUEXI ZHIDAOSHU

策划编辑 汤雪杰　　责任编辑 缪可可　　封面设计 张　志　　版式设计 杜微言
责任绘图 于　博　　责任校对 吕红颖　　责任印制 高　峰

出版发行	高等教育出版社	网　址	http://www.hep.edu.cn
社　址	北京市西城区德外大街4号		http://www.hep.com.cn
邮政编码	100120	网上订购	http://www.hepmall.com.cn
印　刷	固安县铭成印刷有限公司		http://www.hepmall.com
开　本	787mm×1092mm　1/16		http://www.hepmall.cn
印　张	22.75	版　次	2006 年 7 月第 1 版
			2023 年 3 月第 4 版
字　数	560 千字		
购书热线	010-58581118	印　次	2024 年 3 月第 2 次印刷
咨询电话	400-810-0598	定　价	47.30 元

前言

本书系廖耀发、孙向阳、闵锐等编写的"十二五"普通高等教育本科国家级规划教材《大学物理教程》(第四版) 的配套辅导书。随着教育改革形势的发展变化，主教材已经作了必要的修订，《大学物理教程》(第四版) 已出版。为此，编写此书以配合和支持主教材的改革和修订。

本书的指导思想是"以人为本，方便自学"。也就是说，要以读者为中心来考虑问题的取舍与展开，要方便自学，开卷有益。为此，我们做了如下几个方面的工作：

1. 降低台阶高度，方便自学。对于一些台阶过高的描述，解题方法均进行了"补阶"，以便读者容易理解。

2. 强调解题思路与方法，授人以渔。对于较难的习题，解题前均有思路、方法提示，以方便读者求解，举一反三。

3. 解答全部问答题，以方便读者对大学物理内容的理解与掌握，方便读者之间的交流与讨论。

4. 删减了部分自测题，以减少篇幅，精益求精。

本书由廖耀发、黄楚云任主编，闵锐、岳平任副主编。参加编写的单位和人员有湖北工业大学廖耀发、黄楚云、闵锐、陈义万、李嘉、邓罡、王健雄、欧艺文、林雨涵、裴玲、胡妮、李文兵，北京电子科技学院岳平，湖北汽车工业学院刘国营，武汉轻工大学李春贵。

书中不妥之处，欢迎广大读者批评指正，万分感谢！

编者

2022 年 9 月

目录

第一章　质点运动学 ……………………………………………………… 1

第二章　牛顿运动定律 …………………………………………………… 17

第三章　机械能守恒定律 ………………………………………………… 30

第四章　动量守恒定律 …………………………………………………… 44

第五章　刚体的定轴转动 ………………………………………………… 58

*第六章　液体的运动 ……………………………………………………… 76

第七章　狭义相对论基础 ………………………………………………… 82

第八章　真空中的静电场 ………………………………………………… 94

第九章　静电场与导体和电介质的相互作用 …………………………… 112

第十章　恒定电流的磁场 ………………………………………………… 131

第十一章　磁场对电流和运动电荷的作用 ……………………………… 149

第十二章　磁场与磁介质的相互作用 …………………………………… 161

第十三章　电磁感应 ……………………………………………………… 167

第十四章　电磁场与电磁波 ……………………………………………… 186

*第十五章　电路 …………………………………………………………… 193

第十六章　气体动理论 …………………………………………………… 201

第十七章　热力学第一定律 ……………………………………………… 216

第十八章　热力学第二定律 ……………………………………………… 232

第十九章　简谐振动 ……………………………………………………… 239

第二十章　机械波 ………………………………………………………… 257

第二十一章　光的干涉 …………………………………………………… 274

第二十二章　光的衍射 …………………………………………………… 290

第二十三章　光的偏振 …………………………………………………… 302

*第二十四章　光的直线传播 ……………………………………………… 312

第二十五章　量子力学的实验基础 ……………………………………… 319

第二十六章　量子力学初步 ……………………………………………………… 331

第二十七章　原子结构的量子理论……………………………………………… 341

*第二十八章　分子与固体 ………………………………………………………… 347

*第二十九章　核物理学与粒子物理学…………………………………………… 351

*第三十章　广义相对论与宇宙学………………………………………………… 355

第一章　质点运动学

一　目的要求

1. 掌握位矢 (运动学方程)、位移、速度、加速度的概念, 能熟练地计算质点作一维、二维运动时的速度与加速度.
2. 理解相对运动的概念, 能分析、计算一般的相对运动问题.
3. 了解质点及参考系的概念.

二　内容提要

1. 质点　形状和大小均可忽略的物体称为质点, 它是一种理想的模型.

2. 参考系　被选作参考的物体称为参考系, 亦称参考物, 其选取依据讨论问题的方便而定.

3. 位置矢量与运动学方程　描述质点方向位置的物理量称为位置矢量, 其定义为从坐标系原点 O 引向质点所在位置点 P 的有向线段 $\overrightarrow{OP}$. 位置矢量简称位矢, 常用 r 表示, 它随时间 t 的变化而变化, 即 $r = r(t)$. 这一等式又称质点的运动学方程.

4. 位移与路程　描述质点位置移动大小及方向的物理量称为位移, 用 Δr 或 $\mathrm{d}r$ 表示. 其定义为起始位置指向终了位置的有向线段 $\overrightarrow{P_1P_2}$. 质点运动轨迹的长度称为路程, 用 s 或 $\mathrm{d}s$ 表示. 位移是矢量, 路程是标量, 只有当质点作一维单向直线运动时, 两者的大小才相等.

5. 速度与速率　描述质点运动快慢及方向的物理量称为速度, 它是一个矢量, 用 v 表示, 其定义为位矢对时间的一阶导数, 即 $v = \dfrac{\mathrm{d}r}{\mathrm{d}t}$. 其方向与位移 $\mathrm{d}r$ 的方向 (由起始位置指向终了位置) 相同. 速度的大小称为速率, 用 v 表示, 即 $v = |v| = \left| \dfrac{\mathrm{d}r}{\mathrm{d}t} \right|$.

6. 加速度、切向加速度与法向加速度　反映质点速度变化快慢及方向的物理量称为加速度, 用 a 表示, 其定义为速度对时间的一阶导数或位矢对时间的二阶导数, 即 $a = \dfrac{\mathrm{d}v}{\mathrm{d}t} = \dfrac{\mathrm{d}^2 r}{\mathrm{d}t^2}$.

速度大小对时间的一阶导数称为切向加速度, 用 a_t 表示, 其方向恒在质点运动轨迹的切线方向上, 即 $a_\mathrm{t} = \dfrac{\mathrm{d}v}{\mathrm{d}t}$, $a_\mathrm{t} = \dfrac{\mathrm{d}v}{\mathrm{d}t} e_\mathrm{t}$.

速度平方与曲率半径之比称为法向加速度, 用 a_n 表示, 其方向恒在质点运动轨迹的法线方向上, 即 $a_\mathrm{n} = \dfrac{v^2}{\rho}$, $a_\mathrm{n} = a_\mathrm{n} e_\mathrm{n} = \dfrac{v^2}{\rho} e_\mathrm{n}$.

切向加速度与法向加速度在描述质点的平面 (二维) 曲线运动中使用较为方便.

7. 相对运动、运动合成定理　质点相对于运动参考系的运动称为相对运动. 处理相对运动的问题往往需要将不同参考系之间的相关参量进行变换, 其关系式常称运动合成定理, 对于位矢, 有 $r_绝 = r_相 + r_牵$, 称为位矢合成定理; 对于速度, 有 $v_绝 = v_相 + v_牵$, 称为速度合成定理; 对于加速度, 有 $a_绝 = a_相 + a_牵$, 称为加速度合成定理.

三　重点难点

本章的重点是掌握位矢、速度、加速度的概念及其分析计算方法, 特别是要着重掌握位矢的概念及其表述. 有了位矢 r, 对它求导一次即得速度 v, 求导两次即得加速度 a.

本章的难点有三: 一是难以区别相对运动与绝对运动; 二是难以较为熟练地将微积分应用于分析处理物理问题; 三是对矢量的分析与计算不太熟练. 这些问题, 学习时必须特别注意.

四　方法技巧

本章的学习, 一是要注意处理好矢量的表述及其运算, 特别要注意将文字表述与图形有机地结合起来, 千万不要忽略图形. 因为好的图形不仅能给人以形象、直观的认识, 而且还可清楚地表示出某些物理量之间的几何关系. 若无图形, 则会使有些问题 (特别是有几何关系的问题) 的求解思路受阻, 甚至无法求解.

二是必须很好地处理物理与数学的关系. 一般地说, 物理离不开数学, 但数学绝不能代替或掩盖物理的思维. 物理学中的每个概念、每个公式都有明确的物理意义, 因此, 学习时千万不要仅仅停留在它们的数学表示上, 更重要的是要弄懂它们的物理意义 (实质). 例如, 速度 $v = \dfrac{\mathrm{d}r}{\mathrm{d}t}$, 在数学上, 它仅仅是一种求导 (微商) 运算; 而在物理上, 它却代表着质点运动的位矢变化快慢与方向, 只有从本质上认清了物理知识的内涵, 才能真正学会和学懂.

本章习题侧重在对描述质点运动的三个物理量 $\boldsymbol{r}$、$\boldsymbol{v}$ 及 $\boldsymbol{a}$ 的计算, 因此根据题意, 分析判定问题的属性非常重要: 对于第一类 (求导) 问题 ("知前求后"), 用求导法解答; 对于第二类 (积分) 问题 ("知后求前") 则用积分法处理, 这时要注意分离变量, 并注意初始条件.

对于相对运动问题, 其关键是要根据题意作出简图, 简图一出, 问题的一大半就已解决.

例 1-1　已知质点沿 x 轴作直线运动, 其运动学方程为 $x = 2 + 6t^2 - 2t^3$ (SI 单位), 求:

(1) 质点在运动开始后 4.0 s 内位移的大小;

(2) 质点在该时间内所通过的路程.

解　位移和路程是两个完全不同的概念, 只有当质点作单向直线运动时, 位移大小才和路程相等. 由题意可知, 本题为一维变向运动, 因此在计算路程大小时必须考虑变向的影响.

(1) 据定义, 质点在运动开始后 4.0 s 内位移的大小

$$|\Delta x| = |x_4 - x_0| = |2 + 6 \times 4^2 - 2 \times 4^3 - 2| \, \text{m} = 32 \, \text{m}$$

(2) 由题意可知, 质点在 $\dfrac{\mathrm{d}x}{\mathrm{d}t} = 12t - 6t^2 = 0$ 时变向, 即

$$t = 2 \, \text{s} \quad (t = 0 \text{ 不合题意})$$

由此可以算出变向前的路程

$$|\Delta x_1| = |x_2 - x_0| = |2 + 6 \times 2^2 - 2 \times 2^3 - 2| \, \text{m} = 8 \, \text{m}$$

变向后的路程

$$|\Delta x_2| = |x_4 - x_2| = |2 + 6 \times 4^2 - 2 \times 4^3 - (2 + 6 \times 2^2 - 2 \times 2^3)| \, \text{m} = 40 \, \text{m}$$

所以, 质点在 4.0 s 时间间隔内的路程为

$$s = |\Delta x_1| + |\Delta x_2| = 48 \, \text{m}$$

例 1-2　已知质点的运动学方程

$$\boldsymbol{r} = R(\cos kt^2 \boldsymbol{i} + \sin kt^2 \boldsymbol{j})$$

式中 R、k 均为常量, 求:

(1) 质点运动的速度及加速度的表达式;

(2) 质点的切向加速度和法向加速度的大小.

解　本题知位矢求速度、加速度, 属运动学中的求导问题, 应先对位矢求导数 (得速度), 再对速度求导数 (得加速度).

(1) 据定义, 质点运动的速度

$$\boldsymbol{v} = \frac{\mathrm{d}\boldsymbol{r}}{\mathrm{d}t} = 2ktR \left(-\sin kt^2 \boldsymbol{i} + \cos kt^2 \boldsymbol{j} \right)$$

加速度

$$\boldsymbol{a} = \frac{\mathrm{d}\boldsymbol{v}}{\mathrm{d}t} = 2kR(-\sin kt^2\boldsymbol{i} + \cos kt^2\boldsymbol{j}) - 4k^2t^2R(\cos kt^2\boldsymbol{i} + \sin kt^2\boldsymbol{j})$$
$$= -2kR(2kt^2\cos kt^2 + \sin kt^2)\boldsymbol{i} + 2kR(\cos kt^2 - 2kt^2\sin kt^2)\boldsymbol{j}$$

(2) 由题意可知
$$|\boldsymbol{r}| = \sqrt{R^2(\cos^2 kt^2 + \sin^2 kt^2)} = R$$

即质点作圆周运动, 其速率
$$v = 2kRt$$

其切向加速度的大小
$$a_{\mathrm{t}} = \frac{\mathrm{d}v}{\mathrm{d}t} = 2kR$$

法向加速度的大小
$$a_{\mathrm{n}} = \frac{v^2}{R} = 4k^2Rt^2$$

例 1-3 某质点沿 x 轴运动, 其加速度的大小 $a = -4x$ (SI 单位). 设质点位于 $x = 0$ 处时的速率 $v_0 = 6\ \mathrm{m \cdot s^{-1}}$, 求质点速度的大小与位置坐标的关系式.

解 本题为一维运动, 其运动学参量 x、v、a 均可用标量来处理. 本题知加速度求速度及位置坐标, 属于运动学中的积分问题, 应用积分方法来解决. 由加速度的定义式可得
$$a = \frac{\mathrm{d}v}{\mathrm{d}t} = \frac{\mathrm{d}v}{\mathrm{d}x}\frac{\mathrm{d}x}{\mathrm{d}t} = v\frac{\mathrm{d}v}{\mathrm{d}x} = -4x$$

对上式分离变量后积分, 得
$$\int_{v_0}^{v} v\mathrm{d}v = \int_0^x -4x\mathrm{d}x$$

解之, 得
$$v^2 = v_0^2 - 4x^2$$

即
$$v = \sqrt{v_0^2 - 4x^2} = \sqrt{36 - 4x^2}\ \mathrm{m \cdot s^{-1}} = 2\sqrt{9 - x^2}\ \mathrm{m \cdot s^{-1}}$$

显然, 质点只能在 $-3\ \mathrm{m} \leqslant x \leqslant 3\ \mathrm{m}$ 的范围内运动.

五 习题解答

1-1 成语 "刻舟求剑" 的大意是说, 从前有位楚国人坐船过江, 船至江中, 不慎将剑掉入水中. 于是, 他立刻在船上刻了一个记号 (见解图 1-1), 说他的剑是从那里掉入江中的. 等船靠了岸, 他便沿所刻记号下水找剑, 结果可想而知. 从运动学的观点来看, 楚人找剑失败的原因是什么?

答 从运动学角度看, 掉在江中的剑会静止于河床上, 设河床为静止坐标系, 掉落处为坐标原点, 而楚人所刻印记的船为运动坐标系, 靠岸时两者间相差一个牵连位移, 也就是从掉剑着床到船靠岸时船的位移.

解图 1–1

1–2　物体速度为零时，其加速度是否一定为零？物体的加速度为零时，其速度是否一定为零？

答　速度为零，加速度不一定为零，例如汽车启动瞬间；加速度为零，速度不一定为零，比如汽车匀速行驶时.

1–3　说明下列符号的物理意义：

A. $\left|\dfrac{\Delta \boldsymbol{r}}{\Delta t}\right|$　　　　B. $\dfrac{\Delta \boldsymbol{r}}{\Delta t}$　　　　C. $\dfrac{\mathrm{d}\boldsymbol{v}}{\mathrm{d}t}$　　　　D. $\dfrac{\mathrm{d}}{\mathrm{d}t}(v\boldsymbol{e}_{\mathrm{t}})$

答　A 表示平均速率，即平均速度大小；B 表示平均速度；C 和 D 都表示瞬时速度.

1–4　一质点的运动学方程为 $x = x(t), y = y(t)$. 在计算该点的速度和加速度时，下述两种算法中，你认为哪一种正确？为什么？

(1) 先算 $r = \sqrt{x^2 + y^2}$，后据下式求结果：

$$v = \frac{\mathrm{d}r}{\mathrm{d}t}, \quad a = \frac{\mathrm{d}^2 r}{\mathrm{d}t^2}$$

(2) 先算速度和加速度的投影：$v_x = \dfrac{\mathrm{d}x}{\mathrm{d}t}, v_y = \dfrac{\mathrm{d}y}{\mathrm{d}t}; a_x = \dfrac{\mathrm{d}^2 x}{\mathrm{d}t^2}, a_y = \dfrac{\mathrm{d}^2 y}{\mathrm{d}t^2}$；后据下式求结果：

$$v = \sqrt{v_x^2 + v_y^2}, \quad a = \sqrt{a_x^2 + a_y^2}$$

答　后一种方法对. 前一种错误，因为 $\dfrac{\mathrm{d}r}{\mathrm{d}t} = \dfrac{\mathrm{d}|\boldsymbol{r}|}{\mathrm{d}t} \neq \left|\dfrac{\mathrm{d}\boldsymbol{r}}{\mathrm{d}t}\right|$，也就是说前一种方法算出的不是速度与加速度大小，而是径向速度与径向加速度（速度与加速度在径向上的分量）.

1–5　一发射中的火箭，其飞行高度可用雷达来监视. 设雷达与火箭发射架的距离为 l，火箭对雷达的上升仰角 θ 与时间 t 成正比，其比例系数为 k，试绘出其监视原理图，并写出火箭的运动学方程.

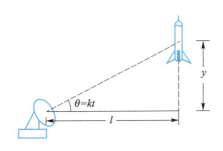

解图 1–5

解 监视原理图如解图 1-5 所示. 据运动学方程的概念及几何知识可知, 其运动学方程为

$$y = l \tan kt$$

1-6 一质点作平面运动, 其位矢为 $\boldsymbol{r}(x, y)$, 则其速度大小为 (   ).

A. $\dfrac{\mathrm{d}r}{\mathrm{d}t}$ 　　　　B. $\dfrac{\mathrm{d}\boldsymbol{r}}{\mathrm{d}t}$ 　　　　C. $\dfrac{\mathrm{d}|\boldsymbol{r}|}{\mathrm{d}t}$ 　　　　D. $\sqrt{\left(\dfrac{\mathrm{d}x}{\mathrm{d}t}\right)^2 + \left(\dfrac{\mathrm{d}y}{\mathrm{d}t}\right)^2}$

解 由题给条件知, 质点的速度为

$$\boldsymbol{v} = \frac{\mathrm{d}\boldsymbol{r}}{\mathrm{d}t} = \frac{\mathrm{d}x}{\mathrm{d}t}\boldsymbol{i} + \frac{\mathrm{d}y}{\mathrm{d}t}\boldsymbol{j}$$

其大小为

$$|\boldsymbol{v}| = \sqrt{\left(\frac{\mathrm{d}x}{\mathrm{d}t}\right)^2 + \left(\frac{\mathrm{d}y}{\mathrm{d}t}\right)^2}$$

故选 D.

1-7 下列涉及加速度概念的说法中正确的是 (   ).

A. 一切圆周运动的加速度均指向圆心

B. 匀速圆周运动的加速度为常量

C. 作直线运动的物体一定没有法向加速度

D. 只有法向加速度的物体一定作圆周运动

解 由于直线的曲率半径 $R = \infty$, 因此其法向加速度的大小 $a_\mathrm{n} = \dfrac{v^2}{R} \to 0$, 即没有法向加速度, 故选 C.

1-8 一质点作直线运动, 其坐标与时间的关系如解图 1-8 所示, 则该质点在第_____s 时, 其速度为零; 在第_____s 至第_____s 区间, 其速度与加速度同方向.

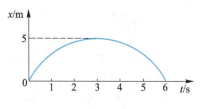

解图 1-8

解 从 x-t 图上可以看出, 在 $t = 3\,\mathrm{s}$ 处, 其速度 $\dfrac{\mathrm{d}x}{\mathrm{d}t}$ 为零; 在 $3 \sim 6\,\mathrm{s}$ 区间, $\mathrm{d}x < 0, \mathrm{d}v < 0$, 对应的速度及加速度均为负, 即同方向. 故第一空填 "3", 第二、第三空分别填 "3" 及 "6".

1-9 一质点沿 x 轴运动, 其加速度的大小 $a = 3 + 2t$ (SI 单位). 如果初始时刻 $v_0 = 5\,\mathrm{m \cdot s^{-1}}$, $t = 3\,\mathrm{s}$ 时, 则质点的速度大小为_____.

解 由加速度定义式 $a = \dfrac{\mathrm{d}v}{\mathrm{d}t}$ 得

$$\int_{v_0}^{v} \mathrm{d}v = \int_{0}^{t} a \mathrm{d}t$$

对上式两边积分, 得

$$v - v_0 = \int_0^3 (3 + 2t)\mathrm{d}t = 3t \Big|_0^3 + \frac{1}{2} \times 2t^2 \Big|_0^3 = 18 \text{ (SI 单位)}$$

解之, 得

$$v = v_0 + 18 \text{ m} \cdot \text{s}^{-1} = 23 \text{ m} \cdot \text{s}^{-1}$$

故空填 $23 \text{ m} \cdot \text{s}^{-1}$

1–10 质点运动学方程为 $\boldsymbol{r} = t\boldsymbol{i} + 0.5t^2\boldsymbol{j}$ (SI 单位), 当 $t = 1 \text{ s}$ 时, 此质点的切向加速度大小为_____.

解 求切向加速度的关键在于求解速度大小. 据速度的定义式得

$$\boldsymbol{v} = \frac{\mathrm{d}\boldsymbol{r}}{\mathrm{d}t} = \boldsymbol{i} + t\boldsymbol{j}$$

故速度的大小

$$v = |\boldsymbol{v}| = \sqrt{1 + t^2}$$

切向加速度的大小

$$a_{\mathrm{t}} = \frac{\mathrm{d}v}{\mathrm{d}t} = \frac{\mathrm{d}(\sqrt{1 + t^2})}{\mathrm{d}t} = \frac{t}{\sqrt{1 + t^2}}$$

当 $t = 1 \text{ s}$ 时, $a_{\mathrm{t}} = 0.707 \text{ m} \cdot \text{s}^{-2}$ 即空处填 $0.707 \text{ m} \cdot \text{s}^{-2}$

1–11 一质点在 x–y 平面内运动, 其运动学方程为 $x = 2t$, $y = 19 - 2t^2$ (SI 单位). 求:
(1) 质点的轨迹方程;
(2) 2 s 末的位矢;
(3) 2 s 末的速度和加速度.

解 (1) 由 $x = 2t$, $y = 19 - 2t^2$ 消去参量 t, 得轨迹方程

$$y = 19 - 0.5\,x^2$$

(2) 将 $t = 2 \text{ s}$ 代入位矢方程, 得

$$\boldsymbol{r}(2) = x\boldsymbol{i} + y\boldsymbol{j} = 2t\boldsymbol{i} + (19 - 2t^2)\boldsymbol{j} = (4\boldsymbol{i} + 11\boldsymbol{j}) \text{ m}$$

(3) 据定义, $\boldsymbol{v} = \dfrac{\mathrm{d}\boldsymbol{r}}{\mathrm{d}t} = (2\boldsymbol{i} - 4t\boldsymbol{j}) \text{ m} \cdot \text{s}^{-1}$, $\boldsymbol{a} = \dfrac{\mathrm{d}\boldsymbol{v}}{\mathrm{d}t} = -4\boldsymbol{j} \text{ m} \cdot \text{s}^{-2}$. 故

$$\boldsymbol{v}(2) = (2\boldsymbol{i} - 8\boldsymbol{j}) \text{ m} \cdot \text{s}^{-1}$$

$$\boldsymbol{a}(2) = -4\boldsymbol{j} \text{ m} \cdot \text{s}^{-2}$$

1–12 一质点沿 y 轴作直线运动, 其运动学方程为 $y = 4.5t^2 - 2t^3$ (SI 单位), 求:
(1) $1 \sim 2 \text{ s}$ 区间的平均速度;
(2) 2 s 末的速度与加速度;
(3) 第 2 s 内通过的路程.

解 (1) 由 $\overline{\boldsymbol{v}} = \dfrac{\Delta \boldsymbol{r}}{\Delta t}$ 得

$$\overline{v} = \frac{\Delta y}{\Delta t} = \frac{y(2) - y(1)}{(2-1)\,\text{s}} = \frac{(4.5 \times 2^2 - 2 \times 2^3) - (4.5 \times 1^2 - 2 \times 1^3)}{1}\,\text{m}\cdot\text{s}^{-1} = -0.5\,\text{m}\cdot\text{s}^{-1}$$

(2) 由 $v = \dfrac{\mathrm{d}y}{\mathrm{d}t} = \dfrac{\mathrm{d}}{\mathrm{d}t}(4.5t^2 - 2t^3) = 9t - 6t^2$ 得

$$v(2) = (9 \times 2 - 6 \times 4)\,\text{m}\cdot\text{s}^{-1} = -6\,\text{m}\cdot\text{s}^{-1}$$

由 $a = \dfrac{\mathrm{d}v}{\mathrm{d}t} = 9 - 12t$ 得

$$a(2) = (9 - 12 \times 2)\,\text{m}\cdot\text{s}^{-2} = -15\,\text{m}\cdot\text{s}^{-2}$$

(3) 由 $v = 9t - 6t^2 = 0$ 可知, 质点在 $t = 1.5\,\text{s}$ 时将反向运动. 故第 2 s 内通过的路程

$$s = |y(2) - y(1.5)| + |y(1.5) - y(1)| = (0.875 + |-1.375|)\,\text{m} = 2.25\,\text{m}$$

1–13 一质点的运动学方程为 $x = 2t, y = (19 - 2t^2)$ (SI 单位).
(1) 求质点的速度和加速度;
(2) 问 t 为何值时, 质点的位矢方向恰好与速度垂直?

解 (1) 由题意知, 运动学方程的矢量形式为

$$\boldsymbol{r} = x\boldsymbol{i} + y\boldsymbol{j} = 2t\boldsymbol{i} + (19 - 2t^2)\boldsymbol{j}$$

故

$$\boldsymbol{v} = \frac{\mathrm{d}\boldsymbol{r}}{\mathrm{d}t} = (2\boldsymbol{i} - 4t\boldsymbol{j})\,\text{m}\cdot\text{s}^{-1}$$

$$\boldsymbol{a} = \frac{\mathrm{d}\boldsymbol{v}}{\mathrm{d}t} = -4\boldsymbol{j}\,\text{m}\cdot\text{s}^{-2}$$

(2) 欲使 $\boldsymbol{r} \perp \boldsymbol{v}$ (即 $\theta = \pi/2$), 则必有 $\boldsymbol{r} \cdot \boldsymbol{v} = rv\cos\dfrac{\pi}{2} = 0$, 即

$$[2t\boldsymbol{i} + (19 - 2t^2)\boldsymbol{j}] \cdot [2\boldsymbol{i} - 4t\boldsymbol{j}] = 0$$

解之, 得

$$t = 3\,\text{s}$$

1–14 如解图 1–14 所示, 一学生沿 400 m 的标准操场中间跑道从某一点出发, 进行匀速跑步, 100 s 后他再次通过该点. 求该生此时的:
(1) 位移和路程;
(2) 平均速度的大小;
(3) 速度的大小.

解图 1–14

解 (1) 据定义, 该生的位移

$$\Delta \boldsymbol{r} = \boldsymbol{r}_1 - \boldsymbol{r}_0 = \boldsymbol{0}$$

该生通过的路程

$$\Delta s = s_1 = 400 \text{ m}$$

(2) 据定义, 该生的平均速度大小

$$|\boldsymbol{v}| = \left| \frac{\Delta \boldsymbol{r}}{\Delta t} \right| = 0$$

(3) 由于学生作匀速运动. 故其任意时刻的速度大小即为匀速跑步的速率, 即

$$|\boldsymbol{v}| = v = \frac{\Delta s}{\Delta t} = \frac{400}{100} \text{ m} \cdot \text{s}^{-1} = 4 \text{ m} \cdot \text{s}^{-1}$$

1-15　如解图 1-15 所示, 一高为 h_1 的足球运动员, 背向某照明灯以匀速 $\boldsymbol{v}_0$ 带球, 灯离地面的高度为 h_2, 求人影顶端 M 点沿地面移动的速度及影长增长的速率.

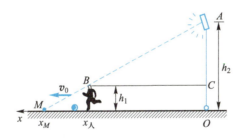

解图 1-15

解 (1) 求解本题的关键是要找到影端坐标及影长表达式. 作辅助图如解图 1-15 所示. 图中 x_M、$x_人$ 分别为影端及人的坐标. 因 $\triangle AMO \sim \triangle ABC$, 所以有

$$\frac{x_M}{x_人} = \frac{h_2}{h_2 - h_1}$$

解之, 得 M 点的坐标

$$x_M = \frac{h_2 x_人}{h_2 - h_1}$$

故 M 点的速度大小 $v_M = \dfrac{\mathrm{d}x_M}{\mathrm{d}t} = \dfrac{h_2}{h_2 - h_1}\dfrac{\mathrm{d}x_人}{\mathrm{d}t} = \dfrac{h_2}{h_2 - h_1}v_0$, 速度的方向沿人前进的方向.

(2) 由图可见, 影长为

$$L = x_M - x_人 = \frac{h_2}{h_2 - h_1}x_人 - x_人 = \frac{h_1}{h_2 - h_1}x_人$$

两边对时间 t 求导, 得影长增长的速率

$$\frac{\mathrm{d}L}{\mathrm{d}t} = \frac{h_1}{h_2 - h_1}\frac{\mathrm{d}x_人}{\mathrm{d}t} = \frac{h_1}{h_2 - h_1}v_0$$

1-16 如解图 1-16 所示, 某人用绳拉一高台上的小车在地面上以匀速度 v 奔跑, 设绳端与小车的高度差为 h, 求小车的速度及加速度.

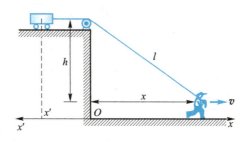

解图 1-16

解 求解本题的关键是找到小车的位置坐标. 建立如图所示的坐标系. 设绳长为 l, 小车的位置坐标为 x', 人的位置坐标为 x, 则有

$$-x' + \sqrt{x^2 + h^2} = l$$

将上式对时间求导, 得

$$-\frac{\mathrm{d}x'}{\mathrm{d}t} + \frac{x}{\sqrt{x^2 + h^2}}\frac{\mathrm{d}x}{\mathrm{d}t} = 0$$

故小车运动速度的大小

$$u = \frac{\mathrm{d}x'}{\mathrm{d}t} = \frac{x}{\sqrt{x^2 + h^2}}\frac{\mathrm{d}x}{\mathrm{d}t} = \frac{x}{\sqrt{x^2 + h^2}}v$$

方向沿 x 轴正方向. 小车运动加速度的大小

$$a = \frac{\mathrm{d}u}{\mathrm{d}t} = \frac{v^2\sqrt{x^2 + h^2} - v^2 x^2/\sqrt{x^2 + h^2}}{x^2 + h^2} = \frac{v^2 h^2}{(x^2 + h^2)^{3/2}}$$

方向沿 x 轴的正方向.

1-17 当交叉路口的红灯闪亮时, 一汽车正以 45 km/h 的速率行进. 设驾驶员的反应 (从看到红灯到开始刹车) 时间为 0.7 s, 刹车的加速度为 $-7.0 \, \mathrm{m \cdot s^{-2}}$. 求驾驶员从看到红灯到刹车停止前进的这段时间内汽车所通过的距离.

解 题设车速 $v = 45 \, \mathrm{km \cdot h^{-1}} = \dfrac{45\,000}{3\,600} \, \mathrm{m \cdot s^{-1}} = 12.5 \, \mathrm{m \cdot s^{-1}}$. 由题意知, 汽车通过的距离 s 应为反应时间所通过的距离 s_1 与刹车后通过的距离 s_2 之和, 即

$$s = s_1 + s_2 = v\Delta t + \frac{v^2}{2a} = \left(12.5 \times 0.7 + \frac{12.5^2}{2 \times 7.0}\right) \, \mathrm{m} = 19.9 \, \mathrm{m}$$

1-18 一质点作一维直线运动, 其速度大小为 $v = -kx$ (k 为大于 0 的常量). 初始时, 质点位于 x_0 处, 求任意时刻的运动坐标 x.

解 这是一个知速度求坐标 ("知后求前") 的问题, 宜用积分法求解.

由题意知

$$v = \frac{dx}{dt} = -kx$$

将上式分离变量求积分, 得

$$\int \frac{dx}{x} = \int -kdt$$

解之, 得

$$x = x_0 e^{-kt}$$

1–19 某质点沿 x 轴作变速直线运动, 其加速度 $a = a_0 + bt$ (a_0 及 b 为常量). 设 $t = 0$ 时的速度为 v_0. 求 t 时刻质点的速度.

解 本题知加速度求速度, 属于 "知后求前" 的问题, 需用积分来求解.

由题给条件 $a = a_0 + bt = \frac{dv}{dt}$ 分离变量积分, 得

$$\int_0^t (a_0 + bt)dt = \int_{v_0}^v dv$$

解之, 得 t 时刻质点的速度

$$v = v_0 + a_0 t + \frac{1}{2}bt^2$$

1–20 一直线行驶的电艇关机后的加速度 $\boldsymbol{a}$ 的大小与速度大小的平方 (v^2) 成正比, 方向与 $\boldsymbol{v}$ 相反. 设关机时的速度大小为 v_0. 求关机后行驶 x 距离时的速度大小.

解 本题知 a 求 v, 仍属于运动学中的 "知后求前" 问题, 需用积分法来处理.

由题意知

$$a = \frac{dv}{dt} = \frac{dv}{dx}\frac{dx}{dt} = \frac{dv}{dx}v = -kv^2$$

对上式分离变量后积分, 得

$$\int_{v_0}^v \frac{dv}{v} = \int_0^x -kdx$$

解之, 得

$$v = v_0 e^{-kx}$$

1–21 已知质点沿 x 轴作变速直线运动, 其加速度为 a (a 为常量), $t = 0$ 时, 质点的坐标为 x_0, 速率为 v_0. 求 t 时刻质点的速度及坐标.

解 本题知加速度求速度及位置坐标, 属于 "知后求前" 问题, 宜用积分法来求解.

因为是直线运动, 所以 $a = a_x, v = v_x$. 由 $a = \frac{dv}{dt}$ 得

$$dv = adt$$

对上式两边取积分, 并注意到初始条件 ($t = 0$ 时, $x = x_0, v = v_0$) 即得

$$\int_{v_0}^v dv = \int_0^t adt$$

即

$$v = v_0 + \int_0^t a\mathrm{d}t = v_0 + at \qquad (1)$$

由 $v = \dfrac{\mathrm{d}x}{\mathrm{d}t}$, 得

$$\mathrm{d}x = v\mathrm{d}t$$

积分上式, 得

$$x = x_0 + \int_0^t v\mathrm{d}t = x_0 + v_0 t + \frac{1}{2}at^2 \qquad (2)$$

由式 (1)、式 (2) 消去参量 t, 得

$$v^2 - v_0^2 = 2a(x - x_0) \qquad (3)$$

式 (1)、式 (2)、式 (3) 即我们在中学学过的匀加速直线运动公式.

1–22 如解图 1–22 所示, 一人以与地面成 $30°$ 角将足球踢出, 其球速为 $20\,\mathrm{m \cdot s^{-1}}$, 而空气对足球的影响可以忽略. 求:

(1) 足球轨迹最高处的曲率半径;

(2) 足球落地时所飞行的水平距离.

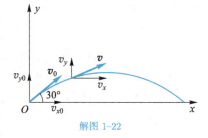

解图 1–22

解 (1) 根据题意, 物体在最高点时 $v_y = 0$. 所以这时的速度只有水平分量, 即 $v = v_x = v_0 \cos 30°$, 此时法向加速度等于重力加速度 $a_\mathrm{n} = g$.

由于质点作曲线运动, $a_\mathrm{n} = \dfrac{v^2}{\rho}$. 所以, 最高点处的曲率半径为

$$\rho = \frac{v^2}{a_\mathrm{n}} = \frac{v_x^2}{g} = \frac{v_0^2 \cos^2 30°}{g} = 30.6\,\mathrm{m}$$

(2) 由 $v_y - v_{y0} = -gt_\text{上}$ 及 $v_{y0} = v_0 \sin 30° = 10\,\mathrm{m \cdot s^{-1}}$ (v_y 为最高点速度的竖直分量, 其值为 0) 可得 $t_\text{上} = 1.02\,\mathrm{s}$, $\Delta t = t_\text{上} + t_\text{下} = 2t_\text{上} = 2.04\,\mathrm{s}$. 故水平飞行距离为

$$\Delta x = v_x\,\Delta t = v_0 \cos 30°(2t_\text{上}) = 35.3\,\mathrm{m}$$

1–23 一质点作圆周运动, 其运动学方程

$$\theta = \theta_0 + \frac{1}{2}t^2$$

求 $t = 2\,\mathrm{s}$ 时质点的角速度及角加速度.

解 据定义, 质点的角速度

$$\omega = \frac{\mathrm{d}\theta}{\mathrm{d}t} = t$$

角加速度

$$\alpha = \frac{d\omega}{dt} = 1\,\text{rad}\cdot\text{s}^{-2}$$

当 $t = 2\,\text{s}$ 时, 质点的角速度

$$\omega(2\,\text{s}) = 2\,\text{rad}\cdot\text{s}^{-1}$$

角加速度

$$\alpha(2\,\text{s}) = 1\,\text{rad}\cdot\text{s}^{-2}$$

1–24　转弯直径是汽车转弯性能及操作难易的表征, 其值视车而异, 一般为 $10 \sim 22\,\text{m}$. 当行驶直径小于此值则易翻车出事. 因此行车转弯, 必须小心慢行. 如解图 1–24 所示, 某乡间公路有一圆弧弯路, 其曲率半径为 $6\,\text{m}$, 当小车以 $6\,\text{m}\cdot\text{s}^{-1}$ 的匀速率通过弧顶 M 时, 求其速度和加速度.

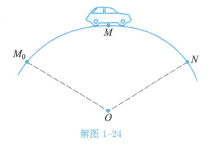

解图 1–24

解　由题意可知, M 点的速度大小为 $6\,\text{m}\cdot\text{s}^{-1}$, 方向向右 (指向东方).

由于转弯为匀速率运动, 所以车无切向加速度, 其加速度与法向加速度同值, 即

$$a = a_\text{n} = \frac{v^2}{R} = \frac{6^2}{6}\,\text{m}\cdot\text{s}^{-2} = 6\,\text{m}\cdot\text{s}^{-2}$$

方向指向 O 点, 向南.

1–25　一高速柴油机飞轮的直径为 $0.5\,\text{m}$, 当其转速达到 $20\,\text{r}\cdot\text{s}^{-1}$ 时, 距转轴 $0.1\,\text{m}$ 及 $0.25\,\text{m}$ 处的质量元的角速度及线速度各为多少?

解　两处质量元的角速度

$$\omega_1 = \omega_2 = 20\,\text{r}\cdot\text{s}^{-1} = 40\pi\,\text{rad}\cdot\text{s}^{-1}$$

它们所对应的速度大小分别为

$$v_1 = \omega r_1 = (40\pi \times 0.1)\,\text{m}\cdot\text{s}^{-1} = 12.6\,\text{m}\cdot\text{s}^{-1}$$

$$v_2 = \omega r_2 = (40\pi \times 0.25)\,\text{m}\cdot\text{s}^{-1} = 31.4\,\text{m}\cdot\text{s}^{-1}$$

1–26　已知质点的运动学方程为 $\boldsymbol{r} = R\cos kt^2 \boldsymbol{i} + R\sin kt^2 \boldsymbol{j}$. 式中, R、k 均为常量, 求质点的速度、切向加速度及法向加速度.

解　本题知位矢求速度、加速度, 属运动学中的 "知前求后" 问题, 应先对位矢求导得速度, 再对速度求导得加速度.

据定义, 质点运动的速度

$$\boldsymbol{v} = \frac{d\boldsymbol{r}}{dt} = 2ktR(-\sin kt^2 \boldsymbol{i} + \cos kt^2 \boldsymbol{j})$$

由题意知

$$|\boldsymbol{r}| = \sqrt{R^2(\cos^2 kt^2 + \sin^2 kt^2)} = R$$

即质点作圆周运动, 其速率

$$v = 2kRt$$

故质点的切向加速度大小

$$a_t = \frac{\mathrm{d}v}{\mathrm{d}t} = 2kR$$

法向加速度大小

$$a_n = \frac{v^2}{R} = 4k^2Rt^2$$

1–27 一质点沿半径为 0.1 m 的圆周运动, 所转过的角度 $\theta = a + bt^2$ (式中 $a = 2$ rad, $b = 4$ rad $\cdot$ s^{-3}). 求:

(1) $t = 2$ s 时, 质点的切向及法向加速度;

(2) t 为何值时, 质点的切向及法向加速度的大小相等.

解 (1) 由已知条件: $\theta = a + bt^2 = 2 + 4t^2$, $R = 0.1$ m, 可解得质点的角速度

$$\omega = \frac{\mathrm{d}\theta}{\mathrm{d}t} = 8t$$

角加速度

$$\alpha = \frac{\mathrm{d}\omega}{\mathrm{d}t} = 8 \text{ rad} \cdot \text{s}^{-2}$$

故 $t = 2$ s 时, 质点的切向加速度

$$a_t(2\text{ s}) = R\alpha = (0.1 \times 8) \text{ m} \cdot \text{s}^{-2} = 0.8 \text{ m} \cdot \text{s}^{-2}$$

质点的法向加速度

$$a_n(2\text{ s}) = R\omega^2 = [0.1 \times (8 \times 2)^2] \text{ m} \cdot \text{s}^{-2} = 25.6 \text{ m} \cdot \text{s}^{-2}$$

(2) 由题意 $a_t = a_n$ 可得

$$8R = R(8t)^2$$

解之, 得

$$t = \sqrt[2]{\frac{1}{8}} \text{ s} = 0.35 \text{ s}$$

1–28 某人以速度 v 骑自行车东行, 觉得有风从北偏东 30° 方向吹来, 其速度大小与车速相同, 问风速方向如何?

解 本题涉及地、车两个参考系, 属相对运动问题. 选风为研究对象, 则风速 $\boldsymbol{v}_风$ (风对地的速度) 为绝对速度, 车速 $\boldsymbol{v}_车$ (车对地的速度) 为牵连速度, 感觉到的风速 $\boldsymbol{v}_{感风}$ (风对车的速度) 为相对速度. 根据速度合成定理有

$$\boldsymbol{v}_风 = \boldsymbol{v}_车 + \boldsymbol{v}_{感风}$$

其速度矢量图如解图 1–28 所示. 从图中可以看出, 风速方向与车行方向成 60° 角, 即风速方向为北偏西 30°.

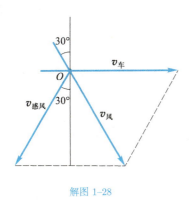

解图 1-28

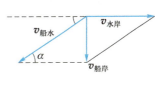

解图 1-29

1-29　一船欲在 10 min 内垂直横渡一宽为 900 m, 流速为 2.0 m·s^{-1} 的河流, 问船应以什么样的速度航行才能达此目的地?

解　本题研究对象是船, 涉及岸和水两个参考系, 属相对运动问题, 由题意知: $v_{船岸} = v_{绝} = \dfrac{900}{60 \times 10}$ m·s^{-1} = 1.5 m·s^{-1}, $v_{船水} = v_{相}$, $v_{水岸} = v_{牵} = 2$ m·s^{-1}, 由解图 1-29 得船对水的速度的大小

$$v_{船水} = \sqrt{v_{船岸}^2 + v_{水岸}^2} = \sqrt{1.5^2 + 2^2} \text{ m·s}^{-1} = 2.5 \text{ m·s}^{-1}$$

设船与岸成 α 角, 则有

$$\tan \alpha = \frac{v_{船岸}}{v_{水岸}} = \frac{1.5}{2} = 0.75$$

解之, 得

$$\alpha = 36.87°$$

1-30　一人以 80 km/h 的速度在雨中行车, 观察到雨点在侧窗上留下的痕迹与垂直线成 60° 角, 当车停下时, 观察到雨点是垂直下落的. 求:

(1) 雨对地的速度;

(2) 雨对行进中的车的速度.

解　本题涉及地、车两个参考系, 属于相对运动问题, 以雨滴为研究对象. 由题意知: $v_{车地} = v_{牵}$, $v_{雨地} = v_{绝}$, $v_{雨车} = v_{相}$, 其速度关系为 $v_{雨地} = v_{雨车} + v_{车地}$, 如解图 1-30 所示. 由图可知:

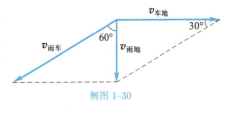

解图 1-30

(1) 雨对地的速度大小

$$v_{雨地} = v_{车地} \cdot \tan 30° = 80 \text{ km/h} \cdot \tan 30° = 46.2 \text{ km/h}$$

方向竖直向下.

(2) 雨对车的速度大小

$$v_{雨车} = \sqrt{v_{雨地}^2 + v_{车地}^2} = \sqrt{46.2^2 + 80^2} \text{ km/h} = 92.4 \text{ km/h}$$

方向与车的行进方向成 150° 角.

六 自我检测

1–1 质点作曲线运动, 若 r 表示位矢, s 表示路程, v 表示速度, v 表示速率, a_t 表示切向加速度, 则下列四组表达式中, 正确的是 (　　).

A. $\dfrac{\mathrm{d}v}{\mathrm{d}t} = a, \dfrac{\mathrm{d}|r|}{\mathrm{d}t} = v$
　　　　　　　B. $\dfrac{\mathrm{d}|v|}{\mathrm{d}t} = a_t, \left|\dfrac{\mathrm{d}r}{\mathrm{d}t}\right| = v$

C. $\dfrac{\mathrm{d}s}{\mathrm{d}t} = v, \left|\dfrac{\mathrm{d}v}{\mathrm{d}t}\right| = a_t$
　　　　　　　D. $\dfrac{\mathrm{d}r}{\mathrm{d}t} = v, \dfrac{\mathrm{d}|v|}{\mathrm{d}t} = a$

1–2 质点作直线运动, 其运动学方程为 $x = 6t - t^2$ (SI 单位). 在 $t = 1\,\mathrm{s}$ 到 $t = 4\,\mathrm{s}$ 的时间内, 质点的位移大小和路程分别为 (　　).

A. 3 m, 3 m
　　　　　　　B. 9 m, 10 m

C. 9 m, 8 m
　　　　　　　D. 3 m, 5 m

1–3 一质点在 x-y 平面内运动, 其运动学方程为 $x = 3\cos 4t$, $y = 3\sin 4t$, 则 t 时刻质点的位矢 $r(t) = $ _____, 速度 $v(t) = $ _____, 切向加速度 $a_t = $ _____, 该质点的轨迹是_____.

1–4 一质点在 x-y 平面内运动, 其运动学方程为 $r = 2ti + (19 - 2t^2)j$ (SI 单位). 当 $t = $ _____ s 时, 质点的位矢与速度恰好垂直; 当 $t = $ _____ s 时, 质点离原点最近.

1–5 一质点在 x-y 平面内作曲线运动, 其运动学方程为 $x = t$, $y = t^3$ (SI 单位). 求:

(1) 初始时刻的速率;

(2) $t = 2\,\mathrm{s}$ 时的加速度的大小;

(3) $t = 1\,\mathrm{s}$ 时的切向加速度及法向加速度的大小.

1–6 驾驶员欲使飞机向正北航行, 而风以 $60\,\mathrm{km \cdot h^{-1}}$ 的速度从东向西吹来. 如果飞机相对风的速度为 $180\,\mathrm{km \cdot h^{-1}}$, 求在飞机上观测到的风向和飞机相对于地面的速度.

自我检测
参考答案

第二章 牛顿运动定律

一 目的要求

> 1. 掌握牛顿运动定律及其应用, 会用牛顿运动定律来分析、计算质点运动的简单力学问题.
> 2. 掌握变力作用下质点动力学的两类基本问题.
> 3. 理解力的概念.
> 4. 了解非惯性系与惯性力.

二 内容提要

1. 力的概念 动量对时间的变化率 $\dfrac{\mathrm{d}\boldsymbol{p}}{\mathrm{d}t}$ 称为力, 它是物体之间的相互作用.

大小或方向随时间变化而变化的力称为变力, 反之就叫恒力. 自然界中常见的力有万有引力 $F = -G\dfrac{m_1 m_2}{r^2}$, 弹性力 $F = -kx$ 及摩擦力 $F_{\mathrm{f}} = \mu F_{\mathrm{N}}$.

2. 牛顿运动定律

(1) 牛顿第一定律 物体不受其他物体作用时, 将保持静止或匀速直线运动的状态, 这一规律称为牛顿第一定律, 又称惯性定律.

(2) 牛顿第二定律 物体所获得的加速度 $\boldsymbol{a}$ 的大小与物体所受合外力 $\boldsymbol{F}$ 的大小成正比, 与物体的质量 m 成反比; 加速度的方向与合外力的方向相同, 即

$$\boldsymbol{a} = \frac{\boldsymbol{F}}{m} = \frac{\mathrm{d}\boldsymbol{v}}{\mathrm{d}t} = \frac{\mathrm{d}^2\boldsymbol{r}}{\mathrm{d}t^2}$$

这一规律称为牛顿第二定律, 其平面直角坐标投影式为

$$F_x = ma_x = m\frac{\mathrm{d}v_x}{\mathrm{d}t} = m\frac{\mathrm{d}^2x}{\mathrm{d}t^2}$$

$$F_y = ma_y = m\frac{\mathrm{d}v_y}{\mathrm{d}t} = m\frac{\mathrm{d}^2y}{\mathrm{d}t^2}$$

(3) 牛顿第三定律　两物体之间的相互作用力总是等值反向, 并分别作用于两个物体, 且在同一条直线上, 即

$$\boldsymbol{F} = -\boldsymbol{F'}$$

这一规律称为牛顿第三定律.

3. 非惯性系与惯性力　相对于惯性系作加速运动的参考系称为非惯性系. 由非惯性系相对于惯性系作加速运动所引起的力称为惯性力, 它不是物体间的相互作用, 既无施力者, 也无反作用力, 但可用测力器在非惯性系中将其测出来.

4. 质点动力学的两类基本问题

(1) 第一类基本问题　已知质点的质量及位矢, 求质点所受到的力. 这时只要对位矢 r 求二阶导数再乘以质量 m 即可得力.

(2) 第二类基本问题　已知质点受的力及初始条件, 求质点的运动规律 (v 及 r). 这时, 只要对力积分即可得到速度 v, 再积分即可得位矢 r.

三　重点难点

本章的重点是掌握牛顿运动定律及力的概念, 其中以牛顿第二定律的掌握最为关键.

本章的难点在于如何用牛顿运动定律来处理第二类基本问题, 它既涉及物体的受力分析, 也涉及定积分的应用及初始条件的处理, 它们对于低年级大学生来说都是一个不太熟悉的问题, 一定要高度注意.

四　方法技巧

研究动力学问题时首先要选好参考系. 若选惯性系, 则不会产生惯性力, 否则必须考虑惯性力. 其次是确定研究对象, 作好受力分析. 若研究对象为一个质点, 则它所受到的一切力均为外力; 若研究对象包含多个质点, 则系统中各质点间的相互作用力为内力, 外界对系统任一质点的力均称为外力. 应该注意, 内力和外力是相对的, 与所选取的研究对象有关. 例如重力, 当取物体为研究对象时, 则重力是外力; 若取物体与地球为研究对象, 则重力便成了内力.

应用牛顿运动定律来求解力学问题时, 通常可按以下步骤进行:

(1) 定对象　根据题意, 明确问题中的研究对象;

(2) 查受力　用隔离体法分析、检查物体的受力, 必要时, 应画出辅助图, 并建立相应的坐标系;

(3) 列方程　用已知的定理、定律及公式将有关的物理量 (已知的与未知的) 之间的关系表示成相应的数学方程式;

(4) 解方程　一般先进行字母运算, 然后再代入数据进行数值计算.

例 **2–1**　如例图 2–1 所示, 质量为 m_1 的三角形木块, 放在光滑的水平桌面上, 另一质量为 m_2 的小木块放在 m_1 的斜面上. 如果 m_1、m_2 之间的摩擦可以忽略, 求 m_1 对地及 m_2 对 m_1 之间的加速度.

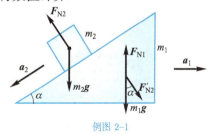

例图 2–1

解　本例知力 (mg) 求力 (ma), 属于一般性的力学问题, 宜用隔离体法来求解. 取 m_1、m_2 为研究对象, 用隔离体法分析 m_1、m_2 的受力情况, 如图所示: 对 m_1, 其受力有三: ①重力 m_1g, ②桌面支撑力 F_{N1}, ③m_2 的压力 F'_{N2}; 对 m_2, 其受力有二: ①重力 m_2g, ②m_1 对它的支撑力 F_{N2}.

取水平向右为 x 轴正方向, 垂直向上为 y 轴正方向.

对于 m_1, 设其在水平方向上的加速度 (对地) 为 $\boldsymbol{a}_1$, 根据牛顿第二定律, 在 x 方向上则有

$$F'_{N2} \sin\alpha = m_1 a_1 \tag{1}$$

在 y 方向上, 其加速度为零, 于是有

$$F_{N1} - m_1 g - F'_{N2} \cos\alpha = 0 \tag{2}$$

对于 m_2, 设其沿斜面的下滑加速度 (对 m_1) 为 $\boldsymbol{a}_2$, 根据牛顿第二定律, 在 x 方向上则有

$$F_{N2} \sin\alpha = m_2 (a_2 \cos\alpha - a_1) \tag{3}$$

在 y 方向, 其加速度为 $-a_2 \sin\alpha$, 于是有

$$F_{N2} \cos\alpha - m_2 g = -m_2 a_2 \sin\alpha \tag{4}$$

联立方程 (1)、(2)、(3)、(4), 且 $F_{N2} = F'_{N2}$, 可以解得

$$a_1 = \frac{m_2 g \sin\alpha \cos\alpha}{m_1 + m_2 \sin^2\alpha}$$

$$a_2 = \frac{(m_1 + m_2) g \sin\alpha}{m_1 + m_2 \sin^2\alpha}$$

例 **2–2**　质量为 m 的质点在 x–y 平面内作圆周运动, 其运动学方程为 $x = A\cos\omega t, y = A\sin\omega t$ (式中, A、ω 均为常量). 求该质点所受到的力.

解　本题知质量及运动学方程求力, 属动力学问题中的第一类基本问题, 宜用求导来求解: 先对位矢 (运动学方程) 求导得加速度, 后乘质量即可得到力.

对运动学方程求二阶导数, 得质点的加速度

$$a_x = \frac{\mathrm{d}^2 x}{\mathrm{d}t^2} = -\omega^2 A \cos\omega t$$

$$a_y = \frac{\mathrm{d}^2 y}{\mathrm{d}t^2} = -\omega^2 A \sin\omega t$$

故

$$\boldsymbol{a} = a_x \boldsymbol{i} + a_y \boldsymbol{j} = -\omega^2 A \cos \omega t \boldsymbol{i} - \omega^2 A \sin \omega t \boldsymbol{j}$$

力

$$\boldsymbol{F} = m\boldsymbol{a} = -m\omega^2 A \cos \omega t \boldsymbol{i} - m\omega^2 A \sin \omega t \boldsymbol{j}$$
$$= -m\omega^2 A(\cos \omega t \boldsymbol{i} + \sin \omega t \boldsymbol{j})$$
$$= -m\omega^2 A \boldsymbol{e}_{\mathrm{n}}$$

式中, $\boldsymbol{e}_{\mathrm{n}} = \cos \omega t \boldsymbol{i} + \sin \omega t \boldsymbol{j}$ 为任一时刻质点所在位置背向圆心的法向单位矢量, 故 $\boldsymbol{F}$ 为向心力.

例 2-3 质量 $m = 10\,\mathrm{kg}$ 的物体沿 x 轴无摩擦地运动, 设 $t = 0$ 时物体位于原点, 速度为零 (即 $x_0 = 0$, $v_0 = 0$). 求物体在力 $F = 3 + 4x$ (SI 单位) 的作用下运动到 $3\,\mathrm{m}$ 处的加速度及速度的大小.

解 由于物体作直线运动, 所以其加速度和速度均可当标量处理.

本例知力求速度及加速度, 属第二类基本问题. 宜用积分法来求解: 先求加速度, 后积分即得速度. 由牛顿第二定律得

$$a = \frac{F}{m} = \frac{3 + 4x}{m}$$

将 $x = 3\,\mathrm{m}$, $m = 10\,\mathrm{kg}$ 代入上式, 得

$$a = \frac{3 + 4 \times 3}{10}\,\mathrm{m \cdot s^{-2}} = 1.5\,\mathrm{m \cdot s^{-2}}$$

因为 $a = \dfrac{\mathrm{d}v}{\mathrm{d}t} = \dfrac{\mathrm{d}v}{\mathrm{d}x}\dfrac{\mathrm{d}x}{\mathrm{d}t} = v\dfrac{\mathrm{d}v}{\mathrm{d}x}$, 所以有

$$v\mathrm{d}v = a\mathrm{d}x$$

对上式两边取积分并代入初始条件, 得

$$\int_0^v v\mathrm{d}v = \int_0^x a\mathrm{d}x = \int_0^x \frac{3 + 4x}{m}\mathrm{d}x$$

解之, 得

$$\frac{1}{2}v^2 = \frac{3x + 2x^2}{m}$$
$$v = \sqrt{\frac{2(3x + 2x^2)}{m}}$$

将 $x = 3\,\mathrm{m}$, $m = 10\,\mathrm{kg}$ 代入上式, 得

$$v = \sqrt{\frac{2 \times (3 \times 3 + 2 \times 3^2)}{10}}\,\mathrm{m \cdot s^{-1}} = 2.3\,\mathrm{m \cdot s^{-1}}$$

五　习题解答

2-1　如解图 2-1 所示，粗糙的木板上放有三角形的木块 B，一铁块 A 沿木块的一边滑下. 若 B 不动，A、B 各受哪些力？这些力中的哪些力是相互作用力？

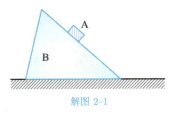

解图 2-1

答　若 B 不动，则 A 受力有重力 G_A，支撑力 F_{NAB}，摩擦力 F_{fAB}；B 受力有重力 G_B，支撑力 F_{NBA} 与 $F_{NB地}$，摩擦力 F_{fBA} 与 $F_{fB地}$. 这里 F_{NAB} 与 F_{NBA}，以及 F_{fAB} 与 F_{fBA} 互为作用力与反作用力.

2-2　绳的一端系着一个金属小球，以手握其另一端，并使其作圆周运动. 问：

(1) 当小球运动的角速度相同时，长的绳子容易断，还是短的绳子容易断？

(2) 当小球运动的线速度相同时，长的绳子容易断，还是短的绳子容易断？

答　(1) 由法向力的公式 $F_n = m\dfrac{\omega^2 R^2}{R} = m\omega^2 R$ 可知，ω 相同时，$F_n \propto R$（力与绳长 R 成正比），R 越大，受力越大，故长绳易断.

(2) 由 $F_n = m\dfrac{v^2}{R}$，可知 v 相同时，$F_n \propto \dfrac{1}{R}$（力与绳长 R 成反比），R 越小，受力越大，故短绳易断.

2-3　如解图 2-3 所示，在"硬"气功表演中，在一平躺着的人的身上压一块大而重的石板，另一人以大锤猛击石，石裂而人不伤. 为什么？若用棉被代替石板重做上述实验，是否会更安全些，为什么？

答　从受力角度看，这里的受力转为材料内部应力，可看作弹力分析. 当大锤猛击石板时，因石板更硬，弹性系数大，同样的力产生的形变位移小，并因石板更脆造成内部结构破损可进一步吸收相应应力与形变效果，故而石裂而人不伤. 用棉布取代则因弹性系数太小而形变大，会更加危险.

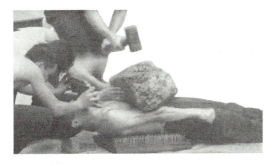

解图 2-3

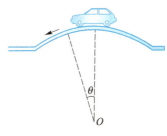

解图 2-4

2-4　如解图 2-4 所示，一无动力的小车通过弧形桥面，这时它受几个力的作用？它们的反作用力作用在何处？若 m 为车的质量，车对桥面的压力是否等于 $mg\cos\theta$？

答　忽略空气阻力，小车受到重力、支撑力、摩擦力的作用；反作用力则分别为车对地球的引力、车对桥面的压力、车对桥面的摩擦力. 当小车速度不为零时，由于重力的分力与支撑力的合力提供向心力，此时压力不等于 $mg\cos\theta$.

2–5 在升降机的天花板上拴一轻绳,其下端系一重物. 当升降机以加速度 a 上升时,绳中的张力恰好等于绳子所能承受的最大张力的一半,当绳子刚好被拉断时,升降机上升的加速度为 ( ).

A. $2a$ B. $2(a+g)$ C. $2a+g$ D. $a+g$

解 设 F_{Tmax} 为绳能承受的最大张力,由题意可得方程 $\dfrac{F_{\mathrm{Tmax}}}{2} - mg = ma$ 和 $F_{\mathrm{Tmax}} - mg = ma_x$. 联立解得 $a_x = 2a + g$. 故选 C.

2–6 人造地球卫星绕地心作圆周运动,运动速度与轨道半径的关系为: $v \propto R^n$,则 n 的值为 ( ).

A. 1 B. $\dfrac{1}{2}$ C. $-\dfrac{1}{2}$ D. -1

解 由 $G\dfrac{m_{\mathrm{E}}m_{\text{卫星}}}{R^2} = \dfrac{m_{\text{卫星}}v^2}{R}$ 可以解得

$$v = \sqrt{\frac{m_{\mathrm{E}}G}{R}}$$

所以 n 取 $-\dfrac{1}{2}$,故选 C.

2–7 如解图 2–7 所示,一物体 A 靠在一辆小车的竖直前壁上, A 和车壁间的静摩擦因数为 μ,欲使 A 不掉下来,则小车的加速度 $a = $ _____.

解 由牛顿第二定律得

$$F_{\mathrm{N}} = ma \quad (\text{运动方向})$$

$$\mu F_{\mathrm{N}} = mg \quad (\text{竖直方向})$$

解图 2–7

解之,得

$$a = g/\mu$$

故空填 g/μ.

2–8 如解图 2–8 所示,质量 $m_1 = 1\,\mathrm{kg}$ 的物体 A 放在质量 $m_2 = 2\,\mathrm{kg}$ 的物体 B 上,水平方向的力 $F = 3t$ (SI 单位) 作用于 B 上,则 A 开始滑落的时间为_____ s. (设 A、B 间的摩擦因数 $\mu = 0.1$,不计 B 与水平面间的摩擦.)

解 物体 A 开始滑落的充要条件是 $a_{\mathrm{A}} \leqslant a_{\mathrm{B}}$,即

$$\frac{m_1 g \mu}{m_1} \leqslant \frac{F}{m_1 + m_2}$$

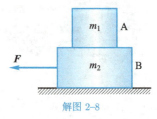
解图 2–8

代入已知条件,得

$$9.8 \times 0.1 \leqslant \frac{3t}{1+2}$$

解之,得

$$t = 0.98\,\mathrm{s} \approx 1\,\mathrm{s}$$

故空填 1.

2-9　如解图 2-9 所示, 一轻绳两端各系一物体, 其质量分别为 m_1 及 m_2, 现将轻绳横跨在一个定滑轮上, 使物体可沿三角物块的两斜面滑动. 设三角物块的底面与桌面固连, 两斜面的倾斜角分别为 α 及 β, 且 $m_1 \sin\alpha > m_2 \sin\beta$, 绳与滑轮及物体与斜面的摩擦均可忽略, 求物体的加速度及所受到绳的拉力.

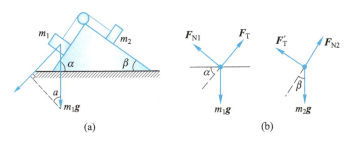

解图 2-9

解　以 m_1、m_2 为研究对象. 其受力分析如图 (b) 所示.

设物体以加速度 a 运动. 考虑到 $m_1 \sin\alpha > m_2 \sin\beta$, 则 m_1 沿斜面向下运动, m_2 沿斜面向上运动.

对 m_1 应用牛顿运动定律, 得

$$m_1 g \sin\alpha - F_T = m_1 a \tag{1}$$

对 m_2 应用牛顿运动定律, 得

$$F_T' - m_2 g \sin\beta = m_2 a \tag{2}$$

联立式 (1)、式 (2) 求解, 且 $F_T = F_T'$ 得加速度

$$a = \frac{m_1 \sin\alpha - m_2 \sin\beta}{m_1 + m_2} g$$

绳的张力

$$F_T = \frac{m_1 m_2 g}{m_1 + m_2}(\sin\alpha + \sin\beta)$$

2-10　如解图 2-10 所示, 跨过一个定滑轮 (其质量可以忽略) 的轻绳, 两端各系有质量分别为 m_1 及 m_2 的物体, 且 $m_1 > m_2$. 设滑轮与轻绳之间的摩擦可以忽略. 求重物释放后两物的加速度 a 及绳中的张力 F_T.

解　分别对 m_1、m_2 进行受力分析, 由于 $m_1 > m_2$, m_1 向下以加速度 a 运动, m_2 以加速度 a 向上运动, 其受力分析如图 (b) 所示.

对 m_1 应用牛顿运动定律, 得

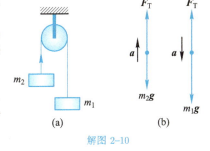

解图 2-10

$$m_1 g - F_T = m_1 a \tag{1}$$

对 m_2 应用牛顿运动定律, 得

$$F_T - m_2 g = m_2 a \tag{2}$$

联立式 (1)、式 (2) 求解, 得加速度

$$a = \frac{(m_1 - m_2)g}{m_1 + m_2}$$

张力

$$F_T = \frac{2m_1 m_2 g}{m_1 + m_2}$$

2–11 如解图 2–11 所示, A、B 两物体叠放在水平桌面上. 已知 A、B 间摩擦系数 $\mu_1 = 0.25$, B 与桌面间的摩擦系数 $\mu_2 = 0.50$, $m_A = 1.0\,\text{kg}$, $m_B = 2.0\,\text{kg}$, 问:

(1) 欲使 A、B 两物一起沿着桌面滑动, 至少应对 B 施加多大的力?

(2) 欲将 B 从 A 下抽出, 至少应对 B 加多大的力?

解 (1) 欲使 A、B 一起沿桌面滑动, F 至少要大于地面对 B 的静摩擦力. 即 $F \geqslant \mu_2(m_A + m_B)g = [0.5 \times (1.0 + 2.0) \times 9.8]\text{N} = 14.7\,\text{N}$

(2) 欲将 B 从 A 下抽出, 则必有 $a_B \geqslant a_A$.

由牛顿第二定律得

$$\begin{cases} F - (F_{f地} + F_{fAB}) = m_B a_B \\ F_{fBA} = m_A a_A \end{cases}$$

注意到 $a_B \geqslant a_A$, 则有

$$\frac{F - (F_{f地} + F_{fAB})}{m_B} \geqslant \frac{F_{fBA}}{m_A}$$

即

$$\frac{F - [\mu_2(m_A + m_B)g + \mu_1 m_A g]}{2} \geqslant \frac{\mu_1 m_A g}{1}$$

解之得

$$F \geqslant \mu_2(m_A + m_B)g + \mu_1 m_A g + 2\mu_1 m_A g = 22.1\,\text{N}$$

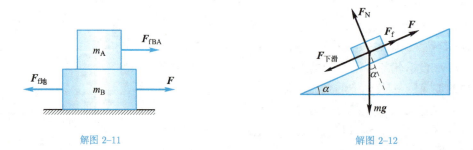

解图 2–11   解图 2–12

2–12 如解图 2–12 所示, 固定斜面上放一质量为 $m = 10\,\text{kg}$ 的物体, 已知物体与斜面间的静摩擦因数 $\mu_s = 0.4$, 斜面倾角 $\alpha = 30°$. 今以一沿斜面方向的力 F 向上推物体, 欲使物体不下滑, 推力至少为多大?

解　由隔力体受力图可以看出, 要使物体不下滑, 则最小的推力 F 与物体受到向上的静摩擦力 $F_f = \mu_s mg \cos\alpha$ 之和应于物体的下滑力 $F_{下滑} = mg\sin\alpha$ 之值相等, 即

$$F + \mu_s mg \cos\alpha = mg\sin\alpha$$

解之, 得

$$F = mg\sin\alpha - \mu_s mg \cos\alpha = 15.1\ \text{N}$$

2–13　如解图 2–13 所示, 一飞机在水平面上作匀速圆周盘旋飞行, 机翼平面与水平面成 φ 角, 求飞机盘旋的半径. 若 $v = 483\ \text{km} \cdot \text{h}^{-1}$, $\varphi = 60°$, 求半径的大小.

解　在竖直方向应用牛顿第二定律得

$$F_N \cos\varphi = G$$

在水平方向应用牛顿第二定律得

$$F_N \sin\varphi = m\frac{v^2}{R}$$

对上述两式联立求解得

$$R = \frac{v^2}{g\tan\varphi} = \frac{(483\,000/3\,600)^2}{9.8 \times \tan 60°}\text{m} = 1\,061\ \text{m} = 1.061\ \text{km}$$

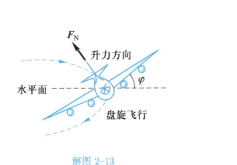

解图 2–13

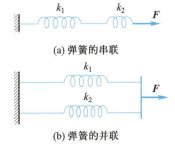

解图 2–14

2–14　如解图 2–14 所示, 两根弹簧的弹性系数分别为 k_1, k_2. 证明:

(1) 当它们串联时 [见图 (a)], 总弹性系数 $k = \dfrac{k_1 k_2}{k_1 + k_2}$

(2) 当它们并联时 [见图 (b)], 总弹性系数 $k = k_1 + k_2$.

证　(1) 以 F 拉伸弹簧时, 则有 $F = F_1 = F_2$, 即

$$kx = k_1 x_1 = k_2 x_2 \tag{1}$$

而

$$x = x_1 + x_2 \tag{2}$$

$$F = kx = kx_1 + kx_2 \tag{3}$$

联立式 (1)、式 (2)、式 (3) 求解, 得

$$k = \frac{k_1 k_2}{k_1 + k_2}$$

(2) 以 F 力拉伸弹簧时, 则有

$$F = kx = F_1 + F_2 \tag{4}$$

而

$$x = x_1 = x_2, \quad F_1 = k_1 x_1, \quad F_2 = k_2 x_2 \tag{5}$$

联立式 (4)、式 (5) 求解, 得 $k = k_1 + k_2$.

2–15 为了产生车子转弯所需的向心力, 铁路和公路在拐弯处的路面都是倾斜的. 其倾角 θ 与车速度 v 及弯曲轨道的曲率半径 R 有关, 求三者的关系.

解 本题与题 2–13 相似, 设 F_N 为路面对车的支撑力, 如解图 2–15 所示, 则有

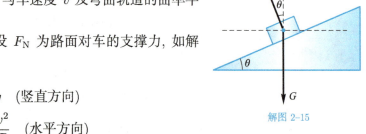

解图 2–15

$$F_N \cos \theta = mg \quad (\text{竖直方向})$$

$$F_N \sin \theta = m \frac{v^2}{R} \quad (\text{水平方向})$$

由上述两式可以得到

$$\tan \theta = \frac{v^2}{Rg}$$

解之, 得

$$\theta = \arctan \frac{v^2}{Rg}$$

2–16 质量为 m 的质点沿半径为 R 的圆周按规律 $s = v_0 t + \frac{1}{2} b t^2$ 运动. 其中 s 是路程, t 是时间, v_0, b 均为常量. 求 t 时刻作用于质点的切向力和法向力.

解 由运动学方程可得质点的速率 $v = \dfrac{\mathrm{d}s}{\mathrm{d}t} = v_0 + bt$, 切向加速度

$$a_t = \frac{\mathrm{d}v}{\mathrm{d}t} = b$$

故切向力

$$F_t = ma_t = mb$$

法向力

$$F_n = ma_n = m \frac{v^2}{R} = m \frac{(v_0 + bt)^2}{R}$$

2–17 质量为 m 的质点作直线运动, 其运动学方程为

$$x = bt^2 - ct^3$$

式中, b, c 均为常量. 求 $t = 1\,\mathrm{s}$ 时质点受的力.

解　本题知质点的质量及运动坐标求受力属于动力学中第一类基本问题, 可用求导 (微分) 方法来解决.

据定义, 质点的加速度

$$a = \frac{\mathrm{d}^2 x}{\mathrm{d}t^2} = 2b - 6ct = 2(b - 3ct)$$

由牛顿第二定律可得质点在 $t = 1\,\mathrm{s}$ 时的受力

$$F = ma = m2(b - 3ct)\big|_{t=1\,\mathrm{s}} = 2m(b - 3c)$$

2-18　质量为 m 的质点沿 x 轴正方向运动, 设质点通过坐标 x 位置时的速率为 kx (k 为比例系数), 求此时作用于质点的力.

解　由题设条件有

$$\frac{\mathrm{d}x}{\mathrm{d}t} = kx$$

将上式对时间求导, 得

$$\frac{\mathrm{d}^2 x}{\mathrm{d}t^2} = k\frac{\mathrm{d}x}{\mathrm{d}t} = k^2 x$$

故作用于物体上的力

$$F = m\frac{\mathrm{d}^2 x}{\mathrm{d}t^2} = mk^2 x$$

2-19　链球是一项大力士的运动, 运动员抛掷时的拉力一般会在 $2\,000\,\mathrm{N}$ 以上. 目前女子链球的最好成绩是 $81.8\,\mathrm{m}$, 它是由波兰选手沃尔达奇于 2016 年创造的. 其运动原理如解图 2-19 所示. 图中 $0.66\,\mathrm{m}$ 为运动员的臂长, $1.12\,\mathrm{m}$ 为链球中心到手掌的距离, $m = 4.0\,\mathrm{kg}$ 为链球的质量. 当运动员将链球以 $30\,\mathrm{m\cdot s^{-1}}$ 的速度抛出时, 求运动员手上的拉力.

解图 2-19

解　运动中链球将作圆周运动, 它所受到的向心力即为运动员手上的拉力, 因而有

$$F_{拉} = m\frac{v^2}{R} = 4.0 \times \frac{30^2}{(0.66 + 1.12)}\,\mathrm{N} = 2.022 \times 10^3\,\mathrm{N}$$

2-20　电动列车行驶时每千克质量所受的阻力 $F_0 = (2.5 + 0.5v^2) \times 10^{-2}$, 式中 v 为列车速度, 以 $\mathrm{m\cdot s^{-1}}$ 计. 当车速达到 $25\,\mathrm{m\cdot s^{-1}}$ 时断开电源, 问运行多少路程后列车速度减至 $10\,\mathrm{m\cdot s^{-1}}$?

解　本题知力求距离, 属第二类基本问题. 由牛顿第二定律得

$$a = \frac{F}{m} = -F_0 = \frac{\mathrm{d}v}{\mathrm{d}t}$$

根据题中所给条件代入上式得

$$\frac{\mathrm{d}v}{\mathrm{d}t} = \frac{\mathrm{d}v}{\mathrm{d}x}\frac{\mathrm{d}x}{\mathrm{d}t} = v\frac{\mathrm{d}v}{\mathrm{d}x} = -F_0$$

整理后得

$$\mathrm{d}x = \frac{-v\mathrm{d}v}{F_0} = \frac{-\frac{1}{2}\mathrm{d}v^2}{(2.5+0.5v^2)\times 10^{-2}} = \frac{-\mathrm{d}(2.5+0.5v^2)}{(2.5+0.5v^2)\times 10^{-2}}$$

分离变量积分, 得

$$x = \int_{25}^{10} -\frac{\mathrm{d}(2.5+0.5v^2)}{(2.5+0.5v^2)\times 10^{-2}} = 100\ln(2.5+0.5v^2)\big|_{25}^{10} = 179 \text{ m}$$

2–21　质量为 m 的质点最初静止在 x_0 处, 在力 $F = -k/x^2$ (k 是常量, $x \neq 0$) 的作用下沿 x 轴运动, 求质点在 x 处的速度大小.

解　本题知力 (加速度) 求速度, 属第二类基本问题, 可用积分法求解.

由题意知 $F = m\dfrac{\mathrm{d}v}{\mathrm{d}t} = m\dfrac{\mathrm{d}v}{\mathrm{d}x}\dfrac{\mathrm{d}x}{\mathrm{d}t} = -k/x^2 = mv\dfrac{\mathrm{d}v}{\mathrm{d}x}$, 整理后得

$$v\frac{\mathrm{d}v}{\mathrm{d}x} = -\frac{k}{mx^2}$$

分离变量求积分, 得

$$\int_0^v v\mathrm{d}v = -\int_{x_0}^x \frac{k}{m}\frac{\mathrm{d}x}{x^2}$$

解之, 得

$$\frac{1}{2}v^2 = \frac{k}{m}\left(\frac{1}{x} - \frac{1}{x_0}\right)$$

故知速度的大小

$$v = \sqrt{\frac{2k}{m}\left(\frac{1}{x} - \frac{1}{x_0}\right)}$$

2–22　质量为 m 的轮船在停靠码头之前停机, 这时轮船的速率为 v_0, 设水的阻力与轮船的速率成正比, 比例系数为 k, 求轮船在发动机停机后所能前进的最大距离.

解　本题知力求距离, 仍属于第二类基本问题. 由题意知 $F = -kv$, 根据牛顿第二定律, 则有

$$m\frac{\mathrm{d}v}{\mathrm{d}t} = m\frac{\mathrm{d}v}{\mathrm{d}x}\frac{\mathrm{d}x}{\mathrm{d}t} = mv\frac{\mathrm{d}v}{\mathrm{d}x} = -kv$$

即 $m\dfrac{\mathrm{d}v}{\mathrm{d}x} = -k$. 分离变量求积分, 得

$$\int_{v_0}^0 m\mathrm{d}v = \int_{x_0}^x -k\mathrm{d}x$$

解之, 得前进的最大距离

$$\Delta x = x - x_0 = \frac{mv_0}{k}$$

六　自我检测

2-1　一只质量为 m 的猴, 原来抓住一根用绳吊在天花板上的质量为 m_0 的直杆, 悬线突然断开, 小猴则沿杆子竖直向上爬以保持它离地面的高度不变 (如检图 2-1 所示), 此时直杆下落的加速度为 (　　).

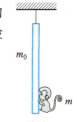

A. g　　　　　　　　　　　B. $\dfrac{m}{m_0}g$

C. $\dfrac{m_0 + m}{m_0}g$　　　　　　　D. $\dfrac{m_0 + m}{m_0 - m}g$

检图 2-1

2-2　一根线的上端固定, 下端系一重物, 重物下面再系一同样的线, 如果用一力拉下面的线, 若很缓慢地增加拉力, 则_____. 若突然拉下面的线, 则_____. (从所给答案中选填.)

A. 下面的线先断　　　　　　B. 上面的线先断

C. 两根线一起断　　　　　　D. 两根线都不断

2-3　一水平木板上放一质量为 0.2 kg 的砝码, 手扶木板保持水平, 托着砝码使之在竖直平面内作半径为 0.5 m 的匀速圆周运动, 其速率为 $1\,\text{m}\cdot\text{s}^{-1}$. 当砝码与木板一起运动到检图 2-3 所示位置时, 砝码受到木板的摩擦力为_____, 支持力为_____.

检图 2-3

2-4　质量为 m 的小球, 在水中受到的浮力为恒力 F. 当小球从静止开始沉降时, 受到水的黏性力 $F_f = kv$ (k 为常量). 证明小球在水中竖直沉降的速率 v 与时间 t 的关系为

$$v = \frac{mg - F}{k}(1 - e^{-kt/m})$$

式中, t 为沉降开始后的时间.

2-5　物体 A 从斜面的顶端开始下滑, 设物体与斜面的动摩擦因数为 μ, 斜面的倾角为 α, 斜面的底边长为 l, 要使物体滑至斜面底端时间为最短, 则角 α 应为何值? 这个最短的时间为多少? ($l = 2.10\,\text{m}$, $\mu = 0.14$.)

自我检测
参考答案

第三章　机械能守恒定律

一　目的要求

1. 掌握功的概念, 能熟练地计算直线运动情况下变力的功.
2. 掌握动能定理, 并能用于分析、计算质点在平面内运动的简单力学问题.
3. 掌握机械能守恒定律及其适用条件, 能用机械能守恒定律来处理简单系统在平面内运动的力学问题.
4. 理解保守力做功的特点及势能的概念, 会计算势能.

二　内容提要

1. 功与功率　力与位移的标积称为功, 其数学表达式为

$$W = \boldsymbol{F} \cdot \Delta \boldsymbol{r} = F \Delta r \cos\theta$$

它是力对空间的累积效果. 变力的元功

$$\mathrm{d}W = \boldsymbol{F} \cdot \mathrm{d}\boldsymbol{r}$$

总功

$$W = \int \mathrm{d}A = \int_{r_a}^{r_b} \boldsymbol{F} \cdot \mathrm{d}\boldsymbol{r}$$

单位时间内做的功称为功率, 它是力做功快慢的量度, 其数学表达式为

$$N = \frac{\mathrm{d}W}{\mathrm{d}t} = \boldsymbol{F} \cdot \boldsymbol{v}$$

2. 动能与动能定理　质量与速度平方乘积的二分之一称为动能, 用 $E_\mathrm{k} = \frac{1}{2}mv^2$ 来表示.

质点动能的增量等于合外力对质点做的功, 即

$$W = \Delta E_\mathrm{k} = E_\mathrm{k} - E_\mathrm{k0}$$

这一结论称为质点的动能定理.

质点系动能的增量等于系统所受内外力做功之和, 即

$$\sum W_{外} + \sum W_{内} = \Delta E_\mathrm{k} = E_\mathrm{k} - E_\mathrm{k0}$$

这一结论称为质点系的动能定理.

3. 保守力与势能　所做的功与路径无关的力称为保守力, 如重力、弹性力、万有引力、静电场力等均属保守力. 在保守力场中, 物体沿任意闭合路径运动一周, 保守力做的功为零, 即

$$\oint_l \boldsymbol{F} \cdot \mathrm{d}\boldsymbol{r} = 0$$

所做的功与路径有关的力称为非保守力, 如摩擦力就是非保守力. 对于非保守力有

$$\oint_l \boldsymbol{F} \cdot \mathrm{d}\boldsymbol{r} \neq 0$$

在有保守力作用的系统中, 由物体之间的相对位置所决定的能量称为势能, 它是物体相对位置的单值函数. 势能增量的负值等于保守力所做的功, 即

$$W_{保内} = -\Delta E_\mathrm{p}$$

4. 机械能守恒定律　若作用于系统的外力和非保守内力都不对系统做功或做功之和为零, 则系统的机械能保持不变, 即

$$E_\mathrm{k} + E_\mathrm{p} = E_\mathrm{k0} + E_\mathrm{p0} = 常量$$

这一规律称为机械能守恒定律.

三　重点难点

本章的重点是机械能守恒定律及其应用. 对于机械能守恒定律, 我们一方面要知道它的内容 (结论): 系统的机械能前后不变; 另一方面要知道它的条件: 系统的外力和非保守内力不对系统做功或做功之和为零.

本章的难点是如何正确对待重力势能的变化与重力所做的功. 一些读者往往喜欢将它们截然分开, 分别计入.

重力势能的变化与重力所做的功都是物体做功能力大小的量度. 它们实为一个问题的两个方面: 前者强调的是问题的系统性, 将物体与地球作为一个系统来考虑; 后者强调的则是物体的个体行为, 它不与地球为系统. 因此, 计入了重力势能的变化, 就不能再重复地计入重力对物体做的功.

四 方法技巧

本章侧重讨论机械能守恒定律的内容及其应用. 为了用好机械能守恒定律, 下列几点必须要引起注意:

一是功的概念及计算. 一定要理解, 功是从属于力的, 离开了具体的力去谈功是没有意义的. 因此, 计算前一定要认真做好力的分析, 弄清问题中的功是哪一个力的功, 然后再设法找出该力的元功, 积分后即可得到该力的总功.

二是要掌握势能的特性. 第一, 势能 (大小) 是 "相对" 的, 只有确定好零势能点后才有势能的大小可言; 第二, 势能是 "保守" 的, 只有对保守力场才有势能可言; 第三, 势能是 "系统" 的, 只有对系统而言才有势能, 离开了系统, 就无所谓势能.

三是要理解机械能守恒的条件, 那就是 (系统) 外力和非保守内力的功之和等于零或不做功. 换言之, 机械能守恒并不是在任何情况下都成立的.

当问题符合机械能守恒的条件时, 要尽量利用机械能守恒定律来处理, 其方法大致可按如下步骤进行:

(1) 选系统　将所研究的对象置于系统中;

(2) 查受力　分清哪些是内力和外力, 哪些是保守力和非保守力;

(3) 计算功、能　算出系统中相关力的功及相关的能量变化;

(4) 列 (解) 方程　根据系统中的功能关系, 列出相关物理量的关系式 (方程), 并求解之.

例 3-1　如例图 3-1 所示, 长为 l, 质量为 m 的匀质链条, 放在摩擦系数为 μ 的水平桌面上. 设链条长为 a 的部分垂直于桌面. 求链条由静止开始沿桌面边缘下滑直至整个链条恰好离开桌面的过程中重力做的功.

解　设链条下滑过程中的某一时刻其下端的坐标为 x (取竖直向下为 x 轴正方向), 则下垂部分受到的重力为 $\frac{m}{l}xg\boldsymbol{i}$, 这是一个变力, 它在无限小位移 $\mathrm{d}x\boldsymbol{i}$ 上做的元功

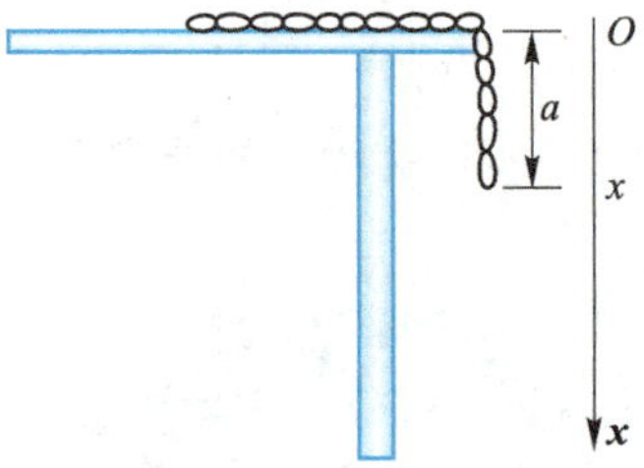

$$\mathrm{d}W = \boldsymbol{F} \cdot \mathrm{d}\boldsymbol{r} = \frac{m}{l}xg\boldsymbol{i} \cdot \mathrm{d}x\boldsymbol{i} = \frac{m}{l}gx\mathrm{d}x$$

例图 3-1

重力在链条下滑的全过程中做的功

$$W = \int \mathrm{d}W = \int_a^l \frac{m}{l}gx\mathrm{d}x = \frac{1}{2}\frac{m}{l}(l^2 - a^2)g$$

例 3-2 质量为 m' 的木块静止在光滑的水平面上, 一质量为 m 的子弹以速率 v_0 水平射入木块后陷于木块内, 并与木块一起运动. 求:

(1) 子弹克服阻力做的功;

(2) 子弹作用于木块的力对木块做的功;

解 以木块、子弹为系统, 设子弹射入木块后与木块一起运动的速率为 v, 由于系统在水平方向不受外力作用, 所以水平方向的动量守恒, 即

$$mv_0 = (m + m')v$$

解之, 得

$$v = \frac{m}{m + m'}v_0$$

(1) 据动能定理, 木块的阻力 F_f 对子弹做的功

$$\begin{aligned}
W &= \frac{1}{2}mv^2 - \frac{1}{2}mv_0^2 \\
&= -\frac{1}{2}\frac{mm'(m' + 2m)}{(m + m')^2}v_0^2
\end{aligned}$$

子弹克服阻力做的功

$$W' = -W = \frac{1}{2}\frac{mm'(m' + 2m)}{(m + m')^2}v_0^2$$

(2) 据动能定理, 子弹作用于木块的力对木块做的功

$$W = \frac{1}{2}m'v^2 - 0 = \frac{1}{2}m'\frac{m^2}{(m + m')^2}v_0^2$$

例 3-3 如例图 3-3 所示, 两块质量均为 m 的木块构成一系统, 木块间有一压缩了的弹簧 (弹性系数为 k), 木块之间用绳子拴着, 在某一时刻将绳子烧断. 问弹簧的初始压缩量 Δl_0 为何值时, 绳被烧断后下面的木块将会跳起?

解 下方木块跳起的必要条件是弹簧必须伸长某一个量 Δl, 产生的弹力至少等于木块的重量, 即

$$k\Delta l \geqslant mg \tag{1}$$

选两木块、弹簧、地球为系统, 则无非保守内力和外力对系统做功, 所以系统的机械能 (重力势能和弹性势能零点如图所示) 守恒, 于是有

$$\frac{1}{2}k(\Delta l_0)^2 = \frac{1}{2}k(\Delta l)^2 + mg(\Delta l_0 + \Delta l) \tag{2}$$

联立式 (1)、式 (2) 求解, 得

$$\Delta l_0 = \frac{3mg}{k}$$

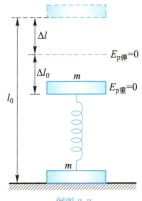

例图 3-3

五　习题解答

3-1　一小球沿竖直圆槽滑动, 当小球滑行一周时, 法向反作用力、重力及摩擦力的功是否为零?

答　在小球沿竖直圆槽滑动的过程中, 法向反作用力（即压力）的方向不断改变, 但始终垂直于槽壁向下, 且垂直于小球的位移方向, 因此法向反作用力所做的功必为零. 小球所受的重力属于保守力, 方向始终竖直向下. 当小球运动一周后又回到原来的起始位置时, 它在重力作用下发生的位移为零, 所以重力做功为零. 而摩擦力属于非保守力, 所做的功不但与小球的起始位置有关, 而且与小球的运动路径有关. 在小球运动过程中, 摩擦力始终与小球的位移共线反向, 所以摩擦力所做的功不为零.

3-2　物体在液体中运动时, 它所受到的浮力是不是保守力? 为什么?

答　浮力做功的具体分析如解图 3-2 所示. 设物体在密度为 $\rho_{液}$ 的液体中沿任意路径从 A 点运动到 B 点, 物体浸没在液体中排开水的体积为 $V_{排}$, 则物体所受浮力的大小为 $F = \rho_{液}gV_{排}$, 方向竖直向上. 建立 Oy 坐标系, 将坐标原点取在液面上, 以竖直向下为正方向, A 点和 B 点的坐标分别为 y_A 和 y_B. 在物体经过的路径曲线上任取一元位移 $\mathrm{d}\boldsymbol{r}$, 它与浮力间的夹角为 θ_0. 那么物体在浮力作用下所做的功为

$$
\begin{aligned}
W &= \int_A^B \mathrm{d}W = \int_A^B \boldsymbol{F} \cdot \mathrm{d}\boldsymbol{r} \\
&= \int_A^B F|\mathrm{d}\boldsymbol{r}|\cos\theta \\
&= \int_A^B \rho_{液}gV_{排}|\mathrm{d}\boldsymbol{r}|[-\cos(\pi - \theta)] \\
&= -\rho_{液}gV_{排}\int_{y_A}^{y_B} \mathrm{d}y \\
&= \rho_{液}gV_{排}(y_A - y_B)
\end{aligned}
$$

解图 3-2

可见, 浮力所做的功仅与物体的始末位置有关, 与物体运动的路径无关, 满足保守力的条件, 所以浮力是一种保守力.

3-3　摩擦力是否恒做负功? 当一货车加速前进时, 车上货物的动能增加, 这是什么力做功的结果?

答　摩擦力不是恒做负功的. 比如, 当一货车加速前进时, 车上的货物受到货车施加给它的摩擦力作用, 加速前进, 摩擦力的方向与前进方向相同. 由于货物在摩擦力的作用下, 相对于地面发生了一定位移, 故摩擦力对货物做正功, 从而使它的动能增加. 因此车上货物的动能增加是摩擦力做正功的结果.

3-4　撑竿跳高运动员（参见解图 3-4) 在完成撑竿跳高的过程中涉及几种能量的变化?

答　运动员的撑竿跳高分为撑竿、撑竿恢复、运动员上升和运动员下降四个过程. 撑竿时, 运动员的动能转化为撑竿的弹性势能; 撑竿恢复时, 撑杆的弹性势能转化为运动员的动能; 运动员上升时, 动能转化为重力势能; 运动员下落时, 重力势能转化为动能.

解图 3-4

3-5 关于功的概念, 下列说法中正确的是 (　　).

A. 保守力做正功时, 系统的势能增加

B. 保守力做负功时, 系统的势能减少

C. 质点沿闭合路径运动一周时, 保守力对质点做的功为零

D. 以上说法都不对

解　根据保守力的概念 (做功与路径无关), 选 C.

3-6　对于一个物体系而言, 在下列情况中满足机械能守恒条件的是 (　　).

A. 合外力为零　　　　　　　　　　B. 合外力不做功

C. 外力和非保守内力都不做功　　　D. 外力和非保守内力之和为零

解　机械能守恒的条件是: 外力和非保守内力都不做功, 或它们做的功之和为零. 故选 C.

3-7　弹性分别为 k_1、$k_2(k_1 = 2k_2)$ 的两弹簧连接如解图 3-7 所示. 今用力 $\boldsymbol{F}$ 拉伸 (在弹性限度内) 弹簧, 则两弹簧弹性势能之比 E_{p1}/E_{p2} 为 (　　).

A. $\sqrt{2}$ 　　　　B. 2 　　　　C. 4 　　　　D. $\dfrac{1}{2}$

解　由弹性势能公式 $E_{\text{p}} = \dfrac{1}{2}kx^2$ 可得

$$\frac{E_{p1}}{E_{p2}} = \frac{\dfrac{1}{2}k_1 x_1^2}{\dfrac{1}{2}k_2 x_2^2}$$

解图 3-7

注意到 $k_1 = 2k_2, k_1 x_1 = k_2 x_2$, 则可得到

$$\frac{E_{p1}}{E_{p2}} = \frac{\dfrac{1}{2}(2k_2)(x_2/2)^2}{\dfrac{1}{2}k_2 x_2^2} = \frac{1}{2}$$

所以选 D.

3-8　某质点在力 $\boldsymbol{F} = (2+8x)\boldsymbol{i}$ (SI 单位) 的作用下, 沿 x 轴由 $x = 0$ 点运动到 $x = 10\,\text{m}$ 处. 则力 $\boldsymbol{F}$ 在此过程中做的功 $W = \underline{\qquad}$.

解 由功的计算式可得此力的功为

$$W = \int \boldsymbol{F} \cdot \mathrm{d}\boldsymbol{r} = \int_0^{10} (2+8x)\mathrm{d}x = (2x+4x^2)\Big|_0^{10} = 420 \text{ (SI 单位)}$$

故空填 420 J.

3-9 将一弹簧拉长 Δl 后再拉长 Δl (在弹性限度内), 则拉力前后两次做功的比值为_____.

解 第一次拉力做的功 $W_1 = \dfrac{1}{2}k\Delta l^2$; 第二次拉力做的功 $W_2 = \dfrac{1}{2}k(2\Delta l)^2 - \dfrac{1}{2}k\Delta l^2 = \dfrac{3}{2}k\Delta l^2$. 所以前后两次做功之比为 $1:3$, 故空填 $1/3$.

3-10 保守力的特点是_____, 势能的特点是_____.

解 保守力的特点是: 功的大小仅与物体的始末位置有关, 与过程的路径无关; 势能的特点是: (1) 势能具有保守性, 即只有保守力场才有势能可言; (2) 势能具有系统性, 即势能是属于系统共同具有的; (3) 势能具有相对性, 即势能的大小是对于指定的零势能点而言, 离开了参考点, 势能的大小就没有意义.

3-11 一质点在恒力 $\boldsymbol{F} = (15\boldsymbol{i} - 6\boldsymbol{j})$N 的作用下发生了位移 $\Delta\boldsymbol{r} = (4\boldsymbol{i} + 5\boldsymbol{j})$ m. 求此力在该过程中做的功.

解 由恒力功的定义式可得该力的功为

$$W = \boldsymbol{F} \cdot \Delta\boldsymbol{r} = (15\boldsymbol{i} - 6\boldsymbol{j}) \cdot (4\boldsymbol{i} + 5\boldsymbol{j}) \text{ J} = (60 - 30) \text{ J} = 30 \text{ J}$$

3-12 一沿 x 轴运动的物体受到力 $F = -6x^3$ (SI 单位) 的作用, 求物体从 $x_1 = 1.0$ m 移动到 $x_2 = 2.0$ m 的过程中力 F 所做的功.

解 这是一个变力做功的问题, 宜先算元功, 后积分求总功.

据定义, 力的元功

$$\mathrm{d}W = F\mathrm{d}x = -6x^3\mathrm{d}x$$

其总功

$$W = \int \mathrm{d}W = \int_{1.0}^{2.0} -6x^3\mathrm{d}x = -6\frac{x^4}{4}\Big|_{1.0}^{2.0} = -22.5 \text{ (SI 单位)}$$

3-13 电车进站关电门减速行驶. 已知电车质量为 m, 牵引力 F 为一常量, 车速按 $v = v_0 - b\tau$ 减小, 求 $0 \sim \tau$ 时间内阻力做的功.

解 按照动能定理, 阻力做的功等于电车动能的减少, 即

$$W_{\mathrm{f}} = E_{\mathrm{k}} - E_{\mathrm{k}0} = \frac{1}{2}mv^2 - \frac{1}{2}mv_0^2 = \frac{1}{2}m(v_0 - b\tau)^2 - \frac{1}{2}mv_0^2$$

$$W_{\mathrm{f}} = \frac{1}{2}mb^2\tau^2 - mv_0b\tau = -\frac{b\tau m(2v_0 - b\tau)}{2}$$

3-14 质量为 m 的轮船在水中行驶, 停机时的速度为 v_0, 水的阻力为 $-kv$ (k 为常量). 求停机后轮船滑行 l 距离时水的阻力做的功.

解　由动能定理得水的阻力做的功

$$W_{\mathrm{f}} = \frac{1}{2}mv^2 - \frac{1}{2}mv_0^2 \tag{1}$$

而水的阻力

$$F_{\mathrm{f}} = -kv = ma = m\frac{\mathrm{d}v}{\mathrm{d}t} = mv\frac{\mathrm{d}v}{\mathrm{d}x}$$

分离变量, 得

$$m\mathrm{d}v = -k\mathrm{d}x$$

两边积分, 得

$$m\int_{v_0}^{v}\mathrm{d}v = -k\int_{0}^{l}\mathrm{d}x$$

解之, 得

$$v = v_0 - \frac{kl}{m} \tag{2}$$

式 (2) 代入式 (1), 得水的阻力做的功

$$W_{\mathrm{f}} = \frac{k^2l^2}{2m} - klv_0$$

3–15　一人从 10 m 深井中取水. 开始时水桶中装有 10 kg 的水, 后由于水桶漏水, 每升高 1 m, 就要漏掉 0.2 kg 的水, 问将水桶匀速提至井口时需要做多少功?

解　以井水面为坐标轴原点建立 y 轴, 如解图 3–15 所示. 匀速提水时, 人的拉力 F 与水桶的重量 G (力) 相等. 当水桶的重心位于 y 处时, 其重量 $G = mg - 0.2gy$, 因而有

$$F = mg - 0.2gy$$

其元功

$$\mathrm{d}W_F = F\mathrm{d}y = (mg - 0.2gy)\mathrm{d}y$$

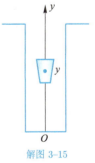

解图 3–15

总功

$$W_F = \int \mathrm{d}W_F = \int_0^{10}(mg - 0.2gy)\mathrm{d}y$$

$$= (mgy - 0.1gy^2)\Big|_0^{10}$$

$$= 10 \times 9.8 \times 10 - 0.1 \times 9.8 \times 10^2 = 882 \text{ (SI 单位)}$$

3–16　质量为 m 的质点按路程 $s = \beta t^3$ 的规律作圆周运动 (其中 β 为常量). 求作用于质点的力做功的功率.

解 据定义, 功率

$$P = \boldsymbol{F} \cdot \boldsymbol{v} = m a_{\mathrm{t}} v_{\mathrm{t}}$$

而 $v_{\mathrm{t}} = \dfrac{\mathrm{d}s}{\mathrm{d}t} = 3\beta t^2$, $a_{\mathrm{t}} = \dfrac{\mathrm{d}^2 s}{\mathrm{d}t^2} = 6\beta t$, 故

$$P = m a_{\mathrm{t}} v_{\mathrm{t}} = 18\beta^2 t^3 m$$

3–17 将弹性系数分别为 k_1、k_2 的两只轻弹簧串联组成一弹簧系统, 要使该系统伸长 Δl, 则至少应对它做多少功?

解 串联弹簧的弹性系数

$$k = k_1 k_2 / (k_1 + k_2)$$

故伸长 Δl 时弹性力做的功

$$W = \frac{1}{2} k (\Delta l)^2 = \frac{k_1 k_2 (\Delta l)^2}{2(k_1 + k_2)}$$

3–18 质量为 2.0×10^{-3} kg 的子弹, 其出口速率为 300 m·s^{-1}. 设子弹在枪筒中前进时所受的力 $F = 400 - \dfrac{8\,000}{9}x$ (其中 x 为子弹在枪筒中行进的距离). 开始时, 子弹位于 $x_0 = 0$ 处, 求枪筒的长度.

解 设枪筒长度为 l, 由动能定理 $\Delta E_{\mathrm{k}} = W$ 可得

$$\frac{1}{2} m v^2 - 0 = \int_0^l F \mathrm{d}x = \int_0^l 400 \left(1 - \frac{20}{9}x \right) \mathrm{d}x = 400 \left(l - \frac{10}{9} l^2 \right)$$

即

$$\frac{1}{2} \times 2.0 \times 10^{-3} \times 300^2 = 400 \left(l - \frac{10}{9} l^2 \right)$$

解之得

$$l = 0.45 \text{ m}$$

3–19 测算矿车运行中动摩擦系数的试验路段由斜坡路段和水平路段组成, 且筑路材料相同. 设坡路高为 h, 其水平投影长为 l_1; 矿车由静止开始从坡顶滑下, 又借惯性在水平路段上滑行 l_2 (参见解图 3–19), 求动摩擦系数.

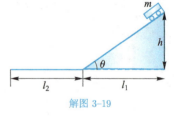

解图 3–19

解 设矿车的质量为 m, 斜坡的倾角为 θ. 由动能定理可得

$$mgh - mg\cos\theta\mu\sqrt{l_1^2 + h^2} - mg\mu l_2 = 0$$

注意到 $\cos\theta = l_1/\sqrt{l_1^2 + h^2}$ 则可解得

$$\mu = \frac{h}{l_1 + l_2}$$

3–20 用铁锤将钉击入板内, 设木板对钉的阻力与钉进入木板的深度成正比, 在铁锤第一次打击时, 能将钉击入 1 cm 的深处. 问以与第一次相同的速度再次击钉时, 能将钉击入木板多深?

解　设钉击入木板的深度为 x，据题意知，钉受到的阻力 $F_\text{f} = -kx$. 设钉的速率为 v，根据动能定理，在锤第一次击钉的过程中有

$$0 - \frac{1}{2}mv^2 = \int_{0\,\text{cm}}^{1\,\text{cm}} (-kx\boldsymbol{i}) \cdot (\mathrm{d}x\boldsymbol{i}) = \int_{0\,\text{cm}}^{1\,\text{cm}} -kx\mathrm{d}x = -\frac{k}{2} \tag{1}$$

由于重力远小于阻力，因而可以忽略重力. 所以第二次击钉 (设其击入木块的深度为 x') 过程中，有

$$0 - \frac{1}{2}mv^2 = \int_{1\,\text{cm}}^{x'} -kx\mathrm{d}x = \frac{k}{2} - \frac{k}{2}x'^2 \tag{2}$$

联立式 (1)、式 (2) 求解，得钉击入木板的深度

$$x' = \sqrt{2}\ \text{cm}$$

即第二次击钉使钉击入木板的深度 $h = (\sqrt{2} - 1)\text{cm} = 0.41\ \text{cm}$

3–21　如解图 3–21 所示，一匀质细棒长为 l、质量为 m'. 在棒的延长线上距棒端为 a 处有一质量为 m 的质点. 求质点 m 在棒 m' 的引力场中的势能 (设棒固定不动).

解　取无限远处的引力势能为零. 若棒长 l 与距离 a 相比不能忽略，则棒不能当作质点处理，此时可将棒分成无限多个小段，使每一小段均可视为质点. 如图所示，在棒上坐标为 x 处取一长为 $\mathrm{d}x$ 的元段，其质量 $\mathrm{d}m' = \dfrac{m'}{l}\mathrm{d}x$. 于是，质点 m 与元段 $\mathrm{d}m'$ 的引力势能

$$\mathrm{d}E_\text{p} = -G\frac{m\mathrm{d}m'}{l+a-x} = -G\frac{mm'}{l(l+a-x)}\mathrm{d}x$$

质点 m 在棒 m' 的引力场中的引力势能

$$E_\text{p} = \int \mathrm{d}E_\text{p} = \int_0^l -G\frac{mm'}{l(l+a-x)}\mathrm{d}x = -\frac{Gmm'}{l}\ln\left(1 + \frac{l}{a}\right)$$

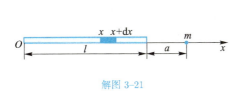

解图 3–21

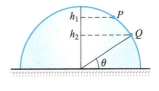

解图 3–22

3–22　一质点位于固定的光滑半球面上的任意一点 P，在重力作用下由静止开始下滑，在 Q 点处离开球面. 证明 P、Q 两点的高度差等于 P 点到球心的高度差的 $1/3$.

解　如解图 3–22 所示，设质点 m 在 Q 点的速率为 v，根据动能定理，则有

$$mg(h_1 - h_2) = \frac{1}{2}mv^2 \tag{1}$$

质点在 Q 处所受的向心力

$$m\frac{v^2}{R} = mg\sin\theta \tag{2}$$

而

$$R\sin\theta = h_2 \tag{3}$$

由式 (1)、式 (2)、式 (3) 可以解得

$$h_1 - h_2 = \frac{R\sin\theta}{2} = \frac{h_2}{2} \tag{4}$$

由式 (4) 可得

$$h_2 = \frac{2}{3}h_1 \tag{5}$$

将式 (5) 代入式 (4), 得

$$\frac{h_1 - h_2}{h_1} = \frac{1}{3}$$

3-23 在如解图 3-23 所示的装置中, 开始时弹簧处于自由状态 (无伸长), 物体 A 静止在原点 O 处. 将物体 B 轻轻地挂上钩子, 使 A 运动. 在 B 下降一段距离 d 的过程中, 分别列出下面不同系统的功能关系式 (物体的质量如图所示):

(1) 以物体 A、物体 B、弹簧、桌子为系统;

(2) 以物体 A、物体 B、弹簧、桌子和地球为系统.

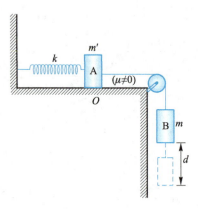

解图 3-23

解 (1) 以物体 A、物体 B、弹簧及桌子为系统. 当物体 B 下降距离为 d 时, 外 (重) 力对 B 做功 mgd, 摩擦 (非保守内力) 力对 A 做功 $-\mu m'gd$. 物体 A、物体 B 及弹簧的机械能变化分别为 $\frac{1}{2}mv^2$、$\frac{1}{2}m'v^2$ 及 $\frac{1}{2}kd^2$. 由系统的功能原理有

$$\frac{1}{2}mv^2 + \frac{1}{2}m'v^2 + \frac{1}{2}kd^2 = mgd - \mu m'gd$$

(2) 以物体 A、物体 B、弹簧、桌子和地球为系统. 当物体 B 下降距离为 d 时, 无外力做功, 非保守 (摩擦) 力做功 $-\mu m'gd$; 物体 A、物体 B、弹簧、桌子及地球机械能的变化分别为 $\frac{1}{2}m'v^2$、$\frac{1}{2}mv^2$、$\frac{1}{2}kd^2$ 及 mgd (为地球及 B 所共有). 对系统应用功能原理, 得

$$\frac{mv^2}{2} + \frac{m'v^2}{2} + \frac{kd^2}{2} - mgd = -\mu m'gd$$

3–24 质量为 m 的小球系于轻绳下端, 绳长为 l, 要使小球绕悬点作圆周运动, 至少应给予小球多大的水平初速度 v_0? 当小球通过水平位置时, 绳的张力为多少?

解 如解图 3–24 所示, 当小球刚好通过顶点时, 绳子张力为零. 这时, 小球作圆周运动所需的向心力由重力提供, 因而有

$$mg = m\frac{v^2}{l}$$

解之, 得

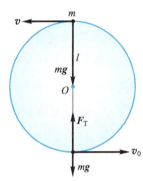

$$v = \sqrt{gl} \tag{1}$$

选圆周底部点为零势能点, 小球由底部点上摆顶部点的过程中机械能守恒, 因而有

$$\frac{1}{2}mv_0^2 = mg2l + \frac{1}{2}mv^2 \tag{2}$$

解图 3–24

联立式 (1)、式 (2) 求解可以得到

$$v_0 = \sqrt{5gl} \tag{3}$$

设小球通过底部时绳的张力为 F_T, 则有

$$F_T - mg = m\frac{v_0^2}{l}$$

故

$$F_T = mg + mv_0^2/l$$

将式 (3) 代入上式, 得

$$F_T = mg + 5mg = 6mg$$

3–25 如解图 3–25 所示, 一质量为 m_1 的人造地球卫星绕地球作椭圆轨道运动, 其近地点为 A, 远地点为 B. 设 A、B 两点距地心分别为 r_1 及 r_2. 求卫星在 A、B 两点的万有引力势能差及动能差. (设地球质量为 m_2, 引力常量为 G.)

解 由引力势能的定义 (计算) 式可以求得 A、B 两点的势能差:

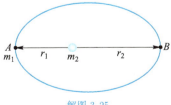

解图 3–25

$$\Delta E_p = \int_{r_1}^{r_2} \frac{Gm_1m_2}{r^2}dr = \frac{Gm_1m_2}{r_1r_2}(r_2 - r_1)$$

由于本题仅有保守力作用, 故系统的机械能守恒, 即

$$\Delta E = \Delta E_p + \Delta E_k = 0$$

解之, 得

$$\Delta E_k = -\Delta E_p = \frac{Gm_1m_2}{r_1r_2}(r_1 - r_2)$$

3–26 一质量为 0.5 kg 的小钢球, 自某一高度下落, 正好砸在一端固定的轻弹簧上. 设弹簧的弹性系数 $k = 2\,500\,\text{N} \cdot \text{m}^{-1}$, 球至弹簧自然伸长处的距离为 10 m. 求弹簧被压缩的最大长度 (取 $g = 10\,\text{m} \cdot \text{s}^{-2}$).

解 设弹簧被压缩的最大长度为 Δl (此时的小球速度为零), 对小球应用动能定理, 得

$$\frac{1}{2}mv^2 = mgh \tag{1}$$

由于小球与弹簧间的作用力为弹性力, 所以其机械能守恒, 即

$$\frac{1}{2}k\Delta l^2 = \frac{1}{2}mv^2 \tag{2}$$

注意到 $k = 2\,500\,\text{N} \cdot \text{m}^{-1}$, $h = 10\,\text{m}$, 联立式 (1)、式 (2) 求解, 得

$$\Delta l = 0.198\,\text{m}$$

3–27 一质量为 m 的物体在保守力场中沿 x 轴运动, 其势能 $E_p = \frac{1}{2}kx^2 - \alpha x^4$ (其中 k, α 均为常量), 求物体加速度的大小.

解 由保守力与势能的关系可得

$$F = -\frac{\mathrm{d}E_p}{\mathrm{d}x} = -kx + 4\alpha x^3$$

故加速度

$$a = \frac{F}{m} = -\frac{k}{m}x + \frac{4\alpha}{m}x^3$$

六　自我检测

3–1 质量为 0.5 kg 的质点, 在 x–y 平面内运动, 其运动学方程为 $\boldsymbol{r} = 5t\boldsymbol{i} + 0.5t^2\boldsymbol{j}$ (SI 单位), 在 $t = 2\,\text{s}$ 到 $t = 4\,\text{s}$ 这段时间内, 外力对质点做的功为 (　　).

A. 1.5 J

B. 3 J

C. 4.5 J

D. −1.5 J

3–2　如检图 3-2 所示, 外力 $\boldsymbol{F}$ 通过刚性轻绳和一轻弹簧 $(k = 200 \text{ N·m}^{-1})$ 缓慢地拉地面上的物体, 已知物体的质量 $m = 2$ kg, 滑轮的质量和摩擦不计, 刚开始拉时弹簧为自然伸长. 当绳子被拉下 0.2 m 的过程中, 外力 $\boldsymbol{F}$ 做的功为 (g 取 10 m·s^{-2}) (　　).

A. 1 J　　　　　　B. 2 J　　　　　　C. 3 J　　　　　　D. 4 J

3–3　质量为 2 kg 的质点在力 $\boldsymbol{F} = 12t\boldsymbol{i}$ (SI 单位) 的作用下, 从静止出发沿 x 轴正方向作直线运动, 则前 3 s 内该力所做的功 $W = \underline{\hspace{2cm}}$.

3–4　如检图 3-4 所示, 一人造地球卫星绕地球作椭圆轨道运动, 近地点为 A, 远地点为 B. A、B 两点距地心分别为 r_1 及 r_2. 设卫星质量为 m, 地球质量为 m', 引力常量为 G, 则卫星在 A、B 两点处的引力势能之差 $E_{pB} - E_{pA} = \underline{\hspace{2cm}}$, 动能之差 $E_{kB} - E_{kA} = \underline{\hspace{2cm}}$.

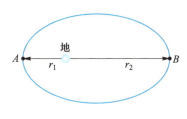

检图 3-4

3–5　质量为 m 的质点在 x-y 平面上运动, 其位置矢量 $\boldsymbol{r} = a\cos\omega t\boldsymbol{i} + b\sin\omega t\boldsymbol{j}$ (SI 单位), 设式中的 a、b、ω 均为正常量, 且 $a > b$. 求:

(1) 质点在 $A(a, 0)$ 点和 $B(0, b)$ 点的动能;

(2) 质点所受到的作用力 $\boldsymbol{F}$ 以及当质点从 A 点运动到 B 点的过程中 $\boldsymbol{F}$ 的分力 F_x 和 F_y 分别做的功.

自我检测
参考答案

第四章　动量守恒定律

一　目的要求

1. 掌握动量定理, 能用动量定理来分析、解决质点在平面内运动时的简单力学问题.
2. 掌握动量守恒定律及其适用条件, 能用动量守恒定律来分析、解决简单系统在平面内运动时的力学问题.
3. 理解质心及质心运动定理.

二　内容提要

1. 动量　质点的质量和速度的乘积称为质点的动量, 以 $\boldsymbol{p} = m\boldsymbol{v}$ 表示, 它是物质运动的矢量量度.

2. 动量定理　质点或质点系在某段时间内的动量的增量等于作用在质点上的合外力在同一时间内的冲量, 即

$$\boldsymbol{p} - \boldsymbol{p}_0 = \boldsymbol{I}$$

这一规律称为动量定理.

在直角坐标系中, 动量定理的投影式为

$$p_x - p_{x_0} = I_x$$

$$p_y - p_{y_0} = I_y$$

$$p_z - p_{z_0} = I_z$$

动量定理的微分形式为

$$\frac{\mathrm{d}\boldsymbol{p}}{\mathrm{d}t} = \boldsymbol{F} \quad 或 \quad \mathrm{d}\boldsymbol{p} = \boldsymbol{F}\mathrm{d}t$$

动量定理的积分形式为

$$\int \boldsymbol{F}\mathrm{d}t = \boldsymbol{p} - \boldsymbol{p}_0$$

3. 动量守恒定律　如果系统在一段时间内不受外力作用或所受合外力为零, 则系统在该段时间内动量不变, 即

$$\sum m_i \boldsymbol{v}_i = \sum m_i \boldsymbol{v}_{i0}$$

这一规律称为动量守恒定律.

动量守恒是有条件的, 这个条件就是系统的合外力 (或某一方向的合外力) 为零; 动量守恒是普适的, 不管是宏观领域还是微观领域都适用.

4. 质心与质心运动定理　质点系的质量中心称为质心. 它实际上是质点系的各个质点的位矢 $\boldsymbol{r}_i$ 对其质量 m_i 加权求平均所表示的一个特殊位置点, 其位矢

$$\boldsymbol{r}_C = \frac{\sum m_i \boldsymbol{r}_i}{m}$$

根据定义可以证明: 质心的加速度与质点系所受到的合外力成正比, 与质点系的质量成反比, 即

$$\boldsymbol{a}_C = \frac{\sum \boldsymbol{F}_i}{m}$$

这一规律就叫质心运动定理.

三　重点难点

本章重点是理解力、动量、冲量及质心的概念, 掌握动量定理与动量守恒定律的内容及其应用.

本章难点是动量守恒定律条件的掌握和涉及动量变化等综合性问题的处理.

四　方法技巧

掌握本章重点内容的关键是充分理解力的操作性定义, 它对我们分析、理解动量定理、动量守恒定律都非常重要. 因为从力的操作概念出发, 稍经数学处理便可得出动量定理与动量守恒定律.

化解本章难点的一个重要方面是注意力和动量的矢量性, 换言之, 动量定理与动量守恒定律是个矢量定理与矢量守恒规律, 实际中多将待处理的量化成标量来处理, 这样可使问题大大简化.

应用动量定理或动量守恒定律来处理问题大致可按如下步骤进行:

(1) 定对象　研究谁的问题就将谁定为对象或系统;

(2) 查受力　分析检查对象 (系统) 的受力, 特别是外力;

(3) 列解方程　根据定理列方程, 根据数学知识解方程, 求结果.

例 4–1　如例图 4–1 所示, 质量为 m 的小球在向心力的作用下, 以速度 v 在水平面内作半径为 R 的圆周运动, 自 A 点逆时针运动到 B 点 (A、B 在同一直径上), 求:

(1) 小球的动量变化;

(2) 向心力的平均值及方向.

解　(1) 取小球为研究对象. 建立如图所示 Oxy 坐标系, 它在 A、B 两点的动量分别为

$$p_A = mv\boldsymbol{j}$$

$$p_B = -mv\boldsymbol{j}$$

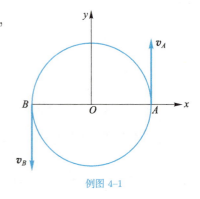

例图 4–1

故小球动量的变化

$$\Delta \boldsymbol{p} = \boldsymbol{p}_B - \boldsymbol{p}_A = -mv\boldsymbol{j} - mv\boldsymbol{j} = -2mv\boldsymbol{j}$$

(2) 用 $\overline{\boldsymbol{F}}$ 代表平均向心力, 根据动量定理

$$\Delta \boldsymbol{p} = \overline{\boldsymbol{F}}\Delta t$$

则有

$$\overline{\boldsymbol{F}} = \frac{\Delta \boldsymbol{p}}{\Delta t} = \frac{-2mv\boldsymbol{j}}{\pi R/v} = -\frac{2mv^2}{\pi R}\boldsymbol{j}$$

应用动量守恒定律来求解力学问题可以不管过程的细节, 只需知道初态和末态的动量即可, 因而较为简便, 应用较广.

与其他守恒定律一样, 动量守恒也是有条件的: 那就是物体或系统所受合外力为零, 或某一方向合外力为零. 不满足这一条件, 则不成立. 此外还应注意, 系统中各物体 (质点) 的速度必须是对同一参考系而言的.

应用动量守恒定律来处理力学问题大致可按如下步骤进行:

(1) 定系统　将研究对象包含于系统中.

(2) 查受力　看系统的外力是否为零; 或是否在某一方向为零; 或是否内力 ≫ 外力, 是则守恒成立, 否则守恒不成立.

(3) 列解方程　分别计算或写出初、末态 (点) 系统的动量, 根据定律列方程, 再用数学方法求解方程.

例 4–2　如例图 4–2 所示, 质量为 m 的小车其斜面倾角为 α. 现有一质量为 m' 的滑块沿小车的光滑斜面滑下, 滑块的起始高度为 h. 当滑块到达斜面底部时, 问小车移动的距离为多少?

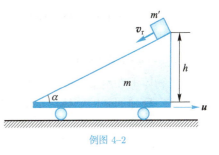

例图 4–2

解　取小车和滑块为系统, 由于系统在水平方向不受外力, 所以系统在水平方向的动量守恒. 设滑块沿斜面下滑时相对于斜面的速度为 v_r, 小车向右运动的速度为 u, 则滑块相对于地面的速度

$$v = v_r + u$$

取水平向右为正方向, 则 v 在该方向的投影为 $u - v_r \cos\alpha$, 于是有

$$m'(u - v_r \cos\alpha) + mu = 0$$

解之, 得

$$u = \frac{m'\cos\alpha}{m'+m} v_r$$

设滑块由斜面顶端滑至底部所需时间为 Δt, 则小车在此时间内移动的距离

$$L = \int_0^{\Delta t} u\,\mathrm{d}t = \frac{m'\cos\alpha}{m'+m} \int_0^{\Delta t} v_r \mathrm{d}t = \frac{m'\cos\alpha}{m'+m} \frac{h}{\sin\alpha}$$
$$= \frac{m'}{m'+m} h\cot\alpha$$

五　习题解答

4–1　作用力与反作用力的冲量是否等值反向? 为什么?

答　由于作用力与反作用力总是等值反向, 且同时出现, 同时消失, 所以, 作用力与反作用力在任何情况下的冲量 $I = \int F\mathrm{d}t$ 都是等值反向, 或者说物体间相互作用的冲量的矢量和一定为零.

4–2　有人说: "只要适当地选取系统, 则动量守恒定律总是适用的." 这句话对吗? 为什么?

答　这句话是对的. 因为动量守恒的条件是系统所受的合外力为零, 我们总可以把所选的系统加以扩大, 把该外力作用的物体包括在系统内, 此外力就变为内力, 动量守恒定理就适用了.

4–3　当物体的动能发生变化时, 其动量是否也一定发生变化? 反过来, 当物体的动量发生变化时, 其动能是否也一定发生变化?

答　当物体的动能发生变化时, 速度的大小必然发生改变, 因此物体的动量也一定发生变化. 然而, 当物体的动量发生变化时, 有可能只是物体速度的方向发生了改变, 大小没有变, 这种情况下物体的动能不发生变化. 但如果是物体速度的大小发生了变化, 则无论其方向有没有改变, 物体的动能都会发生变化. 所以, 综合这两种情况, 当物体的动量发生变化时, 其动能不一定发生变化.

4-4 两个质量相同的物体自同一高度自由下落, 与水平地面相撞, 其中, 一个反弹回来, 另一个物体却在地上. 问哪一个物体给地面的冲量较大?

答 反弹回来的物体给地面的冲量更大. 具体的分析如下:

两个质量相同 (设为 m) 的物体从同一高度自由下落到与水平地面, 相撞之前的速度必然相同, 设为 $-v_1$, 并设反弹回来的物体的速度 v_2, 则该物体的动量变化 $\Delta p = mv_2 - (-mv_1) = m(v_2 + v_1)$, 而相撞后贴在地面的物体的动量变化为 $\Delta p' = 0 - (-mv_1) = mv_1$, 所以 $\Delta p > \Delta p'$. 根据质点的动量定理, 物体动量的变化等于地面给物体的冲量, 又由物体之间的作用力与反作用力的大小始终相同, 可知, 物体给地面的冲量大小等于地面给物体的冲量大小. 因此, 反弹回来的物体给地面的冲量较大.

4-5 跳高的姿势目前主要有两种: 一种是 1864 年创立的跨越式 (参见解图 4-5). 另外一种是 1963 年创立的背越式 (参见解图 4-5). 如今的竞技场上多用背越式. 请从物理（质心、力、能）的角度说明其原因.

(a) 跨越式   (b) 背越式

解图 4-5

答 背越式跳高时, 由于头部和脚部在腰部下侧, 是一个圆弧过杆, 人体的重心在杆的下面, 重心相对较低, 而且起伏比较小, 这样克服重力做功较少, 自身就更易越过. 而跨越式跳高时, 人体的躯干是在横杆上一起过去的, 重心在杆的上面, 重心相对高, 并且起伏较大, 这样克服重力做功较多, 不易越过. 因此背越式优于跨越式, 成为竞技场上运动员的主流跳高姿势.

4-6 质量分别为 m_A 和 m_B $(m_A > m_B)$、速度分别为 v_A 和 $v_B(v_A > v_B)$ 的两质点 A 和 B, 受到相同的冲量作用, 则 (　　).

A. A 的动量增量的绝对值比 B 的小

B. A 的动量增量的绝对值比 B 的大

C. A、B 的动量增量相等

D. A、B 的速度增量相等

解 根据动量定理, 冲量相同, 则其动量的增量也相同. 故选 C.

4-7 动能为 E_k 的物体 A 与静止的物体 B 碰撞, 设物体 A 的质量 m_A 是物体 B 的质量 m_B 的两倍. 若碰撞是完全弹性的, 则碰撞后两物体的总动能为 (　　).

A. E_k B. $E_k/2$ C. $E_k/3$ D. $2E_k/3$

解　据弹性碰撞概念知, 碰撞前、后系统的动能不变, 故选 A.

4–8　一质点的动量与时间的关系为 $\boldsymbol{p}(t) = 3t^{-3}\boldsymbol{i}$ (SI 单位). 当 $t = 2$ s 时, 该质点受的力 $\boldsymbol{F} =$ _____.

解　由力的定义式得

$$\boldsymbol{F} = \frac{\mathrm{d}\boldsymbol{p}}{\mathrm{d}t} = \frac{\mathrm{d}(3t^{-3})\boldsymbol{i}}{\mathrm{d}t} = -9t^{-4}\boldsymbol{i}$$

当 $t = 2$ s 时, $\boldsymbol{F} = -\dfrac{9}{16}\boldsymbol{i}$ N. 故空填 $-\dfrac{9}{16}\boldsymbol{i}$ N

4–9　某人用自动步枪进行实弹射击, 每秒钟射出 3 颗子弹. 若每颗子弹的质量为 0.2 kg, 出口速率为 800 m·s^{-1}. 则子弹射击时人所受到的平均冲力为_____.

解　由动量定理得子弹受到的平均冲力

$$\overline{F} = \frac{\Delta p}{\Delta t} = \frac{3 \times 0.2 \times 800}{1} \text{ N} = 480 \text{ N}$$

由牛顿第三定律可知, 人受到的平均反冲力为 -480 N. 故空填 -480 N.

4–10　一物体受到方向不变的力 $F = 30 + 40t$ (SI 单位) 的作用, 在最初的 2 s 内, 此力的冲量大小为_____.

解　据定义, 冲量的大小

$$I = \int_0^2 F\mathrm{d}t = \int_0^2 (30 + 40t)\mathrm{d}t = 30t\Big|_0^2 + 20t^2\Big|_0^2$$
$$= 140 \text{ (SI 单位)}$$

4–11　高空作业时系安全带是很有必要的. 假如一个质量为 81.0 kg 的人, 在操作时不慎从高空竖直落下, 由于安全带的保护, 最终他被悬挂起来, 已知此时人离原处的距离为 2.0 m, 安全带弹性缓冲作用时间为 0.50 s. 求安全带对人的平均冲力.

解　以人为研究对象. 据平均冲力公式可知, 其受到的平均冲力的大小

$$\overline{F} = \frac{\Delta p}{\Delta t} = \frac{mv}{\Delta t} = \frac{m\sqrt{2gh}}{\Delta t}$$
$$= \frac{81 \times \sqrt{2 \times 9.8 \times 2}}{0.5} \text{ N} = 1.014 \times 10^3 \text{ N}$$

4–12　一质量为 m 的物体, 原来以速率 v 向北运动, 突然受到外力打击后, 变为向西运动, 但速率不变. 求外力的冲量.

解　根据动量定理. 外力的冲量 $\boldsymbol{I}$ 等于动量的增量 $\Delta\boldsymbol{p}$. 取北为 $\boldsymbol{j}$ 方向, 东为 $\boldsymbol{i}$ 方向. 则动量增量

$$\Delta\boldsymbol{p} = mv\boldsymbol{j} - (-mv\boldsymbol{i}) = mv(\boldsymbol{j} + \boldsymbol{i})$$

故外力的冲量

$$\boldsymbol{I} = mv(\boldsymbol{i} + \boldsymbol{j})$$

4–13　质量为 m 的光滑弧形滑块置于光滑的水平钢板上. 一质量为 m' 的小钢球在滑块的圆弧上端由静止开始下滑 (如解图 4–13 所示). 设圆弧半径为 R, 弧线为 $\dfrac{1}{4}$ 圆周, 圆弧下端至钢板的距离为 h, 图中各接触面均不考虑摩擦. 求:

(1) 小球刚离开滑块时的速度大小;

(2) 小球离开滑块后在与钢板发生完全弹性碰撞过程中所受外力的冲量大小.

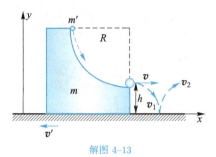

解图 4–13

解 (1) 取 m 与 m' 为系统, 显然, 系统在水平方向无外力作用. 因此, 其水平方向动量守恒.

设滑块对地的速度为 v', 小钢球对地的速度为 v. 据动量守恒则有

$$m'v - mv' = 0 \tag{1}$$

根据动能定理, 下滑过程中重力做的功等于系统动能的增加, 即

$$m'gR = \frac{1}{2}m'v^2 + \frac{1}{2}mv'^2 \tag{2}$$

联立式 (1)、式 (2) 求解, 得

$$v = \sqrt{\frac{2mgR}{m+m'}}$$

(2) 小球从 h 高度处下落为平抛运动. 落地时的水平速度 $v_{/\!/} = v$, 垂直速度 $v_{\perp} = \sqrt{2gh}$, 即时速度 $\boldsymbol{v}_1 = v_{/\!/}\boldsymbol{i} - v_{\perp}\boldsymbol{j}$. 反弹时, $v_{/\!/}$ 不变, 但 $v_{\perp}$ 反向, 故反弹速度 $\boldsymbol{v}_2 = v_{/\!/}\boldsymbol{i} + v_{\perp}\boldsymbol{j}$. 由动能定理可知, 反弹时钢板受到的冲量

$$\boldsymbol{I} = \Delta\boldsymbol{p} = m'(\boldsymbol{v}_2 - \boldsymbol{v}_1) = 2m'v_{\perp}\boldsymbol{j} = 2m'\sqrt{2gh}\,\boldsymbol{j}$$

由牛顿第三定律可知, 小球受到的冲量大小

$$I' = 2m'\sqrt{2gh}$$

4–14 将质量为 0.8 kg 的物体, 以初速度 $\boldsymbol{v}_0 = 20\boldsymbol{i}$ m·s^{-1} 水平抛出, 求第 2 s 末到第 5 s 末物体动量的增量及重力对物体的冲量.

解 根据动量定理, 重力对物体的冲量与物体动量增量相等, 即

$$\Delta\boldsymbol{p} = \boldsymbol{I} = \int_{2\,\mathrm{s}}^{5\,\mathrm{s}} mg\boldsymbol{j}\,\mathrm{d}t = \int_{2\,\mathrm{s}}^{5\,\mathrm{s}} 0.8 \times 9.8\boldsymbol{j}\ \mathrm{N}\mathrm{d}t = 23.5\boldsymbol{j}\ \mathrm{N}\cdot\mathrm{s}$$

4–15 质量为 3.5 kg 的物体, 在力 $\boldsymbol{F}$ 的作用下从静止开始 (始点为原点) 沿 x 轴运动. 求下列两种情况下, 物体的速度, 动量及动能:

(1) $F = 3 + 2t$ (SI 单位), 作用时间为 4 s;

(2) $F = 3 + 2x$ (SI 单位), 运动距离为 4 m.

解 (1) 本题知道力及作用时间, 可先求冲量, 再通过冲量来求速度及动能.

据定义, 冲量

$$I = \int_0^4 F\mathrm{d}t = \int_0^4 (3 + 2t)\mathrm{d}t = (3t + t^2)\Big|_0^4 = 28\ (\text{SI 单位})$$

根据动量定理则有

$$I = \Delta p = mv - 0$$

故速度

$$v = \frac{I}{m} = \frac{28}{3.5} \text{ m} \cdot \text{s}^{-1} = 8 \text{ m} \cdot \text{s}^{-1}$$

动量

$$p = mv = (3.5 \times 8) \text{ N} \cdot \text{s} = 28 \text{ N} \cdot \text{s}$$

动能

$$E_{\text{k}} = \frac{1}{2}mv^2 = \frac{1}{2} \times 3.5 \times 8^2 \text{J} = 112 \text{ J}$$

(2) 本题知道力与路程, 宜从功的概念入手解决. 据定义, 功

$$W = \int_0^4 F \mathrm{d}x = \int_0^4 (3 + 2x)\mathrm{d}x = 28 \text{ (SI 单位)}$$

由动能定理可得

$$W = \Delta E_{\text{k}} = \frac{1}{2}mv^2 - 0$$

故速度

$$v = \sqrt{2W/m} = \sqrt{\frac{2 \times 28}{3.5}} \text{ m} \cdot \text{s}^{-1} = \sqrt{16} \text{ m} \cdot \text{s}^{-1} = 4 \text{ m} \cdot \text{s}^{-1}$$

动量

$$p = mv = (3.5 \times 4) \text{ N} \cdot \text{s} = 14 \text{ N} \cdot \text{s}$$

动能

$$E_{\text{k}} = \frac{1}{2}mv^2 = \left(\frac{1}{2} \times 3.5 \times 16\right) \text{J} = 28 \text{ J}$$

4-16 环卫工人常用高压水枪喷射高压水柱来冲洗路面. 设高压水柱的直径 $d = 3 \text{ cm}$, 水的流速 $v = 5.6 \text{ m} \cdot \text{s}^{-1}$, 水柱与路面成 $45°$ 角投射, 冲击路面后的速度为零, 求水柱对路面水平方向的平均冲力.

解　取水柱为研究对象, 根据动量定理有

$$F_x \Delta t = \Delta p_x = \Delta mv \cos 45°$$

故水柱受到路面水平方向的平均反冲力

$$F_x = \frac{\Delta m v_x}{\Delta t} = \frac{-\rho_{\text{水}} \pi \left(\dfrac{d}{2}\right)^2 v \Delta t v \cos 45°}{\Delta t} = -\rho_{\text{水}} \pi \left(\frac{d}{2}\right)^2 v^2 \cos 45°$$

$$= -\rho_{\text{水}} \left[3.14 \times \left(\frac{0.03}{2}\right)^2 \times 5.6^2\right] \cos 45° \text{ N} = -15.7 \text{ N}$$

由牛顿第三定律可知, 水柱对路面水平方向的平均冲力 $F'_x = -F_x = 15.7 \text{ N}$.

4–17　如解图 4–17 所示, 质量为 m_1 的重锤自由下落 h 高度后砸在质量为 m_2 的木桩上, 使木桩入地 d 距离. 若地基阻力 F 恒定, 求其大小.

解　选 m_1, m_2 为系统. 设 m_1 落入 m_2 上的速度大小为 v_1, 由自由落体知识可知

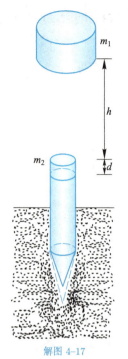

$$v_1 = \sqrt{2gh} \tag{1}$$

由于 m_1、m_2 碰撞, 外力 $\ll$ 内力, 故碰撞过程中的动量守恒. 因而有

$$(m_1 + m_2)v = m_1 v_1 \tag{2}$$

在 m_2 入地的运动过程中 (距离为 d), 系统受到的外力为重力 $(m_1 + m_2)g$, 方向向下, 摩擦力 F 方向向上; 系统的动能变化为 $0 - \frac{1}{2}(m_1 + m_2)v^2$, 外力对系统做的功为 $(m_1 + m_2)gd - Fd$.

由系统的动能定理可得

$$0 - \frac{1}{2}(m_1 + m_2)v^2 = (m_1 + m_2)gd - Fd \tag{3}$$

联立式 (1)、式 (2)、式 (3) 求解, 得摩擦力的大小

解图 4–17

$$F = \frac{m_1^2 gh}{(m_1 + m_2)d} + (m_1 + m_2)g$$

4–18　如解图 4–18 所示, 某砂场的传送带以 $3\ \mathrm{m \cdot s^{-1}}$ 的速率水平向右运动, 砂子从净高为 0.8 m 的漏斗处落到传送带上, 即随之一起运动, 取 $g = 10\ \mathrm{m \cdot s^{-2}}$, 求传送带对砂子的作用力的方向.

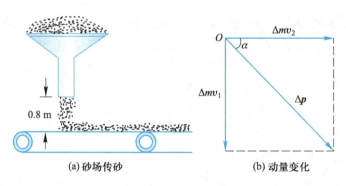

(a) 砂场传砂　　　　　(b) 动量变化

解图 4–18

解　设单位时间内从漏斗处落到传送带上的砂子质量为 Δm, 此时砂子的速度大小 $v_1 = \sqrt{2gh} = \sqrt{2 \times 10 \times 0.8}\ \mathrm{m \cdot s^{-1}} = 4\ \mathrm{m \cdot s^{-1}}$, 方向竖直向下; 同时, 它又被传送带以 $3\ \mathrm{m \cdot s^{-1}}$ 的速度向右带动. 两种运动的动量如图 (b) 所示, 其中 $\Delta \boldsymbol{p}$ 是落砂 Δm 总动量的变化. 根据力的操作性定义可知, 其方向也就是砂子受到的作用力的方向 $\left(\overline{\boldsymbol{F}} = \dfrac{\Delta \boldsymbol{p}}{\Delta t}\right)$. 由图 (b) 可知, 它与水

平方向的夹角

$$\alpha = \arctan \frac{\Delta m v_1}{\Delta m v_2} = \arctan \frac{4}{3}$$

4-19 质量为 50 kg 的炸弹, 以 200 m·s^{-1} 的速率向北飞行时, 爆炸成三块. 第一块的质量 $m_1 = 25$ kg, 以 400 m·s^{-1} 的速率向北飞行; 第二块的质量 $m_2 = 15$ kg, 以 200 m·s^{-1} 的速率向东飞行. 求第三块的速度.

解 爆炸过程中, 内力 ≫ 外力, 所以动量守恒. 由题意知 (设北向为 y 向, 东向为 x 向) 炸弹的原来动量

$$\boldsymbol{p}_1 = m\boldsymbol{v}_0$$

后来动量

$$\boldsymbol{p}_2 = m_1\boldsymbol{v}_1 + m_2\boldsymbol{v}_2 + m_3\boldsymbol{v}_3$$

由动量守恒定律可以得到

$$m\boldsymbol{v}_0 = m_1\boldsymbol{v}_1 + m_2\boldsymbol{v}_2 + m_3\boldsymbol{v}_3$$

故

$$\boldsymbol{v}_3 = \frac{m\boldsymbol{v}_0 - m_1\boldsymbol{v}_1 - m_2\boldsymbol{v}_2}{m} = \frac{50 \times 200\boldsymbol{j} - 25 \times 400\boldsymbol{j} - 15 \times 200\boldsymbol{i}}{50 - 25 - 15} \text{ m·s}^{-1}$$

$$= -300\boldsymbol{i} \text{ m·s}^{-1}$$

4-20 质量均为 m 的三只小船, 以相同的速率 v 匀速鱼贯而行. 这时, 一人从中间船上以同样的相对速率 u 同时将质量为 m' (不包括在 m 内) 的两包货物朝前、后抛向同行的两只船上. 求抛物完成后三只船运动的速度.

解 三只船在水平 (x 轴) 方向无外力作用 (加速度为零), 因此, 系统在船行方向上动量守恒.

设抛物后中间船的速度为 v', 据动量守恒则有

$$(m + 2m')v = mv' + m'(v' - u) + m'(v' + u)$$

解之, 得

$$v' = v$$

设前船接到 m' 后的速度为 $v_前$. 根据动量守恒则有

$$mv + m'(v + u) = (m + m')v_前$$

解之, 得

$$v_前 = v + \frac{m'u}{m + m'}$$

设后船接到 m' 后的速度为 $v_后$, 由动量守恒定律可得

$$mv + m'(v - u) = (m + m')v_后$$

解之, 得

$$v_{后} = v - \frac{m'u}{m + m'}$$

4–21 质量为 m、动能为 E_{k0} 的炮弹, 水平飞行时突然炸裂成质量相等的两块, 其中一块向后飞去, 动能为 $E_{k0}/2$; 另一块的动能是否也为 $E_{k0}/2$? 飞向何方?

解 设炮弹炸裂前的速度为 v_0, 炸裂后两块碎片的速度分别为 v_1 (飞向后方) 及 v_2. 据题意则有

$$E_{k0} = \frac{1}{2}mv_0^2 \tag{1}$$

$$\frac{E_{k0}}{2} = \frac{1}{2}\frac{m}{2}v_1^2 \tag{2}$$

由式 (1)、式 (2) 可以解得

$$v_1 = v_0 = \sqrt{\frac{2E_{k0}}{m}}$$

取飞行方向为 x 轴正方向. 由系统在水平 (x 轴) 方向上的动量守恒得

$$mv_0\boldsymbol{i} = \frac{m}{2}\boldsymbol{v}_2 - \frac{m}{2}v_1\boldsymbol{i} = \frac{m}{2}\boldsymbol{v}_2 - \frac{m}{2}v_0\boldsymbol{i}$$

解之, 得

$$\boldsymbol{v}_2 = 3v_0\boldsymbol{i} \text{ (即第二块飞向前方)}$$

第二块弹片的动能

$$E_{k2} = \frac{1}{2}\frac{m}{2}v_2^2 = \frac{1}{2}\frac{m}{2}9v_0^2 = \frac{9}{2}E_{k0}$$

4–22 质量为 m 的子弹水平飞行, 射穿用长 l 的轻绳悬着的质量为 m' 的摆锤后, 其速率变为原来的一半. 如果要使摆锤恰好在竖直面内作圆周运动, 求子弹的入射速率.

解 设子弹的入射速率为 v_0, 摆锤初速度为 v_1, 上摆至最高点的速率为 v_2. 取子弹、摆锤、地球为系统, 并取摆锤的最下端点为零势能点. 根据动量守恒则有

$$mv_0 = m\frac{v_0}{2} + m'v_1 \tag{1}$$

根据机械能守恒则有

$$\frac{1}{2}m'v_1^2 = \frac{1}{2}m'v_2^2 + m'g \cdot 2l \tag{2}$$

摆锤在最高点时的向心力由重力提供, 于是有

$$\frac{m'v_2^2}{l} = m'g \tag{3}$$

联立式 (1)、式 (2)、式 (3) 求解, 得

$$v_0 = \frac{2m'}{m}\sqrt{5gl}$$

4–23　装煤卡车在平滑的铁轨上以 $2\,\mathrm{m\cdot s^{-1}}$ 的初速滑行, 送料车在上方随卡车以 $1.9\,\mathrm{m\cdot s^{-1}}$ 的速率前进, 并以 $200\,\mathrm{kg\cdot s^{-1}}$ 的泄漏率装车, 装煤卡车质量为 $2.4\times10^4\,\mathrm{kg}$, 求在装煤 $30\,\mathrm{s}$ 后卡车的行进速度.

解　设卡车质量为 m_0, 装车前的速率为 v_0, 装车 $30\,\mathrm{s}$ 时的速率为 v; 送料车的速率 (即煤的水平速率) 为 v_1, 由系统水平方向的动量守恒得

$$(m_0+\Delta m)v=m_0 v_0+\Delta m v_1$$

解之, 得

$$v=\frac{m_0 v_0+\Delta m v_1}{m_0+\Delta m}=\frac{2.4\times10^4\times2+2\times10^2\times30\times1.9}{2.4\times10^4+2\times10^2\times30}\,\mathrm{m\cdot s^{-1}}$$

$$=1.98\,\mathrm{m\cdot s^{-1}}$$

4–24　求半径为 R、张角为 2θ 的一段均质圆弧的质心坐标.

解　建立如解图 4–24 所示坐标系. 设圆弧质量为 m, 则其质量线密度 $\lambda=\dfrac{m}{s}=\dfrac{m}{2R\theta}$. 在弧上任取一段元, 其弧长 $\mathrm{d}s=R\mathrm{d}\alpha$ 其坐标 $x=R\cos\alpha,y=R\sin\alpha$, 其质量 $\mathrm{d}m=\lambda\mathrm{d}s$. 则圆弧的质心坐标

$$x_C=\frac{\displaystyle\int x\mathrm{d}m}{m}=\int_{\frac{\pi}{2}-\theta}^{\frac{\pi}{2}+\theta}R\cos\alpha\lambda R\mathrm{d}\alpha/m=0$$

$$y_C=\frac{\displaystyle\int_{\frac{\pi}{2}-\theta}^{\frac{\pi}{2}+\theta}R\sin\alpha\lambda R\mathrm{d}\alpha}{m}=\frac{R\sin\theta}{\theta}$$

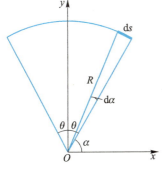

解图 4–24

解图 4–26

4–25　以太阳中心为原点, 求地球 – 太阳系统的质心.

解　设太阳质量为 m_S, 地球质量为 m_E, 日地距离为 r_{SE}, 则

$$r_C=\frac{\sum m_i r_i}{\sum m_i}=\frac{m_E r_{SE}}{m_S+m_E}=\frac{5.98\times10^{24}\times1.496\times10^{11}}{1.99\times10^{30}+5.98\times10^{24}}\mathrm{m}$$

$$=4.49\times10^5\,\mathrm{m}$$

4–26 水分子的结构如解图 4–26 所示, 求水分子的质心坐标. (已知氢氧键长 $d = 9.1 \times 10^{-11}$ m, 以氧原子为坐标原点计算.)

解 据定义

$$x_C = \frac{\sum m_i x_i}{\sum m_i} = \frac{1 \times 9.1 \times 10^{-11} \times \cos\frac{105°}{2} + 1 \times 9.1 \times 10^{-11} \times \cos\frac{105°}{2}}{1 + 1 + 16} \text{ m}$$

$$= 6.2 \times 10^{-12} \text{ m}$$

4–27 一质量均匀分布的完全柔软的绳子竖直悬挂时, 其下端恰好与地面接触. 现放开绳子, 让其下落. 求绳子下落到所剩长度为 x 时的 x_C, v_C 及 a_C. (设绳子的质量为 m, 长为 l.)

解 取地面为原点, 垂直向上为 x 轴正向建立 x 轴如解图 4–27 所示. 注意到绳的质量是连续分布的, 根据定义, 绳的质心坐标

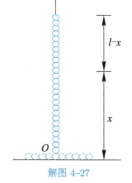

解图 4–27

$$x_C = \frac{1}{m} \int_0^x \frac{m}{l} x \mathrm{d}x = \frac{x^2}{2l}$$

质心速度

$$v_C = \frac{\mathrm{d}x_C}{\mathrm{d}t} = \frac{x}{l} \frac{\mathrm{d}x}{\mathrm{d}t} = \frac{x}{l} v$$

注意到 v 即绳之上端自由下落的速度, 其值为

$$v = -\sqrt{2gh} = -\sqrt{2g(l-x)}$$

式中 "–" 号表示速度的方向与 x 轴正方向相反. 于是绳的质心速度又可写成

$$v_C = \frac{x}{l} v = \frac{-x}{l}\sqrt{2g(l-x)}$$

据定义, 绳的质心加速度

$$a_C = \frac{\mathrm{d}v_C}{\mathrm{d}t} = \frac{\mathrm{d}}{\mathrm{d}t}\left(\frac{x}{l}v\right)$$
$$= \frac{v^2}{l} + \frac{x}{l}\frac{\mathrm{d}v}{\mathrm{d}t}$$

注意到 $\frac{\mathrm{d}v}{\mathrm{d}t} = -g$ (式中 "–" 号表示加速度的方向沿 x 轴的负方向), 于是, 上式又可进一步地简化为

$$a_C = 2g(l-x)/l - \frac{x}{l}g$$
$$= \left(2 - 3\frac{x}{l}\right)g$$

4–28 一质量为 100 kg、长 6 m 的小船停于某平静的海湾面上, 其首尾连线与海岸垂直, 且尾端 (近海岸端) 距岸为 10 m. 一质量为 50 kg 的学生从小船的尾端走到小船的首端时, 船的尾端离岸为多远? 当学生再从首端走回到尾端时, 船之尾端离岸又为多远?

解　由主教材中的例 4.5 可知, 当学生从尾端走到船的首端时, 船的后退距离

$$\Delta x = \frac{-m_人}{m_船 + m_人} L$$

式中, $m_人$ 为人的质量, $m_船$ 为船的质量, L 为船长. 代入已知条件, 得船之后退距离

$$\Delta x = -\frac{50}{50 + 100} \times 6 \text{ m} = -2 \text{ m}$$

即船尾距海岸为 8 m.

同理可得, 学生再从船首走回到船尾时, 船的后退距离亦为 2 m. 即船位置复原, 船尾距岸仍为 10 m.

六　自我检测

4-1　A、B 两木块质量分别为 m_A 和 m_B, 且 $m_B = 2m_A$, 两者用一轻弹簧连接后静止于光滑水平桌面上, 如检图 4-1 所示. 今用外力将两木块压近, 使弹簧被压缩, 然后将外力撤去, 则此后两木块运动动能之比 E_{kA}/E_{kB} 为 (　　).

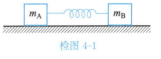

检图 4-1

A. $\frac{1}{2}$ 　　　　　B. 2 　　　　　C. $\sqrt{2}$ 　　　　　D. $\frac{\sqrt{2}}{2}$

4-2　粒子 B 的质量是粒子 A 的质量的 4 倍. 开始时粒子 A 的速度为 $3\boldsymbol{i} + 4\boldsymbol{j}$, 粒子 B 的速度为 $2\boldsymbol{i} - 7\boldsymbol{j}$, 若两粒子碰撞后, 粒子 A 的速度变为 $7\boldsymbol{i} - 4\boldsymbol{j}$, 则此时粒子 B 的速度 (题中速度的单位为 m·s^{-1}) 为 (　　).

A. $\boldsymbol{i} - 5\boldsymbol{j}$ 　　　　　B. $2\boldsymbol{i} - 7\boldsymbol{j}$ 　　　　　C. 0 　　　　　D. $5\boldsymbol{i} - 3\boldsymbol{j}$

4-3　一质量为 m 的小球, 沿水平方向以速率 v 与固定的竖直壁作弹性碰撞, 设指向壁内的方向为正方向, 则由于此碰撞, 小球的动量增量为_____.

4-4　质量为 m 的小球自高为 y_0 处沿水平方向以速率 v_0 抛出, 与地面碰撞后跳起的最大高度 $\frac{1}{2}y_0$, 水平速率为 $\frac{1}{2}v_0$, 则碰撞过程中地面对小球的垂直冲量的大小为_____; 水平冲量的大小为_____.

4-5　一质量为 1.5 kg 的物体, 被一长为 1.25 m 的细绳 (质量忽略不计) 悬挂在天花板上, 今有一质量为 10 g 的子弹以 500 m·s^{-1} 的水平速度射穿物体. 设刚穿出时子弹的速度大小为 30 m·s^{-1}, 而穿透的时间极短, 求:

(1) 子弹刚穿出时绳中的张力;

(2) 子弹在穿透过程中所获得的冲量.

自我检测
参考答案

第五章　刚体的定轴转动

一　目的要求

1. 掌握刚体的定轴转动定律及转动惯量. 能熟练地利用转动定律来分析、计算一些简单情况下的刚体定轴转动问题.
2. 理解质点、刚体的角动量, 角动量定理与角动量守恒定律; 会利用角动量守恒定律来分析、计算一些简单的刚体定轴转动问题.
3. 了解描述刚体定轴转动的物理量: 角坐标 θ, 角速度 ω, 角加速度 α 以及它们与相应线量的关系.
4. 了解刚体的动能定理.
5. 了解刚体的进动.
6. 了解守恒定律与对称性的关系.

二　内容提要

1. 角坐标与角位移　描述质点或刚体位置的物理量称为角坐标, 它是质点到参考轴端点的连线与参考轴的夹角, 随时间而变化, 即

$$\theta = \theta(t)$$

角坐标在时间 Δt 内的变化 $\Delta\theta = \theta_2 - \theta_1$ 称为角位移. 当角位移无限小时则具有矢量性, 以 $\mathrm{d}\boldsymbol{\theta}$ 表示, 其方向由右手螺旋定则确定. 在定轴转动情况下常作标量处理.

2. 角速度 角坐标 θ 随时间的变化率称为角速度, 它是角坐标对时间的一阶导数, 即

$$\boldsymbol{\omega} = \frac{\mathrm{d}\boldsymbol{\theta}}{\mathrm{d}t}$$

角速度是矢量, 其方向与角位移方向相同. 在定轴转动情况下常作标量处理.

3. 角加速度 角速度随时间的变化率称为角加速度, 它是角速度对时间的一阶导数, 即

$$\boldsymbol{\alpha} = \frac{\mathrm{d}\boldsymbol{\omega}}{\mathrm{d}t}$$

角加速度是矢量, 其方向与角速度增量的方向相同. 在定轴转动情况下常作标量处理.

角量与线量均可用来描述刚体的运动, 它们之间存在有如下的关系

$$\mathrm{d}s = R\mathrm{d}\theta$$

$$v = R\omega$$

$$a = R\alpha$$

4. 角动量 质点的位矢对质点动量的叉积称为质点的角动量, 又称动量矩, 用 $\boldsymbol{L}$ 表示, 即

$$\boldsymbol{L} = \boldsymbol{r} \times m\boldsymbol{v}$$

对于刚体, 其角动量则定义为它的转动惯量 J 与角速度 $\boldsymbol{\omega}$ 的乘积, 即

$$\boldsymbol{L} = J\boldsymbol{\omega}$$

5. 转动惯量 刚体上各质元的质量 Δm_i 与该质元到转轴距离的平方 r_i^2 的乘积之和称为刚体的转动惯量. 对于质量连续分布的刚体, 其转动惯量 $J = \displaystyle\int r^2 \mathrm{d}m$. 转动惯量是刚体对轴转动惯性大小的量度.

6. 力矩与角动量定理 角动量对时间的变化率称为力矩, 用 $\boldsymbol{M}$ 表示, 即

$$\boldsymbol{M} = \mathrm{d}\boldsymbol{L}/\mathrm{d}t$$

它实际上也是角动量定理的微分形式的表达式. 它的另一种写法为

$$\boldsymbol{M}\mathrm{d}t = \mathrm{d}\boldsymbol{L}$$

质点角动量定理的积分形式为

$$\int_{t_1}^{t_2} \boldsymbol{M}\mathrm{d}t = \boldsymbol{L}_2 - \boldsymbol{L}_1 = J\boldsymbol{\omega}_2 - J\boldsymbol{\omega}_1$$

它说明, 质点角动量的增量等于作用在质点上的冲量矩.

7. 角动量守恒定律 当作用在质点或刚体上的合外力矩为零时, 质点或刚体的角动量不变, 即

$$L_2 = L_1 = 常量$$

这一规律称为角动量守恒定律, 它说明角动量守恒是有条件的, 那就是质点或刚体的合外力矩为零.

8. 转动定律 刚体获得的角加速度 α 与作用在刚体上的合外力矩 M 成正比, 与刚体转动惯量 J 成反比, 即

$$\alpha = \frac{M}{J}$$

这一规律称为转动定律, 它说明合外力矩是产生角加速度的原因.

9. 动能定理 刚体定轴转动动能的增量等于作用在刚体上的合外力矩做功的总和, 其数学表达式为

$$\int_{\theta_1}^{\theta_2} M\mathrm{d}\theta = \frac{1}{2}J\omega_2^2 - \frac{1}{2}J\omega_1^2$$

这一规律称为刚体转动的动能定理.

10. 刚体的进动 高速转动的刚体在围绕对称轴旋转的同时, 其对称轴也会以一定的角速度绕过支点 O 的竖直轴旋转. 这样的运动称为进动, 其进动角速度的大小通常可表示为 (式中, θ 为两轴的夹角)

$$\omega = \frac{M}{L\sin\theta}$$

11. 对称性与守恒定律 经过一定操作 (变换) 后物理规律的形式保持不变, 这一性质称为物理规律的对称性. 近代物理学指出, 对称性与守恒定律密切相关 —— 每一种守恒定律都与一定的对称性相联系: 时间对称性导致了能量守恒; 空间平移对称性导致了动量守恒; 空间转动对称性导致了角动量守恒.

三 重点难点

本章的重点是角动量守恒定律与转动定律. 前者不仅对宏观领域, 对于微观领域也同样成立, 后者则是处理转动问题的依据, 它与牛顿第二定律不仅形式相似, 且作用地位也同样相同, 两个定律可以互为推导: 从牛顿第二定律可以导出转动定律, 反之亦然.

本章的难点是角动量及其守恒的理解、分析与计算. 由于这些内容中学物理涉及较少, 因此学习起来, 困难要相对大一些.

此外, 对于系统既有平动又有转动的所谓复合运动的处理, 一些学生也感到困难.

四 方法技巧

由于刚体转动时, 各点的位移 (Δr)、速度 (v)、加速度 (a) 均不相同. 而它们的角位移 ($\Delta\theta$)、角速度 (ω)、角加速度 (α) 则是相同的, 因此, 对于刚体的转动而言, 用角量描述要比用线量来描述简便得多.

本章内容的主线是角动量, 它对时间的导数 (变化率) 就是力矩, 即

$$M = \frac{\mathrm{d}L}{\mathrm{d}t} \qquad (1)$$

上式实际上就是动量定理 (微分形式), 其变换形式为

$$M\mathrm{d}t = \mathrm{d}L$$

我们注意到 $L = J\omega$, 而 J 不随时间而改变. 于是由式 (1) 可得

$$M = \frac{\mathrm{d}(J\omega)}{\mathrm{d}t} = J\frac{\mathrm{d}\omega}{\mathrm{d}t} = J\alpha$$

这就是转动定律.

当 $M = 0$ 时, 式 (1) 又可变化为

$$\mathrm{d}L = 0 \quad 或 \quad L_1 = L_2$$

这就是角动量守恒定律. 其应用非常广泛. 但应注意, 角动量守恒有条件, 那就是合外力矩为零 (凡有心力的力矩均为零).

刚体转动的问题大致可分为三类, 第一类是纯转动问题, 大致可用转动定律和刚体的运动学规律来处理. 第二类是刚体的打击或碰撞的问题, 一般应根据打击、碰撞前后的不同情况区分为不同的过程, 分别应用相关的定律或定理来处理. 第三类是所谓既有平动又有转动的刚体系的复合运动问题, 其处理大致可按如下方法进行:

(1) 用隔离体法分析各刚体所受的外力及外力矩, 并标示如图上;

(2) 对刚体的平动, 用牛顿第二定律列方程 $F = ma$;

(3) 对刚体的转动, 用转动定律列方程 $M = J\alpha$;

(4) 根据角量与线量的关系 (几何关系) 列辅助方程;

(5) 联立各方程求解, 必要时作适当讨论.

本章问题多涉及 "矩" 的计算. 因此, 在运用有关定律、定理及其相应公式来求解习题时要特别注意:

(1) 同一公式中的物理量应对同一转轴计算它们的 "矩";

(2) 当有多个外力作用时, 宜先将各个外力的 "矩" 分开算, 然后再求其和.

例 5–1　计算半径为 R, 质量为 m 的匀质球壳绕中心轴的转动惯量.

解　转动惯量的计算关键是要选好质量元, 并找出它与相应转动半径 r 的函数关系. 如例图 5–1 所示. 取面元

$$\mathrm{d}S = (R\mathrm{d}\theta)(R\sin\theta\mathrm{d}\varphi) = R^2 \sin\theta\mathrm{d}\theta\mathrm{d}\varphi$$

其质量

$$\mathrm{d}m = \sigma\mathrm{d}S = \frac{m}{4\pi}\sin\theta\mathrm{d}\theta\mathrm{d}\varphi$$

它对定轴的转动惯量

$$\mathrm{d}J = r^2\mathrm{d}m = (R\sin\theta)^2\mathrm{d}m = \frac{m}{4\pi}R^2 \sin^3\theta\mathrm{d}\theta\mathrm{d}\varphi$$

于是, 球壳对中心轴的转动惯量

$$J = \int \mathrm{d}J = \frac{m}{4\pi}R^2 \int_0^\pi \sin^3\theta \mathrm{d}\theta \int_0^{2\pi} \mathrm{d}\varphi = \frac{m}{4\pi}R^2 \left(\frac{4}{3}\right)(2\pi) = \frac{2}{3}mR^2$$

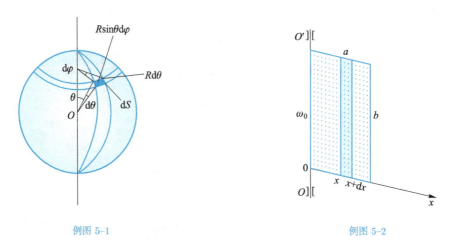

例图 5-1   例图 5-2

例 5-2 如例图 5-2 所示, 一矩形薄片的长、宽分别为 a 和 b, 质量为 m, 绕竖直轴 OO' 以初角速度 ω_0 转动, 薄片的各部分均受空气阻力, 阻力的大小与面积大小及速度的平方成正比, 比例常量为 k, 阻力方向垂直于薄片平面, 问经过多少时间后, 薄片的角速度减少到 $\frac{1}{2}\omega_0$?

解 建立如例图 5-2 所示的坐标轴, 取与 OO' 轴平行的窄条 (图中阴影部分) 为研究对象, 其所受阻力的大小

$$\mathrm{d}F_\mathrm{f} = kv^2\mathrm{d}S = k\omega^2 x^2 b\mathrm{d}x$$

它对 OO' 轴的力矩大小

$$\mathrm{d}M = x\mathrm{d}F_\mathrm{f} = k\omega^2 x^3 b\mathrm{d}x$$

整个薄片所受的总阻力矩的大小

$$M = \int \mathrm{d}M = \int_0^a k\omega^2 x^3 b\mathrm{d}x = \frac{1}{4}ka^4 b\omega^2$$

薄片的转动角加速度

$$\alpha = \frac{\mathrm{d}\omega}{\mathrm{d}t} = -\frac{M}{J} = -\frac{\frac{1}{4}ka^4 b\omega^2}{ma^2/3} = -\frac{3k}{4m}a^2 b\omega^2$$

对上式分离变量后积分, 得

$$\int_{\omega_0}^{\omega_0/2} \frac{\mathrm{d}\omega}{\omega^2} = \int_0^t -\frac{3}{4m}ka^2 b\mathrm{d}t$$

解之, 得

$$t = \frac{4m}{3ka^2 b\omega}$$

例 5-3 人造地球卫星的椭圆轨道离地心最近距离为 $3R$ (R 为地球半径), 最远距离为 $6R$. 取地球表面的重力加速度为 g, 求卫星的最小速率和最大速率.

解　如例图 5–3 所示, 以地心 O 作为椭圆轨道的一焦点 (参考点). 设地球质量为 m', 卫星质量为 m; 卫星近地点的位矢大小为 r_1, 速率为 v_1; 远地点的位矢大小为 r_2, 速率为 v_2. 选地球、卫星为系统, 则系统不受外力矩的作用, 故其角动量守恒, 即

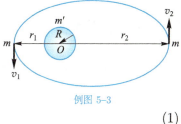

例图 5–3

$$mv_1r_1 = mv_2r_2 \tag{1}$$

又因为卫星与地球间的引力为保守内力, 无外力和非保守内力对系统做功, 所以系统的机械能守恒, 即

$$\frac{1}{2}mv_1^2 - G\frac{m'm}{r_1} = \frac{1}{2}mv_2^2 - G\frac{m'm}{r_2} \tag{2}$$

联立式 (1)、式 (2) 求解, 并注意到 $r_1 = 3R$, $r_2 = 6R$, $g = G\dfrac{m'}{R^2}$, 则可解得

$$v_1 = \frac{2}{3}\sqrt{gR}, \quad v_2 = \frac{1}{3}\sqrt{gR}$$

即卫星在近地点的速率最大, 为 $\dfrac{2}{3}\sqrt{gR}$; 在远地点的速率最小, 为 $\dfrac{1}{3}\sqrt{gR}$.

例 5–4　质量分别为 m 和 $2m$, 半径分别为 r 及 $2r$ 的两个匀质圆盘, 同轴地粘在一起, 可以绕过盘心且垂直于盘面的水平轴转动. 大小圆盘的边缘均绕有绳子, 并都挂有一质量为 m 的重物 (如例图 5–4 所示). 求圆盘角加速度的大小.

解　本题圆盘作转动, 重物作平动, 属于复合运动的问题.
取圆盘、重物为刚体系, 其隔离体受力图如图所示. 对重物应用牛顿第二定律, 得

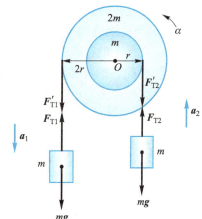

$$mg - F_{T1} = ma_1 \tag{1}$$

$$F_{T2} - mg = ma_2 \tag{2}$$

对圆盘应用转动定律, 得

$$F_{T1}2r - F_{T2}r = J\alpha \tag{3}$$

例图 5–4

注意到角量与线量的几何关系, 得

$$2r\alpha = a_1 \tag{4}$$

$$r\alpha = a_2 \tag{5}$$

而

$$J = \frac{1}{2}mr^2 + \frac{1}{2}2m(2r)^2 = \frac{9}{2}mr^2 \tag{6}$$

对上述 6 式联立求解, 得

$$\alpha = \frac{2g}{19r}$$

五 习题解答

5–1 在求刚体所受合力矩时, 能不能先求刚体所受到的合外力, 后求合外力对轴的力矩? 为什么?

答 一般不能. 因为力矩是由力与相应着力点的位矢共同决定的，所以一般情况下，合力矩不等于合力的力矩. 例如在钻木取火时用手搓木棍令其旋转, 双手对木棍施加的摩擦力大小相等、方向相反, 但不是作用在同一条直线上, 相应的位矢不同, 合力为零而力矩不为零.

只有当刚体受到各分力的位矢相同（分力共点同向）时, 合力矩才等于合力的力矩.

5–2 用手指顶一竖直竹竿, 为什么长的竹竿不易倾倒, 而短的易倾倒? 这和一般常识所理解的 "长竿的重心高, 不稳" 是否有矛盾? 为什么?

答 当长竿和短竿受到同样的外力矩扰动时, 由于长竿的转动惯量大, 角加速度小, 转动得较慢, 因此有充足的时间调节手的位置进行平衡.

所谓的 "长竿的重心高, 不稳" 指的是当倾斜同样的角度时, 长竿受到的重力矩更大, 扶正需要施加更大的力矩来对抗重力矩.

5–3 如解图 5-3 所示, 高墙或烟囱倒塌时, 为什么不是整体着地, 而是先断裂成数段后再倒下?

答 当高墙或烟囱倒下时, 可将其看作一个绕底部转动的棒状刚体. 在倒下的过程中, 它各个高度的角加速度相同, 但是加速度不同, 因此它的各部分除了受到重力作用以外还会受到内部的应力作用. 该应力有沿着轴向的分量和沿切线方向的切应力作用. 当切应力大于材料耐受程度时, 即会发生断裂.

5–4 挂在墙上的石英钟, 当其电池能量耗尽时, 其秒针为什么往往喜欢停在 "9" 的位置?

答 秒针在指向 "9" 的位置时, 重力的力矩达到逆时针的最大值. 因此当电力不足时, 该位置是一道最难迈的坎.

解图 5-3

5–5 长为 l 的匀质细棒可绕其一端在竖直平面内自由转动. 设棒自水平位置静止释放, 在棒转动到竖直位置的过程中, 可能出现的情况是 (　　).

A. 角速度和角加速度均逐渐增大　　　　B. 角速度减小, 角加速度增大

C. 角速度增大, 角加速度减小　　　　　D. 角速度和角加速度均减小

解 在转动过程中, 棒的势能变小, 动能变大 (机械能守恒), 故角速度增大.
由转动定律 $mg\dfrac{l}{2}\cos\theta = J\alpha = \dfrac{1}{3}ml^2\alpha$ 可得

$$\alpha = \frac{3g\cos\theta}{2l}$$

由于下摆过程中 θ 变大, α 变小. 结合前述可知应选 C.

5-6　如解图 5-6 所示, 两重量相等的学生通过跨过定滑轮的轻绳进行爬绳比赛, 一人用力上爬, 一人握绳不动. 若滑轮的质量及绳与滑轮的摩擦可以忽略, 则可能出现的情况是 (　　).

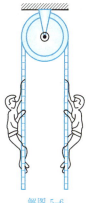

解图 5-6

A. 两学生同时到达滑轮

B. 用力的学生先到

C. 不用力的学生先到

D. 以上结果都不对

解　由于两学生重量相同, 因此作用在定滑轮上的合外力矩为零, 系统的角动量守恒, 两学生上升速度相同. 故选 A.

5-7　几个力同时作用在一个具有光滑固定转轴的刚体上. 若其矢量和为零, 则此刚体 (　　).

A. 不会转动　　　　　　　　　　　B. 转速不变

C. 转速改变　　　　　　　　　　　D. 转速可能不变, 也可能改变

解　决定刚体转速改变的物理量主要是力矩. 本题虽给出了几个力的矢量和为零, 但并未具体告知力矩的情况, 因此, 对转速而言是个不确定的问题, 故选 D.

5-8　一空心圆柱体的内、外半径分别为 R_1、R_2, 质量为 m, 则其绕中心轴 O 的转动惯量为_____.

解　设圆柱面密度为 σ, 则

$$\sigma = \frac{m}{\pi(R_2^2 - R_1^2)}$$

$$J = \frac{1}{2}m_2R_2^2 - \frac{1}{2}m_1R_1^2 = \frac{1}{2}\sigma\pi R_2^2 R_2^2 - \frac{1}{2}\sigma\pi R_1^2 R_1^2$$

$$= \frac{1}{2}\pi\sigma(R_2^4 - R_1^4) = \frac{1}{2}\pi\frac{m}{\pi(R_2^2 - R_1^2)}(R_2^2 - R_1^2)(R_2^2 + R_1^2)$$

$$= \frac{1}{2}m(R_1^2 + R_2^2)$$

故空填 $m(R_1^2 + R_2^2)/2$.

5-9　一轻绳绕在半径为 0.5 m 的定滑轮上, 在绳的一端加一竖直向下的恒定拉力 F_T = 49 N, 定滑轮的转动惯量为 $J = 4 \text{ kg} \cdot \text{m}^2$, 则其获得的角速度为_____. 若改为将重量为 49 N 的物体挂在绳端, 则滑轮的角加速度为_____.

解　由转动定律可得

$$\alpha = \frac{M}{J} = \frac{F_T r}{J} = \frac{49 \times 0.5}{4}\text{rad} \cdot \text{s}^{-2} = 6.125 \text{ rad} \cdot \text{s}^{-2}$$

若改挂物体, 则是一个复合运动问题, 对滑轮应用转动定律, 得

$$F_T r = J\beta \tag{1}$$

对重物应用牛顿第二定律, 得

$$mg - F_{\mathrm{T}} = ma \qquad (2)$$

利用几何关系 (角、线量关系), 得

$$r\alpha = a \qquad (3)$$

联立式 (1)—式 (3) 求解, 得角加速度

$$\alpha = \frac{rmg}{J + mr^2} = \frac{0.5 \times 49}{4 + \dfrac{49}{9.8} \times 0.5^2} \ \mathrm{rad \cdot s^{-2}} = 4.67 \ \mathrm{rad \cdot s^{-2}}$$

前空填 $6.125 \ \mathrm{rad \cdot s^{-2}}$, 后空填 $4.67 \ \mathrm{rad \cdot s^{-2}}$.

5–10 转盘绕垂直中心轴在水平面内作无摩擦转动, 一人自转盘边缘向中心轴走动, 则此系统的角速度将_____, 系统的总动能将_____.

解 设转盘的转动惯量为 J, 半径为 R, 人的质量为 m, 则系统的角动量守恒, 即

$$(J + mR^2)\omega_0 = (J + mr^2)\omega$$

解之, 得角速度

$$\omega = \frac{J + mR^2}{J + mr^2}\omega_0 > \omega_0 \quad (\text{增加})$$

系统的总动能

$$E_{\mathrm{k}} = \frac{1}{2}(J + mr^2)\omega^2 = \frac{1}{2}(J + mr^2)\left(\frac{J + mR^2}{J + mr^2}\right)^2 \omega_0^2$$

$$= \frac{1}{2}\frac{(J + mR^2)^2}{J + mr^2}\omega_0^2 = \frac{J + mR^2}{J + mr^2}\frac{1}{2}(J + mR^2)\omega_0^2 > E_{\mathrm{k}0} \quad (\text{增加})$$

故前后两空均填 "增加".

5–11 半径为 30 cm 的飞轮, 从静止开始以 $0.5 \ \mathrm{rad \cdot s^{-2}}$ 的匀角加速转动, 求轮缘上的一点在下列情况下的加速度:

(1) 开始时;

(2) 转过 120° 角时.

解 (1)

$$a^2 = a_{\mathrm{t}}^2 + a_{\mathrm{n}}^2$$

开始时, $v = 0$, 由法向加速度公式 $a_{\mathrm{n}} = \dfrac{v^2}{R}$ 可知, 此时的 $a_{\mathrm{n}} = 0$. 由曲线运动的加速度公式 $a^2 = a_{\mathrm{t}}^2 + a_{\mathrm{n}}^2$ 可知加速度的大小

$$a = a_{\mathrm{t}} = R\alpha = 0.3 \times 0.5 \ \mathrm{m \cdot s^{-2}} = 0.15 \ \mathrm{m \cdot s^{-2}}$$

(2) 当转过 $120°$ 即 $\dfrac{2}{3}\pi$ 时, 角速度的大小可由关系式

$$\omega^2 = 2\alpha\Delta\theta$$

算出. 这时有

$$a_{\mathrm{t}} = R\alpha$$

$$a_{\mathrm{n}} = \frac{v^2}{R} = R\omega^2 = 2\alpha\Delta\theta R$$

故

$$a = \sqrt{a_{\mathrm{t}}^2 + a_{\mathrm{n}}^2} = \sqrt{(R\alpha)^2 + 4(R\alpha)^2(\Delta\theta)^2} = R\alpha\sqrt{1 + 4(\Delta\theta)^2}$$

$$= 0.3 \times 0.5\sqrt{1 + 4\left(\frac{2}{3}\pi\right)^2} \ \mathrm{m \cdot s^{-2}} = 0.65 \ \mathrm{m \cdot s^{-2}}$$

5–12　一圆盘从静止开始作匀角加速度转动, 其角加速度 $\alpha = k$. 求 t 时刻圆盘的角速度.

解　据定义

$$\alpha = \frac{\mathrm{d}\omega}{\mathrm{d}t} = k$$

故

$$\omega = \int_0^\omega \mathrm{d}\omega = \int_0^t \alpha\mathrm{d}t = kt$$

5–13　一飞轮的转速 $\omega_0 = 250 \ \mathrm{rad \cdot s^{-1}}$. 开始制动后作匀变速转动, 经 $90 \ \mathrm{s}$ 后停止. 求开始制动后转过 $3.14 \times 10^3 \ \mathrm{rad}$ 时的角速度.

解　由刚体转动的运动学关系可得

$$\omega^2 = \omega_0^2 + 2\alpha\Delta\theta \tag{1}$$

而

$$\alpha = \frac{\omega - \omega_0}{t} = \frac{0 - 250}{90} \ \mathrm{rad \cdot s^{-2}} = -\frac{25}{9} \ \mathrm{rad \cdot s^{-2}} \tag{2}$$

将式 (2) 代入式 (1), 得角速度

$$\omega = \sqrt{250^2 + 2 \times \left(-\frac{25}{9}\right) \times 3.14 \times 10^3} \ \mathrm{rad \cdot s^{-1}} = 2.12 \times 10^2 \ \mathrm{rad \cdot s^{-1}}$$

5–14　一刚体绕固定轴从静止开始转动, 其角加速度 α 为一常量. 证明该刚体中任一点的法向加速度与刚体的角位移 $(\theta - \theta_0)$ 成正比.

证　设任一点 P 至转轴的距离为 r, 角速度为 ω, 则其法向加速度

$$a_{\mathrm{n}} = r\omega^2 \tag{1}$$

由刚体转动的运动学关系 $\omega^2 - \omega_0^2 = 2\alpha(\theta - \theta_0)$ 及题给条件 $\omega_0 = 0$ 可得

$$\omega^2 = 2\alpha(\theta - \theta_0) \tag{2}$$

将式 (2) 代入式 (1), 得

$$a_n = 2r\alpha(\theta - \theta_0)$$

5–15 两质量均为 70 kg 的溜冰运动员, 各以 4 m · s^{-1} 的速度在相距 1.5 m 的平行线上相对滑行, 当两人将相遇而过时, 相互拉起手来, 绕他们的对称中心作圆周运动, 并保持 1.5 m 的距离. 将此二人作为一系统, 求:

(1) 该系统的动量和角动量;

(2) 开始作圆周运动的角速度.

解 (1) 系统的动量

$$p = p_1 + p_2 = 70 \times 4 \text{ kg} \cdot \text{m} \cdot \text{s}^{-1} + 70 \times (-4) \text{ kg} \cdot \text{m} \cdot \text{s}^{-1} = 0$$

系统的角动量

$$L = L_1 + L_2 = \left(70 \times 4 \times \frac{1.5}{2} + 70 \times 4 \times \frac{1.5}{2}\right) \text{kg} \cdot \text{m}^2 \cdot \text{s}^{-1} = 420 \text{ kg} \cdot \text{m}^2 \cdot \text{s}^{-1}$$

(2) 由角动量的概念 $L = J\omega$ 可得

$$\omega = \frac{L}{J} = \left[\frac{420}{2 \times 70 \times \left(\dfrac{1.5}{2}\right)^2}\right] \text{rad} \cdot \text{s}^{-1} = 5.33 \text{ rad} \cdot \text{s}^{-1}$$

5–16 一质量为 m 的质点, 其运动学方程为

$$\boldsymbol{r} = a\cos\omega t\boldsymbol{i} + b\sin\omega t\boldsymbol{j}$$

其中, a、b、ω 均为常量, 求质点的角动量及受到的力矩.

解 根据力矩的定义可知, 本题应先求角动量 $\boldsymbol{L}$, 然后再对时间求导.

据定义, 速度

$$\boldsymbol{v} = \frac{\mathrm{d}\boldsymbol{r}}{\mathrm{d}t} = -a\omega\sin\omega t\boldsymbol{i} + b\omega\cos\omega t\boldsymbol{j}$$

故质点的角动量

$$\boldsymbol{L} = \boldsymbol{r} \times m\boldsymbol{v} = (a\cos\omega t\boldsymbol{i} + b\sin\omega t\boldsymbol{j}) \times m(-a\omega\sin\omega t\boldsymbol{i} + b\omega\cos\omega t\boldsymbol{j})$$

$$= mab\omega\boldsymbol{k}$$

受到的力矩

$$\boldsymbol{M} = \frac{\mathrm{d}\boldsymbol{L}}{\mathrm{d}t} = \frac{\mathrm{d}(mab\omega\boldsymbol{k})}{\mathrm{d}t} = \boldsymbol{0}$$

5-17 如解图 5-17 所示, 一匀质刚体薄圆盘, 其半径为 R, 质量为 m. 求对过其质心, 且与盘面垂直的中心轴的转动惯量 J.

解 由于圆盘质量对 O 点呈对称分布, 故其质元选半径为 r, 宽度为 dr 的环带对计算转动惯量较为简便. 其面积 $dS = 2\pi r dr$, 其质量

$$dm = \sigma dS = \frac{2mr dr}{R^2}$$

由计算公式可得其转动惯量

$$J = \int_0^R r^2 dm = \int_0^R \frac{2mr^3 dr}{R^2} = \frac{1}{2}mR^2$$

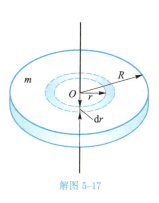

解图 5-17

5-18 证明转动惯量的垂直轴定理:

$$J_z = J_x + J_y$$

式中, J_z 为刚体薄板绕 z 轴的转动惯量, J_x、J_y 分别为刚体薄板绕 x 轴及 y 轴的转动惯量.

证 由 J 的定义式知, 薄板对 z 轴的转动惯量

$$J_z = \int r^2 dm = \int (x^2 + y^2) dm = \int x^2 dm + \int y^2 dm$$
$$= J_x + J_y$$

5-19 如解图 5-19 所示, 一轻绳跨过一定滑轮, 滑轮半径为 R, 质量为 m_3, 滑轮可视为匀质圆盘, 绳的两端分别悬挂质量为 m_1 及 m_2 的两个物体 A 和 B, 设 $m_2 > m_1$. 若绳与滑轮间无相对滑动, 求物体的加速度和绳中的张力 (不计滑轮转轴处的摩擦).

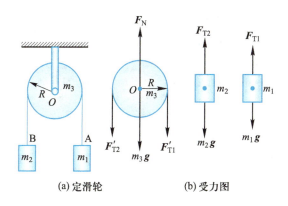

(a) 定滑轮　　　　(b) 受力图

解图 5-19

解 将物体 A、B 及滑轮分别作隔离体图, 如图 (b) 所示. 图中, F_{T1}、F_{T2} 分别代表作用于 A、B 上的绳子的张力, F'_{T1}、F'_{T2} 分别代表作用于滑轮 m_3 两边的张力. 由于考虑滑轮的质量, 所以滑轮两边绳中的张力 F'_{T1}、F'_{T2} 不等, 但 $F_{T2} = F'_{T2}$, $F_{T1} = F'_{T1}$. 对 A 和 B 分别应用

牛顿第二定律, 则有

$$F_{T1} - m_1 g = m_1 a \tag{1}$$

$$m_2 g - F_{T2} = m_2 a \tag{2}$$

重力 $m_3 g$、轴承反作用力 F_N 对垂直于纸面的 O 轴无力矩, 根据转动定律, m_3 的动力学方程为

$$F'_{T2} R - F'_{T1} R = J\alpha \tag{3}$$

由于绳与滑轮之间无相对滑动, 所以有

$$a = R\alpha \tag{4}$$

将以上四个方程联立, 并注意到 $J = \dfrac{1}{2} m_3 R^2$, 则可解得加速度

$$a = \frac{m_2 - m_1}{m_1 + m_2 + \dfrac{1}{2} m_3} g$$

绳子的张力

$$F_{T1} = F'_{T1} = m_1(g + a) = \frac{m_1(2m_2 + m_3/2)g}{m_1 + m_2 + m_3/2}$$

$$F_{T2} = F'_{T2} = m_2(g - a) = \frac{m_2(2m_1 + m_3/2)g}{m_1 + m_2 + m_3/2}$$

5–20 如解图 5–20 所示, 质量为 $m_1 = 16 \text{ kg}$ 的实心圆柱体, 其半径 $r = 15 \text{ cm}$, 可绕其水平固定轴转动, 其阻力可忽略不计, 设一轻绳绕在圆柱上, 绳的另一端系一质量 $m_2 = 8 \text{ kg}$ 的物体. 求:

(1) 由静止开始转动 1 s 后, 物体下降的高度;

(2) 绳的张力.

解 (1) 这是一个刚体系的复合运动问题, 取 m_1、m_2 为系统, 其受力如图所示.

对 m_1 用转动定律, 得

$$F_T r = J\alpha = \frac{1}{2} m_1 r^2 \alpha \tag{1}$$

对 m_2 应用牛顿运动定律, 得

$$m_2 g - F_T = m_2 a \tag{2}$$

注意到角、线量 (几何) 关系则有

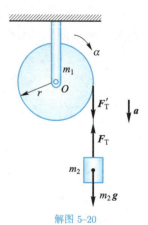

解图 5–20

$$a = r\alpha \tag{3}$$

联立式 (1)、式 (2)、式 (3) 求解, 得

$$a = \frac{m_2 g}{\frac{1}{2}m_1 + m_2} = \frac{8 \times 9.8}{\frac{16}{2} + 8} \text{ m} \cdot \text{s}^{-2} = 4.9 \text{ m} \cdot \text{s}^{-2}$$

故 1 s 后圆柱体下降的高度

$$h = \frac{1}{2}at^2 = \frac{4.9}{2} \text{ m} = 2.45 \text{ m}$$

(2) 由式 (2) 可以解得绳的张力

$$F_\text{T} = m_2 g - m_2 a = (8 \times 9.8 - 8 \times 4.9)\text{N} = 39.2 \text{ N}$$

5-21 如解图 5-21 所示, 质量 $m=5$ kg 的物块沿一与水平面成 37° 角的斜面下滑, 斜面对物块的摩擦系数为 0.25, 物块系在绕固定滑轮的细绳上, 滑轮质量 m_0 为 20 kg, 半径 R 为 0.20 m, 可视为匀质圆盘, 求:

(1) 物块下滑的加速度;

(2) 绳中张力.

解 (1) 此题仍属复合运动问题. 取 m_0、m 为系统. 其受力如图所示.

对 m_0 应用转动定律, 得

$$F'_\text{T} R = F_\text{T} R = \frac{1}{2}m_0 R^2 \alpha \tag{1}$$

对 m 应用牛顿运动定律, 得

$$mg\sin 37° - F_\text{T} - F_\text{f} = ma \tag{2}$$

由角、线量 (几何) 关系得

$$a = R\alpha \tag{3}$$

而

$$F_\text{f} = \mu mg\cos 37° \tag{4}$$

联立式 (1)—式 (4) 求解, 得下滑加速度

$$a = \frac{mg(\sin 37° - \mu\cos 37°)}{\frac{1}{2}m_0 + m} = \frac{5 \times 9.8 \times (\sin 37° - 0.25 \times \cos 37°)}{\frac{1}{2} \times 20 + 5} \text{ m} \cdot \text{s}^{-2}$$

$$= 1.31 \text{ m} \cdot \text{s}^{-2}$$

(2) 由式 (1) 可以解得绳中张力

$$F_\text{T} = \frac{1}{2}m_0 R\alpha = \frac{1}{2}m_0 a = \left(\frac{1}{2} \times 20 \times 1.31\right) \text{N} = 13.1 \text{ N}$$

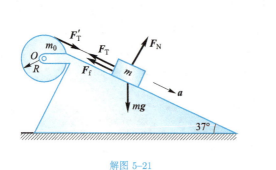

解图 5-21

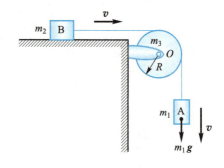

解图 5-22

5-22 质量为 m_3, 半径为 R 的定滑轮及质量为 m_1、m_2 的两物体 A、B 安装如解图 5-22 所示, 若 B 与桌面的摩擦可忽略, 且滑轮可视为匀质圆盘, 用系统角动量定理求物体的加速度.

解 取 m_1、m_2、m_3 为系统, 则系统的外力矩 (重力矩) $M = m_1gR$. 由系统的角动量定理可得

$$m_1gR = \frac{\mathrm{d}}{\mathrm{d}t}\left(m_1vR + m_2vR + \frac{1}{2}m_3R^2\omega\right)$$
$$= m_1Ra + m_2Ra + \frac{1}{2}m_3Ra$$

式中, $a = \dfrac{\mathrm{d}v}{\mathrm{d}t} = R\dfrac{\mathrm{d}\omega}{\mathrm{d}t} = R\alpha$. 对上式求解, 得物体的加速度

$$a = \frac{m_1g}{m_1 + m_2 + \dfrac{m_3}{2}}$$

5-23 质量为 m 的小孩站在半径为 R 的水平平台边缘上, 平台可以绕过其中心的竖直光滑固定轴自由转动, 其转动惯量为 J. 初始时, 平台和小孩均为静止. 求小孩突然以相对于地面为 v 的速率在台的边缘沿逆时针方向走动时, 平台相对于地面旋转的角速度及旋转的方向.

解 将小孩与平台组成系统, 显然, 系统在竖直方向上的合外力矩为零, 故该方向的角动量守恒.

设平动相对于地面的旋转角速度为 ω. 由角动量守恒可得

$$0 = Rmv + J\omega$$

解之, 得

$$\omega = -\frac{Rmv}{J}$$

式中, "−" 号表示平台的转动方向为顺时针.

5-24 如解图 5-24 所示, 质量为 0.03 kg, 长为 0.2 m 的匀质直棒可在水平面内绕中心轴转动, 棒上套有两个可以沿棒滑动的质量均为 0.02 kg 的小物体 (可视为质点), 开始时两小物体分别被夹子固定在棒心的两边, 距棒心各为 0.05 m, 棒以 15 r/min 的转速运动. 现将夹子突然撤除, 两小物体沿棒向外滑去以至飞离棒端. 问当两个小物体滑到棒端时, 系统的角速度为多大?

解 以两个小物体及匀质直棒为系统. 由题意知, 系统在中心轴方向上的合外力矩为零, 故该方向上的角动量守恒.

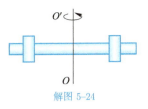

解图 5-24

设棒的质量为 m_1, 长为 l, 初始的角速度为 ω_0; 小球的质量为 m_2, 初始时距棒中心的距离为 r, 滑到末端时的距离为 $l/2$, 旋转角速度为 ω. 据角动量守恒则有

$$\left(\frac{1}{12}m_1l^2 + 2m_2r^2\right)\omega_0 = \omega\left(\frac{1}{12}m_1l^2 + 2m_2\frac{l^2}{4}\right)$$

解之, 得

$$\omega = \omega_0 \frac{\frac{1}{12}m_1l^2 + 2m_2r^2}{\frac{1}{12}m_1l^2 + \frac{1}{2}m_2l^2}$$

$$= \frac{\frac{1}{12}\times 0.03\times(0.2)^2 + 2\times 0.02\times(0.05)^2}{\frac{1}{12}\times 0.03\times(0.2)^2 + \frac{1}{2}\times 0.02\times(0.2)^2}\times\frac{15\times 2\pi}{60}\ \text{rad}\cdot\text{s}^{-1}$$

$$= \frac{\pi}{5}\ \text{rad}\cdot\text{s}^{-1} = 0.628\ \text{rad}\cdot\text{s}^{-1}$$

5-25 匀质细杆长为 $2l$, 一端铰接于一固定轴上, 起始时竖直悬挂, 要使此杆在竖直平面内绕轴转一整圈, 此杆应具有的初角速度 ω_0 至少应为多大?

解 取杆和地球为系统. 由于没有外力和非保守内力做功, 故系统的机械能守恒. 取初始时刻杆的质心处的势能为零, 则杆转至最高点的势能为 $2mgl$. 由机械能守恒, 可得

$$\frac{1}{2}J\omega_0^2 = 2mgl$$

即

$$\frac{1}{2}\times\frac{1}{3}m(2l)^2\omega_0 = 2mgl$$

解之, 得

$$\omega_0 = \sqrt{\frac{3g}{l}}$$

5-26 如解图 5-26 所示, 匀质细杆长为 l, 质量为 m, 在竖直平面内可绕距质心 C 为 a 的水平轴 O 转动, 如将此杆从水平位置释放, 求杆通过竖直位置时的角速度 $\left(J_0 = ma^2 + \frac{1}{12}ml^2\right)$.

解 取杆通过竖直位置时的角速度为 ω, 由动能定理可得

$$mga = \frac{1}{2}J_0\omega^2$$

解之, 得

$$\omega = \sqrt{\frac{2ga}{a^2 + \frac{1}{12}l^2}}$$

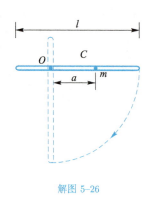

解图 5-26

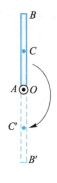

解图 5-27

5-27 如解图 5-27 所示, 匀质直杆 AB 长为 L, 质量为 m, A 点悬于固定轴上, 起始时杆处于竖直位置, B 点在悬挂点之上, 初速度为零, 然后直杆向下摆动, 求 B 点转至悬挂点正下方时, 固定轴所受之力.

解 直杆在运动过程中机械能守恒, 故有

$$\frac{1}{2}J\omega^2 = \frac{1}{2} \times \frac{1}{3}mL^2\omega^2 = mgL$$

即

$$\omega^2 = \frac{6g}{L} \tag{1}$$

设转轴受的力为 F. 当 B 点转至悬挂点正下方时, 使直杆作圆周运动的向心力

$$F - mg = m\frac{v_C^2}{L/2} = m\omega^2\frac{L}{2} \tag{2}$$

联立式 (1)、式 (2) 求解, 得

$$F = mg + m\frac{6g}{L}\frac{L}{2} = 4mg$$

六 自我检测

5-1 花样滑冰运动员绕通过自身的竖直轴转动, 开始时两臂伸开, 转动惯量为 J_0, 角速度为 ω_0. 然后她将两臂收回, 使转动惯量减少为 $\frac{1}{3}J_0$. 这时她转动的角速度变为 (   ).

A. $\frac{1}{3}\omega_0$ 　　　　　　　　　　　　B. $(1/\sqrt{3})\omega_0$

C. $\sqrt{3}\omega_0$ 　　　　　　　　　　　　D. $3\omega_0$

5-2 光滑的水平桌面上有长为 $2l$、质量为 m 的匀质细杆, 可绕通过其中点 O 且垂直于桌面的竖直固定轴自由转动, 转动惯量为 $\frac{1}{3}ml^2$, 起初杆静止. 有一质量为 m 的小球在桌面上

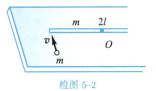

正对着杆的一端, 在垂直于杆长的方向上, 以速率 v 运动, 如检图 5–2 所示, 当小球与杆端发生碰撞后, 就与杆粘在一起随杆转动, 则这一系统碰撞后的转动角速度是 (   ).

A. $\dfrac{lv}{12}$ B. $\dfrac{2v}{3l}$

C. $\dfrac{3v}{4l}$ D. $\dfrac{3v}{l}$

检图 5–2

5–3 在一水平放置的质量为 m、长度为 l 的均匀细杆上, 套着一质量也为 m 的套管 B (可看作质点), 套管用细线拉住, 它到竖直的光滑固定轴 OO' 的距离为 $\dfrac{1}{2}l$, 杆和套管所组成的系统以角速度 ω_0 绕 OO' 轴转动, 如检图 5–3 所示. 若在转动过程中细线被拉断, 套管将沿着杆滑动. 在套管滑动过程中, 该系统转动的角速度 ω 与套管离轴的距离 x 的函数关系为_____.
(已知杆本身对 OO' 轴的转动惯量为 $\dfrac{1}{3}ml^2$.)

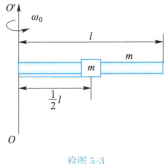

检图 5–3

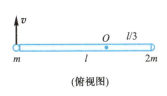

(俯视图)

检图 5–4

5–4 质量分别为 m 和 $2m$ 的两物体 (都可视为质点), 用一长为 l 的轻质刚性细杆相连 (如检图 5–4), 系统绕通过杆且与杆垂直的竖直固定轴 O 转动, 已知 O 轴离质量为 $2m$ 的质点的距离为 $\dfrac{1}{3}l$, 质量为 m 的质点的线速度为 v 且与杆垂直, 则该系统对转轴的角动量 (动量矩) 大小为_____.

5–5 一作匀变速转动的飞轮在 10 s 内转了 16 圈, 其末角速度为 15 rad·s⁻¹. 问它的角加速度的大小为多少?

自我检测
参考答案

* 第六章　液体的运动

一　目的要求

1. 了解表面张力与毛细现象, 了解描述液体流动的物理量流速、流线及流量.
2. 了解理想液体与定常流动.
3. 了解理想液体的连续性方程.
4. 了解伯努利方程及其简单应用.

二　内容提要

1. 表面张力与毛细现象　在液体分界面上形成的, 指向分界面内侧, 使薄膜产生收缩的作用力称为表面张力.

将固体细管插入液体中发现, 细管中的液体柱面高度与原液面高度不一样, 这样的现象称为毛细现象.

2. 流速　液体质元流动的速度称为流速, 它是液体流动快慢的表征.

流速仅随地点而变化的流动称为定常流动, 否则就称非定常流动.

3. 流线与流管　流速场中的一系列曲线, 其上任一点的切线方向均可代表该点的流速方向, 这样的曲线称为流线. 在定常流动中, 流线不能相交, 且分布稳定.

由一系列流线所围成的管状空间称为流管. 它是一根无形的管; 管内液体不能外流, 管外液体也不能进入.

4. 流量　流量有体积流量与质量流量之分. 单位时间内垂直通过某一面积 S 的液体体积称为液体的体积流量, 用 $q_V = vS_\perp$ 表示. 单位时间内垂直通过某一面积 S 的液体质量称为液体的质量流量, 用 $q_m = \rho vS_\perp = \rho q_V$ 表示.

5. 理想液体　既不可压缩, 又无内摩擦的液体称为理想液体. 它是研究液体运动的一种重要模型.

6. 连续性方程　在定常流动的情况下, 单位时间内, 从 S 面流入与流出的流量 (体积流量与质量流量) 相等, 即

$$Sv = 常量, \quad \rho Sv = 常量$$

或

$$S_1 v_1 = S_2 v_2, \quad \rho_1 S_1 v_1 = \rho_2 S_2 v_2$$

这就是理想液体的连续性方程. 它说明理想液体的截面积与流速成反比.

7. 伯努利方程　描述液体在定常流动中的压强、速度及高度三者之间关系式称为伯努利方程, 其形式为

$$p + \frac{1}{2}\rho v^2 + \rho gh = 常量$$

或

$$p_1 + \frac{1}{2}\rho v_1^2 + \rho gh_1 = p_2 + \frac{1}{2}\rho v_2^2 + \rho gh_2$$

$$\frac{p}{\rho g} + \frac{v^2}{2g} + h = 常量$$

伯努利方程说明, 液体的压力头 $\dfrac{p}{\rho g}$、速度头 $\dfrac{v^2}{2g}$ 及高度头 h 的总和守恒 (不变).

三　重点难点

本章的重点和难点都是理想液体中的伯努利方程及其应用, 它是流体力学分析计算的基础, 也是液体仪表仪器研制的依据. 学习时宜多从其实质 —— 能量守恒的角度去进行把握及理解.

四　方法技巧

本章学习除了要认真理解一些流体力学的基本概念以外, 还要充分理解伯努利方程的物理内涵, 会用伯努利方程来处理流体力学的问题. 其中有两点要特别引起注意: 一是伯努利方程是个能量守恒方程, 要从能量守恒这个角度去把握它; 二是伯努利方程是对同一流线上的两点而言的.

例 6–1　一虹吸管装置如例图 6–1 所示, 设 h_1, h_2, h_3 为已知. 求:

(1) 当管的下端 D 被塞住时, 图中 A、B、C 点处的压强;

(2) 下端 D 被打开时, A、B、C 处的压强及 D 处的流速.

解 (1) 这是一个静力学问题. 设大气压强为 p_0. 由静力学平衡条件可知

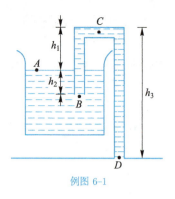

例图 6–1

$$p_A = p_0$$

$$p_B = p_0 + \rho g h_2$$

$$p_C = p_0 - \rho g h_1$$

(2) 这是一个动力学问题, 须用伯努利方程来求解.

对 BC 流线应用伯努利方程, 得

$$p_B + \frac{1}{2}\rho v_B^2 + \rho g(h_3 - h_1 - h_2) = p_C + \frac{1}{2}\rho v_C^2 + \rho g h_3$$

注意到上式中的 $v_B = 0, p_B = p_0 + \rho g h_2$ 则可解得

$$p_C = p_0 - \rho g h_1 - \frac{1}{2}\rho v_C^2 \tag{1}$$

对 CD 流线应用伯努利方程, 得

$$p_C + \frac{1}{2}\rho v_C^2 + \rho g h_3 = p_D + \frac{1}{2}\rho v_D^2 + 0$$

注意到 $v_C = v_D = v, p_D = p_0$, 则可得到 C 点的压强

$$p_C = p_0 - \rho g h_3 \tag{2}$$

联立式 (1)、式 (2) 求解, 则可得到 D 点的流速

$$v_D = \sqrt{2g(h_3 - h_1)}$$

而 A、B 两点无流动, 其压强与式 (1) 中情况相同, 即

$$p_A = p_0$$

$$p_B = p_0 + \rho g h_2$$

五　习题解答

6–1　什么是流线? 什么是流管? 它们有什么特点和作用?

答　流线是流速场中的一系列曲线, 其上任意一点的切线方向就是该点的流速方向. 流管是由一系列流线所围成的管状空间.

对于定常流动, 流线不能相交且分布稳定. 流线的疏密能反映空间流速的大小. 流管内外的液体均不能穿过管壁, 作用与真实管道相同, 为液体运动研究提供了方便. 对于理想 (不可压缩) 流体的定常流动, 通过流管的任意截面的流量为常量.

6–2 为什么两船近距离并行容易发生碰撞?

答 两船近距离并行时, 两船之间的水的流速会增大, 由伯努利方程知, 压强会变小, 而两船外侧的压强不变, 所以, 两船会相互吸引, 容易发生碰撞.

6–3 为什么烟囱越高, 其拔火能力就越大?

答 烟囱中的空气受热膨胀向上升, 由伯努利方程知, 烟囱越高, 则顶部的压强越小, 形成低压真空虹吸现象, 烟囱越高, 形成的低压越强, 拔火能力就越大.

6–4 关于理想液体的概念, 下列说法中正确的是 (   ).

A. 理想液体是一种不可压缩的液体

B. 理想液体是一种既不可压缩, 也不存在内摩擦 (黏性) 的极易流动的液体

C. 理想液体是一种极易流动的液体

D. 理想液体是一种密度极稀的液体

解 由理想液体的概念可知, B 是正确的. 故选 B.

6–5 伯努利方程的实质是一种_____ 守恒的表征.

解 从伯努利方程的推导过程可以看出, 其实质是一种机械能守恒的表征. 故空填机械能.

6–6 设火箭发射时, 气体以速度 u 从火箭尾部喷出, 其流量为 q_m. 求气体对火箭的推力.

解 气体对火箭的推力与气体的动量共线反向. 因而有

$$F = -\frac{\mathrm{d}p}{\mathrm{d}t} = -\frac{\mathrm{d}(mu)}{\mathrm{d}t} = -u\frac{\mathrm{d}m}{\mathrm{d}t} = -uq_m$$

负号表示推力方向与气体运动方向相反.

6–7 一内盛水银的 U 形管与一截面不均匀的管道连接组成的设备称为文丘里流量计 (参见解图 6–7), 用以测量流体的流量. 设图中粗、细截面处的压强、流速、截面积分别为 p_1, v_1, S_1 及 p_2, v_2, S_2; U 形管中的水银密度为 ρ_m, 流体的密度为 ρ, 求管中流体的流量 q_V.

解 对流线 1、2 应用伯努利方程, 则有

$$p_1 + \frac{1}{2}\rho v_1^2 + \rho g h_1 = p_2 + \frac{1}{2}\rho v_2^2 + \rho g h_2 \tag{1}$$

由流体的连续性方程可以得到

$$S_1 v_1 = S_2 v_2$$

即

$$v_1 = \frac{S_2}{S_1}v_2 \tag{2}$$

而

$$p_1 = p_2 + (\rho_m - \rho)gh \tag{3}$$

注意到 1、2 两点相距很近, 高度近似相等, 联立式 (1)、式 (2)、式 (3) 可以解得

$$v_2 = S_1 \sqrt{\frac{2(\rho_m - \rho)gh}{\rho(S_1^2 - S_2^2)}}$$

故管中流量

$$q_V = S_2 v_2 = S_1 S_2 \sqrt{\frac{2(\rho_m - \rho)gh}{\rho(S_1^2 - S_2^2)}}$$

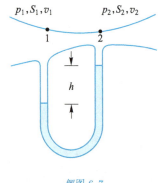

解图 6-7

解图 6-8

6-8 黄河河床比地面高, 称为 "悬河". 为了在不消耗能源, 不开挖堤坝的情况下也能 "引黄兴利", 可采用虹吸方式将黄河水吸出 (见解图 6-8). 假设虹吸管内的水流可以视为定常流动 (图中, h_2 为虹吸管深入水下的深度, h_1 为虹吸管两端的高差), 求:

(1) 虹吸管内水的流速;

(2) 虹吸管最高点 B 的压强;

(3) B 点距水面的最大高度 h_3.

解 (1) 设虹吸管内水的流速为 v. 对 AB 流线应用伯努利方程, 得

$$p_A + \frac{1}{2}\rho v_A^2 + \rho g h_1 = p_B + \frac{1}{2}\rho v_B^2 + \rho g(h_1 + h_2 + h_3) \tag{1}$$

对 BC 流线应用伯努利方程, 得

$$p_B + \frac{1}{2}\rho v_B^2 + \rho g(h_1 + h_2 + h_3) = p_C + \frac{1}{2}\rho v_C^2 + 0 \tag{2}$$

而

$$p_C = p_0 \ (\text{大气压强}) \tag{3}$$

$$p_A = p_0 + \rho g h_2 \tag{4}$$

$$v_A = 0 \tag{5}$$

注意到 $v = v_B = v_C$. 联立式 (1)—式 (5) 求解, 则得

$$v = \sqrt{2g(h_1 + h_2)}$$

(2) 将 $v_B = v_C$，$p_C = p_0$ 代入式 (2)，则得

$$p_B = p_0 - \rho g(h_1 + h_2 + h_3)$$

(3) 由流体静力学概念可得

$$\rho g h_3 = p_0$$

故

$$h_3 = \frac{p_0}{\rho g} = \frac{1.013 \times 10^5}{1 \times 10^3 \times 9.8}\,\mathrm{m} = 10.34\,\mathrm{m}$$

六　自我检测

6-1　如检图 6-1 所示，在一储水高度为 4 m 的量筒侧壁上的 1 m、2 m、3 m、4 m 处分别开有 4 个小孔，则射程最远的是 (　　).

A. 第 1 孔　　　　　B. 第 2 孔　　　　　C. 第 3 孔　　　　　D. 第 4 孔

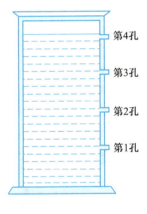

检图 6-1

6-2　当火车飞驰而过时，为什么站在近铁轨旁的人容易被卷进铁轨，发生意外?

自我检测
参考答案

第七章 狭义相对论基础

一 目的要求

1. 理解爱因斯坦狭义相对论的两个基本原理 (假设).
2. 理解洛伦兹坐标变换和速度变换, 能用它们来分析、计算在不同惯性系中运动质点的时空变换问题.
3. 理解狭义相对论中同时性的相对性以及长度收缩和时间延缓的概念, 会分析、计算有关长度收缩和时间延缓的问题.
4. 理解狭义相对论中质量和速度的关系, 质量和能量的关系, 并能用来分析和计算一些简单问题.
5. 了解迈克耳孙–莫雷实验.
6. 了解能量与动量的关系.

二 内容提要

1. 狭义相对论的两个基本原理 (假设)

(1) 相对性原理 在所有惯性系中, 一切物理定律都是相同的. 或者说, 对于描述物理规律而言, 所有惯性系都是等价的, 没有绝对优越的惯性系.

(2) 光速不变原理 在所有惯性系中, 光在真空中的传播速率均为 c.

2. 洛伦兹坐标变换　若 S′ 系相对于 S 系沿 x 轴正方向以速率 v 作匀速直线运动, 则两系中的坐标变换关系 (习称洛伦兹坐标变换) 为

$$\begin{cases} x' = \dfrac{x - vt}{\sqrt{1 - v^2/c^2}} = \gamma(x - vt) \\ y' = y \\ z' = z \\ t' = \dfrac{t - \dfrac{v}{c^2}x}{\sqrt{1 - v^2/c^2}} = \gamma\left(t - \dfrac{v}{c^2}x\right) \end{cases}$$

将上述洛伦兹坐标变换中的时空坐标位置交换, 并将 v (相对论因子除外) 前的 "−" 变为 "+", 即得洛伦兹坐标变换的逆变换.

3. 洛伦兹速度变换　若 S′ 系以速率 v 相对于 S 系沿 x 轴作匀速直线运动, 则两系中的速度变换关系 (习称洛伦兹速度变换) 为

$$\begin{cases} u'_x = \dfrac{u_x - v}{1 - \dfrac{v}{c^2}u_x} \\ u'_y = \dfrac{u_y}{\gamma\left(1 - \dfrac{v}{c^2}u_x\right)} \\ u'_z = \dfrac{u_z}{\gamma\left(1 - \dfrac{v}{c^2}u_x\right)} \end{cases}$$

若将上式中 v 前的 "+" "−" 互换, 即可获得洛伦兹速度变换的逆变换.

4. 狭义相对论的时空观　狭义相对论对时间、空间的观点称为狭义相对论的时空观, 主要包含如下内容:

(1) 同时是相对的　在某一惯性系 S′ 中, 两异地同时发生的事件, 在另一惯性系 S 中观察却不是同时的. 只有当 S′ 系中的两同地事件同时发生时, 在 S 系中的观察才是同时发生的.

(2) 空间间隔是相对的 (长度收缩效应)　物体沿运动方向的长度 l 会比其固有长度 l_0 短, 其数学表达式为

$$l = l_0\gamma^{-1} < l_0$$

它说明, 物体的长度将沿着运动方向收缩.

(3) 时间间隔是相对的 (时间延缓效应)　在相对于观察者为静止的惯性系中测得同地先后发生两事件的时间间隔 (固有时间间隔) τ_0 要比对事件发生地点有相对运动的另一惯性系中测得的时间 τ (非固有时间间隔) 短, 其关系为

$$\tau = \tau_0\gamma > \tau_0$$

它说明, 非固有时 τ 总是要大于固有时 τ_0. 换言之, 固有时相对于非固有时变慢了, 延缓了.

5. 质速关系　相对论认为, 物体的质量随物体运动的速度而变化, 其关系式为

$$m = \dfrac{m_0}{\sqrt{1 - v^2/c^2}}$$

此即相对论的质速关系, 它说明物体运动速度越快, 其质量就越大.

6. 质能关系 相对论认为, 物体的能量与其质量有关, 其总能量

$$E = mc^2 = \gamma m_0 c^2 = \gamma E_0 = E_0 + E_k$$

此即相对论的质能关系, 式中

$$E_0 = m_0 c^2$$

为静能;

$$E_k = E - E_0 = mc^2 - m_0 c^2$$

为动能.

7. 能动关系 相对论中, 能量与动量紧密相连, 其关系式为

$$E^2 = p^2 c^2 + E_0^2$$
$$p = \sqrt{2E_k(m_0 + E_k/2c^2)}$$

三   重点难点

本章的重点是狭义相对论的两条基本原理以及长度收缩、时间延缓及质速关系、质能关系. 本章的难点在于对同时的相对性、长度收缩、时间延缓的理解及应用.

四   方法技巧

本章的学习关键是要认真理解根据相对论基本原理导出的洛伦兹变换, 它可以很好地帮助我们理解相对论的时空观和相对论的动力学问题, 其次是要认真理解相对的含义以及固有时与非固有时, 动长与静长的概念以及它们之间的关系.

本章习题旨在加深对相对论基本原理的理解, 主要题型涉及洛伦兹坐标变换、长度收缩、时间延缓、质速关系、质能关系等方面的问题的分析和计算. 在求解有关长度问题时, 关键是要搞清固有长度与非固有长度的概念; 在求解有关时间问题时, 必须要弄清固有时间间隔和非固有时间间隔的概念, 切不可似懂非懂地乱套公式.

例 7–1   一发射源向相距均为 l_0 的东、西两接收站 W、E 发射光信号. 今有一飞机以速度 v 沿与两接收站连线由西向东飞行. 问飞机上的观测者测得两站接收到光信号的时间间隔为多少?

解   取地球为 S 系, 飞机为 S′ 系. 在 S 系中, 信号到达 W 用坐标 (x_W, t_W) 表示, 到达 E

用 (x_E, t_E) 表示, 则 $x_W = -l_0$, $x_E = l_0$; $t_W = l_0/c$, $t_E = l_0/c$. 由洛伦兹变换得

$$t'_W = \frac{t_W - x_W v/c^2}{\sqrt{1 - v^2/c^2}} = \frac{\frac{l_0}{c} + \frac{l_0 v}{c^2}}{\sqrt{1 - v^2/c^2}}$$

$$t'_E = \frac{t_E - \frac{v}{c^2} x_E}{\sqrt{1 - v^2/c^2}} = \frac{\frac{l_0}{c} - \frac{l_0 v}{c^2}}{\sqrt{1 - v^2/c^2}}$$

故两站接收到光信号的时间间隔

$$\Delta t' = t'_W - t'_E = \frac{\frac{l_0}{c} + \frac{l_0 v}{c^2}}{\sqrt{1 - v^2/c^2}} - \frac{\frac{l_0}{c} - \frac{l_0 v}{c^2}}{\sqrt{1 - v^2/c^2}} = \frac{2\frac{l_0 v}{c^2}}{\sqrt{1 - v^2/c^2}} = \frac{2l_0 v}{c^2\sqrt{1 - v^2/c^2}}$$

例 7–2　边长为 a 的立方体物块相对地球以速度 v 运动, 问地球上测得的物体呈何形状? 体积为多少?

解　由于该物体在运动方向上的长度收缩, 其长度为 $\sqrt{1 - \frac{v^2}{c^2}}a$, 在其他方向上长度不变, 仍为 a, 故地球上的观察者测得的该物体为长方体, 其体积为

$$V = aa\sqrt{1 - v^2/c^2}a = a^3\sqrt{1 - \frac{v^2}{c^2}}$$

例 7–3　一电子以 $0.99c$ 的速率运动, 问电子的总能量为多少? 电子的经典动能与相对论动能之比为多少?

解　由狭义相对论的能量公式得电子的总能量

$$E = mc^2 = \frac{m_0 c^2}{\sqrt{1 - \frac{v^2}{c^2}}}$$

$$= \frac{9.1 \times 10^{-31} \times (3 \times 10^8)^2}{\sqrt{1 - \frac{(0.99c)^2}{c^2}}} \text{ J} = 5.81 \times 10^{-13} \text{ J}$$

电子的经典动能

$$E_{k0} = \frac{1}{2} m_0 v^2 = \frac{1}{2} \times 9.1 \times 10^{-31} \times (0.99 \times 3 \times 10^8)^2 \text{ J}$$
$$= 4.01 \times 10^{-14} \text{ J}$$

而相对论动能

$$E_k = E - m_0 c^2 = 5.81 \times 10^{-13} - 9.1 \times 10^{-31} \times (3 \times 10^8)^2 \text{ J}$$
$$= 4.99 \times 10^{-13} \text{ J}$$

故

$$\frac{E_{k0}}{E_k} = \frac{4.01 \times 10^{-14}}{4.99 \times 10^{-13}} = 8.04 \times 10^{-2}$$

五 习题解答

7-1 2021 年, 某省大学老师说相对论是大毒瘤, 他推翻了相对论, 还申报了相关省科研课题和省级科技进步奖. 你认为他的观点对不对?

答 物理学是门实验科学, 其理论正确与否主要以实验事实为依据. 从本教程的内容可以看出, 多项实验事实 (如 1963 年进行的 μ 子飞行距离实验测定) 都证明, 相对论的理论是正确的. 因此, 说相对论是大毒瘤的观点是不对的, 它没有获得任何一个实验事实的支持.

7-2 洛伦兹坐标变换与伽利略坐标变换的主要区别是什么? 在什么情况下, 两种变换趋于一致? 这说明了什么?

答 洛伦兹坐标变换与伽利略坐标变换的主要区别是洛伦兹坐标变换的时间是相对的, 而伽利略坐标变换的时间是绝对的、不取决于参考系的.

在速度远小于光速时, 洛伦兹坐标变换与伽利略坐标变换趋于一致, 这说明伽利略坐标变换是洛伦兹坐标变换在物体作低速运动的近似.

7-3 我国有不少神话故事, 其中之一是说: "山中方一日, 世上乃千年." 这在某种程度上说, 也是时间相对性的一种体现. 假设神话中的山为 "神山", 可以高速飞翔. 请估算一下, 此山要以多大速度相对地面飞行才能 "神话成真"?

答 由时间间隔的相对性公式 $\tau = \dfrac{\tau_0}{\sqrt{1 - v^2/c^2}}$, 其中 τ 为千年, τ_0 为一日. 解出 "神山" 相对地面的速度 $v = c\sqrt{1 - \tau_0^2/\tau^2} = (1 - 3.75 \times 10^{-12})c$, 速度约为光速 3.00×10^8 m/s.

7-4 按照狭义相对论的时空观, 下列说法中正确的是 (   ).

A. 在一惯性系中的两个同时事件, 在另一惯性系中一定同时

B. 在一惯性系中的两个同时事件, 在另一惯性系中一定不同时

C. 在一惯性系中的两个同时又同地事件, 在另一惯性系中一定同时又同地

D. 在一惯性系中的两个同时不同地事件, 在另一惯性系中一定地不同时

解 根据同时的相对性, 只有在一个惯性系中的两个同时同地事件, 在另一惯性系中才是同时同地的, 故选 C.

7-5 1 m 长的直尺沿着它的长度方向以 $0.6c$ 的速率从观察者面前经过, 其所需要的时间为 (   ).

A. 4.44×10^{-9} s   B. 5.56×10^{-9} s   C. 6.94×10^{-9} s   D. 1.6×10^{-9} s

解 直尺从观察者面前经过的时间

$$\Delta t = \frac{l}{v} = \frac{1 \times \sqrt{1 - v^2/c^2}}{0.6 \times 3 \times 10^8} = 4.44 \times 10^{-9} \text{ s}$$

故选 A.

7–6 设观察者甲测得同一地点发生的两个事件的时间间隔为 4 s, 乙相对甲以 0.6c 的速度运动, 则乙观察到的两事件的时间间隔为_____.

解 甲测得的时间 4 s 为固有时 τ_0, 故乙测得的时间间隔

$$\tau = \frac{\tau_0}{\sqrt{1 - v^2/c^2}} = \frac{4}{\sqrt{1 - \left(\dfrac{0.6c}{c}\right)^2}} = 5 \text{ s}$$

7–7 一均匀细棒的固有长度为 l_0, 静质量为 m_0, 当棒以速度 v 沿棒长方向相对观察者运动时, 他测得棒的线密度 $\rho =$ _____; 当棒沿着与棒垂直的方向运动时, 他测得棒的线密度 $\rho =$ _____.

解 当棒沿着棒长方向运动时, 其线密度 $\rho = \dfrac{m}{l} = \dfrac{m_0/\sqrt{1 - v^2/c^2}}{l_0\sqrt{1 - v^2/c^2}} = \dfrac{m_0/l_0}{1 - v^2/c^2}$

当棒沿着与棒垂直方向运动时, 棒的线密度

$$\rho = \frac{m}{l} = \frac{m_0/\sqrt{1 - v^2/c^2}}{l_0} = \frac{m_0/l_0}{\sqrt{1 - v^2/c^2}}$$

7–8 一观察者测得电子质量是其静质量 m_0 的两倍, 则电子相对观察者的速率 $v =$ _____, 动能 $E_k =$ _____.

解 由题意知 $m = \dfrac{m_0}{\sqrt{1 - v^2/c^2}} = 2m_0$, 故有

$$(1 - v^2/c^2)^{-1} = 4$$

解之, 得

$$v = \frac{\sqrt{3}}{2}c$$

电子的动能

$$E_k = mc^2 - m_0 c^2 = 2m_0 c^2 - m_0 c^2 = m_0 c^2$$

7–9 S′ 系相对 S 系运动的速率为 0.6c, S 系中测得一事件发生在 $t_1 = 2 \times 10^{-7}$ s, $x_1 = 50$ m 处, 第二事件发生在 $t_2 = 3 \times 10^{-7}$ s, $x_2 = 10$ m 处, 求 S′ 系中的观察者测得两事件发生的时间间隔和空间间隔.

解 由洛伦兹变换可得两事件发生的时间间隔

$$\Delta t' = \frac{\Delta t - \dfrac{v}{c^2}\Delta x}{\sqrt{1 - v^2/c^2}}$$

$$= \frac{(3 \times 10^{-7} - 2 \times 10^{-7}) - \dfrac{0.6 \times 3 \times 10^8}{(3 \times 10^8)^2} \times (10 - 50)}{\sqrt{1 - 0.6^2}} \text{ s}$$

$$= 2.25 \times 10^{-7} \text{ s}$$

空间间隔

$$\Delta x' = \frac{\Delta x - v\Delta t}{\sqrt{1 - v^2/c^2}} = \frac{(10 - 50) - 0.6 \times 3 \times 10^8 \times 10^{-7}}{\sqrt{1 - 0.6^2}} \, \text{m}$$

$$= -72.5 \, \text{m}$$

7–10 两事件在 S 系中的时空坐标分别为 $x_1 = x_0, t_1 = \frac{x_0}{c}$ 和 $x_2 = 2x_0, t_2 = \frac{x_0}{2c}$.

(1) 若两事件在 S′ 系中是同时发生的, 则 S′ 系相对 S 系运动的速率是多少?

(2) 两事件在 S′ 系中发生在什么时刻?

解 (1) 由题意知

$$\Delta t' = t_2' - t_1' = \frac{t_2 - \frac{v}{c^2}x_2}{\sqrt{1 - v^2/c^2}} - \frac{t_1 - \frac{v}{c^2}x_1}{\sqrt{1 - v^2/c^2}} = \frac{\frac{x_0}{2c} - \frac{x_0}{c} - \frac{v}{c^2}(2x_0 - x_0)}{\sqrt{1 - v^2/c^2}}$$

$$= 0$$

即

$$\frac{x_0}{2c} - \frac{x_0}{c} - \frac{x_0 v}{c^2} = 0$$

解之, 得 S′ 系相对于 S 系的速率大小

$$|v| = \left| -\frac{1}{2}c \right| = 0.5c$$

(2) 两事件在 S′ 系中同时发生的时刻 $t_2' = t_1' = \dfrac{t_2 - \dfrac{v}{c^2}x_2}{\sqrt{1 - v^2/c^2}} = \dfrac{\dfrac{x_0}{2c} - \dfrac{-0.5c}{c^2}2x_0}{\sqrt{1 - 0.5^2}} = \sqrt{3}x_0/c$

7–11 设有 A、B、C 三个星体, A 上的观察者测得 B、C 两星体都以 $0.7c$ 的速度背向而行. 求 B 上的观察者测得星体 A、C 的速度大小.

解 设 A 为 S 系, B 为 S′ 系. 根据运动描述的相对性, B 测 A 的速度与 A 测 B 的速度同大小, 即

$$u_A' = 0.7c$$

根据洛伦兹速度变换公式, B 测 C 的速度大小

$$u_C' = \frac{u_C - v}{1 - \frac{u_C v}{c^2}} = \frac{-0.7c - 0.7c}{1 + \left(\frac{0.7c}{c}\right)^2} = -0.94c$$

7–12 设 S′ 系相对 S 系的速度为 v, 求以速率 u' 相对 S′ 系沿下述方向运动的质点, 在 S 系中观察, 其速度在 y 轴上的投影值 u_y:

(1) 沿 x' 轴方向;

(2) 沿 y' 轴方向.

解　(1) 质点在 x' 轴上运动, 它在 y 轴上无速度投影值, 故

$$u_y = 0$$

(2) 根据洛伦兹速度变换公式可得

$$u_y = \frac{u'_y}{\gamma\left(1 + \dfrac{v}{c^2}u_y\right)} = \sqrt{1 - v^2/c^2}\,u'_y = u'\sqrt{1 - v^2/c^2}$$

7-13　设某飞船相对地球以 $0.5c$ 的速度飞行. 一工作于其上的乘客向地球上的家人发送了一条短信, 用时为 10 s, 则地球上的家人看来, 该发送过程用时为多少?

解　根据时间延缓效应可得地球人测得的时间

$$\tau = \frac{\tau_0}{\sqrt{1 - \dfrac{v^2}{c^2}}} = \frac{10}{\sqrt{1 - \left(\dfrac{0.5c}{c}\right)^2}}\ \text{s} = 11.5\ \text{s}$$

7-14　两事件在 S 系中发生在同一地点, 时间间隔为 4 s, 在 S′ 系中时间间隔为 6 s, 求 S′ 系相对 S 系的速率.

解　由时间间隔的相对性公式 $\tau = \dfrac{\tau_0}{\sqrt{1 - v^2/c^2}}$ 可以得到

$$1 - \frac{v^2}{c^2} = \left(\frac{\tau_0}{\tau}\right)^2$$

解之, 得 S′ 相对于 S 的速率

$$v = c\sqrt{1 - \tau_0^2/\tau^2} = c\sqrt{1 - 16/36} = \frac{\sqrt{20}}{6}c = 2.24 \times 10^8\ \text{m}\cdot\text{s}^{-1}$$

7-15　某飞船以速率 $v = 9 \times 10^3\ \text{m}\cdot\text{s}^{-1}$ 相对于地球匀速飞行. 当飞船上的钟走过 5 s 时, 地球上的钟 (假设事前两钟校准过) 走过了多少时间?

解　根据时间延缓效应, 地球上的钟走过的时间

$$\tau = \frac{\tau_0}{\sqrt{1 - v^2/c^2}} = \frac{5}{\sqrt{1 - \left(\dfrac{9 \times 10^3}{3 \times 10^8}\right)^2}}\ \text{s} = 5.000\,000\,002\ \text{s}$$

7-16　一米尺静置于 S′ 系中. 若在 S 系中测得该尺的长度为 0.75 m, 则 S′ 系相对于 S 系的速度为多大?

解　由长度收缩效应公式 $l = l_0\sqrt{1 - v^2/c^2}$ 可得

$$\left(\frac{l}{l_0}\right)^2 = (c^2 - v^2)/c^2$$

解之, 得

$$\frac{v^2}{c^2} = 1 - \left(\frac{l}{l_0}\right)^2 = 1 - \left(\frac{3}{4}\right)^2 = \frac{7}{16}$$

$$v = \frac{\sqrt{7}}{4}c = 0.661c$$

7-17 静止的 π 介子, 其平均寿命为 2.6×10^{-8} s, 在高能加速器中 π 介子获得了 $0.75c$ 的速度 (相对实验室), 分别按经典理论和狭义相对论计算实验室测得的 π 介子所通过的距离.

解 按经典理论计算, π 介子通过的距离

$$l = v\tau_0 = (0.75 \times 3 \times 10^8 \times 2.6 \times 10^{-8}) \text{ m} = 5.9 \text{ m}$$

按相对论公式算, π 介子通过的距离

$$l = v\tau = \left[0.75 \times 3 \times 10^8 \times \frac{2.6 \times 10^{-8}}{\sqrt{1 - \left(\dfrac{0.75c}{c}\right)^2}} \right] \text{ m} = 8.8 \text{ m}$$

7-18 一静止长度为 l_0 的火箭以速率 v 相对地面运动, 从火箭前端发出一个光信号, 对火箭和地面上的观察者来说, 光信号从前端到尾端各用多少时间?

解 对于火箭上的观察者, 他认为火箭是静止的, 因此, 他所观察到的时间为

$$\Delta t' = \frac{l_0}{c}$$

对于地面的观察者, 他认为火箭在运动, 长度在收缩, 此时的火箭长度为

$$l = l_0 \sqrt{1 - \frac{v^2}{c^2}}$$

设光由前端传至尾端的时间为 Δt, 在 Δt 时间内, 尾端向前端方向前进了 $v\Delta t$ 的距离, 于是有

$$\Delta t = \frac{l - v\Delta t}{c} = \frac{l_0\sqrt{1 - v^2/c^2} - v\Delta t}{c}$$

解之, 得

$$\Delta t = \frac{l_0}{c}\sqrt{\frac{c^2 - v^2}{c + v}} = \frac{l_0}{c}\sqrt{\frac{c - v}{c + v}}$$

7-19 当一静止体积为 V_0, 静质量为 m_0 的立方体沿其一棱以速率 v 运动时, 计算其体积、质量和密度.

解 设立方体边长为 a, 根据长度收缩公式可知, 其运动方向的边长 $a' = a\sqrt{1 - v^2/c^2}$, 故其体积

$$V = aaa\sqrt{1 - v^2/c^2} = V_0\sqrt{1 - v^2/c^2}$$

根据质速关系可知其质量

$$m = \frac{m_0}{\sqrt{1 - v^2/c^2}}$$

根据密度的概念可得

$$\rho = \frac{m}{V} = \frac{m_0/\sqrt{1 - v^2/c^2}}{V_0\sqrt{1 - v^2/c^2}} = \frac{m_0}{V_0(1 - v^2/c^2)}$$

7-20 证明当物体运动的速率 $v \ll c$ 时, 相对论的动能公式与经典的动能公式趋于一致.

证 根据相对论动能公式得

$$E_k = (m - m_0)c^2 = \left(\frac{1}{\sqrt{1 - v^2/c^2}} - 1 \right) m_0 c^2$$

当 $v \ll c$, 即 $v/c \ll 1$ 时

$$[1 - (v/c)^2]^{-\frac{1}{2}} \approx 1 + \frac{1}{2}\frac{v^2}{c^2}$$

将之代入上式, 得

$$E_k = \frac{1}{2} m_0 c^2 \frac{v^2}{c^2} = \frac{1}{2} m_0 v^2$$

7-21 在电子加速器中, 设电子的速度被加速到了 $v = 0.99c$, 这时, 电子的动能为多少 (电子的静能为 $0.51\,\mathrm{MeV}$)?

解 由质能关系可以得到电子的动能

$$E_k = mc^2 - m_0 c^2 = \frac{m_0 c^2}{\sqrt{1 - v^2/c^2}} - m_0 c^2$$
$$= \left(\frac{0.51}{\sqrt{1 - 0.99^2}} - 0.51 \right) \mathrm{MeV} = 3.1\,\mathrm{MeV}$$

7-22 实验测得一质子的速率为 $0.995c$, 求该质子的质量、总能量、动量、动能 (质子的静质量 $m_p = 1.673 \times 10^{-27}\,\mathrm{kg}$).

解 根据质速关系可以得到质子的质量

$$m = \frac{m_0}{\sqrt{1 - v^2/c^2}} = \frac{1.673 \times 10^{-27}}{\sqrt{1 - 0.995^2}}\mathrm{kg} = 1.675 \times 10^{-26}\,\mathrm{kg}$$

根据质能关系可得, 质子的总能量

$$E = mc^2 = [1.675 \times 10^{-26} \times (3 \times 10^8)^2]\,\mathrm{J} = 1.51 \times 10^{-9}\,\mathrm{J}$$

据定义, 质子的动量

$$p = mv = 1.675 \times 10^{-26} \times 0.995c = 5.00 \times 10^{-18}\,\mathrm{kg \cdot m \cdot s^{-1}}$$

质子的动能

$$E_k = E - m_0 c^2 = [1.51 \times 10^{-9} - 1.673 \times 10^{-27} \times (3 \times 10^8)^2]\,\mathrm{J} = 1.36 \times 10^{-9}\,\mathrm{J}$$

7-23 设电子的静质量为 m_0, 求:
(1) 质量为 $5m_0$ 时电子的速度;
(2) 相对论动量为其经典动量的 2.5 倍时, 电子的相对论动能与经典动能的比值.

解 (1) 由质速关系 $m = m_0/\sqrt{1 - v^2/c^2}$ 得

$$\sqrt{1 - \frac{v^2}{c^2}} = \frac{m_0}{m}$$

解之, 得

$$v = \sqrt{1 - \left(\frac{m_0}{m}\right)^2}\, c = \sqrt{1 - \left(\frac{1}{5}\right)^2}\, c = 0.98c$$

(2) 由经典动量 $p_0 = m_0 v$, 相对论动量 $p = \dfrac{p_0}{\sqrt{1 - v^2/c^2}}$ 得

$$\sqrt{1 - v^2/c^2} = \frac{p_0}{p}$$

解之, 得

$$v = c\sqrt{1 - (p_0/p)^2} = 0.917c$$

因经典动能 $E_{k0} = \dfrac{1}{2} m_0 v^2$, 相对论动能 $E_k = m_0 c^2 \left(\dfrac{1}{\sqrt{1 - v^2/c^2}} - 1\right)$. 所以

$$\frac{E_k}{E_{k0}} = \frac{m_0 c^2 \left(\dfrac{1}{\sqrt{1 - v^2/c^2}} - 1\right)}{\dfrac{1}{2} m_0 v^2} = \frac{c^2 \left(\dfrac{p}{p_0} - 1\right)}{\dfrac{1}{2}(0.917c)^2}$$

$$= \frac{2.5 - 1}{\dfrac{1}{2} \times 0.917^2} = 3.57$$

7-24 甲相对乙以 $0.6c$ 的速度运动, 问:

(1) 甲携带一质量为 1 kg 的物体, 乙测得该物体的质量是多少?

(2) 甲、乙测得该物体的总能量各是多少?

解 (1) 根据质速关系, 乙测得的质量

$$m = \frac{m_0}{\sqrt{1 - \beta^2}} = \frac{1}{\sqrt{1 - 0.6^2}} \text{ kg} = 1.25 \text{ kg}$$

(2) 根据质能关系, 甲测得的总能量

$$E_\text{甲} = m_0 c^2 = 1 \times (3 \times 10^8)^2 \text{ J} = 9 \times 10^{16} \text{ J}$$

乙测得的总能量

$$E_\text{乙} = mc^2 = 1.25 \times (3 \times 10^8)^2 \text{ J} = 1.13 \times 10^{17} \text{ J}$$

六 自我检测

7-1 宇宙飞船相对于地面以速度 v 作匀速直线飞行, 某一时刻飞船头部的宇航员向飞船尾部发出一个光信号, 经过 Δt (飞船上的钟) 时间后, 被尾部的接收器收到, 则由此可知飞船的固有长度为 (c 表示真空中光速) (   ).

A. $c\Delta t$ 　　　　　　　　　　B. $v\Delta t$

C. $\dfrac{c\Delta t}{\sqrt{1-(v/c)^2}}$ 　　　　　　D. $c\Delta t\sqrt{1-(v/c)^2}$

7-2　一个电子运动速度 $v=0.99c$, 它的动能是 (电子的静能为 0.51 MeV) (　　).

A. 4.0 MeV　　　　B. 3.5 MeV　　　　C. 3.1 MeV　　　　D. 2.5 MeV

7-3　π^+ 介子是不稳定的粒子, 在它自己的参考系中测得的平均寿命是 2.6×10^{-8} s, 如果它相对于实验室以 $0.8c$ (c 为真空中光速) 的速率运动, 那么实验室坐标系中测得的 π^+ 介子的寿命是_____s.

7-4　静止时边长为 50 cm 的立方体, 当它沿着与它的一个棱边平行的方向相对于地面以匀速度 2.4×10^8 m·s^{-1} 运动时, 在地面上测得它的体积是_____.

7-5　观察者 A 测得与他相对静止的 x-y 平面上某圆的面积为 12 cm^2, 另一观察者 B 相对于 A 以 $0.8c$ 的速度平行于 x-y 平面作匀速直线运动, B 测得这一图形为椭圆, 其面积是多少?

自我检测
参考答案

第八章 真空中的静电场

1. 掌握场强和电势的概念以及场强叠加原理; 掌握电势与场强的积分关系, 能计算一些简单问题中的场强和电势.
2. 掌握高斯定理, 会用高斯定理计算一些对称场的场强.
3. 理解库仑定律, 会用库仑定律分析点电荷间的静电场力.
4. 理解环路定理, 了解场强与电势的微分关系.

二   内容提要

1. **电荷守恒定律** 在一个不与外界交换电荷的系统内所发生的过程中, 系统正、负电荷量的代数和保持不变. 这一规律称为电荷守恒定律, 它是自然界的基本定律之一.

2. **库仑定律** 真空中两个静止点电荷相互作用力的大小与两个点电荷电荷量的乘积成正比, 与它们之间距离的平方成反比, 方向沿两点电荷的连线, 同号电荷相斥, 异号电荷相吸, 这一规律称为库仑定律, 其数学表达式为

$$F = \frac{1}{4\pi\varepsilon_0} \frac{q_1 q_2}{r^3} r$$

式中, r 的方向由施力电荷指向受力电荷.

库仑定律又称平方反比定律, 它只适用于点电荷的情况.

3. 场强与场强叠加原理　单位试探电荷所受的电场力 F/q 称为电场强度, 简称场强. 用 E 表示, 即 $E = F/q_0$. 场强是静电场力学性质的表述.

电荷系的场强等于各点电荷单独存在时产生的场强的矢量和. 这一规律称为场强叠加原理. 其数学表达式为 $E = E_1 + E_2 + \cdots = \sum E_i$.

场强叠加原理是分析计算场强的依据.

4. 电场强度通量　穿过电场中某一曲面的电场线的数目, 称为通过该曲面的电场强度通量, 亦称 E 通量, 它与场强的关系为

$$\Phi_\mathrm{e} = \int_S E \cdot \mathrm{d}S$$

E 通量是标量, 其正负取决于 E 与 $\mathrm{d}S$ 的夹角 θ. 通常约定, 自曲面内穿出的 E 通量为正 $(0° < \theta < 90°)$, 自曲面外穿入的 E 通量为负 $(\pi > \theta > 90°)$.

5. 真空中静电场的高斯定理　在真空中, 穿过任一封闭曲面 S 的 E 通量等于该封闭曲面所包围电荷量的代数和除以 ε_0, 这一规律称为真空中静电场的高斯定理, 其数学表达式为

$$\oint_S E \cdot \mathrm{d}S = \frac{1}{\varepsilon_0} \sum q_i$$

如果电荷分布是连续的, 则需用积分来计算电荷量的代数和.

高斯定理表明, 静电场是有源场, 电荷是产生静电场的源.

6. 静电场的环路定理　场强沿任一闭合回路的线积分等于零, 这一规律称为静电场的环路定理. 其数学表达式为

$$\oint_l E \cdot \mathrm{d}l = 0$$

环路定理表明, 静电场是保守场, 静电场力做的功仅决定于始末位置而与路径无关.

7. 电势能　将电荷 q_0 从场点移至参考点 (零点) 处电场力所做的功称为电场在该点的电势能, 用 W_a 表示, 即

$$W_a = \int_a^{电势能零点} q_0 E \cdot \mathrm{d}l$$

电势能是电荷与电场组成的系统所共同具有的, 是空间坐标位置的函数, 其大小具有相对性.

8. 电势与电势叠加原理　电场中某点 a 的电势能与该点试验电荷电荷量之比 (即单位电荷具有的电势能) 称为该点的电势, 用 V_a 表示, 即

$$V_a = \frac{W_a}{q_0} = \int_a^{电势零点} E \cdot \mathrm{d}l$$

这一公式又叫电场与电势的积分关系, 它既是电势的定义式, 又是电势的计算公式.

电势是标量, 其值具有相对性.

如果电场是多个点电荷共同产生的, 则场点电势 V_a 等于各点电荷单独存在时在该点产生的电势的代数和, 即

$$V_a = V_{1a} + V_{2a} + \cdots = \sum_i V_{ia}$$

这一规律称为电势叠加原理. 它是分析和计算电势的依据.

9. 电场与电势的微分关系 电场中某点的场强等于该点电势梯度的负值. 这一规律称为电场与电势的微分关系. 其数学表达式为

$$\boldsymbol{E} = -\boldsymbol{\nabla}V = -\mathrm{grad}\,V$$

场强在三个坐标轴上的投影式分别为

$$E_x = -\frac{\partial V}{\partial x}; \quad E_y = -\frac{\partial V}{\partial y}; \quad E_z = -\frac{\partial V}{\partial z}$$

这说明, 我们可以通过将电势对坐标求偏导的方法来计算场强.

三 重点难点

高斯定理、环路定理、场强与电势的 (积分) 关系是本章内容的重点. 它们不仅提供了静电场的特性及规律, 而且还提供了静电场的研究方法, 因此一定要好好掌握.

场强和电势的计算是本章的难点. 它是一个由理论向实践转化的过程, 其本身就存在一定的难度; 另一方面, 这样的计算往往需要用到微积分, 一些学生对此不太适应, 从而更增加了它的困难度.

四 方法技巧

为了克服计算场强和电势所带来的困难, 首先必须要正确地理解相关的概念及规律, 包括它们的物理意义, 它们与相关概念、规律的联系与区别, 它们的适用范围及条件等. 其次就是要熟练地应用微积分, 并且要会归纳出一定的处理方法.

一般而言, 场强的计算方法大致有三种:

一是根据点电荷的场强公式, 利用叠加原理, 或求和 (场源为点电荷系), 或积分 (场源为带电体) 来计算. 在应用此法时, 应尽量采用投影式, 将矢量运算化成标量运算.

二是利用高斯定理来计算. 但这种方法只有当场源电荷分布具有某种对称性时才较为简便. 因此, 利用此法时, 首先要判别场源电荷 (或场) 是否具有某种对称性, 其次是要选好高斯面:

(1) 要使待求的场点位于高斯面上;

(2) 要使高斯面上的 $\boldsymbol{E}$ 处处相等; 或使高斯面上某些部分的 $\boldsymbol{E}$ 为零, 另一些部分的 $\boldsymbol{E}$ 相等, 且各面的方向应分别与 $\boldsymbol{E}$ 成恒定角 (如 $0°$ 或 $90°$).

三是利用电势梯度来计算, 即 $\boldsymbol{E} = -\boldsymbol{\nabla}V$.

电势的计算多用两种方法来进行: 一是根据叠加原理利用点电荷的电势公式, 或求和 (场源为点电荷系), 或积分 (场源为有限带电体) 来计算. 二是利用电势的定义式, 即利用电势与电场的积分关系来进行.

例 8–1　一线电荷密度为 λ 的均匀绝缘细线 $abcde$ 被弯成如例图 8–1 所示的形状, 其中两段直线的长度和半圆环的半径均为 R, 求环心处的场强.

解　本题可用场强叠加原理来求解.

建立如图所示的坐标系, 由电荷分布的对称性分析可知, ab 段与 de 段在 O 点产生的场强为零, 故 $\boldsymbol{E}_O = \boldsymbol{E}_{\widehat{bcd}}$.

在半圆环上任取一线元 $\mathrm{d}l$, 其电荷量 $\mathrm{d}q = \lambda\mathrm{d}l$. 设 $\mathrm{d}q$ 在 O 点产生的场强 $\mathrm{d}\boldsymbol{E}$ 与 y 轴夹角为 θ, 则 $\mathrm{d}\boldsymbol{E}$ 的投影式为

$$\mathrm{d}E_x = \mathrm{d}E \sin\theta = \frac{\lambda\mathrm{d}l}{4\pi\varepsilon_0 R^2}\sin\theta$$

$$\mathrm{d}E_y = \mathrm{d}E \cos\theta = \frac{\lambda\mathrm{d}l}{4\pi\varepsilon_0 R^2}\cos\theta$$

注意到本例 $\mathrm{d}\theta < 0$, 由图可见, $\mathrm{d}l = -R\mathrm{d}\theta$, 故

$$E_x = \int \mathrm{d}E_x = -\int_\pi^0 \frac{\lambda R\mathrm{d}\theta}{4\pi\varepsilon_0 R^2}\sin\theta = \frac{\lambda}{2\pi\varepsilon_0 R}$$

$$E_y = \int \mathrm{d}E_y = -\int_\pi^0 \frac{\lambda R\mathrm{d}\theta}{4\pi\varepsilon_0 R^2}\cos\theta = 0$$

所以 O 点的场强

$$\boldsymbol{E}_O = E_x\boldsymbol{i} = \frac{\lambda}{2\pi\varepsilon_0 R}\boldsymbol{i}$$

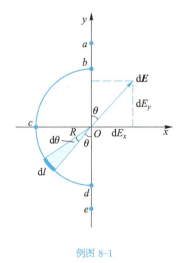

例图 8–1

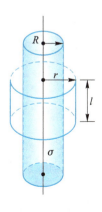

例图 8–2

例 8–2　求半径为 R, 面电荷密度为 σ 的无限长均匀带电圆柱面的场强分布 (参见例图 8–2).

解 用高斯定理求场强大致可分三步进行: 第一步, 分析判断对称性. 只有电荷或场强呈对称分布, 用高斯定理求解才简便; 第二步, 选好高斯面. 高斯面必须过场点, 且使面上的场或处处相等, 或部分相等, 部分与面垂直或平行; 第三步, 用高斯定理列、解方程.

由题意知, 本题电荷呈轴对称分布, 因而可用高斯定理来求解.

选同轴圆柱面为高斯面: 其半径为 r, 高为 l. 对该柱面应用高斯定理, 得

$$\oint_s \boldsymbol{E} \cdot \mathrm{d}\boldsymbol{S} = \int_{\text{侧面}} \boldsymbol{E} \cdot \mathrm{d}\boldsymbol{S} + 2\int_{\text{底面}} \boldsymbol{E} \cdot \mathrm{d}\boldsymbol{S}$$
$$= \int_{\text{侧}} \boldsymbol{E} \cdot \mathrm{d}\boldsymbol{S} \cos 0° = 2\pi r l E = \frac{q}{\varepsilon_0}$$

若 $r < R$, 即场点位于圆柱面内, 则 $q = 0$, 因而有

$$E_{\text{内}} = \frac{q}{2\pi l r \varepsilon_0} = 0$$

若 $r > R$, 即场点位于圆柱面外, 则 $q = 2\pi R l \sigma$, 因而有

$$E_{\text{外}} = \frac{q}{2\pi l r \varepsilon_0} = \frac{2\pi R l \sigma}{2\pi l r \varepsilon_0} = \frac{R\sigma}{\varepsilon_0 r}$$

例 8-3 一锥顶角为 2θ, 锥长为 L, 底半径为 R 的圆锥面均匀带电, 其面电荷密度为 σ. 求锥顶角 O 处的电势 (参见例图 8-3).

解 本题电荷为一有限带电体, 可用积分来求其势. 其要领是: (1) 在带电体上取一电荷元 $\mathrm{d}q$; (2) 写出它在场点产生的电势 $\mathrm{d}V$; (3) 对带电体所有电荷积分即可求得其电势.

如图所示, 在圆锥上取一无限小圆台, 其底面半径为 r, 高为 $\mathrm{d}l$, 圆台侧面到 O 的距离为 l. 所带电荷

$$\mathrm{d}q = 2\pi r \mathrm{d}l \sigma$$

它在 O 点处产生的电势

$$\mathrm{d}V = \frac{\mathrm{d}q}{4\pi\varepsilon_0 l} = \frac{2\pi r \mathrm{d}l \sigma}{4\pi\varepsilon_0 l} = \frac{\sigma r \mathrm{d}l}{2\varepsilon_0 l}$$

由图可见, $r = l\sin\theta = l\dfrac{R}{L}$, 将之代入上式并积分, 得

$$V = \int_V \frac{\sigma l \frac{R}{L} \mathrm{d}l}{2\varepsilon_0 l} = \int_0^L \frac{\sigma R \mathrm{d}l}{2\varepsilon_0 L} = \frac{\sigma R}{2\varepsilon_0}$$

例 8-4 如例图 8-4 所示, 在一半径为 R_1、体电荷密度为 ρ 的均匀带电球体内挖去一半径为 R_2 的球形空腔 $(2R_2 < R_1)$. 设空腔中心 O_2 与带电球体的球心 O_1 之间的距离为 l, 求空腔内的场强.

解 本题可用 "补偿法" 求解: 先用体电荷密度为 ρ, 半径为 R_2 的均匀带电小球填充空腔, 使球体变为一完整的带电球, 再用体电荷密度为 $-\rho$、半径为 R_2 的均匀带电小球置于空腔中, "补偿" 电荷分布与实际情况的差异. 这样, 腔中任一点 P 的场强便可用大小两球所产生的场强的叠加来求解, 即 $\boldsymbol{E}_P = \boldsymbol{E}_{\text{大}} + \boldsymbol{E}_{\text{小}}$.

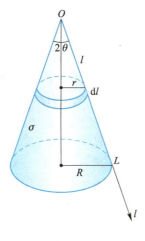

例图 8-3

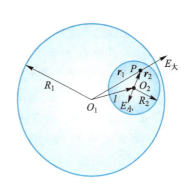

例图 8-4

设 O_1 到 P 的位矢为 $\boldsymbol{r}_1$, 由高斯定理得

$$\oint_{S_1} \boldsymbol{E}_{\text{大}} \cdot \mathrm{d}\boldsymbol{S} = E_{\text{大}} 4\pi r_1^2 = \frac{\rho}{\varepsilon_0} \frac{4}{3}\pi r_1^3$$

解之, 得

$$E_{\text{大}} = \frac{\rho r_1}{3\varepsilon_0}; \quad \boldsymbol{E}_{\text{大}} = \frac{\rho \boldsymbol{r}_1}{3\varepsilon_0} \tag{1}$$

设 O_2 到 P 的位矢为 $\boldsymbol{r}_2$, 同理可得

$$\oint_{S_2} \boldsymbol{E}_{\text{小}} \cdot \mathrm{d}\boldsymbol{S} = E_{\text{小}} 4\pi r_2^2 \cos\pi = -\frac{\rho}{\varepsilon_0} \frac{4}{3}\pi r_2^3$$

解之, 得

$$E_{\text{小}} = \frac{\rho r_2}{3\varepsilon_0}; \quad \boldsymbol{E}_{\text{小}} = -\frac{\rho \boldsymbol{r}_2}{3\varepsilon_0} \tag{2}$$

注意到 $\boldsymbol{r}_1 - \boldsymbol{r}_2 = \overrightarrow{O_1O_2} = \boldsymbol{l}$, 由式 (1)、式 (2) 可得

$$\boldsymbol{E}_P = \boldsymbol{E}_{\text{大}} + \boldsymbol{E}_{\text{小}} = \frac{\rho}{3\varepsilon_0}(\boldsymbol{r}_1 - \boldsymbol{r}_2) = \frac{\rho}{3\varepsilon_0}\boldsymbol{l}$$

由本题的求解可以看出, 通过 "补偿法" 可将某些不对称的条件转化为对称的条件, 从而使问题的求解大大简化.

五　习题解答

8-1　根据库仑定律, 两个点电荷之间的作用力随它们之间的距离 r 的减小而增大. 这样, 当 r 趋近于零时, 作用力将趋于无限大. 这种看法对不对? 为什么?

答　这种看法不对. 因为当 r 趋近于零时, 库仑定律不成立.

8–2 有人说: "$E = \dfrac{F}{q_0}$ 的物理意义是电场中某点的场强与试探电荷在该点所受的电场力 F 成正比, 与 q_0 成反比." 这句话正确吗?

答 场强 E 是仅由产生场强的电荷 q 和场点相对于场电荷的位矢 r 决定的物理量, 与试探电荷 q_0 的大小及其受力 F 无直接关联 (q_0 大, F 也大, 但比值不变). 引入 $E = F/q_0$ 来定义场强, 为的是使描述精准和简便.

8–3 通过一闭合曲面的 E 通量为零, 是否在此闭合曲面上的 E 一定处处为零? 若通过一闭合曲面的 E 通量不为零, 是否在此曲面上的 E 一定处处不为零?

答 根据高斯定理可知, 通过闭合曲面的 E 通量为零仅说明闭合曲面内无净电荷, 而闭合曲面上的 E 是由闭合曲面内外电荷的分布共同决定的. 因此, 通过闭合曲面的 E 通量为零并不能确定闭合曲面上的 E 一定处处为零. 同理可知, 若通过闭合曲面的 E 通量不为零, 也不能确定此闭合曲面上的 E 处处不为零.

8–4 关于场强与电势的关系, 下列说法中正确的是 (　　).

A. 场强大的地方, 电势一定高

B. 带正电的物体, 电势一定为正值

C. 同一等势面上各点的场强大小相等

D. 场强相等处, 电势梯度一定相等

解 由场强与电势的积分关系知, 场强与电势成积分关系. 不是简单的线性关系, 因此, A 不对.

由于电势的大小具有相对性, 只有指定了参考点才有正、负, 大、小之分. 因此, B 亦不对.

等势面上各点电势相等, 电势相等并不一定就保证场强相等. 因此, C 亦不对.

场强的另一定义是电势梯度的负值. 即

$$E = -\nabla V$$

场强相等处, 其电势梯度一定相等. 因此 D 是正确的. 故选 D.

8–5 真空中的两个平行带电平板 A、B 的面积均为 S, 相距为 d ($d^2 \ll S$), 分别带电荷量 $+q$ 及 $-q$. 则两板间相互作用力 F 的大小为 (　　).

A. $\dfrac{1}{4\pi\varepsilon_0}\dfrac{q}{d^2}$　　　B. $\dfrac{q}{\varepsilon_0 S}$　　　C. $\dfrac{q^2}{2\varepsilon_0 S}$　　　D. 不能确定

解 由平行板电容器的场强公式知, 两板间的场强

$$E = \frac{\sigma}{2\varepsilon_0} = \frac{q}{2\varepsilon_0 S}$$

两板间的相互作用力的大小

$$F = qE = \frac{q^2}{2\varepsilon_0 S}$$

故选 C.

8-6 将一个均匀带电 (电荷量为 Q) 的球形肥皂泡, 由半径 r_1 吹至 r_2. 则半径为 R ($r_1 < R < r_2$) 的高斯面上任意一点的场强大小由 $\dfrac{Q}{4\pi\varepsilon_0 R^2}$ 变至_____, 电势由 $\dfrac{Q}{4\pi\varepsilon_0 R}$ 变至_____, 通过这个高斯面的 E 通量由 $\dfrac{Q}{\varepsilon_0}$ 变至_____.

解 当半径吹至 r_2 时, 以 R 为半径的高斯面不含电荷, 且球面外面电荷由于具有对称性. 因此, 它对面内作用相互抵消, 所以, 高斯面上的场强将由 $\dfrac{Q}{4\pi\varepsilon_0 R^2}$ 变至 0 (即第一空填 0).

由于球面内任一点的电势与球面电势相等. 所以, 当半径由 r_1 变至 r_2 时, 高斯面上的电势将由 $\dfrac{Q}{4\pi\varepsilon_0 R}$ 变至 $\dfrac{Q}{4\pi\varepsilon_0 r_2}$ (即第二空填 $\dfrac{Q}{4\pi\varepsilon_0 r_2}$).

当半径吹至 r_2 时, 高斯面内不含电荷, 故其 E 通量为零 (即第三空填 0).

8-7 两个大小不同的金属球, 其中, 大球的直径为小球的两倍, 大球带电, 小球不带电, 且两者相距很远. 今用细长导线将两者相连. 忽略导线的影响, 则大球与小球的带电比为_____.

解 设大球半径为 r_1, 所带电荷量为 Q_1, 小球半径为 r_2, 所带电荷量为 Q_2. 两球相距很远, 因而可认为互不影响 (孤立导体球), 两球以导线相连, 因而电势相等. 即

$$V_\text{大} = V_\text{小}$$

$$\frac{Q_1}{4\pi\varepsilon_0 r_1} = \frac{Q_2}{4\pi\varepsilon_0 r_2} = \frac{Q_2}{4\pi\varepsilon_0 r_1/2}$$

解之, 得

$$Q_1/Q_2 = 2$$

故空填 2.

8-8 某点电荷 $q_1 = 2.5 \times 10^{-6}$ C 置于坐标 $(0,0)$ 处, 另一点电荷 $q_2 = -2.5 \times 10^{-6}$ C 置于 $(7,1)$ 处. 则场点 $P(3,4)$ 的场强 $E =$ _____(坐标单位为 m).

解 q_1 在 P 点产生的场强

$$E_1 = \frac{q_1}{4\pi\varepsilon_0 r_1^2}e_{r1} = \frac{2.5 \times 10^{-6}}{4 \times 3.14 \times 8.85 \times 10^{-12} \times 25}e_{r1} = 899.6\,e_{r1}$$

式中, e_{r1} 为 r_1 的单位矢量. q_2 在 P 点产生的场强

$$E_2 = \frac{q_2}{4\pi\varepsilon_0 r_2^2}e_{r2} = -\frac{2.5 \times 10^{-6}}{4 \times 3.14 \times 8.85 \times 10^{-12} \times 25}e_{r2} = -899.6\,e_{r2}$$

式中, e_{r2} 为 r_2 的单位矢量. 故 q_1、q_2 在 P 点产生的场强

$$E = E_1 + E_2 = 899.6 \times (e_{r1} - e_{r2})$$
$$= 899.6 \times \left(\frac{3i+4j}{5} + \frac{4i-3j}{5}\right) \text{V} \cdot \text{m}^{-1}$$
$$= 899.6 \times (1.4i + 0.2j) \text{V} \cdot \text{m}^{-1} = (1\,260i + 180j) \text{V} \cdot \text{m}^{-1}$$

故空填 $(1\,260\boldsymbol{i} + 180\boldsymbol{j})\ \mathrm{V \cdot m^{-1}}$.

8-9 有三个点电荷, 电荷量都是 $+q$, 分别放在边长为 a 的正三角形的三个顶点上, 则在正三角形的中心放一个多大的点电荷才能使每个点电荷都达到平衡?

解 如解图 8-9 所示, 设放置的电荷为 q'. 以 A 处顶点的电荷为研究对象 (其他两顶点电荷情况相同), 欲使之达到平衡, 必须使其合外力为零. 即

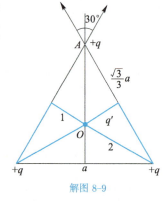

$$F = F_1 + F_2 + F_3 = \frac{q^2}{4\pi\varepsilon_0 a^2}\cos 30° + \frac{q^2}{4\pi\varepsilon_0 a^2}\cos 30°$$
$$+ \frac{qq'}{4\pi\varepsilon_0 (a/\sqrt{3})^2} = 0$$

解之, 得

$$q' = -\frac{\sqrt{3}}{3}q$$

解图 8-9

8-10 在边长为 a 的正方体中心放置一电荷量为 Q 的点电荷, 求正方体顶角处的电场强度的大小.

解 正方体中心到各顶角处的距离为 $\frac{\sqrt{3}}{2}a$. 故顶角处的场强大小

$$E = \frac{Q}{4\pi\varepsilon_0 \left(\dfrac{\sqrt{3}}{2}a\right)^2} = \frac{Q}{3\pi\varepsilon_0 a^2}$$

8-11 两条相互平行的无限长的均匀带电导线其线电荷密度分别为 $\pm\lambda$, 它们之间的距离为 a, 求:

(1) 在两导线所决定的平面上, 离一导线的距离为 x 的任一点的电场强度值;

(2) $-\lambda$ 导线上每单位长度导线受到另一根导线上电荷作用力的大小.

解 (1) 建立如解图 8-11 所示的坐标轴. 设 P 点到 $+\lambda$ 导线的距离为 x, 则

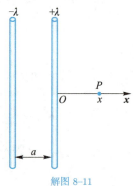

$$\boldsymbol{E}_+ = \frac{\lambda}{2\pi\varepsilon_0 x}\boldsymbol{i}$$
$$\boldsymbol{E}_- = \frac{-\lambda}{2\pi\varepsilon_0 (x+a)}\boldsymbol{i}$$

合成场强

$$\boldsymbol{E} = \boldsymbol{E}_+ - \boldsymbol{E}_-$$
$$= \frac{\lambda}{2\pi\varepsilon_0 x}\boldsymbol{i} - \frac{\lambda}{2\pi\varepsilon_0 (x+a)}\boldsymbol{i}$$
$$= \frac{a\lambda\boldsymbol{i}}{2\pi\varepsilon_0 x(x+a)}$$

解图 8-11

(2) $+\lambda$ 导线在 $-\lambda$ 导线处的场强 $\boldsymbol{E} = \dfrac{-\lambda}{2\pi\varepsilon_0 a}\boldsymbol{i}$，故 $-\lambda$ 导线上单位长度所受到的电场力的大小

$$|\boldsymbol{F}| = |-\lambda\boldsymbol{E}| = \left|-\lambda\frac{-\lambda\boldsymbol{i}}{2\pi\varepsilon_0 a}\right| = \frac{\lambda^2}{2\pi\varepsilon_0 a}$$

8–12 一均匀带电细棒，长为 l，线电荷密度为 λ. 求在细棒的延长线上，距棒中心为 l 处的电场强度.

解图 8–12

解 建立如解图 8–12 所示坐标轴. 在距棒中心 x 处取一线元 $\mathrm{d}x$，所带电荷 $\mathrm{d}q = \lambda\mathrm{d}x$，它在距棒心 l 远的 P 点处产生的元场

$$\mathrm{d}\boldsymbol{E} = \frac{\mathrm{d}q\boldsymbol{i}}{4\pi\varepsilon_0(l-x)^2} = \frac{\lambda\mathrm{d}x}{4\pi\varepsilon_0(l-x)^2}\boldsymbol{i}$$

对上式积分即得棒在 P 点产生的电场强度

$$\boldsymbol{E} = \int_{-l/2}^{l/2}\frac{\lambda\mathrm{d}x\boldsymbol{i}}{4\pi\varepsilon_0(l-x)^2} = \frac{\lambda\boldsymbol{i}}{3\pi\varepsilon_0 l}$$

8–13 一均匀带电导线，线电荷密度为 λ，导线形状如解图 8–13 所示. 设曲率半径 R 与导线的长度相比足够小. 求 O 点处电场强度的大小.

解 建立坐标系 xOy. O 点处的场强为 $\boldsymbol{E}_{12}$ 与 $\boldsymbol{E}_{23}$ 及 $\boldsymbol{E}_{34}$ 场强之矢量和.

由均匀带电导线的场强公式 $\boldsymbol{E} = \dfrac{\lambda}{4\pi\varepsilon_0 a}[(\cos\theta_1 - \cos\theta_2)\boldsymbol{i} + (\sin\theta_2 - \sin\theta_1)\boldsymbol{j}]$ 可得

$$\boldsymbol{E}_{12} = \frac{\lambda}{4\pi\varepsilon_0 R}\boldsymbol{i} - \frac{\lambda}{4\pi\varepsilon_0 R}\boldsymbol{j} \qquad (1)$$

解图 8–13

同法可得

$$\boldsymbol{E}_{34} = -\frac{\lambda\boldsymbol{i}}{4\pi\varepsilon_0 R} + \frac{\lambda\boldsymbol{j}}{4\pi\varepsilon_0 R} \qquad (2)$$

在圆弧 23 上取一段元 $\mathrm{d}l$，其所带电荷量 $\mathrm{d}q = \lambda\mathrm{d}l = \lambda R\mathrm{d}\theta$，它在 O 处产生的场

$$\mathrm{d}\boldsymbol{E} = \frac{\mathrm{d}q}{4\pi\varepsilon_0 R^2}(\cos\theta\boldsymbol{i} + \sin\theta\boldsymbol{j})$$

故圆弧在 O 点处产生的场强在 x 轴方向上的分量大小

$$E_x = \int\mathrm{d}E_x = \int_0^{\pi/2}\frac{\lambda R\mathrm{d}\theta}{4\pi\varepsilon_0 R^2}\cos\theta = \frac{\lambda}{4\pi\varepsilon_0 R}$$

在 y 方向的分量大小

$$E_y = \int \mathrm{d}E_y = \int_0^{\pi/2} \frac{\lambda R \mathrm{d}\theta}{4\pi\varepsilon_0 R^2} \sin\theta = \frac{\lambda}{4\pi\varepsilon_0 R}$$

故

$$\boldsymbol{E}_{23} = \frac{\lambda}{4\pi\varepsilon_0 R}\boldsymbol{i} + \frac{\lambda}{4\pi\varepsilon_0 R}\boldsymbol{j} \tag{3}$$

O 点处的总场强

$$\boldsymbol{E} = \boldsymbol{E}_{12} + \boldsymbol{E}_{23} + \boldsymbol{E}_{34} = \frac{\lambda}{4\pi\varepsilon_0 R}\boldsymbol{i} + \frac{\lambda}{4\pi\varepsilon_0 R}\boldsymbol{j}$$

其大小

$$|\boldsymbol{E}| = \frac{\sqrt{2}\lambda}{4\pi\varepsilon_0 R}$$

8–14 半径为 R 的圆环, 均匀带电, 其电荷量为 q.

(1) 求轴线上离环中心为 x 处的电场强度;

(2) 若环的半径 $R = 5.00$ cm, 电荷量 $q = 5.00 \times 10^{-9}$ C. 求 $x = 5.00$ cm 处的场强.

解 (1) 由于对称关系, 轴线上的场仅有 x 方向的分量. 在圆环上任取一线元 $\mathrm{d}l$ (如解图 8–14 所示), 它所带的电荷为 $\mathrm{d}q$, 它在距中心 x 处产生的场强 $\mathrm{d}E = \dfrac{\mathrm{d}q}{4\pi\varepsilon_0 r^2}$, 该场强在 x 方向的分量

$$\mathrm{d}E_x = \mathrm{d}E\cos\theta = \mathrm{d}E\frac{x}{r} = \frac{x\mathrm{d}q}{4\pi\varepsilon_0 r^3}$$

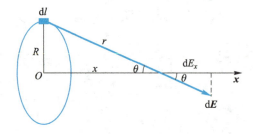

解图 8–14

故带电圆环在 x 处产生的场强

$$\boldsymbol{E} = E_x\boldsymbol{i} = \int_q \frac{x\mathrm{d}q}{4\pi\varepsilon_0 r^3}\boldsymbol{i} = \frac{qx\boldsymbol{i}}{4\pi\varepsilon_0 (x^2 + R^2)^{3/2}}$$

(2) 将 $R = 5.00$ cm, $q = 5.00 \times 10^{-9}$ C 及 $x = 5.00$ cm 代入上式得 $x = 5.00$ cm 处的场强大小

$$E = \frac{5.00 \times 10^{-9} \times 5.00 \times 10^{-2}}{4 \times 3.14 \times 8.85 \times 10^{-12} \times [(5.00 \times 10^{-2})^2 + (5.00 \times 10^{-2})^2]^{3/2}} \text{ N} \cdot \text{C}^{-1}$$

$$= 6.36 \times 10^3 \text{ N} \cdot \text{C}^{-1}$$

8–15 一半径为 R 的均匀带电半球面, 其面电荷密度为 σ, 求球心处电场强度的大小.

解 建立如解图 8–15 所示的坐标系. 在半球面上任取一面元 $\mathrm{d}S = R^2 \sin\theta\mathrm{d}\theta\mathrm{d}\varphi$, $\mathrm{d}S$ 在球心 O 点处产生的场强大小

$$\mathrm{d}E = \frac{\mathrm{d}q}{4\pi\varepsilon_0 R^2} = \frac{\sigma\mathrm{d}S}{4\pi\varepsilon_0 R^2} = \frac{\sigma\sin\theta\mathrm{d}\theta\mathrm{d}\varphi}{4\pi\varepsilon_0}$$

由对称性可知

$$E_x = \int \mathrm{d}E_x = 0$$
$$E_y = \int \mathrm{d}E_y = 0$$

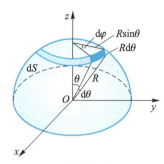

解图 8–15

故

$$E = E_z = \int \mathrm{d}E_z = \int \mathrm{d}E\cos\theta = \int_0^{2\pi}\mathrm{d}\varphi\int_0^{\pi/2}\frac{\sigma\sin\theta\cos\theta\mathrm{d}\theta}{4\pi\varepsilon_0} = \frac{\sigma}{4\varepsilon_0}$$

$\boldsymbol{E}$ 的方向沿 z 轴负向.

8–16 一无限大均匀带电平面, 其面电荷密度为 σ, 产生的场强大小为 $\dfrac{\sigma}{2\varepsilon_0}$. 证明在离该面为 x 处的 P 点的电场强度是平面上与 P 点相距为 $2x$ 的圆周所围的电荷产生的电场强度的两倍.

证 设圆周的半径为 R (参见解图 8–16), 由题给条件可以算出

$$R^2 = (2x)^2 - x^2 = 3x^2$$

据均匀带电圆盘轴线上的场强公式

$$E = \frac{\sigma}{2\varepsilon_0}\left[1 - \frac{x}{(x^2+R^2)^{1/2}}\right]$$

可知, 上述圆周所围电荷在 P 点处产生的场强大小

$$E_{圆周} = \frac{\sigma}{2\varepsilon_0}\left[1 - \frac{x}{(x^2+R^2)^{1/2}}\right] = \frac{\sigma}{2\varepsilon_0}\left(1 - \frac{x}{2x}\right) = \frac{\sigma}{4\varepsilon_0}$$
$$= \frac{1}{2}\times\frac{\sigma}{2\varepsilon_0} = \frac{1}{2}E_{平面}$$

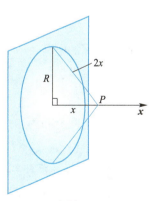

解图 8–16

证毕.

8–17 设半径为 R 的半球面的轴与均匀电场 $\boldsymbol{E}$ 的方向平行, 求通过该面的 $\boldsymbol{E}$ 通量.

解 通过半球面的 $\boldsymbol{E}$ 通量与通过半球面底面的 $\boldsymbol{E}$ 通量相等. 故通过半球面的 $\boldsymbol{E}$ 通量

$$\Phi_\mathrm{e} = ES = \pi R^2 E$$

8–18 在一边长为 0.20 m 的正方体闭合面的中心, 有一电荷量为 2.00×10^{-7} C 的点电荷. 求:

(1) 通过闭合面的 E 通量;

(2) 通过每一个面的 E 通量.

解 (1) 由高斯定理可知, 通过闭合面的 E 通量

$$\Phi_e = \oint E \cdot \mathrm{d}S = \frac{q}{\varepsilon_0} = \frac{2.00 \times 10^{-7}}{8.85 \times 10^{-12}} \, \mathrm{N \cdot m^2 \cdot C^{-1}} = 2.26 \times 10^4 \, \mathrm{N \cdot m^2 \cdot C^{-1}}$$

(2) 通过每一面的 E 通量

$$\Phi_{e,1} = \frac{1}{6} \Phi_e = \frac{2.26 \times 10^4 \, \mathrm{N \cdot m^2 \cdot C^{-1}}}{6} = 3.77 \times 10^3 \, \mathrm{N \cdot m^2 \cdot C^{-1}}$$

8–19 一电偶极子位于球面 S 中, 求通过 S 面的 E 通量.

解 由高斯定理可知, 通过球面 S 的 E 通量

$$\Phi_e = \frac{\sum q_i}{\varepsilon_0} = \frac{+q - q}{\varepsilon_0} = 0$$

8–20 半径为 R 的无限长直圆柱体均匀带电, 体电荷密度为 ρ, 求其场强分布, 并画出 $E\text{–}r$ 曲线.

解 本题电荷呈轴对称分布, 故可用高斯定理求解. 取长为 l, 半径为 r 的同轴闭合圆柱面为高斯面 S, 则通过 S 面的 E 通量

$$\Phi_e = \oint_S E \cdot \mathrm{d}S = 2\pi r l E$$

S 面内包围的电荷

$$\sum q_i = \begin{cases} \pi r^2 l \rho & (r < R) \\ \pi R^2 l \rho & (r > R) \end{cases}$$

故场强的空间分布为

$$E = \begin{cases} \dfrac{\rho r}{2\varepsilon_0} & (r < R) \\[2mm] \dfrac{R^2 \rho}{2\varepsilon_0 r} & (r > R) \end{cases}$$

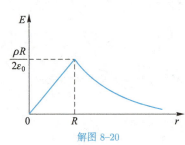

解图 8–20

$E\text{–}r$ 曲线如解图 8–20 所示.

8–21 有两个同心的均匀带电球面, 半径分别为 R_1 和 $R_2 (R_1 < R_2)$, 若大球面的面电荷密度为 σ, 且大球面外的电场强度为零. 求:

(1) 小球面上的面电荷密度;

(2) 大球面内各点的电场强度.

解 (1) 设大球面在球面外 P 点处产生的场强为 $E_\text{大}$. 由高斯定理可以算出, 其值 $E_\text{大} = \dfrac{Q_\text{大}}{4\pi\varepsilon_0 r^2} = \dfrac{4\pi R_2^2 \sigma}{4\pi\varepsilon_0 r^2}$; 小球面在 P 处产生的场强为 $E_\text{小}$. 由高斯定理可以算出 $E_\text{小} = \dfrac{4\pi R_1^2 \sigma_\text{小}}{4\pi\varepsilon_0 r^2}$. 由题设条件知

$$E_P = E_\text{大} + E_\text{小} = \frac{4\pi R_2^2 \sigma}{4\pi\varepsilon_0 r^2} + \frac{4\pi R_1^2 \sigma_\text{小}}{4\pi\varepsilon_0 r^2} = 0$$

解之, 得

$$\sigma_{小} = -\left(\frac{R_2}{R_1}\right)^2 \sigma$$

(2) 以两带电球面的中心为球心作半径为 r 的球面, 并将之取为高斯面. 据高斯定理则有

$$\oint \boldsymbol{E} \cdot \mathrm{d}\boldsymbol{S} = 4\pi r^2 E = \frac{q}{\varepsilon_0}$$

当 $r < R_1$ 时, 有

$$q = 0, \quad E = 0$$

当 $R_1 < r < R_2$ 时, 有

$$q = 4\pi R_1^2 \sigma_{小} = -4\pi R_2^2 \sigma, \quad E = \frac{-4\pi R_2^2 \sigma}{4\pi \varepsilon_0 r^2} = -\left(\frac{R_2}{r}\right)^2 \frac{\sigma}{\varepsilon_0}$$

8–22 一厚度为 d 的无限大平板, 平板内均匀带电, 其体电荷密度为 ρ. 求板内外的电场强度分布.

解 由于电荷对大平板对称分布, 所以本题可用高斯定理求解.

以大平板平行面与剖面 (如解图 8–22 所示, 图中只画了其剖面) 相交线上任一点为原点, 建立 x 轴. 对称地选圆柱面 S 为高斯面. 令其底面积为 ΔS, 高为 $2x$. 由于对称性, 电场线将垂直穿过两底面, 侧面无电场线穿过. 根据高斯定理则有

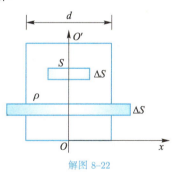

解图 8–22

$$\oint_S \boldsymbol{E} \cdot \mathrm{d}\boldsymbol{S} = 2E\Delta S = \frac{\sum q_i}{\varepsilon_0}$$

当高斯面位于板内, $x < d/2$ 时, $\sum q_i = 2x\Delta S\rho$, 这时

$$E = \frac{\sum q_i}{2\varepsilon_0 \Delta S} = \frac{\rho}{\varepsilon_0}x$$

当高斯面位于板外, $x > d/2$ 时, $\sum q_i = d\Delta S\rho$, 这时

$$E = \frac{\sum q_i}{2\varepsilon_0 \Delta S} = \frac{\rho d}{2\varepsilon_0}$$

8–23 两点电荷相距为 a, 放置如解图 8–23 所示. 其中 $q_1 = 3.00 \times 10^{-8}$ C, $q_2 = -3.00 \times 10^{-8}$ C. A、B 是电场中的两个点, 图中 $a = 8.00$ cm, $r = 6.00$ cm.

(1) 将电荷量为 2.00×10^{-9} C 的点电荷 q_0 从无限远移到 A 点, 电场力做功为多少? 电势能增加多少?

(2) 将此电荷从 A 点移到 B 点, 电场力做功为多少? 电势能增加为多少?

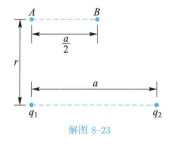

解图 8–23

解 根据点电荷系的电势计算公式可得

$$V_A = \frac{1}{4\pi\varepsilon_0}\left(\frac{q_1}{r} + \frac{q_2}{\sqrt{r^2+a^2}}\right)$$

$$= 9\times10^9 \times \left(\frac{3.0\times10^{-8}}{6\times10^{-2}} - \frac{3.0\times10^{-8}}{10\times10^{-2}}\right)\ \text{V}$$

$$= 1.8\times10^3\ \text{V}$$

$$V_B = \frac{1}{4\pi\varepsilon_0}\left(\frac{q_1}{\sqrt{r^2+(a/2)^2}} + \frac{q_2}{\sqrt{r^2+(a/2)^2}}\right)$$

$$= 9\times10^9 \times \left(\frac{3.0\times10^{-8}}{\sqrt{6^2+4^2}} - \frac{3.0\times10^{-8}}{\sqrt{6^2+4^2}}\right)\ \text{V}$$

$$= 0$$

(1) 将 q_0 从 ∞ 移至 A 时, 电场力做的功

$$W = q_0(V_\infty - V_A) = 2.0\times10^{-9}\times(0 - 1.8\times10^3)\ \text{J}$$

$$= -3.6\times10^{-6}\ \text{J}$$

电势能的增量

$$\Delta W = 3.6\times10^{-6}\ \text{J}$$

(2) 将 q_0 从 A 移到 B 时, 电场力做的功

$$W = q_0(V_A - V_B) = 2.0\times10^{-9}\times(1.8\times10^3 - 0)\ \text{J}$$

$$= 3.6\times10^{-6}\ \text{J}$$

电势能的增量

$$\Delta W = -3.6\times10^{-6}\ \text{J}$$

式中负号表明电势能减少.

8–24 一无限大的平行板电容器, 如解图 8–24 所示, 设 A、B 两板相距 5.00 cm, 板上面电荷密度 $\sigma = 3.54\times10^{-6}\ \text{C}\cdot\text{m}^{-2}$, A 板带正电, B 板带负电并接地. 求:

(1) 两板之间离 A 板 1.00 cm 处的 P 点的电势;

(2) A 板的电势.

解 (1) 取 B 板为零电势板. 则 P 点的电势

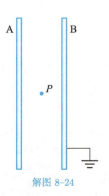

解图 8–24

$$V_P = E\,|PB| = \frac{\sigma}{\varepsilon_0}\,|PB| = \frac{3.54\times10^{-6}}{8.85\times10^{-12}}\times4.0\times10^{-2}\ \text{V}$$

$$= 1.6\times10^4\ \text{V}$$

(2) $V_{\mathrm{A}} = Ed = \dfrac{\sigma}{\varepsilon_0}d = \dfrac{3.54 \times 10^{-6}}{8.85 \times 10^{-12}} \times 5.0 \times 10^{-2}\ \mathrm{V}$

$= 2.0 \times 10^4\ \mathrm{V}$

8–25　一无限长的均匀带电直线, 其线电荷密度 $\lambda = 4.00 \times 10^{-7}\ \mathrm{C \cdot cm^{-1}}$. 如果 B 点离带电直线的距离是 A 点的两倍, 求 A、B 两点的电势差.

解　设 A 到带电直线的距离为 l, 则 B 到带电直线的距离为 $2l$. 根据电势差公式, A、B 两点的电势差

$$\Delta V = \int_l^{2l} E\mathrm{d}x = \int_l^{2l} \frac{\lambda \mathrm{d}x}{2\pi\varepsilon_0 x} = \frac{\lambda}{2\pi\varepsilon_0}\ln 2$$
$$= \frac{4.0 \times 10^{-7}}{2 \times 3.14 \times 8.85 \times 10^{-12}}\ln 2\ \mathrm{V} = 4.99 \times 10^3\ \mathrm{V}$$

8–26　求半径为 R, 电荷量为 q 的均匀带电球体的电势分布.

解　利用高斯定理可以求得带电球的场强分布为

$$E = \begin{cases} \dfrac{qr}{4\pi\varepsilon_0 R^3} & (r < R) \\[2mm] \dfrac{q}{4\pi\varepsilon_0 r^2} & (r > R) \end{cases}$$

所以, 球内的电势

$$V_{\text{内}} = \int_r^\infty \boldsymbol{E} \cdot \mathrm{d}\boldsymbol{l} = \int_r^R \boldsymbol{E}_{\text{内}} \cdot \mathrm{d}\boldsymbol{r} + \int_R^\infty \boldsymbol{E}_{\text{外}} \cdot \mathrm{d}\boldsymbol{r} = \int_r^R \frac{qr\mathrm{d}r}{4\pi\varepsilon_0 R^3} + \int_R^\infty \frac{q\mathrm{d}r}{4\pi\varepsilon_0 r^2}$$
$$= \frac{q(3R^2 - r^2)}{8\pi\varepsilon_0 R^3}$$

球外的电势

$$V_{\text{外}} = \int_r^\infty \boldsymbol{E}_{\text{外}} \cdot \mathrm{d}\boldsymbol{l} = \int_r^\infty \frac{q\mathrm{d}r}{4\pi\varepsilon_0 r^2} = \frac{q}{4\pi\varepsilon_0 r}$$

8–27　若面电荷以相同的密度 σ 均匀地分布在半径分别为 $r_1 = 10\ \mathrm{cm}$, $r_2 = 20\ \mathrm{cm}$ 的两个同心球面上. 设无限远处的电势为零. 求两球面的面电荷密度 σ 的值 (已知球心处的电势为 $300\ \mathrm{V}$).

解　球心处的电势与小球面上的电势 $V_{\text{小}}$ 等量值.
据定义, 小球面上的电势

$$V_{\text{小}} = \int_{r_1}^\infty \boldsymbol{E} \cdot \mathrm{d}\boldsymbol{r} = \int_{r_1}^{r_2} \frac{4\pi r_1^2 \sigma}{4\pi\varepsilon_0 r^2}\mathrm{d}r + \int_{r_2}^\infty \frac{4\pi(r_1^2 + r_2^2)\sigma}{4\pi\varepsilon_0 r^2}\mathrm{d}r$$
$$= \frac{r_1^2\sigma}{\varepsilon_0}\left(\frac{1}{r_1} - \frac{1}{r_2}\right) + \frac{r_1^2 + r_2^2}{\varepsilon_0}\sigma\frac{1}{r_2}$$
$$= \frac{\sigma}{\varepsilon_0}\left[\left(r_1 - \frac{r_1^2}{r_2}\right) + \left(\frac{r_1^2}{r_2} + r_2\right)\right] = \frac{\sigma}{\varepsilon_0}(r_1 + r_2) = 300\ \mathrm{V}$$

故

$$\sigma = 300\frac{\varepsilon_0}{r_1+r_2} = \frac{300 \times 8.85 \times 10^{-12}}{0.1+0.2}\ \mathrm{C\cdot m^{-2}} = 8.85 \times 10^{-9}\ \mathrm{C\cdot m^{-2}}$$

8–28 半径为 R 的均匀带电球面, 其球面外的电势 $V_外 = \dfrac{Q}{4\pi\varepsilon_0 r}$, 球面内的电势 $V_内 = \dfrac{Q}{4\pi\varepsilon_0 R}$. 求球面内、外的电场强度.

解 根据场强与电势的微分关系可得

$$\boldsymbol{E} = -\left(\frac{\partial V}{\partial x}\boldsymbol{i} + \frac{\partial V}{\partial y}\boldsymbol{j} + \frac{\partial V}{\partial z}\boldsymbol{k}\right) = -\boldsymbol{\nabla}V$$

当 $r < R$ (球面内) 时, $V = C$, 故

$$\boldsymbol{E} = -\boldsymbol{\nabla}V = \boldsymbol{0}$$

当 $r > R$ (球面外) 时,

$$\boldsymbol{E} = -\left(\frac{\partial V}{\partial x}\boldsymbol{i} + \frac{\partial V}{\partial y}\boldsymbol{j} + \frac{\partial V}{\partial z}\boldsymbol{k}\right)$$

$$= \frac{Q}{4\pi\varepsilon_0 r^2}(\boldsymbol{i} + \boldsymbol{j} + \boldsymbol{k}) = \frac{Q}{4\pi\varepsilon_0 r^2}\boldsymbol{e}_r$$

故

$$E = \frac{Q}{4\pi\varepsilon_0 r^2}$$

8–29 某电场的电势 $V = a(x^2 + y^2) + bz^2$, 其中 a, b 为常量. 求任意场点的电场强度 E.

解 由场强与电势的微分关系得

$$\boldsymbol{E} = -\left(\frac{\partial V}{\partial x}\boldsymbol{i} + \frac{\partial V}{\partial y}\boldsymbol{j} + \frac{\partial V}{\partial z}\boldsymbol{k}\right)$$

$$= -2a(x\boldsymbol{i} + y\boldsymbol{j}) - 2bz\boldsymbol{k}$$

六 自我检测

8–1 关于高斯定理, 下列说法中正确的是 (   ).

A. 高斯面内不包围自由电荷, 则面上各点电位移矢量 $\boldsymbol{D}$ 为零

B. 高斯面上 $\boldsymbol{D}$ 处处为零, 则面内必不存在自由电荷

C. 高斯面的 $\boldsymbol{D}$ 通量仅与面内自由电荷有关

D. 以上说法都不正确

8–2 一导体球外充满相对电容率为 ε_r 的均匀电介质, 若测得导体表面附近的场强为 E, 则导体球面上的自由电荷面密度 σ 为 (   ).

A. $\varepsilon_0 E$ 　　　　　　B. $\varepsilon_0\varepsilon_r E$ 　　　　　　C. $\varepsilon_r E$ 　　　　　　D. $(\varepsilon_0\varepsilon_r - \varepsilon_0)E$

8-3　一空气平行板电容器, 两极板间距为 d, 充电后板间电压为 U. 然后将电源断开, 在两板间平行地插入一厚度为 $d/3$ 的金属板, 则板间电压变成 $U' = $ _____.

8-4　在一个不带电的导体球壳内, 先放进一电荷量为 $+q$ 的点电荷, 点电荷不与球壳内壁接触. 然后使该球壳与地接触一下, 再将点电荷 $+q$ 取走. 此时, 球壳的电荷为_____, 电场分布的范围是_____.

8-5　一段半径为 a 的细圆弧, 对圆心的张角为 θ_0, 其上均匀分布有正电荷 q, 求圆心 O 处的场强.

8-6　如检图 8-6 所示, 一锥顶角为 θ 的圆台, 上、下底面的半径分别为 R_1 和 R_2, 其侧面均匀带电, 电荷面密度为 σ, 求点 O 的电势.

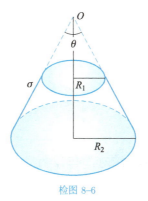

检图 8-6

自我检测
参考答案

第九章 静电场与导体和电介质的相互作用

一 目的要求

1. 理解静电场中导体的静电平衡条件及其电荷分布规律.
2. 理解电容的定义及其计算.
3. 理解电介质对电场的影响, 会计算电介质中的电场.
4. 了解电介质的极化及其描述.
5. 了解电场的能量, 能计算一般情况下的电场能量.

二 内容提要

1. 导体的静电平衡

(1) 达到静电平衡的条件

① 导体内部的场强处处为零;

② 导体表面的场强处处与导体表面垂直.

(2) 达到静电平衡时的导体特点

① 电荷仅分布在导体的表面, 体内净电荷为零;

② 导体表面附近的场强方向与导体表面垂直, 大小与导体表面的面电荷密度成正比;

③ 导体为等势体, 表面为等势面.

2. 电容器的电容

(1) 定义 电容器两极板中任一极板所带电荷量 q 与两极板间的电势差 ΔV 之比称为电容器的电容, 以 C 表示, 即

$$C = \frac{q}{\Delta V}$$

它在数值上等于电容器每升高一单位电势差时所需增加的电荷量.

(2) 计算 电容的计算可分四步进行:

第一步: 设一极板带有电荷量 q;

第二步: 用高斯定理 (或其他方法) 计算场强 $\boldsymbol{E}$;

第三步: 用场强与电势的关系 $\int_a^b \boldsymbol{E} \cdot \mathrm{d}\boldsymbol{l}$ 计算电势差 ΔV;

第四步: 将 q、ΔV 代入定义式 $C = \frac{q}{\Delta V}$ 计算电容.

3. 电介质的极化

(1) 现象 处于电场中的电介质, 其表面会出现正、负束缚电荷, 这种现象称为电介质的极化.

(2) 机理 无极分子 (正、负电荷中心重合的分子) 的极化是由于外电场使无极分子的正、负电荷中心产生相对位移, 形成电偶极子, 并沿外场方向排列, 使介质两端面出现异号电荷, 即产生了极化.

有极分子的极化是由于外电场力矩的作用使有极分子的电矩 (在无外电场时, 其排列是混乱的) 发生转动, 转向与外电场一致的方向, 使介质两端面出现异号电荷, 即产生了极化.

(3) 描述 介质的极化常用极化强度 $\boldsymbol{P}$ 来描述. 其定义为单位体积所含分子电矩的矢量和, 即

$$\boldsymbol{P} = \frac{\sum \boldsymbol{p}_i}{\Delta V} = \chi_{\mathrm{e}} \varepsilon_0 \boldsymbol{E}$$

4. 电位移矢量 $\boldsymbol{D}$ 电位移矢量是描述电场性质的辅助量. 在各向同性介质中, 它与场强成正比, 即

$$\boldsymbol{D} = \varepsilon_0 \varepsilon_{\mathrm{r}} \boldsymbol{E} = \varepsilon \boldsymbol{E}$$

5. 电介质中的高斯定理 穿过任一封闭曲面的 $\boldsymbol{D}$ 通量等于该曲面所包围的自由电荷的代数和, 即

$$\oint_S \boldsymbol{D} \cdot \mathrm{d}\boldsymbol{S} = \sum q_i$$

这一规律称为电介质中的高斯定理. 利用介质中的高斯定理可以简便地求解具有一定对称性的介质中的电场问题.

6. 电介质中的电场

(1) 电介质中的电场特性 利用电介质中的高斯定理和环路定理可以证明, 电介质中的电场仍然是有源场和保守场.

(2) 电介质中的场强计算 电介质中的场强计算可分两步进行:

第一步: 利用介质中的高斯定理计算电位移矢量 $\boldsymbol{D}$ 的大小;

第二步: 利用 D 与 E 的关系计算电场 E.

7. 静电场的能量 (静电场中所储存的能量)

(1) 能量密度　单位体积的电场中所储存的能量称为电场能量密度, 它在数值上等于场强与电位移矢量标积的一半, 即

$$w_e = \frac{1}{2}\boldsymbol{D} \cdot \boldsymbol{E} = \frac{1}{2}\varepsilon E^2$$

(2) 体积为 V 的电场空间所储存的电能

$$W = \int \mathrm{d}w = \int_V \frac{1}{2}\varepsilon E^2 \mathrm{d}V = \int_V \frac{1}{2}\frac{D^2}{\varepsilon}\mathrm{d}V$$

三　重点难点

本章重点是讨论将导体、电介质引入电场后, 电场如何作用于导体及电介质, 使它们的电荷重新分布; 反过来, 重新分布后的电荷又如何影响电场, 使电场的大小和方向发生变化. 主要内容有静电平衡的条件, 场中导体的特点, 有电介质存在时的场强和电势以及电场的能量.

电介质中场强的分析与计算是本章的难点, 但若能将电位移矢量 D 与电场强度 E 的关系及物理意义弄清楚, 则这一问题的学习便可相应简化. 事实上, 由于 $D = \varepsilon_0\varepsilon_r E = \varepsilon E$ 以及 D 与 E 均为点函数 (依赖于场点的性质), 因此对于有一定对称性的电场, 一方面我们可用介质中的高斯定理先求 D, 后求 E; 另一方面, 对于无限大的均匀电介质, 我们也可利用介质中的场强 E 与真空中的场强 E_0 的关系 $E = E_0/\varepsilon_r$, 而直接应用上一章的结果将 ε_0 换成 ε, 即可得到电介质中场强.

四　方法技巧

本章计算问题可分为四类: 一类是计算导体静电平衡时的场强及电势; 另一类是求电介质中的电场; 第三类是计算电容器的电容; 第四类是计算电场能量.

求解第一类问题要注意: 将导体放在静电场中, 导体电荷分布会发生变化. 列方程的主要依据是

(1) 电荷守恒. 虽然导体上电荷可以重新分布, 但总电荷量不变.

(2) 高斯定理.

(3) 导体内场强为零. 这时, 导体内的场强是导体 (包括其他导体) 表面电荷产生的电场叠加.

(4) 相互连接的导体电势相等. 导体接地表示导体与地等电势 (常取为零电势). 只有孤立导体接地时才可以视导体上电荷全部流入 "地球" 而不带电. 在孤立导体接地时, 其感应电荷一般不为零. 其感应电荷的分布由静电平衡条件决定.

在有电介质存在的情况下求场强 E 分布时, 一般应根据自由电荷的分布先求出 D 分布, 然后利用 $D = \varepsilon_0\varepsilon_r E$ 再求 E 的分布.

电容器的电容计算可先假定电容器带有电荷量 Q, 并求出两极板间的场强分布, 然后由 $\Delta V = \int \boldsymbol{E} \cdot \mathrm{d}\boldsymbol{l}$ 计算两极板电势差, 最后代入电容定义式 $C = Q/\Delta V$. 即可求出待求的电容.

计算电场能量时, 要弄清场强 $\boldsymbol{E}$ 的空间分布, 得出能量密度 $w_{\mathrm{e}} = \frac{1}{2}\varepsilon E^2$ 的表达式, 再由积分式 $W_{\mathrm{e}} = \int_V w_{\mathrm{e}}\mathrm{d}V$ 计算出电场的能量.

例 9–1　两块很大且靠得很近的平行导体板 A 和 B 的面积均为 S, 且分别带有等量正电荷 Q.

(1) 求两导体板的电荷分布, 并画出它们的电场线图;

(2) 若 B 板接地, 这时两板的电荷又将如何分布? 其电场线情况如何?

解　(1) 设两板的四个面的面电荷密度分别为 σ_1、σ_2、σ_3、σ_4, 根据电荷守恒定律有

$$\sigma_1 S + \sigma_2 S = Q \tag{1}$$

$$\sigma_3 S + \sigma_4 S = Q \tag{2}$$

设例图 9–1 中向右的场强为正, 根据静电平衡的条件, A 板内的场强为零, 即

$$\frac{\sigma_1}{2\varepsilon_0} - \frac{\sigma_2}{2\varepsilon_0} - \frac{\sigma_3}{2\varepsilon_0} - \frac{\sigma_4}{2\varepsilon_0} = E_{\mathrm{A内}} = 0 \tag{3}$$

同理, 对 B 板内则有

$$\frac{\sigma_1}{2\varepsilon_0} + \frac{\sigma_2}{2\varepsilon_0} + \frac{\sigma_3}{2\varepsilon_0} - \frac{\sigma_4}{2\varepsilon_0} = E_{\mathrm{B内}} = 0 \tag{4}$$

联立方程 (1)、(2)、(3)、(4) 求解, 得

$$\sigma_1 = \sigma_4 = \frac{2Q}{2S} = \frac{Q}{S}$$

$$\sigma_2 = \sigma_3 = \frac{Q - Q}{2S} = 0$$

即 A、B 两板的电荷将均匀地分布在它们的外侧面, 其电场线如例图 9–1 (a) 所示.

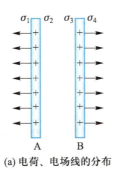

(a) 电荷、电场线的分布　　(b) 接地后电荷与电场线的分布

例图 9–1

(2) 当 B 板接地 (地球是一个带负电荷量 $q = -9.02 \times 10^5$ C 的导体) 后, 其电势变为零, 同时它将由原先的带正电变为带与 A 板等量的负电. 于是, A 板的正电荷将向内侧移动, B 板的负电荷亦向内侧移动. 这时的电荷分布及电场线如例图 9–1 (b) 所示.

例 9–2 如例图 9–2 所示, 半径为 R_1 的金属球所带电荷量为 q, 球外套一个同心导体球壳, 其内、外半径分别为 R_2、R_3, 所带电荷量为 Q.

(1) 求金属球和导体球壳的电势 V_1 和 V_2;

(2) 若导体球壳接地, 求金属球的电势 V_1;

(3) 若金属球接地, 求导体球壳的电势 V_2.

解 (1) 根据导体静电平衡时的电荷分布规律, 此时相当于三个均匀带电的同心球面. 所带电荷量分别是 q、$-q$、$(q+Q)$. 以无限远处为电势零点. 由电势叠加原理可得金属球的电势

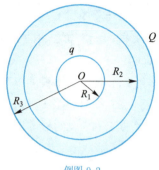

例图 9–2

$$V_1 = \frac{q}{4\pi\varepsilon_0 R_1} + \frac{-q}{4\pi\varepsilon_0 R_2} + \frac{q+Q}{4\pi\varepsilon_0 R_3}$$

导体球壳的电势

$$V_2 = \frac{q}{4\pi\varepsilon_0 r} + \frac{-q}{4\pi\varepsilon_0 r} + \frac{q+Q}{4\pi\varepsilon_0 R_3} \quad (R_2 < r < R_3)$$
$$= \frac{q+Q}{4\pi\varepsilon_0 R_3}$$

(2) 若导体球壳接地, 其电势 $V_2 = 0$, 同时导体球壳外表面电荷量为零, 内表面电荷量仍是 $-q$. 此时, 相当于二个均匀带电同心球面, 带电荷量分别是 q、$-q$. 由电势叠加原理可得金属球的电势

$$V_1 = \frac{q}{4\pi\varepsilon_0 R_1} + \frac{-q}{4\pi\varepsilon_0 R_2} = \frac{q}{4\pi\varepsilon_0}\left(\frac{1}{R_1} - \frac{1}{R_2}\right)$$

(3) 若金属球接地, 其电势 $V_1 = 0$, 设此时金属球所带电荷量为 q'. 则这时的带电体系便相当于所带电荷量分别是 q'、$-q'$ 和 $(q'+Q)$ 的三个均匀带电同心球面. 根据电势叠加原理可得金属球的电势:

$$V_1 = \frac{q'}{4\pi\varepsilon_0 R_1} + \frac{-q'}{4\pi\varepsilon_0 R_2} + \frac{q'+Q}{4\pi\varepsilon_0 R_3} = 0$$

由上式可得

$$q' = \frac{-QR_1R_2}{R_1R_2 + R_2R_3 - R_1R_3}$$

导体球壳的电势

$$V_2 = \frac{q'+Q}{4\pi\varepsilon_0 R_3} = \frac{Q(R_2 - R_1)}{4\pi\varepsilon_0(R_1R_2 + R_2R_3 - R_1R_3)}$$

例 9–3 一接在电压为 U 的电源上的平行板电容器, 板间距离为 d. 现将一厚度为 d、体积为电容器容积的一半、相对电容率为 ε_r 的均匀电介质插入其中, 如例图 9–3 所示. 忽略边缘效应, 求图中 1、2 区域的 $\boldsymbol{E}$ 和 $\boldsymbol{D}$ 的大小.

解　根据静电平衡条件可知, 导体 AB 为等势体, 于是有

$$E_1 d = E_2 d = U$$

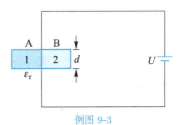

例图 9-3

解之, 得

$$E_1 = E_2 = U/d$$

由 D 与 E 的关系得

$$D_1 = \varepsilon_1 E_1 = \varepsilon_r \varepsilon_0 E_1 = \varepsilon_r \varepsilon_0 U/d$$

$$D_2 = \varepsilon_2 E_2 = \varepsilon_0 E_2 = \varepsilon_0 U/d$$

应该注意, 本题容易错误地认为 $E_2 = E_0 = U/d$, $E_1 = E_0/\varepsilon_r = U/(\varepsilon_r d)$. 造成这种错误的根源在于忽略了公式 $E = E_0/\varepsilon_r$ 成立的条件: 电容器上的电荷不变. 但在本例中, 由于电介质的插入, A、B 两部分的自由电荷分布不均匀, 即 $\sigma_A \neq \sigma_B$, 因而 $E = E_0/\varepsilon_r$ 不成立.

例 9-4　半径为 R 的均匀带电球体, 其体电荷密度为 ρ, 球体周围充满了相对电容率为 ε_r 的均匀电介质, 求电场中储存的总能量.

解　由于电荷及电介质分布均有球对称性, 因而可用高斯定理求解. 由高斯定理可求得球内的场强

$$E_{内} = \frac{\rho r}{3\varepsilon_0}$$

式中, r 为球内任一点到球心的距离. 故球内电场储存的能量

$$W_{内} = \int_V w \mathrm{d}V = \int_0^R \frac{1}{2} \varepsilon_0 \left(\frac{\rho r}{3\varepsilon_0} \right)^2 4\pi r^2 \mathrm{d}r = \frac{2\pi}{45\varepsilon_0} \rho^2 R^5$$

由电介质中的高斯定理可以求得球外的 $D_{外}$ 及 $E_{外}$ 分别为

$$D_{外} = \frac{\rho \frac{4}{3}\pi R^3}{4\pi r^2} = \frac{\rho R^3}{3r^2}$$

$$E_{外} = \frac{D_{外}}{\varepsilon_r \varepsilon_0} = \frac{\rho R^3}{3\varepsilon_0 \varepsilon_r r^2}$$

故球外电场的能量

$$W_{外} = \int w \mathrm{d}V = \int_R^\infty \frac{1}{2} \varepsilon_0 \varepsilon_r \left(\frac{\rho R^3}{3\varepsilon_0 \varepsilon_r r^2} \right)^2 4\pi r^2 \mathrm{d}r = \frac{2\pi \rho^2}{9\varepsilon_0 \varepsilon_r} R^5$$

电场的总能量

$$W = W_{内} + W_{外} = \frac{2\pi}{45\varepsilon_0} \rho^2 R^5 + \frac{2\pi \rho^2}{9\varepsilon_0 \varepsilon_r} R^5 = \frac{2\pi \rho^2 R^5}{45\varepsilon_0 \varepsilon_r} (\varepsilon_r + 5)$$

五　习题解答

9-1　静电平衡的条件是什么? 处于静电平衡的导体具有哪些基本特性?

答 静电平衡的条件共两个: 一个是导体内部的场强处处为零; 另一个是导体表面的场强处处与导体表面垂直.

导体处于静电平衡时有如下三个主要特点: 一是净电荷仅分布在导体的外表面, 导体内净电荷为零; 二是导体表面附近的场强方向与导体表面垂直, 大小与导体表面的面电荷密度成正比; 三是导体为一等势体, 表面为一等势面.

9–2 为什么要引入电位移矢量 D? 它与场强 E 有什么关系?

答 电介质中的静电场是由自由电荷和极化电荷 (束缚电荷) 共同决定的, 而极化电荷的分析与计算一般较为复杂. 引入电位移矢量 D 后, 可以绕过极化电荷的分析与计算, 从而使电介质中的静电场问题处理大为简化.

电位移矢量 D 是描述场强 E 的辅助量, 它们之间的关系为

$$D = \varepsilon_0 \varepsilon_r E$$

式中, ε_0、ε_r 分别为真空电容率和介质的相对电容率.

9–3 为什么接入电池的电容器的两个极板恰好带有等量异号电荷?

答 电容器的两个极板通常均由导体所构成, 当它们与电池 (通过导线) 连接在一起时, 便构成了一个 "大导体", 这时的两个极板就是 "大导体" 的两个 "端面". 根据静电感应可知, 在电池产生的电场作用下, "大导体" 的两个 "端面", 亦即电容器的两个极板必将出现等量异号电荷.

9–4 导体的静电感应现象与电介质的极化现象有什么区别?

答 最主要的区别是导体的静电感应现象所产生的电荷 (感生电荷), 在一定条件下是可以在导体内部自由运动的, 甚至还可以离开导体; 而电介质的极化现象所产生的电荷 (束缚电荷) 是不能离开导体的, 也不能在电介质内自由运动.

9–5 一原本不带电的金属球用一弹簧吊起. 若在金属球的下方放置一电荷量为 q 的点电荷, 则 (   ).

A. 只有当 $q > 0$ 时, 金属球才下移   B. 只有当 $q < 0$ 时, 金属球才下移
C. 无论 q 是正是负, 金属球都下移   D. 无论 q 是正是负, 金属球都不动

解 根据静电感应, 无论 q 是正是负, 金属球接近 q 的一方均会产生异号电荷, 产生相互吸引力, 使金属球下移, 故选 C.

9–6 在同一条电场线上的任意两点 A、B, 其场强大小分别为 E_A 及 E_B, 电势分别为 V_A 和 V_B, 则以下结论中正确的是 (   ).

A. $E_A = E_B$ B. $E_A \neq E_B$
C. $V_A = V_B$ D. $V_A \neq V_B$

解 不管静电场是否为均匀场, 其电场线上任何两点间的电势均不等, 因此选 D.

9–7 一平行板电容器充电后切断电源, 若使两极板间距离增加, 则两极板间场强 E_____, 电容 C_____. (选填: 增加, 不变, 减少.)

解 平行板极板间的场强 $E = \dfrac{\sigma}{\varepsilon_0}$, 电容 $C = \dfrac{\varepsilon_0 S}{d}$, 所以, 当电容器充电后断电 ($\sigma$ 不变), 而使板间距 d 增加时, E 不变, 而 C 减少.

9–8　如解图 9-8 所示, 在充电后不断开电源及断开电源的情况下, 将相对电容率为 ε_r 的电介质填充到电容器中, 则电容器储存的电场能量对不断开电源的情况是＿＿＿＿, 对断开电源的情况是＿＿＿＿. (选填: 增加, 不变, 减少.)

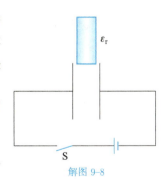
解图 9-8

解　不断开电源填充电介质, 两板间的电压不变, 但电容 C 增加. 据公式 $W = \dfrac{1}{2}CU^2$ 知电能增加.

断开电源后填充电介质, 两板的电荷量 Q 不变. 但电容增加, 据公式 $W = \dfrac{Q^2}{2C}$ 知电能减少.

9–9　如解图 9-9 所示, 平行板电容器充电后, A、B 极板上的电荷面密度分别为 $+\sigma$ 和 $-\sigma$, 设 P 为两极板间任意一点, 略去边缘效应, 求:

(1) A、B 板上的电荷分别在 P 点产生的场强 E_A、E_B;

(2) A、B 板上的电荷在 P 点产生的合场强 E.

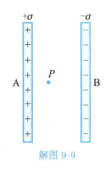
解图 9-9

解　略去边缘效应, A、B 两板均可视为无限大均匀带电平面.

(1) 根据无限大均匀带电平面的场强公式, A 板在 P 点产生的场强大小 $E_A = \sigma/2\varepsilon_0$, 方向: 垂直指向 B 板.

B 板在 P 点产生的场强大小 $E_B = \sigma/2\varepsilon_0$, 方向: 垂直指向 B 板.

(2) 根据叠加原理, 合场强 $\boldsymbol{E} = \boldsymbol{E}_A + \boldsymbol{E}_B$.

由于 $\boldsymbol{E}_A$ 与 $\boldsymbol{E}_B$ 同方向, 故合场强的大小

$$E = E_A + E_B = \sigma/\varepsilon_0$$

方向: 垂直指向 B 板

9–10　如解图 9-10 所示, 三块平行的金属板 A、B、C 的面积均为 $200\ \mathrm{cm^2}$, A、B 相距 $4\ \mathrm{mm}$, A、C 相距 $2\ \mathrm{mm}$, B、C 两板均接地. 若 A 板所带电荷量 $Q = 3.0 \times 10^{-7}\ \mathrm{C}$, 忽略边缘效应, 求:

(1) B、C 上的感应电荷;

(2) A 板的电势 (设地面电势为零).

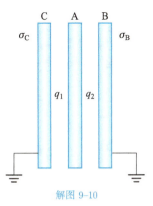
解图 9-10

解　(1) 设 B、C 板因静电感应带电 $-q_1$、$-q_2$, A 板两表面相应地分布有电荷 q_1 及 q_2, 据电荷守恒定律有

$$q_1 + q_2 = Q \tag{1}$$

因 A、B 及 A、C 之间分别形成均匀电场, 所以有

$$E_1 = \frac{\sigma_1}{\varepsilon_0} = \frac{q_1}{\varepsilon_0 S}, \quad E_2 = \frac{\sigma_2}{\varepsilon_0} = \frac{q_2}{\varepsilon_0 S}$$

故

$$\frac{E_1}{E_2} = \frac{q_1}{q_2} \tag{2}$$

因 B、C 接地，$V_{AC} = V_{AB}$；即 $E_2 d_{AC} = E_1 d_{AB}$，故

$$\frac{E_1}{E_2} = \frac{d_{AC}}{d_{AB}} = \frac{1}{2} \tag{3}$$

联立式 (1)、式 (2)、式 (3) 求解，得

$$q_1 = 1.0 \times 10^{-7}\ \text{C}; \quad q_2 = 2.0 \times 10^{-7}\ \text{C}.$$

即 B 板带电荷量 -1.0×10^{-7} C，C 板带电荷量 -2.0×10^{-7} C.

(2) 由题给条件得

$$\Delta V_{AB} = V_A - V_B = V_A = E_1 d_{AB} = \frac{q_1}{\varepsilon_0 S} d_{AB}$$

$$= \frac{1.0 \times 10^{-7} \times 4 \times 10^{-3}}{8.85 \times 10^{-12} \times 200 \times 10^{-4}}\ \text{V} = 2.26 \times 10^3\ \text{V}$$

9–11 电荷量为 q 的点电荷处在导体球壳的中心，球壳的内、外半径分别为 R_1 和 R_2，求其场强和电势的分布.

解 根据静电平衡时的导体电荷分布规律，球壳内表面均匀分布着电荷量 $-q$；球壳外表面均匀分布着电荷量 q. 这相当于一个点电荷和两个均匀带电球面 (参见解图 9–11). 由场强叠加原理可知

当 $r < R_1$ 时，

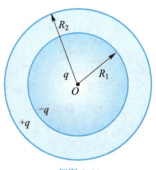

解图 9–11

$$E_1 = \frac{q}{4\pi\varepsilon_0 r^2} + 0 + 0 = \frac{q}{4\pi\varepsilon_0 r^2}$$

当 $R_1 < r < R_2$ 时，

$$E_2 = \frac{q}{4\pi\varepsilon_0 r^2} + \frac{-q}{4\pi\varepsilon_0 r^2} + 0 = 0$$

当 $R_2 < r$ 时，

$$E_3 = \frac{q}{4\pi\varepsilon_0 r^2} + \frac{-q}{4\pi\varepsilon_0 r^2} + \frac{q}{4\pi\varepsilon_0 r^2} = \frac{q}{4\pi\varepsilon_0 r^2}$$

由电势叠加原理可知

当 $r < R_1$ 时，

$$V_1 = \frac{q}{4\pi\varepsilon_0 r} + \frac{-q}{4\pi\varepsilon_0 R_1} + \frac{q}{4\pi\varepsilon_0 R_2} = \frac{q}{4\pi\varepsilon_0}\left(\frac{1}{r} - \frac{1}{R_1} + \frac{1}{R_2}\right)$$

当 $R_1 < r < R_2$ 时，

$$V_2 = \frac{q}{4\pi\varepsilon_0 r} + \frac{-q}{4\pi\varepsilon_0 r} + \frac{q}{4\pi\varepsilon_0 R_2} = \frac{q}{4\pi\varepsilon_0 R_2}$$

当 $R_2 < r$ 时，

$$V_3 = \frac{q}{4\pi\varepsilon_0 r} + \frac{-q}{4\pi\varepsilon_0 r} + \frac{q}{4\pi\varepsilon_0 r} = \frac{q}{4\pi\varepsilon_0 r}$$

9–12 半径为 R_1 的导体球, 带有电荷量 q; 球外有内、外半径分别为 R_2、R_3 的同心导体球壳, 球壳带有电荷量 Q.

(1) 求导体球和球壳的电势 V_1、V_2;

(2) 若球壳接地, 求 V_1、V_2.

解 根据静电平衡时的导体电荷分布规律, 题设带电系统相当于三个半径分别是 R_1、R_2、R_3 的均匀带电同心球面, 其电荷量分别为 q、$-q$ 和 $(q + Q)$.

(1) 由电势叠加原理可得导体球的电势

$$V_1 = \frac{q}{4\pi\varepsilon_0 R_1} + \frac{-q}{4\pi\varepsilon_0 R_2} + \frac{q+Q}{4\pi\varepsilon_0 R_3} = \frac{1}{4\pi\varepsilon_0}\left(\frac{q}{R_1} - \frac{q}{R_2} + \frac{q+Q}{R_3}\right)$$

球壳的电势

$$V_2 = \frac{q}{4\pi\varepsilon_0 r} + \frac{-q}{4\pi\varepsilon_0 r} + \frac{q+Q}{4\pi\varepsilon_0 R_3} = \frac{q+Q}{4\pi\varepsilon_0 R_3}$$

(2) 若球壳接地, 由 $V_2 = (q+Q)/4\pi\varepsilon_0 R = 0$ 得 $(q + Q) = 0$. 其含义是, 半径为 R_3 的球面的电荷量 $(q + Q)$ 全部流入大地. 还剩下两个半径分别是 R_1 和 R_2 的带电球面. 由电势叠加原理可得导体球的电势

$$V_1 = \frac{q}{4\pi\varepsilon_0 R_1} + \frac{-q}{4\pi\varepsilon_0 R_2} = \frac{q}{4\pi\varepsilon_0}\left(\frac{1}{R_1} - \frac{1}{R_2}\right)$$

9–13 一球形电容器, 由两个同心的导体球壳所组成, 内球壳半径为 a, 外球壳半径为 b, 求电容器的电容.

解 给内、外球壳分别带上电荷量 q 和 $-q$ 的电荷. 根据静电平衡时的导体电荷分布规律, 这时的球形电容器相当于两个半径分别是 a 和 b、电荷量分别是 q 和 $-q$ 的均匀带电同心球面, 由电势叠加原理可得:

内球壳电势

$$V_1 = \frac{q}{4\pi\varepsilon_0 a} + \frac{-q}{4\pi\varepsilon_0 b}$$

外球壳电势

$$V_2 = \frac{q}{4\pi\varepsilon_0 b} + \frac{-q}{4\pi\varepsilon_0 b} = 0$$

内、外球壳电势差

$$\Delta V = V_1 - V_2 = \frac{q}{4\pi\varepsilon_0}\left(\frac{1}{a} - \frac{1}{b}\right)$$

由电容器电容的定义式可得

$$C = \frac{q}{\Delta V} = \frac{4\pi\varepsilon_0 ab}{b-a}$$

9–14 一平行板电容器两极板的面积均为 S, 相距为 l, 其间还有一厚度为 d, 面积也为 S 的平行放置着的金属板, 如解图 9–14 所示, 略去边缘效应.

(1) 求电容器的电容 C;

(2) 金属板离两极板的远近对电容 C 有无影响?

(3) 在 $d = 0$ 和 $d = l$ 时的电容 C 为多少?

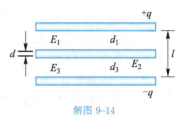

解图 9–14

解 (1) 上极板带有电荷量 $+q$, 下极板带有电荷量 $-q$. 用高斯定理可求得 $E_1 = \dfrac{\sigma}{\varepsilon_0} = \dfrac{q/S}{\varepsilon_0} = E_3$; 由场中导体特点可知 $E_2 = 0$. 故两板间的电势差

$$\Delta V = E_1 d_1 + E_2 d + E_3 d_3 = E_1(d_1 + d_3) = \frac{\sigma}{\varepsilon_0}(d_1 + d_3) = \frac{\sigma}{\varepsilon_0}(l - d)$$

据定义, 电容器的电容

$$C = \frac{q}{\Delta V} = \frac{q}{\dfrac{q/S}{\varepsilon_0}(l - d)} = \frac{\varepsilon_0 S}{l - d}$$

(2) 由上述计算和结果可以看出: 金属板离两极板的远近对电容 C 无影响.

(3) 从上式可以看出, $d = 0$ 时, $C = \varepsilon_0 S/l$.

$d = l$ 时, $C = \infty$, 这时两极板构成通路, 每一板上均可 "容纳" 无限多的电荷.

9–15 平行板电容器的两极板间距 $d = 2.00 \text{ mm}$, 电势差 $V = 400 \text{ V}$, 其间充满相对电容率 $\varepsilon_r = 5$ 的均匀玻璃板, 略去边缘效应, 求极板上的电荷面密度 σ_0.

解 用电介质中的高斯定理容易算出

$$\sigma_0 = D = \varepsilon_0 \varepsilon_r E = \varepsilon_0 \varepsilon_r \frac{V}{d}$$

$$= 8.85 \times 10^{-12} \times 5 \times 400/(2.0 \times 10^{-3}) \text{ C} \cdot \text{m}^{-2}$$

$$= 8.85 \times 10^{-6} \text{ C} \cdot \text{m}^{-2}$$

9–16 如解图 9–16 所示, 一平行板电容器中有两层厚度分别为 d_1、d_2 的电介质, 其相对电容率分别为 ε_{r1}、ε_{r2}, 极板的面积为 S, 电荷面密度分别为 $+\sigma_0$ 和 $-\sigma_0$. 求:

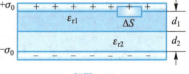

解图 9–16

(1) 两层电介质中的场强 E_1、E_2;

(2) 该电容器的电容.

解 (1) 取高斯面为圆柱面. 令其上底在极板中, 下底在电介质中, 对于 ε_{r1} 的电介质, 用电介质中的高斯定理可以算出

$$D_1 = \sigma_0 = \varepsilon_0 \varepsilon_{r1} E_1$$

故

$$E_1 = \frac{\sigma_0}{\varepsilon_0 \varepsilon_{r1}}$$

同法可得

$$E_2 = \frac{\sigma_0}{\varepsilon_0 \varepsilon_{r2}}$$

(2) 设正极板所带电荷量为 $+q$, 由题设条件知, $q = \sigma_1 S$. 由 (1) 所得结果可以算出两极板间的电势差

$$\Delta V = E_1 d_1 + E_2 d_2 = \frac{\sigma_0}{\varepsilon_0 \varepsilon_{\mathrm{r1}}} d_1 + \frac{\sigma_0}{\varepsilon_0 \varepsilon_{\mathrm{r2}}} d_2$$

据定义, 电容

$$C = \frac{q}{\Delta V} = \frac{\sigma_0 S}{\dfrac{\sigma_0 d_1}{\varepsilon_0 \varepsilon_{\mathrm{r1}}} + \dfrac{\sigma_0 d_2}{\varepsilon_0 \varepsilon_{\mathrm{r2}}}} = \frac{\varepsilon_0 \varepsilon_{\mathrm{r1}} \varepsilon_{\mathrm{r2}} S}{\varepsilon_{\mathrm{r1}} d_2 + \varepsilon_{\mathrm{r2}} d_1}$$

9–17 一无限长的圆柱形导体, 半径为 R, 沿轴线方向的电荷线密度为 λ, 将此圆柱放在无限大的均匀电介质中, 电介质的相对电容率为 ε_{r}, 求:

(1) 电场强度 E 的分布;

(2) 电势 V 的分布 (设圆柱形导体的电势为 V_0).

解 (1) 取半径为 r、高为 h 的同轴圆柱面为高斯面 (如解图 9–17 所示).

注意到场强分布的对称性, 高斯面的上、下端面均无 $\boldsymbol{D}$ 通量, 根据高斯定理则有

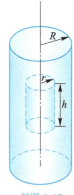

$$\oint \boldsymbol{D} \cdot \mathrm{d}\boldsymbol{S} = \int_{\text{侧}} \boldsymbol{D} \cdot \mathrm{d}\boldsymbol{S} = D \cdot 2\pi r h = \sum q_i = \begin{cases} 0 & (r < R) \text{ (导体内无净电荷)} \\ \lambda h & (r > R) \end{cases}$$

解之, 得

$$D = \begin{cases} 0 & (r < R) \\ \dfrac{\lambda}{2\pi r} & (r > R) \end{cases}$$

解图 9–17

由 $D = \varepsilon_0 \varepsilon_{\mathrm{r}} E$ 得

$$E = \frac{D}{\varepsilon_0 \varepsilon_{\mathrm{r}}} = \begin{cases} 0 & (r < R) \\ \dfrac{\lambda}{2\pi \varepsilon_0 \varepsilon_{\mathrm{r}} r} & (r > R) \end{cases}$$

(2) 设 P 为空间之一点. 若 $r < R$, 则 P 在导体内, 由于导体是等势体, 所以 $V_P = V_0$. 若 $r > R$, 则 P 在导体外, 该点与导体的电势差

$$\Delta V = V_P - V_0 = \int_r^R \boldsymbol{E} \cdot \mathrm{d}\boldsymbol{r} = \int_r^R \frac{\lambda}{2\pi \varepsilon_0 \varepsilon_{\mathrm{r}} r} \mathrm{d}r$$

$$= \frac{\lambda}{2\pi \varepsilon_0 \varepsilon_{\mathrm{r}}} \ln \frac{R}{r}$$

所以

$$V_P = V_0 + \frac{\lambda}{2\pi \varepsilon_0 \varepsilon_{\mathrm{r}}} \ln \frac{R}{r}$$

9–18 如解图 9–18 所示, 设有两个同心的薄导体球壳 A 与 B, 其半径分别为 $R_1 = 10$ cm, $R_2 = 20$ cm, 所带电荷量分别为 $q_1 = -4.0 \times 10^{-8}$ C, $q_2 = 1.0 \times 10^{-7}$ C. 球壳间充有两层电介质, 内层的相对电容率 $\varepsilon_{\mathrm{r1}} = 4$, 外层的相对电容率 $\varepsilon_{\mathrm{r2}} = 2$, 它们分界面的半径 $R' = 15$ cm, 球壳 B 外的电介质为空气, 求:

(1) A 球的电势 V_{A}, B 球的电势 V_{B};

(2) 两球壳的电势差.

解 (1) 取半径为 r 的同心球面为高斯面, 根据电介质中的高斯定理得

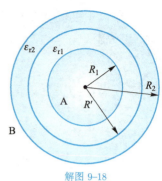

解图 9–18

$$\oint \boldsymbol{D} \cdot \mathrm{d}\boldsymbol{S} = D4\pi r^2 = \sum q_i = \begin{cases} q_1 & (R_1 < r < R_2) \\ q_1 + q_2 & (R_2 < r) \end{cases}$$

解之, 得

$$D = \begin{cases} \dfrac{q_1}{4\pi r^2} & (R_1 < r < R_2) \\ \dfrac{q_1 + q_2}{4\pi r^2} & (R_2 < r) \end{cases}$$

由 $D = \varepsilon_0 \varepsilon_{\mathrm{r}} E$ 得

$$E = \frac{D}{\varepsilon_0 \varepsilon_{\mathrm{r}}} = \begin{cases} E_1 = \dfrac{q_1}{4\pi \varepsilon_0 \varepsilon_{\mathrm{r1}} r^2} & (R_1 < r < R') \\ E_2 = \dfrac{q_1}{4\pi \varepsilon_0 \varepsilon_{\mathrm{r2}} r^2} & (R' < r < R_2) \\ E_3 = \dfrac{q_1 + q_2}{4\pi \varepsilon_0 r^2} & (R_2 < r) \end{cases}$$

故 B 球的电势

$$V_{\mathrm{B}} = \int_{R_2}^{\infty} \boldsymbol{E}_3 \cdot \mathrm{d}\boldsymbol{r} = \int_{R_2}^{\infty} \frac{q_1 + q_2}{4\pi \varepsilon_0 r^2} \mathrm{d}r = \frac{q_1 + q_2}{4\pi \varepsilon_0 R_2}$$

$$= 9.0 \times 10^9 \times (-4.0 \times 10^{-8} + 10 \times 10^{-8})/0.2 \text{ V} = 2.7 \times 10^3 \text{ V}$$

故 A 球的电势

$$V_{\mathrm{A}} = \int_{R_1}^{R'} \boldsymbol{E}_1 \cdot \mathrm{d}\boldsymbol{r} + \int_{R'}^{R_2} \boldsymbol{E}_2 \cdot \mathrm{d}\boldsymbol{r} + \int_{R_2}^{\infty} \boldsymbol{E}_3 \cdot \mathrm{d}\boldsymbol{r}$$

$$= \frac{q_1}{4\pi \varepsilon_0 \varepsilon_{\mathrm{r1}}} \left(\frac{1}{R_1} - \frac{1}{R'} \right) + \frac{q_1}{4\pi \varepsilon_0 \varepsilon_{\mathrm{r2}}} \left(\frac{1}{R'} - \frac{1}{R_2} \right) + V_{\mathrm{B}}$$

$$= (-600 + 2\,700) \text{ V} = 2\,100 \text{ V}$$

(2) 两球壳的电势差

$$\Delta V = V_{\mathrm{B}} - V_{\mathrm{A}} = (2\,700 - 2\,100) \text{ V} = 600 \text{ V}$$

9–19 如解图 9–19 所示, 平行板电容器的极板面积为 S, 极板相距为 d, 电势差为 U, 极板间放着一厚度为 h, 相对电容率为 ε_{r} 的电介质板, 略去边缘效应, 求:

(1) 介质中的电位移 D, 场强 E;

(2) 极板上的电荷量 q;

(3) 电容 C.

解　(1) 由电势差的定义可得两板间的电势差

$$U = E_1 d_1 + E_2 d_2 + E_3 d_3$$

$$= E_0(d_1 + d_3) + \frac{D}{\varepsilon}h = \frac{D}{\varepsilon_0}\left(d - h + \frac{h}{\varepsilon_r}\right)$$

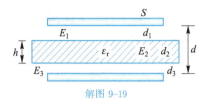

解图 9–19

故

$$D = \frac{\varepsilon_0 U}{(d - h + h/\varepsilon_r)} = \frac{\varepsilon_0 \varepsilon_r U}{d\varepsilon_r + (1 - \varepsilon_r)h}$$

$$E = D/\varepsilon_0\varepsilon_r = \frac{U}{d\varepsilon_r + (1 - \varepsilon_r)h}$$

(2) 前已说明, $\sigma = D$, 故极板上的电荷量

$$q = \sigma S = DS = \frac{\varepsilon_0 \varepsilon_r U S}{\varepsilon_r d + (1 - \varepsilon_r)h}$$

(3) 据定义, 电容

$$C = \frac{q}{\Delta V} = \frac{\varepsilon_0 \varepsilon_r U S}{\varepsilon_r d + (1 - \varepsilon_r)h} \bigg/ U = \frac{\varepsilon_0 \varepsilon_r S}{\varepsilon_r d + (1 - \varepsilon_r)h}$$

9–20　一圆柱形电容器由半径为 R_1 的导线和与它同轴的导体圆筒构成, 圆筒长为 l, 内半径为 R_2, 导线与圆筒间充满相对电容率为 ε_r 的电介质, 设沿轴线单位长度上导线的电荷量为 λ, 单位长度上圆筒的电荷量为 $-\lambda$, 略去边缘效应, 求:

(1) 电介质中的电位移 D, 场强 E;

(2) 两极板的电势差.

解　(1) 取半径为 $r(R_1 < r < R_2)$, 高为 $h(h < l)$ 的同轴圆柱面为高斯面. 显然, 柱面侧面有 $\boldsymbol{D}$ 通量, 而上、下两底面则没有 $\boldsymbol{D}$ 通量. 由介质中的高斯定理可得

$$\oint \boldsymbol{D} \cdot \mathrm{d}\boldsymbol{S} = \int_{侧} \boldsymbol{D} \cdot \mathrm{d}\boldsymbol{S} = D2\pi rh = \sum q_i = \lambda h$$

解之, 得电介质中的电位移

$$D = \frac{\lambda}{2\pi r} \quad (R_1 < r < R_2)$$

电介质中的场强

$$E = \frac{D}{\varepsilon_0\varepsilon_r} = \frac{\lambda}{2\pi\varepsilon_0\varepsilon_r r} \quad (R_1 < r < R_2)$$

(2) 由电场与电势的积分关系可得两极板间的电势差

$$\Delta V = U = \int_{R_1}^{R_2} \boldsymbol{E} \cdot \mathrm{d}\boldsymbol{l} = \int_{R_1}^{R_2} \frac{\lambda\mathrm{d}r}{2\pi\varepsilon_0\varepsilon_r r} = \frac{\lambda}{2\pi\varepsilon_0\varepsilon_r}\ln\frac{R_2}{R_1}$$

9–21　一半径为 R, 电荷量为 q 的孤立金属球面, 求其电场中储存的静电场能.

解 取半径为 r 的同心球面为高斯面. 由电场高斯定理可以得到

$$\oint \boldsymbol{E} \cdot \mathrm{d}\boldsymbol{S} = E 4\pi r^2 = \frac{\sum q_i}{\varepsilon_0} = \begin{cases} 0 & (r < R) \\ q/\varepsilon_0 & (r > R) \end{cases}$$

解之, 得场强

$$E = \begin{cases} 0 & (r < R) \\ \dfrac{q}{4\pi\varepsilon_0 r^2} & (r > R) \end{cases}$$

静电场能量密度

$$w_{\mathrm{e}} = \frac{1}{2}\varepsilon_0 E^2$$

电场中储存的静电场能

$$\begin{aligned} W_{\mathrm{e}} &= \int w_{\mathrm{e}}\mathrm{d}V = \int_0^R \frac{1}{2}\varepsilon_0 E_1^2 \mathrm{d}V + \int_R^\infty \frac{1}{2}\varepsilon_0 E_2^2 \mathrm{d}V \\ &= \int_R^\infty \frac{1}{2}\varepsilon_0 \left(\frac{q}{4\pi\varepsilon_0 r^2}\right)^2 4\pi r^2 \mathrm{d}r = \frac{q^2}{8\pi\varepsilon_0 R} \end{aligned}$$

9–22 一孤立均匀带电球体, 其半径为 R, 电荷量为 q, 求带电球体产生的静电场能.

解 以半径为 r 的同心球面为高斯面, 根据高斯定理则有

$$\oint \boldsymbol{E} \cdot \mathrm{d}\boldsymbol{S} = E 4\pi r^2 = \sum q_i/\varepsilon_0 = \begin{cases} \dfrac{q}{4\pi R^3/3}\dfrac{4}{3}\pi r^3 / \varepsilon_0 & (r < R) \\ q/\varepsilon_0 & (r > R) \end{cases}$$

解之, 得场强

$$E = \begin{cases} E_1 = \dfrac{qr}{4\pi\varepsilon_0 R^3} & (r < R) \\ E_2 = \dfrac{q}{4\pi\varepsilon_0 r^2} & (r > R) \end{cases}$$

静电场能量密度

$$w_{\mathrm{e}} = \frac{1}{2}\varepsilon_0 E^2$$

静电场能量

$$\begin{aligned} W_{\mathrm{e}} &= \int w_{\mathrm{e}}\mathrm{d}V \\ &= \int_0^R \frac{1}{2}\varepsilon_0 E_1^2 \mathrm{d}V + \int_R^\infty \frac{1}{2}\varepsilon_0 E_2^2 \mathrm{d}V \\ &= \int_0^R \frac{1}{2}\varepsilon_0 \left(\frac{qr}{4\pi\varepsilon_0 R^3}\right)^2 4\pi r^2 \mathrm{d}r + \int_R^\infty \frac{1}{2}\varepsilon_0 \left(\frac{q}{4\pi\varepsilon_0 r^2}\right)^2 4\pi r^2 \mathrm{d}r \\ &= \frac{3q^2}{20\pi\varepsilon_0 R} \end{aligned}$$

9-23 一平行板电容器里有两层均匀电介质, 其相对电容率分别为 $\varepsilon_{r1} = 4.00, \varepsilon_{r2} = 2.00.$ 其厚度分别为 $d_1 = 2.00$ mm, $d_2 = 3.00$ mm, 极板面积 $S = 50$ cm², 极板间电压 $U = 200$ V, 求:

(1) 每层电介质中的电场能量密度;

(2) 每层电介质中储存的电场能量;

(3) 电容器储存的总能量.

解 (1) 求电场能量密度关键是要先求出电场强度. 显然, 两种电介质中的 D 相等, 即

$$D_1 = D_2 = \varepsilon_0 \varepsilon_{r1} E_1 = \varepsilon_0 \varepsilon_{r2} E_2$$

注意到 $\varepsilon_{r1} = 4, \varepsilon_{r2} = 2$, 则可得到

$$E_2 = 2E_1$$

由电压与场强关系可得两板间电压

$$U = E_1 d_1 + E_2 d_2 = E_1 d_1 + 2E_1 d_2 = 200 \text{ V}$$

解之, 得

$$E_2 = 5.0 \times 10^4 \text{ V} \cdot \text{m}^{-1}, \quad E_1 = 2.5 \times 10^4 \text{ V} \cdot \text{m}^{-1}$$

故电介质 ε_{r1} 中的电场能量密度

$$w_1 = \frac{1}{2}\varepsilon_0 \varepsilon_{r1} E_1^2 = \frac{1}{2} \times 8.85 \times 10^{-12} \times 4.0 \times (2.5 \times 10^4)^2 \text{ J} \cdot \text{m}^{-3}$$
$$= 1.11 \times 10^{-2} \text{ J} \cdot \text{m}^{-3}$$

电介质 ε_{r2} 中的电场能量密度

$$w_2 = \frac{1}{2}\varepsilon_0 \varepsilon_{r2} E_2^2 = 2.21 \times 10^{-2} \text{ J} \cdot \text{m}^{-3}$$

(2) 电介质 ε_{r1} 中储存的电场能量:

$$W_1 = w_1 V_1 = (1.11 \times 10^{-2} \times 50 \times 10^{-4} \times 2.0 \times 10^{-3}) \text{ J} = 1.11 \times 10^{-7} \text{ J}$$

电介质 ε_{r2} 中储存的电场能量:

$$W_2 = w_2 V_2 = (2.21 \times 10^{-2} \times 50 \times 10^{-4} \times 3.0 \times 10^{-3}) \text{ J} = 3.32 \times 10^{-7} \text{ J}$$

(3) 电容器储存的总能量

$$W = W_1 + W_2 = 4.43 \times 10^{-7} \text{ J}$$

9-24 如解图 9-24 所示, 一充电电荷量为 $\pm Q$ 的平行板空气电容器, 极板面积为 S, 间距为 d, 在保持极板上电荷量 $\pm Q$ 不变的条件下, 平行地插入一厚度为 $\frac{d}{2}$, 面积为 S, 相对电容率为 ε_r 的电介质平板, 在插入电介质平板的过程中, 外力需做多少功?

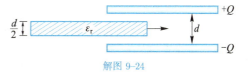

解图 9-24

解 未插电介质时电容器的电容 $C_0 = \varepsilon_0 S / d$. 此时电容器的储能 $W_0 = \dfrac{Q^2}{2C_0} = \dfrac{Q^2 d}{2\varepsilon_0 S}$

利用高斯定理可以算出, 插入电介质后电容器的空隙间和介质板中的场强分别为

$$E_0 = \frac{\sigma}{\varepsilon_0}$$

$$E = \frac{E_0}{\varepsilon_{\mathrm{r}}} = \frac{\sigma}{\varepsilon_0 \varepsilon_{\mathrm{r}}}$$

这时, 电容器两极板间的电势差

$$\Delta V = E_0 \left(d - \frac{d}{2}\right) + E\frac{d}{2} = \frac{dE_0}{2}\left(1 + \frac{1}{\varepsilon_{\mathrm{r}}}\right) = \frac{d\sigma}{2\varepsilon_0}\frac{\varepsilon_{\mathrm{r}} + 1}{\varepsilon_{\mathrm{r}}}$$

据定义, 插入电介质后的电容

$$C = \frac{Q}{\Delta V} = \frac{\sigma S}{d\sigma(\varepsilon_{\mathrm{r}} + 1)/2\varepsilon_0\varepsilon_{\mathrm{r}}} = \frac{2\varepsilon_0\varepsilon_{\mathrm{r}} S}{(1 + \varepsilon_{\mathrm{r}})d}$$

此时电容器的储能

$$W = \frac{Q^2}{2C} = \frac{Q^2(1 + \varepsilon_{\mathrm{r}})d}{4\varepsilon_0\varepsilon_{\mathrm{r}} S}$$

根据功能关系, 插入电介质过程中外力做的功等于电场能量的变化 (储能), 即

$$A = W - W_0 = \frac{Q^2(1 + \varepsilon_{\mathrm{r}})d}{4\varepsilon_0\varepsilon_{\mathrm{r}} S} - \frac{Q^2 d}{2\varepsilon_0 S}$$

$$= \frac{Q^2(1 - \varepsilon_{\mathrm{r}})d}{4\varepsilon_0\varepsilon_{\mathrm{r}} S}$$

9–25 如解图 9–25 所示, A 是半径为 R 的导体球, 带有电荷量 q, 球外有一不带电的同心导体球壳 B, 其内、外半径分别为 a 和 b, 求这一带电系统的电场能量.

解 应用高斯定理, 可以求出该系统的场强分布

$$E(r) = \begin{cases} 0 & (r < R, a < r < b) \\ \dfrac{q}{4\pi\varepsilon_0 r^2} & (R < r < a, r > b) \end{cases}$$

式中, r 表示从球心 O 到任一场点的距离.

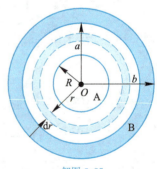

解图 9–25

以 O 为中心作一半径为 r, 厚度为 dr 的薄球壳, 其体积 $dV = 4\pi r^2 dr$, 储存的能量

$$dW_{\mathrm{e}} = w_{\mathrm{e}} dV = \left(\frac{1}{2}\varepsilon_0 E^2\right)(4\pi r^2 dr)$$

$$= \begin{cases} 0 \\ \dfrac{1}{2}\varepsilon_0\left(\dfrac{q}{4\pi\varepsilon_0 r^2}\right)^2 4\pi r^2 dr \end{cases}$$

$$= \begin{cases} 0 & (r < R, a < r < b) \\ \dfrac{q^2 dr}{8\pi\varepsilon_0 r^2} & (R < r < a, r > b) \end{cases}$$

故带电系统的电场所储存的能量

$$W_e = \int_V \mathrm{d}W_e = \int_R^a \frac{q^2}{8\pi\varepsilon_0 r^2}\mathrm{d}r + \int_b^\infty \frac{q^2}{8\pi\varepsilon_0 r^2}\mathrm{d}r$$

$$= \frac{q^2}{8\pi\varepsilon_0}\left(\frac{1}{R} - \frac{1}{a} + \frac{1}{b}\right)$$

六　自我检测

9–1　如检图 9–1 所示，在点电荷 q 的电场中，选取以 q 为中心、R 为半径的球面上一点 P 作电势零点，则与点电荷 q 距离为 r 的 P' 点的电势为（　　）.

A. $\dfrac{q}{4\pi\varepsilon_0 r}$

B. $\dfrac{q}{4\pi\varepsilon_0}\left(\dfrac{1}{r} - \dfrac{1}{R}\right)$

C. $\dfrac{q}{4\pi\varepsilon_0(r - R)}$

D. $\dfrac{q}{4\pi\varepsilon_0}\left(\dfrac{1}{R} - \dfrac{1}{r}\right)$

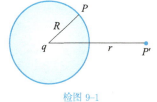

检图 9–1

9–2　面积为 S 的空气平行板电容器，极板上分别带有 $\pm q$ 电荷量，若不考虑边缘效应，则两极板间的相互作用力为（　　）.

A. $\dfrac{q^2}{\varepsilon_0 S}$

B. $\dfrac{q^2}{2\varepsilon_0 S}$

C. $\dfrac{q^2}{2\varepsilon_0 S^2}$

D. $\dfrac{q^2}{\varepsilon_0 S^2}$

9–3　两根相互平行的无限长均匀带正电直线 1、2，相距为 d，其线电荷密度分别为 λ_1 和 λ_2，如检图 9–3 所示，则场强等于零的点与直线 1 的距离 a 为_____.

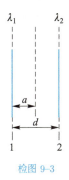

检图 9–3

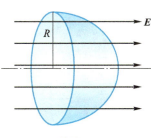

检图 9–4

9–4　半径为 R 的半球面置于场强为 $\boldsymbol{E}$ 的恒定电场中，其对称轴与场强方向一致，如检图 9–4 所示. 则通过该半球面的电场强度通量为_____.

9–5 半径分别为 a 和 b 的两个金属球, 它们的间距比本身的尺寸大很多. 今用一细导线将两者连接, 并给系统带上电荷量为 Q 的电荷, 求每个球上分配到的电荷是多少?

9–6 一电容为 C 的平行板电容器, 接在端电压为 U 的电源上充电, 后随即断开, 求将两个极板间距增大到 n 倍的过程中外力做的功.

自我检测
参考答案

第十章　恒定电流的磁场

1. 掌握毕奥–萨伐尔定律, 并能用该定律计算一些简单问题中的磁感应强度.
2. 掌握用安培环路定理计算磁感应强度的条件及方法, 会熟练地计算具有对称性分布的电流或磁场的磁感应强度.
3. 理解磁感应强度 B 的概念.
4. 理解磁场高斯定理.
5. 了解电流密度及电动势的概念.

二　内容提要

1. 电流密度与恒定电流　通过某点附近垂直于电荷运动方向的单位面积的电流称为电流密度, 用 j 表示, 电流密度为矢量, 其大小为

$$j = \frac{\mathrm{d}I}{\mathrm{d}S\cos\theta}$$

其方向为正电荷通过该点时的运动方向.

通过某一截面 S 的电流

$$I = \int_S \mathrm{d}I = \int_S j\mathrm{d}S \cos\theta = \int_S \boldsymbol{j} \cdot \mathrm{d}\boldsymbol{S}$$

电流密度大小和方向均不改变的电流称为恒定电流.

2. 电动势 将单位正电荷从电源负极 B 经由电源内部运送到电源正极 A 时, 非静电力做的功, 称为电源的电动势, 用 $\mathscr{E}$ 表示, 即

$$\mathscr{E} = \int_B^A \boldsymbol{E}_\mathrm{k} \cdot \mathrm{d}\boldsymbol{l}$$

电动势的正方向规定为自负极沿电源内部指向正极.

如果在整个闭合回路 l 上均有非静电力, 则电动势的定义式为

$$\mathscr{E} = \oint_l \boldsymbol{E}_\mathrm{k} \cdot \mathrm{d}\boldsymbol{l}$$

3. 磁感应强度 B 磁感应强度 $\boldsymbol{B}$ 是一个表征磁场性质的矢量, 其方向与场点处小磁针 N 极的指向相同, 与 $\boldsymbol{F}_\mathrm{max} \times \boldsymbol{v}$ 的方向一致; 大小为场点运动电荷所受的最大磁场力与运动电荷所带电荷量同速度的乘积之比, 即

$$B = \frac{F_\mathrm{max}}{qv}$$

4. 毕奥–萨伐尔定律 电流元 $I\mathrm{d}l$ 在真空中某一场点产生的磁感应强度 $\mathrm{d}\boldsymbol{B}$ 的大小与电流元的大小、电流元到该点的位矢 $\boldsymbol{r}$ 与电流元的夹角 θ 的正弦的乘积成正比, 与位矢大小的平方成反比, 即

$$\mathrm{d}B = \frac{\mu_0}{4\pi} \frac{I\mathrm{d}l \sin\theta}{r^2}$$

$\mathrm{d}\boldsymbol{B}$ 的方向与 $I\mathrm{d}\boldsymbol{l} \times \boldsymbol{r}$ 相同, 其矢量式为

$$\mathrm{d}\boldsymbol{B} = \frac{\mu_0}{4\pi} \frac{I\mathrm{d}\boldsymbol{l} \times \boldsymbol{r}}{r^3}$$

这一规律称为毕奥–萨伐尔定律. 利用毕奥–萨伐尔定律原则上可以解决一切载流导体的磁场计算问题, 但实际上只有少数分布规则的电流的磁场, 利用它来求解才比较简便.

5. 几种载流导体的磁场 利用毕奥–萨伐尔定律可以导出几种载流导体的磁场公式.

(1) 有限长直载流导体的磁感应强度的大小

$$B = \frac{\mu_0 I}{4\pi a}(\cos\theta_1 - \cos\theta_2)$$

方向与电流成右手螺旋关系.

(2) 长直载流导线 (无限长载流直导线) 的磁感应强度的大小

$$B = \frac{\mu_0 I}{2\pi a}$$

方向与电流成右手螺旋关系.

(3) 载流圆导线 (圆电流) 轴线上的磁感应强度的大小

$$B = \frac{\mu_0 I R^2}{2(R^2 + x^2)^{3/2}}$$

方向沿轴线, 与电流成右手螺旋关系. 当 $x = 0$, 即场点位于圆心处时, 则有

$$B = \frac{\mu_0 I}{2R}$$

(4) 载流长直螺线管内的磁感应强度的大小

$$B = \mu_0 n I$$

方向沿轴线, 与电流成右手螺旋关系, 为均匀场.

6. 磁通量 通过某一曲面 S 的磁感应线的数目称为通过该面的磁通量, 计算式为

$$\Phi = \int_S \mathrm{d}\Phi = \int_S \boldsymbol{B} \cdot \mathrm{d}\boldsymbol{S} = \int_S B \cos\theta \mathrm{d}S$$

对于封闭曲面, 通常规定自内向外的方向为面元法线的正方向. 因此, 穿出的磁通量为正 $(\mathrm{d}\Phi > 0)$, 穿入的为负 $(\mathrm{d}\Phi < 0)$.

7. 磁场的高斯定理 穿过任何一个封闭曲面的磁通量均等于零, 即

$$\oint_S \boldsymbol{B} \cdot \mathrm{d}\boldsymbol{S} = 0$$

这一规律称为磁场高斯定理, 它说明磁场是无源场.

8. 安培环路定理 真空中, 恒定磁场的磁感应强度沿任一闭合回路的积分均等于该回路所包围 (亦即穿过以该回路为周界的曲面) 的电流的代数和的 μ_0 倍, 即

$$\oint_l \boldsymbol{B} \cdot \mathrm{d}\boldsymbol{l} = \mu_0 \sum I_i$$

这一结论称为安培环路定理, 它表明磁场是非保守场.

如果 I 或 $\boldsymbol{B}$ 的分布具有某种对称性, 利用安培环路安理可以较简便地计算 B 值.

三 重点难点

本章的重点是毕奥-萨伐尔定律、磁场高斯定理与安培环路定理. 通过上述内容的学习可以加深我们对电磁学中场的研究方法的理解.

本章的难点是磁场的计算, 它既要涉及对磁场概念及特性的理解, 又要涉及方法技巧的运用, 可以通过 "实践—总结—再实践" 来化解.

四 方法技巧

本章主要讨论真空中恒定电流激发的磁场性质及分布规律. 磁场和静电场虽然性质不同, 但在研究方法及对场的描述上有许多相似之处. 望读者在学习过程中, 不断地将磁场与静电场相类比, 既便于理解, 又便于记忆.

本章习题主要是计算磁感应强度 $\boldsymbol{B}$, 其方法通常有三种: 一种是利用毕奥–萨伐尔定律来求 (先算元磁场, 然后积分); 另一种是利用安培环路定理来处理; 第三种是直接用载流导体的磁场公式来计算.

利用毕奥–萨伐尔定律求磁场其方法大致可按如下步骤进行:

(1) 建立方便合适的坐标系;

(2) 在电流上任取一电流元, 用毕奥–萨伐尔定律写出其元磁场

$$\mathrm{d}\boldsymbol{B} = \frac{\mu_0}{4\pi}\frac{I\mathrm{d}\boldsymbol{l} \times \boldsymbol{r}}{r^3}$$

(3) 对整个电流积分, 求其磁场

$$\boldsymbol{B} = \int \mathrm{d}\boldsymbol{B} = \int \frac{\mu_0}{4\pi}\frac{I\mathrm{d}\boldsymbol{l} \times \boldsymbol{r}}{r^3}$$

积分中有两点应该引起注意: 一是要尽量做到矢量积分 "标量化" (通过投影将矢量化成 "标量"); 二是要统一积分变量 (当被积函数有多个变量时, 应利用几何条件将它们统一成一个变量——换元).

利用安培环路定理求磁场是计算磁场的一种主要方法, 其步骤大致如下:

(1) 分析磁场或电流分布是否具有对称性, 如有对称性, 则可用安培环路定理来求解.

(2) 选取合适的回路: 一要经过待求 $\boldsymbol{B}$ 的场点, 二要使积分易于进行.

(3) 按环路定理列解方程, 并按法则求出电流的代数和. 如果已知电流可以分割成若干部分, 每一部分均可直接利用载流导体的磁场公式来计算, 那么, 已知电流产生的磁场就应该是各部分电流磁场的叠加.

例 10–1 一长直载流导线所载电流为 I, 旁边放一与其共面的等腰直角三角形线圈, 尺寸如例图 10–1 所示. 求通过此线圈的磁通量.

解 求解磁通量的关键是先正确地写出面元的磁通量, 然后进行积分. 取如例图 10–1 所示坐标系, 在线圈内的 x 处取一宽为 $\mathrm{d}x$, 长为 $(x-a)$ 的面元, 其面积 $\mathrm{d}S = (x-a)\mathrm{d}x$ (图中阴影), 该面元内各点的 $\boldsymbol{B}$ 可视为相等, 通过该面元的磁通量

$$\mathrm{d}\varPhi = \boldsymbol{B}\cdot\mathrm{d}\boldsymbol{S} = B\mathrm{d}S = \frac{\mu_0 I}{2\pi x}(x-a)\mathrm{d}x$$

则通过整个线圈的磁通量

$$\varPhi = \int \mathrm{d}\varPhi = \int_a^{a+l} \frac{\mu_0 I}{2\pi x}(x-a)\mathrm{d}x$$
$$= \frac{\mu_0 I l}{2\pi} - \frac{\mu_0 I a}{2\pi}\ln\frac{a+l}{a}$$

例 10–2 如例图 10–2 所示, 设电流 I 均匀分布在宽为 l_0 的导体薄板上, 求在薄板平面上, 与板的一边相距为 r 的 P 点的磁感应强度.

解 建立 Ox 坐标轴, 如图所示.

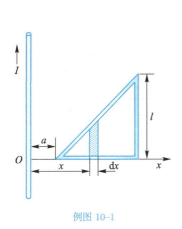

例图 10–1

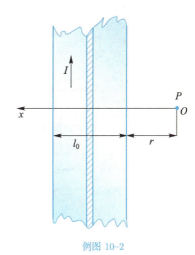

例图 10–2

将薄板沿垂直 Ox 轴方向分割为许多极窄的小长条,每个小长条均可视为无限长直线电流. 根据叠加原理, P 点的磁场应该是所有这些直线电流共同激发的.

取小长条的宽度为 dx, 其电流值 $dI = \dfrac{I}{l_0}dx$. 它在 P 点产生的磁场

$$dB = \frac{\mu_0 dI}{2\pi x}$$

注意到所有直线电流在 P 点激发的磁场方向均相同, 于是电流 I 在 P 点激发的磁感应强度的大小

$$B = \int dB = \int_{r}^{r+l_0} \frac{\mu_0}{2\pi x}\frac{I}{l_0}dx = \frac{\mu_0 I}{2\pi\, l_0}\ln\frac{r+l_0}{r}$$

磁感应强度的方向垂直纸面向里.

例 10–3　一无限大载流导体薄板, 单位宽度的电流为 I. 求载流导体板周围磁感应强度的大小.

解　如例图 10–3 所示, 过导体板周围 P 点作一与导体板平面垂直的矩形回路 $abcda$, 且使 ab (长为 l) 与 cd 关于薄板对称. 于是, ab、cd 上的 $\boldsymbol{B}$ 值处处相等; $\boldsymbol{B}$ 的方向分别与 ab 及 cd 平行, 而 bc 和 da 上的 $\boldsymbol{B}$ 的方向则分别与 bc 及 da 垂直.

将磁场沿 $abcda$ 回路取积分, 据安培环路定理有

$$\oint_l \boldsymbol{B}\cdot d\boldsymbol{l} = \mu_0 l \sum I_i$$

即

$$\int_{ab} \boldsymbol{B}\cdot d\boldsymbol{l} + \int_{bc} \boldsymbol{B}\cdot d\boldsymbol{l} + \int_{cd} \boldsymbol{B}\cdot d\boldsymbol{l} + \int_{dc} \boldsymbol{B}\cdot d\boldsymbol{l}$$
$$= Bl + 0 + Bl + 0 = 2Bl = \mu_0 l I$$

解之, 得

$$B = \frac{\mu_0 I}{2}$$

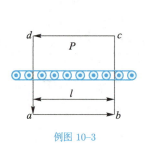

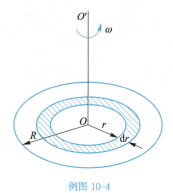

例图 10-3   例图 10-4

例 10-4 如例图 10-4 所示, 半径为 R 的均匀带电圆盘, 电荷面密度为 σ. 当盘以匀角速度 ω 绕其中心轴 OO' 旋转时, 求盘心 O 点的磁感应强度的大小.

解 将圆盘看成一系列同心圆环的组合. 以 O 为圆心, r 为半径, dr 为宽作一圆环, 其上所带电荷量

$$dQ = \sigma 2\pi r dr$$

当盘以 ω 绕中心轴转动时, 环上的等效电流

$$dI = \frac{\omega}{2\pi} dQ = \omega \sigma r dr$$

它在环心处产生的磁感应强度的大小

$$dB = \frac{\mu_0 dI}{2r} = \frac{\mu_0 \omega \sigma dr}{2}$$

其方向沿轴线. 于是, 盘在盘心 O 处产生的磁感应强度的大小

$$B = \int dB = \int_0^R \frac{1}{2} \mu_0 \omega \sigma dr = \frac{1}{2} \mu_0 \omega \sigma R$$

五 习题解答

10-1 在定义磁感应强度 $\boldsymbol{B}$ 的方向时, 为什么不将运动电荷的受力方向规定为 $\boldsymbol{B}$ 的方向?

答 磁感应强度 $\boldsymbol{B}$ 的方向, 不仅与运动电荷的受力方向有关, 还与运动电荷的运动方向也有关, 所以, 不能仅以运动电荷的受力方向来规定 $\boldsymbol{B}$ 的方向.

10-2 毕奥–萨伐尔定律中的电流元 $Id\boldsymbol{l}$ 是个理想的模型, 实际中难以单独存在. 现给你一段非常细长的载流导线, 你能否用它来获取一个磁学功能非常接近理想电流元的实际电流元 $Id\boldsymbol{l}$?

解图 10-2

答 能. 将细长载流导线的中部绕在一个细长的圆柱体上, 然后将两段导线再绕绞成半直线 (参见解图 10-2), 则圆电流 abc 即可近似地视为理想电流元.

10–3　能否用安培环路定理求出有限长载流直导线或无限长任意形状的载流导线周围的磁场分布? 为什么?

答　不能. 因为应用安培环路定理来求解磁场的前提条件是电流或磁场分布具有对称性, 而有限长载流直导线或无限长任意形状载流导线周围的磁场分布均不具有对称性, 故不能用安培环路定理来求解它们的磁场.

10–4　在某些电子仪器中, 需将电流大小相等、方向相反的导线绕绞在一起, 这是为什么?

答　主要是为了减少载流导线的磁场对电子仪器的不利影响.

10–5　在恒定磁场中, 下列说法正确的是 (　　).

A. 安培环路定理具有普适性, 它对求解具有对称性的磁场的 $\boldsymbol{B}$ 值较方便

B. 安培环路定理可用来确定圆电流的磁场

C. 在 $\oint \boldsymbol{B} \cdot \mathrm{d}\boldsymbol{l} = \mu_0 \sum I_i$ 中, $\boldsymbol{B}$ 仅与回路所围的电流有关

D. 以上说法都不对

解　根据安培环路定理的物理意义可以知道, 它是一条普遍适用的规律, 但是用它来计算磁场时, 则必须要求场有对称性. 因为只有这样才能将 $\boldsymbol{B}$ 从积分号中提出, 使积分计算易于进行. 故 A 是正确的, B、C、D 都不对. 选 A.

10–6　一长直载流导线被弯成如解图 10–6 所示的形状, 则圆心处的磁感应强度的大小为 (　　).

A. $\dfrac{\mu_0 I}{4\pi R} + \dfrac{3\mu_0 I}{8R}$　　　　B. $\dfrac{\mu_0 I}{2\pi R} + \dfrac{3\mu_0 I}{8R}$

C. $\dfrac{\mu_0 I}{2\pi R} + \dfrac{3\mu_0 I}{8R}$　　　　D. $\dfrac{\mu_0 I}{4\pi R} - \dfrac{3\mu_0 I}{8R}$

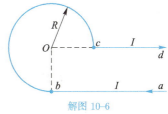

解图 10–6

解　将载流导线分成 ab、bc、cd 三部分. ab 导线对 O 为半长直载流导线, 它在 O 点产生的磁场

$$B_{ab} = \frac{\mu_0 I}{4\pi R}$$

方向垂直纸面向内. bc 导线在 O 点产生的场

$$B_{bc} = \frac{3}{4} \times \frac{\mu_0 I}{2 R} = \frac{3}{8} \frac{\mu_0 I}{R}$$

cd 导线的反向延长线经过 O, 它在 O 点处的场为零. 根据叠加原理可知, 整个电流在 O 处的场

$$B = B_{ab} + B_{bc} + B_{cd} = \frac{\mu_0 I}{4\pi R} + \frac{3}{8} \frac{\mu_0 I}{R}$$

故选 A.

10–7　我们知道, 导体中含有大量自由电子, 它们在电场的作用下作定向漂移运动 (设其平均速率为 $\bar{v}$) 便形成了电流. 设导体中自由电子数密度为 n, 则导体中的电流密度 $\boldsymbol{j}$ 为 _____.

解 如解图 10-7 所示, 在导体内垂直于电流的方向上取一面元 ΔS, 以此面元为底, 以 $\bar{v}\Delta t$ 为高作一圆柱体. 则柱体内所含电子数为 $\bar{v}\Delta t\Delta Sn$. 这些电子在 Δt 时间内将全部通过 ΔS, 故此面元的电流

$$I = \frac{e\bar{v}\Delta t\Delta Sn}{\Delta t} = j\Delta S$$

解之, 得电流密度

$$j = ne\bar{v}$$

空填 $ne\bar{v}$.

解图 10-7   解图 10-8

10-8 如解图 10-8 所示, $I_1 = I_2 = 3$ A, I_1 由纸面流入, I_2 由纸面流出, 则 $\boldsymbol{B}$ 沿 L_1, L_2, L_3 三个回路的环流分别为 _____、_____ 和 _____.

解 按照安培环路定理, L_1 仅包围电流 I_1, 且 L_1 与 I_1 不成右手螺旋关系, 故其环流 $\oint \boldsymbol{B} \cdot \mathrm{d}\boldsymbol{l} = -I_1\mu_0 = -3 \times 4\pi \times 10^{-7}$ T·m $= -3.77 \times 10^{-6}$ T·m.

L_2 仅包含 I_2, 且二者成右手螺旋关系. 故其环流

$$\oint \boldsymbol{B} \cdot \mathrm{d}\boldsymbol{l} = \mu_0 I_2 = 3 \times 4\pi \times 10^{-7} \text{ T·m} = 3.77 \times 10^{-6} \text{ T·m}.$$

L_3 包含 I_1、I_2, 但 I_1、I_2 大小相等、流向相反, 代数和为零, 故其环流亦为零.

故第一空填 -3.77×10^{-6} T·m. 第二空填 3.77×10^{-6} T·m. 第三空填 0.

10-9 求边长为 0.1 m, 电流为 0.5 A 的载流正四边形导线框中心磁感应强度的大小.

解 根据一段直线电流的磁场公式可知, AB 段电流在 O 点产生的磁场 (如解图 10-9 所示)

$$B_0 = \frac{\mu_0 I(\cos\theta_1 - \cos\theta_2)}{4\pi a}$$

$$= \frac{10^{-7} \times 0.5(\cos\pi/4 - \cos 3\pi/4)}{0.1/2} \text{ T} = 1.4 \times 10^{-6} \text{ T}$$

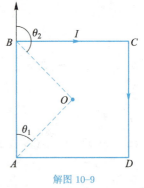

解图 10-9

由于四段电流在 O 点产生的磁场大小相同、方向一致, 所以

$$B = 4B_0 = 4 \times 1.41 \times 10^{-6} \text{ T} = 5.64 \times 10^{-6} \text{ T}$$

10–10 一长直载流导线被弯成如解图 10–10 所示形状, 求 O 点处 (半圆心) 的磁感应强度.

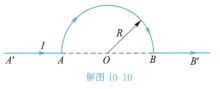
解图 10–10

解 根据叠加原理, O 点的磁场可视为直线电流 AA'、BB' 和半圆弧电流 $\overset{\frown}{AB}$ 三部分共同激发的, 即

$$\boldsymbol{B} = \boldsymbol{B}_{AA'} + \boldsymbol{B}_{\overset{\frown}{AB}} + \boldsymbol{B}_{BB'}$$

由于 O 点与 AA' 及 BB' 共线, 所以有

$$\boldsymbol{B}_{AA'} = \boldsymbol{0}, \quad \boldsymbol{B}_{BB'} = \boldsymbol{0}, \quad \boldsymbol{B} = \boldsymbol{B}_{\overset{\frown}{AB}}$$

由半圆电流的磁场公式可得 $\boldsymbol{B}$ 的大小

$$B = \frac{1}{2}\frac{\mu_0 I}{2 R} = \frac{\mu_0 I}{4 R}$$

由右手螺旋定则可知 $\boldsymbol{B}$ 的方向: 垂直纸面向里.

10–11 某一长直输电线, 所载电流 $I = 100$ A, 求该电流在离它 1 m 远处所产生的磁感应强度的大小.

解 根据长直载流导线的磁场公式得

$$B = \frac{\mu_0 I}{2 \pi a} = \frac{4 \pi \times 10^{-7} \times 100}{2 \pi \times 1} \text{ T} = 2.0 \times 10^{-5} \text{ T}$$

10–12 一长直电流被弯成如解图 10–12 所示的形状. 设 A 为圆电流与直电流的切点, $R = 4.0$ cm, $I = 6.0$ A, 求 O 点处磁感应强度的大小.

解 根据叠加原理, O 点的磁场可视为一条无限长直线电流和一个圆形电流共同激发. 其中直线电流产生的磁场

$$B_1 = \frac{\mu_0 I}{2 \pi R} = \frac{(4 \pi \times 10^{-7}) \times 6.0}{2\pi \times 4.0 \times 10^{-2}} \text{ T} = 3.0 \times 10^{-5} \text{ T}$$

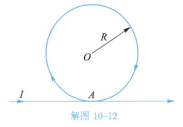
解图 10–12

圆形电流产生的磁场

$$B_2 = \frac{\mu_0 I}{2 R} = \frac{4 \pi \times 10^{-7} \times 6.0}{2 \times 4.0 \times 10^{-2}} \text{ T} = 9.4 \times 10^{-5} \text{ T}$$

由于 $\boldsymbol{B}_1$ 与 $\boldsymbol{B}_2$ 方向相反, 故 O 点处磁感应强度的大小

$$B = B_2 - B_1 = 3.0 \times (\pi - 1) \times 10^{-5} \text{ T} = 6.4 \times 10^{-5} \text{ T}$$

10–13 两根长直导线沿一铁环的半径方向从远处引于铁环的 A、B 两点, 电流方向如解图 10–13 所示. 求铁环中心处的磁感应强度.

解 O 点的磁场可视为由 eA、Bf 两直电流和 $\overset{\frown}{AcB}$、$\overset{\frown}{AdB}$ 两段圆弧电流共同激发, 根据叠加原理, 铁环中心处 O 点的磁场

$$\boldsymbol{B} = \boldsymbol{B}_{eA} + \boldsymbol{B}_{Bf} + \boldsymbol{B}_{\overset{\frown}{AcB}} + \boldsymbol{B}_{\overset{\frown}{AdB}}$$

由于 O 点与 eA 及 Bf 共线, 故

$$\boldsymbol{B}_{eA} = \boldsymbol{B}_{Bf} = \boldsymbol{0}$$

所以

$$B = B_{\overarc{AcB}} + B_{\overarc{AdB}}$$

这里

$$B_{\overarc{AcB}} = \frac{\mu_0 I_1 \theta_1}{4\pi R}, \quad B_{\overarc{AdB}} = \frac{\mu_0 I_2 \theta_2}{4\pi R}$$

因两圆弧电流成并联电路, 故有 $V_{\overarc{AcB}} = V_{\overarc{AdB}}$, 即

$$I_1 \rho \frac{R\theta_1}{S} = I_2 \rho \frac{R\theta_2}{S} \quad 或 \quad I_1\theta_1 = I_2\theta_2$$

式中 ρ 是铁环电阻率, S 是铁环横截面积, R 是铁环半径.

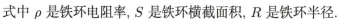

解图 10–13

注意到 $\boldsymbol{B}_{\overarc{AcB}}$ 与 $\boldsymbol{B}_{\overarc{AdB}}$ 方向相反, 于是铁环中心处的磁感应强度的大小为

$$B = B_{\overarc{AcB}} - B_{\overarc{AdB}} = \frac{\mu_0 I_1 \theta_1}{4\pi R} - \frac{\mu_0 I_2 \theta_2}{4\pi R} = 0$$

10–14 电流均匀地流过宽为 $2a$ 的无限长平面导体薄板, 其大小为 I. 通过板的中线并与板垂直的平面上有一点 P, 它到板的距离为 x. 求 P 点的磁感应强度的大小.

解 此载流导体薄板可看成是许多与薄板中心线平行的、彼此紧挨的无限长载流导线的组合. 建立坐标系如解图 10–14 所示. 在离原点 y 处取宽度为 $\mathrm{d}y$ 的无限长载流导线. 其电流 $\mathrm{d}I = \frac{I}{2a}\mathrm{d}y$, 它在 P 点产生的磁场

$$\mathrm{d}B = \frac{\mu_0 \,\mathrm{d}I}{2\pi(x^2 + y^2)^{\frac{1}{2}}} = \frac{\mu_0 \,I\mathrm{d}y}{4\pi ar}$$

方向如解图 10–14 所示. 其分量

$$\mathrm{d}B_y = \mathrm{d}B \,\sin\theta = \frac{\mu_0 I\mathrm{d}y}{4\pi ar}\frac{y}{r}$$
$$= \frac{\mu_0 \,Iy\mathrm{d}y}{4\pi ar^2}$$

所以

$$B_y = \int_{-a}^{a}\left(\frac{\mu_0\,I}{4\pi a}\right)\frac{y}{r^2}\,\mathrm{d}y$$

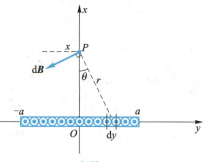

解图 10–14

因这是一个奇函数的对称积分, 所以 $B_y = 0$, $\boldsymbol{B}$ 在 x 轴上的分量

$$\mathrm{d}B_x = \mathrm{d}B\cos\theta = \frac{\mu_0\,I\mathrm{d}y}{4\pi ar}\frac{x}{r} = \frac{\mu_0\,Ix\mathrm{d}y}{4\pi ar^2}$$

注意到

$$y = x\tan\theta, \quad \mathrm{d}y = \frac{x}{\cos^2\theta}\mathrm{d}\theta = \frac{r^2}{x}\mathrm{d}\theta$$

所以

$$\mathrm{d}B_x = \left(\frac{\mu_0 I}{4\pi a}\frac{x}{r^2}\right)\left(\frac{r^2}{x}\right)\mathrm{d}\theta = \frac{\mu_0\,I}{4\pi a}\,\mathrm{d}\theta$$

$$B_x = \int\mathrm{d}B_x = \frac{\mu_0 I}{4\pi a}\int_{\theta_1}^{\theta_2}\,\mathrm{d}\theta = \frac{\mu_0\,I}{2\pi\,a}\theta_2$$

式中, $\tan \theta_2 = \dfrac{a}{x}, \theta_2 = \arctan \dfrac{a}{x}$. 所以 $B = B_x = \dfrac{\mu_0 I}{2 \pi a} \arctan \dfrac{a}{x}$.

10–15 一无限大导体薄板, 其单位宽度的电流为 I, 求导体薄板周围的磁感应强度的大小.

解 由于本题电流分布具有轴对称性, 因而可用安培环路定理来求解.

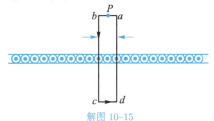

如解图 10–15 所示, 过导体板周围 P 点作一与导体板平面垂直的矩形回路 $abcda$, 且使 ab (长为 l) 与 cd 关于薄板对称. 于是, ab、cd 上的 $\boldsymbol{B}$ 值处处相等 ; $\boldsymbol{B}$ 的方向分别与 ab 及 cd 平行, 而 bc 和 da 上的 $\boldsymbol{B}$ 的方向则分别与 bc 及 da 垂直.

解图 10–15

将磁场沿 $abcda$ 回路取积分, 据安培环路定理有

$$\oint_l \boldsymbol{B} \cdot \mathrm{d}\boldsymbol{l} = \mu_0 l \sum I_i$$

即

$$\int_{ab} \boldsymbol{B} \cdot \mathrm{d}\boldsymbol{l} + \int_{bc} \boldsymbol{B} \cdot \mathrm{d}\boldsymbol{l} + \int_{cd} \boldsymbol{B} \cdot \mathrm{d}\boldsymbol{l} + \int_{dc} \boldsymbol{B} \cdot \mathrm{d}\boldsymbol{l}$$
$$= Bl + 0 + Bl + 0 = 2Bl = \mu_0 lI$$

解之, 得

$$B = \frac{\mu_0 I}{2}$$

10–16 半径为 0.01 m 的无限长半圆柱形金属薄片, 沿轴线方向的电流为 5.0 A, 求轴线上任一点的磁感应强度的大小.

解 将半圆柱面分割成无限多条与轴线平行的长直线电流, 根据叠加原理, 轴线上的磁场应该是所有这些长直线电流产生的磁场的叠加. 对于宽度为 $\mathrm{d}l = R\mathrm{d}\theta$ 的线电流 $\mathrm{d}I = \dfrac{I}{\pi R}\mathrm{d}l$. 它在轴线上产生的磁场大小为

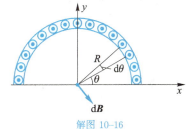

$$\mathrm{d}B = \frac{\mu_0 \, \mathrm{d}I}{2 \pi R} = \frac{\mu_0 I \mathrm{d}\theta}{2 \pi^2 R}$$

解图 10–16

方向如解图 10–16 所示, 其分量

$$\mathrm{d}B_x = \mathrm{d}B \sin \theta = \frac{\mu_0 \, I \sin \, \theta \mathrm{d}\theta}{2 \pi^2 \, R}$$
$$\mathrm{d}B_y = \mathrm{d}B \cos \theta = \frac{\mu_0 \, I \cos \, \theta \mathrm{d}\theta}{2 \pi^2 \, R}$$

所以

$$B_x = \int \mathrm{d}B_x = \int_0^\pi \frac{\mu_0 \, I \sin \, \theta \mathrm{d}\theta}{2 \pi^2 \, R} = \frac{\mu_0 I}{\pi^2 \, R}$$
$$B_y = \int \mathrm{d}B_y = \int_0^\pi \frac{\mu_0 \, I \cos \theta \mathrm{d}\theta}{2\pi^2 \, R} = 0$$

轴线上任一点的磁感应强度大小

$$B = B_x = \frac{\mu_0 I}{\pi^2 R} = \frac{4\pi \times 10^{-7} \times 5.0}{\pi^2 \times 0.01} \text{ T}$$
$$= 6.4 \times 10^{-5} \text{ T}$$

10–17 如解图 10–17 所示, 两线圈半径同为 R, 且平行共轴放置, 所载电流为 I, 且同方向, 当两线圈圆心之间的距离亦为 R 时, 这样的一对线圈称为亥姆霍兹线圈. 理论上可以证明, 两线圈中心连线中点附近的磁场最均匀. 因此, 人们常将亥姆霍兹线圈作为获取均匀磁场的一种工具. 求该线圈中心连线中点 O 处的磁场.

解 根据圆电流轴线上的磁场公式可得线圈 1 在 O 处的磁场大小

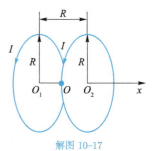

解图 10–17

$$B_1 = \frac{\mu_0 I R^2}{2\left[R^2 + \left(\dfrac{R}{2}\right)^2 \right]^{3/2}}$$
$$= \frac{\mu_0 I R^2}{2\left(\dfrac{5R^2}{4}\right)^{3/2}}$$
$$= \frac{4\mu_0 I}{(\sqrt{5})^3 R}$$

方向向右.

同法可得线圈 2 在 O 处的磁场大小

$$B_2 = \frac{4\mu_0 I}{(\sqrt{5})^3 R}$$

方向亦向右.

故 O 处的磁场大小

$$B = B_1 + B_2 = \frac{4\mu_0 I}{(\sqrt{5})^3 R} + \frac{4\mu_0 I}{(\sqrt{5})^3 R}$$
$$= \frac{8\mu_0 I}{5\sqrt{5} R}$$

方向向右.

10–18 已知载流圆线圈中心处的磁感应强度为 B_0, 此圆线圈的磁矩与一边长为 a, 通过电流为 I 的正方形线圈的磁矩之比为 $2:1$. 求载流圆线圈的半径.

解 由圆电流中心处的磁场公式 $B_0 = \dfrac{\mu_0 I_0}{2R}$ 可以解得圆线圈电流.

$$I_0 = \frac{2RB_0}{\mu_0}$$

将之代入题设条件 $\dfrac{\pi R^2 I_0}{a^2 I} = 2$, 则可得到圆线圈的半径

$$R = \left(\frac{\mu_0 a^2 I}{\pi B_0} \right)^{\frac{1}{3}}$$

10-19　如解图 10-19 所示, 两根分别载有 I 及 $\sqrt{3}I$ 电流的长直导线相互绝缘, 且互相垂直. 在 xy 平面内求磁感应强度为零的点的轨迹方程.

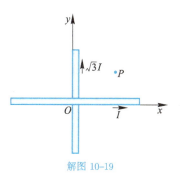

解　设 $\boldsymbol{B}$ 为零的点 P 的坐标为 (x, y). 据长直电流的磁场公式可得　$\sqrt{3}I$ 电流在 P 点所产生的磁场 B 的大小:

$$B_1 = \frac{\sqrt{3}I\mu_0}{2\pi x}$$

其方向为 $\otimes$ (垂直纸面向里).

同法可得 I 电流在 P 点产生的磁场 B 的大小:

$$B_2 = \frac{I\mu_0}{2\,\pi y}$$

其方向为 $\odot$ (垂直纸面向外).

由题知

$$B_P = 0$$

即

$$\frac{\sqrt{3}I\mu_0}{2\,\pi x} = \frac{\mu_0 I}{2\,\pi y}$$

解之, 得

$$y = \frac{\sqrt{3}}{3}x$$

10-20　一长直圆管形导体的横截面如解图 10-20 所示, 其内、外半径分别为 a、b, 导体内载有沿轴向的电流 I, 且均匀地分布在管的圆截面上. 设 P 为空间的任一点, 它到管轴的距离为 r. 求 $r < a$、$a < r < b$ 及 $r > b$ 处磁感应强度的大小.

解　以半径为 r、圆心在轴线上、圆面垂直于轴线的圆周为环路, 其绕行方向与电流方向呈右手螺旋关系, 根据环路定理则有

$$\oint \boldsymbol{B} \cdot \mathrm{d}\boldsymbol{l} = 2\pi r B = \mu_0 \sum I_i$$

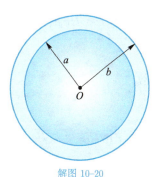

解图 10-20

其中 $\sum I_i$ 与环路半径大小 r 有关, 即

$$\sum I_i = \begin{cases} 0 & (r < a) \\ \dfrac{I}{\pi(b^2 - a^2)}\pi(r^2 - a^2) & (a < r < b) \\ I & (r > b) \end{cases}$$

将之代入上式, 则得

$$B = \begin{cases} 0 & (r < a) \\ \dfrac{\mu_0 I(r^2 - a^2)}{2\pi(b^2 - a^2)r} & (a < r < b) \\ \dfrac{\mu_0 I}{2\pi r} & (b < r) \end{cases}$$

10–21 一同轴电缆的横截面如解图 10–21(a) 所示. 两导体的电流均为 I, 且都均匀地分布在横截面上, 但电流的方向相反. 求 $r < R_1$、$R_1 < r < R_2$、$R_2 < r < R_3$ 及 $r > R_3$ 处 $\boldsymbol{B}$ 的大小, 并绘出 B–r 曲线图.

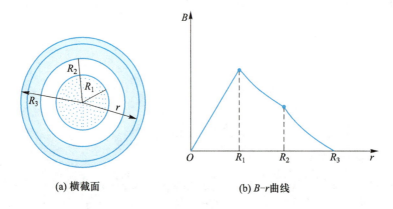

(a) 横截面   (b) B–r曲线

解图 10–21

解 设电流由外层流入, 内层流出. 由对称性分析可知, 与 O 等距离的点处 B 值相同. 以 O 为圆心, r 为半径取环路, 由安培环路定理得

$$\oint_l \boldsymbol{B} \cdot \mathrm{d}\boldsymbol{l} = 2\pi r B = \mu_0 \sum I_i$$

解之, 得

$$B = \frac{\mu_0}{2\pi r} \sum I_i$$

当 $r < R_1$ 时,

$$\sum I_i = \sigma \pi r^2 = I \frac{r^2}{R_1^2}$$

故

$$B_1 = \frac{\mu_0 I}{2\pi R_1^2} r$$

当 $R_1 < r < R_2$ 时,

$$\sum I_i = I$$

故

$$B_2 = \frac{\mu_0 I}{2\pi r}$$

当 $R_2 < r < R_3$ 时，

$$\sum I_i = I - \frac{I\pi(r^2 - R_2^2)}{\pi(R_3^2 - R_2^2)} = \frac{I(R_3^2 - r^2)}{R_3^2 - R_2^2}$$

故

$$B_3 = \frac{\mu_0}{2\pi} \frac{I(R_3^2 - r^2)}{(R_3^2 - R_2^2)r}$$

当 $r > R_3$ 时，

$$\sum I_i = 0$$

故

$$B_4 = 0$$

B–r 曲线如解图 10–21 (b) 所示.

10–22　一长直圆柱形导体的半径为 R_1，其内空心部分的半径为 R_2，其轴与圆柱体的轴平行但不重合，两轴间距为 a，且 $a > R_2$，如解图 10–22 所示. 现有电流 I 沿轴向流动，且均匀分布在横截面上. 求圆柱形导体轴线上的 B 值.

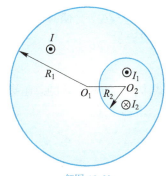

解图 10–22

解　本题可用 "补偿法" 求解: 先让一与圆柱形导体内电流同方向、同密度的电流 I_1 均匀流过空心圆柱，再让一与 I_1 同密度但方向相反的电流 I_2 均匀流过空心圆柱，这样，场中任一点的磁场均可看成电流 $I + I_1$ 的磁场 $\boldsymbol{B}_1$ 与电流 I_2 的磁场 $\boldsymbol{B}_2$ 的矢量和，即

$$\boldsymbol{B} = \boldsymbol{B}_1 + \boldsymbol{B}_2$$

容易算出，圆柱导体管的电流密度

$$j = \frac{I}{\pi(R_1^2 - R_2^2)}$$

由于长直电流的磁场具有轴对称性，因而可用安培环路定理来求解.

以 O_1 为圆心，r 为半径作圆周，并注意到对于 O_1 点，$r = 0$. 由安培环路定理 $\oint_L \boldsymbol{B} \cdot \mathrm{d}\boldsymbol{r} = B_1 2\pi r = \mu_0 j\pi r^2$ 可得

$$B_1 = \frac{\mu_0 I}{2\pi(R_1^2 - R_2^2)} r = 0$$

$$B_2 2\pi a = \mu_0 I_2 = \mu_0 \frac{R_2^2 I}{R_1^2 - R_2^2}$$

以 O_2 为圆心，a 为半径作圆周，同理可得

$$B_2 = \frac{\mu_0 R_2^2 I}{2\pi a(R_1^2 - R_2^2)}$$

故

$$B = B_2 = \frac{\mu_0 R_2^2 I}{2\pi a(R_1^2 - R_2^2)}$$

10–23 一长直螺线管的半径为 R, 每单位长度线圈的匝数为 n. 通有电流 $I = I_0 \sin \omega t$, 求:

(1) t 时刻管内中部任一点 P 的磁感应强度的大小;

(2) 通过管内中部垂直于管轴的内接正方形的磁通量.

解 (1) 由长直螺线管的磁场公式可得通电长直螺线管内任一点的磁场

$$B = \mu_0 nI = \mu_0 nI_0 \sin \omega t$$

(2) 由于管内磁场均匀, 所以通过内接正方形的磁通量

$$\Phi = \boldsymbol{B} \cdot \boldsymbol{S} = BS = \mu_0 nI_0 \sin \omega t (\sqrt{2}R)^2$$
$$= 2R^2 \mu_0 nI_0 \sin \omega t$$

10–24 一截面为矩形的螺绕环尺寸如解图 10–24 所示, 证明通过矩形截面 (图中阴影区) 的磁通量

$$\Phi = \frac{\mu_0 NIh}{2\pi} \ln \frac{D_2}{D_1}$$

式中, N 为螺绕环的总匝数, I 为其中的电流.

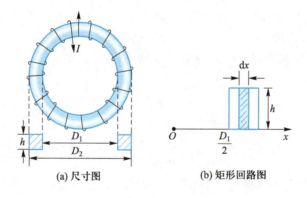

(a) 尺寸图　　　(b) 矩形回路图

解图 10–24

证 在环内取一个与环同心、半径为 r 的圆形回路. 对此回路应用环路定理, 则有

$$\oint \boldsymbol{B} \cdot \mathrm{d}\boldsymbol{l} = B2\pi r = \mu_0 NI$$

所以

$$B = \frac{\mu_0 NI}{2\pi r}$$

在矩形截面上取一矩形面元 $h\mathrm{d}x$, 其磁通量

$$\mathrm{d}\Phi = \boldsymbol{B} \cdot \mathrm{d}\boldsymbol{S} = \frac{\mu_0 NI}{2\pi x} h\mathrm{d}x$$
$$= \frac{\mu_0 NIh\mathrm{d}x}{2\pi x}$$

矩形截面的磁通量

$$\Phi = \int \mathrm{d}\Phi = \int_{\frac{D_1}{2}}^{\frac{D_2}{2}} \frac{\mu_0 NI}{2\pi x} h\mathrm{d}x = \frac{\mu_0 NIh}{2\pi} \ln \frac{D_2}{D_1}$$

10–25 如解图 10–25 所示, 两相互平行的长直载流导线所载电流分别为 I_1、I_2, 间距为 d; 其间有一共面矩形线圈, 其长为 a, 宽为 b, 线圈的一边与电流 I_1 相距为 c. 求通过此线圈的磁通量.

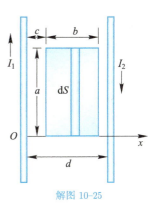

解 建立如图所示的 x 轴. 在矩形中取面元 $\mathrm{d}S = a\mathrm{d}x$, 其方向垂直纸面向里, 则面元中的磁场 $\boldsymbol{B}$ 的大小为

$$B = B_1 + B_2 = \frac{\mu_0 I_1}{2\pi x} + \frac{\mu_0 I_2}{2\pi(d-x)}$$

面元中的磁通量为

$$\mathrm{d}\Phi = \boldsymbol{B} \cdot \mathrm{d}\boldsymbol{S} = \frac{\mu_0 a}{2\pi}\left(\frac{I_1}{x} + \frac{I_2}{d-x}\right)\mathrm{d}x$$

解图 10–25

对上式积分, 得通过矩形中的磁通量

$$\Phi = \frac{\mu_0 a}{2\pi} \int_c^{c+b}\left(\frac{I_1}{x} + \frac{I_2}{d-x}\right)\mathrm{d}x$$
$$= \frac{\mu_0 a}{2\pi}\left[I_1 \ln \frac{c+b}{c} + I_2 \ln \frac{d-c}{d-(c+b)}\right]$$

六 自我检测

10–1 一圆形回路 1 的直径与一正方形回路 2 的边长相等, 二者均通有大小相等的电流, 则它们在各自的中心产生的磁感应强度大小之比 B_1/B_2 为 ( ).

A. 0.90   B. 1.00   C. 1.11   D. 1.22

10–2 检图 10–2 中, 六根无限长导线互相绝缘, 通过电流均为 I, 区域 Ⅰ 、Ⅱ、Ⅲ、Ⅳ 均为相等的正方形, 哪一个区域指向纸内的磁通量最大? ( )

A. Ⅰ 区域   B. Ⅱ 区域

C. Ⅲ 区域   D. Ⅳ 区域

E. 最大不止一个

10–3 如检图 10–3 所示, 两根直导线 ab 和 cd 沿半径方向被接到一个截面处处相等的铁环上, 恒定电流 I 从 a 端流入、d 端流出, 则磁感应强度 $\boldsymbol{B}$ 沿闭合回路 L 的积分 $\oint_L \boldsymbol{B} \cdot \mathrm{d}\boldsymbol{l} = $ _____.

10–4 一磁场的磁感应强度 $\boldsymbol{B} = a\boldsymbol{i} + b\boldsymbol{j} + c\boldsymbol{k}$, 则通过一半径为 R, 开口向 z 轴正方向的半球面的磁通量大小为 _____.

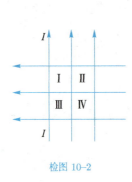

检图 10-2

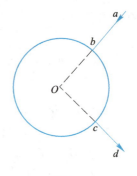

检图 10-3

10-5 一宽度为 a 的长直载流平板, 其单位宽度的电流为 σ, 求与平板共面且距平板一边为 b 的任一点 P 处的磁感应强度的大小.

10-6 一密绕平面螺旋线圈被限制在半径为 R_1 和 R_2 的两个圆周之间, 总匝数为 N, 其上通有电流 I, 求此螺旋线圈中心 O 处的磁感应强度.

自我检测
参考答案

第十一章　磁场对电流和运动电荷的作用

一　目的要求

> 1. 理解安培定律, 能用安培定律计算简单几何形状的载流导体所受到的磁场力及磁力矩.
> 2. 理解洛伦兹力公式, 会用它来分析、计算电荷在均匀电磁场 (包括纯电场、纯磁场) 中的受力和运动的简单情况.

二　内容提要

1. 安培定律　磁场对电流元 $I\mathrm{d}\boldsymbol{l}$ 的作用力 $\mathrm{d}\boldsymbol{F}$ (习称安培力) 与电流元的大小 $I\mathrm{d}l$、电流元所在处的磁感应强度的大小 B 以及 $\boldsymbol{B}$ 与 $I\mathrm{d}\boldsymbol{l}$ 之间的夹角 θ 的正弦成正比, 即

$$\mathrm{d}F = I\mathrm{d}lB\sin\theta$$

这一规律称为安培定律, 其矢量表达式为

$$\mathrm{d}\boldsymbol{F} = I\mathrm{d}\boldsymbol{l} \times \boldsymbol{B}$$

于是, 整个载流导体在磁场中受的力

$$\boldsymbol{F} = \int_{l}\mathrm{d}\boldsymbol{F} = \int_{l}I\mathrm{d}\boldsymbol{l} \times \boldsymbol{B}$$

2. 平面载流线圈的磁矩　线圈匝数 N、线圈电流 I、线圈面积 S 的乘积称为载流线圈的磁矩 $\boldsymbol{m}$, 其方向为线圈平面的法线方向 $\boldsymbol{e}_{\mathrm{n}}$ (它与电流成右手螺旋关系), 即

$$\boldsymbol{m} = NIS\boldsymbol{e}_{\mathrm{n}}$$

3. 平面载流线圈在均匀磁场中所受到的磁力矩　线圈磁矩 $\boldsymbol{m}$ 与磁场 $\boldsymbol{B}$ 的叉积称为磁力矩, 用

$$\boldsymbol{M} = \boldsymbol{m} \times \boldsymbol{B}$$

表示, 它对载流线圈做的功

$$W = \int_{\Phi_1}^{\Phi_2} I \mathrm{d}\Phi$$

4. 洛伦兹力　运动电荷在磁场 $\boldsymbol{B}$ 中受到的磁场力称为洛伦兹力, 其矢量表达式为

$$\boldsymbol{F} = q\boldsymbol{v} \times \boldsymbol{B}$$

式中, q、v 分别为运动电荷的电荷量及速度. 如果 $q > 0$, 则 $\boldsymbol{F}$ 与 $\boldsymbol{v} \times \boldsymbol{B}$ 同向; 如果 $q < 0$, 则 $\boldsymbol{F}$ 与 $\boldsymbol{v} \times \boldsymbol{B}$ 反向. 由于 $\boldsymbol{F} \perp \boldsymbol{v}$, 所以洛伦兹力永不做功.

5. 电荷在均匀磁场中运动的特点 (规律)　电荷在均匀磁场中的运动规律主要视电荷的运动速度 v 与磁感应强度 $\boldsymbol{B}$ 的情况而定:

(1) 当 $\boldsymbol{v}//\boldsymbol{B}$ 时, 电荷作匀速直线运动;

(2) 当 $\boldsymbol{v} \perp \boldsymbol{B}$ 时, 电荷作匀速圆周运动, 其半径和周期分别为

$$R = \frac{mv}{qB}, \quad T = \frac{2\pi m}{qB}$$

(3) 当 v 与 $\boldsymbol{B}$ 有夹角 θ 时, 电荷作螺旋线运动 (轴线与 $\boldsymbol{B}$ 平行), 其半径、周期、螺距分别为

$$R = \frac{mv\sin\theta}{qB}, \quad T = \frac{2\pi m}{qB}, \quad h = \frac{2\pi mv\cos\theta}{qB}$$

三　重点难点

安培定律与洛伦兹力是本章的重点, 由于相关的概念在中学物理已有提及, 因此对于它们的理解, 相对来说难度并不很大, 关键是上述理论的应用, 要倍加注意.

四　方法技巧

学习安培定律时应该注意, 式中的磁场 $\boldsymbol{B}$ 系指外磁场, 不包括受力的电流元 $I\mathrm{d}\boldsymbol{l}$ 在该处产生的磁场. 学习洛伦兹力要注意的是, 力的方向是由运动电荷的符号、运动电荷的速度 v 和外

磁场 $\boldsymbol{B}$ 的方向共同决定的. 此外, 由于洛伦兹力恒垂直于运动电荷的速度, 因此, 洛伦兹力对运动电荷不做功. 这意味着, 运动电荷的速度大小不会因为受到洛伦兹力而改变.

　　本章习题旨在加深对安培力和洛伦兹力的理解与计算. 对于安培力的计算, 一般应先计算电流元 $I\mathrm{d}\boldsymbol{l}$ 受到的磁场力 $\mathrm{d}\boldsymbol{F}$, 若各电流元的受力方向不同, 则可将安培力 $\mathrm{d}\boldsymbol{F}$ 正交分解, 然后再积分求磁场力的分量, 不过对于有些问题, 直接对 $\mathrm{d}\boldsymbol{F}$ 进行矢量积分求磁场力也很简便. 因此, 对于问题的求解究竟是用矢量积分还是用标量积分, 应视具体情况而定.

　　对于洛伦兹力的计算, 只要能够注意到公式中的 $\boldsymbol{v}$ 及 $\boldsymbol{B}$ 均系场点的速度与磁场, 然后再代入公式. 这样, 洛伦兹力的求解就比较容易了.

例 11-1　如例图 11-1 所示, 一长直导线所载电流为 I_1, 其旁有一直导线 ab 与之共面, 所载电流为 I_2, 且 a、b 两点在 x 轴上的坐标分别为 x_a、x_b, 求导线 ab 受到的磁场力.

解　本题属磁场对电流的作用问题, 宜先分析求出磁场对电流元的作用力, 然后再积分求整个导线受到的力.

　　由题意知, 电流 I_1 在 ab 附近产生的磁场 $\boldsymbol{B}_1$ 垂直纸面向里, 故电流元 $I_2\mathrm{d}\boldsymbol{l}$ 上受到的安培力 $\mathrm{d}\boldsymbol{F} = I_2\mathrm{d}\boldsymbol{l} \times \boldsymbol{B}_1$ 垂直于导线 ab 和 $\boldsymbol{B}_1$ 所构成的平面. 由于各电流元方向相同, 故导线 ab 受到的合力的方向亦垂直于导线和 $\boldsymbol{B}_1$ 所构成的平面, 合力的大小

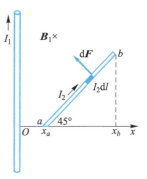

例图 11-1

$$F = \int I_2\mathrm{d}l B_1 \sin 90° = \int I_2\mathrm{d}l B_1$$

由题意知, $\mathrm{d}l = \mathrm{d}x/\cos 45° = \sqrt{2}\mathrm{d}x$, $B_1 = \dfrac{u_0 I_1}{2\pi x}$. 将 $\mathrm{d}l$、B_1 之值代入上式, 得

$$F = \frac{\sqrt{2}\mu_0 I_1 I_2}{2\pi} \int_{x_a}^{x_b} \frac{\mathrm{d}x}{x} = \frac{\sqrt{2}\mu_0 I_1 I_2}{2\pi} \ln \frac{x_b}{x_a}$$

例 11-2　在电视显像管里, 电子在水平面内由南向北运动, 其动能为 1.2×10^4 eV. 已知该处的地磁场的竖直分量向下, 其大小为 5.5×10^{-5} T, 问:

(1) 电子将向何方偏转?

(2) 电子的加速度为多大?

(3) 电子由南向北经过 20 cm 处时, 其偏转为多少?

解　(1) 取如例图 11-2 所示的坐标系. 令 $\boldsymbol{B} = -B\boldsymbol{k}$, $\boldsymbol{v} = v\boldsymbol{j}$, 则电子所受到的洛伦兹力

$$\boldsymbol{F} = -e(\boldsymbol{v} \times \boldsymbol{B}) = evB\boldsymbol{j} \times \boldsymbol{k} = evB\boldsymbol{i}$$

即电子向东偏转.

(2) 由题意知, 电子的速率

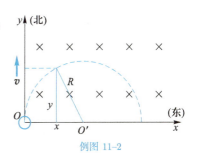

例图 11-2

$$v = \sqrt{\frac{2E_\mathrm{k}}{m}}$$

故电子加速度的大小

$$a = \frac{F}{m} = \frac{evB}{m} = \frac{eB\sqrt{\frac{2E_k}{m}}}{m}$$

$$= \frac{1.6 \times 10^{-19} \times 5.5 \times 10^{-5} \times \sqrt{\frac{2 \times 1.2 \times 10^4 \times 1.6 \times 10^{-19}}{9.1 \times 10^{-31}}}}{9.1 \times 10^{-31}} \text{ m} \cdot \text{s}^{-2}$$

$$= 6.28 \times 10^{14} \text{ m} \cdot \text{s}^{-2}$$

(3) 电子在磁场力作用下作圆周运动, 其半径

$$R = \frac{mv}{eB} = \frac{m\sqrt{2E_k/m}}{eB} = \frac{\sqrt{2E_k m}}{eB}$$

$$= \frac{\sqrt{2 \times 1.2 \times 10^4 \times 1.6 \times 10^{-19} \times 9.1 \times 10^{-31}}}{1.6 \times 10^{-19} \times 5.5 \times 10^{-5}} \text{ m} = 6.72 \text{ m}$$

设电子的偏移量为 x, 由图可知

$$(R - x)^2 + y^2 = R^2$$

即

$$x^2 - 2Rx + y^2 = 0$$

解之得

$$x = \frac{2R - \sqrt{4R^2 - 4y^2}}{2} = R - \sqrt{R^2 - y^2}$$

$$= (6.72 - \sqrt{6.72^2 - 0.2^2}) \text{ m} = 2.98 \times 10^{-3} \text{ m}$$

五 习题解答

11-1 在安培定律的数学表述中 $\mathrm{d}\boldsymbol{F} = I\mathrm{d}\boldsymbol{l} \times \boldsymbol{B}$ 中, 哪两个矢量始终是正交的? 哪两个矢量之间可以有任意角?

答 $\mathrm{d}\boldsymbol{F}$ 与 $I\mathrm{d}\boldsymbol{l}$, $\mathrm{d}\boldsymbol{F}$ 与 $\boldsymbol{B}$ 始终正交; $I\mathrm{d}\boldsymbol{l}$ 与 $\boldsymbol{B}$ 之间可以有任意角.

11-2 如解图 11-2 所示, 将一待测的半导体薄片置于均匀磁场中. 当 $\boldsymbol{B}$ 和 I 的方向如图所示时, 测得霍耳电压为正. 问待测样品是 n 型还是 p 型半导体?

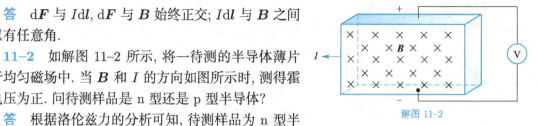

解图 11-2

答 根据洛伦兹力的分析可知, 待测样品为 n 型半导体.

11-3 如解图 11-3 所示, 设一单匝载流圆线圈与另一单匝载流等边三角形线圈的面积相同, 且所载电流的大小及方向也相同, 并同时与均匀磁场 $\boldsymbol{B}$ 共面. 则下列说法中正确的是 (式中, F_1、F_2; m_1、m_2; M_1、M_2 分别代表两载流线圈受到的磁场力、磁矩及磁力矩) (   ).

A. $F_1 = F_2, m_1 = m_2, M_1 = M_2$

B. $F_1 = F_2, m_1 = m_2, M_1 \neq M_2$

C. $F_1 = F_2, m_1 \neq m_2, M_1 \neq M_2$

D. $F_1 \neq F_2, m_1 = m_2, M_1 \neq M_2$

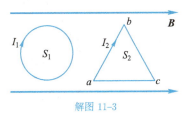

解图 11-3

解　由磁矩公式和磁场力公式可以算得圆形线圈受到的磁矩

$$m_1 = I_1 S_1$$

磁场力

$$F_1 = \int_0^{2\pi} I_1 R B \sin \alpha \, d\alpha = 0$$

磁力矩

$$M_1 = I_1 S_1 B$$

三角形线圈的磁矩

$$m_2 = I_2 S_2$$

磁场力

$$F_2 = \int_{ab} dF + \int_{bc} dF + \int_{ca} dF$$
$$= I_2 B ab \cos 30° - I_2 B bc \cos 30° = 0$$

磁力矩

$$M_2 = I_2 S_2 B$$

注意到 $I_1 = I_2$, $S_1 = S_2$, 则可得到

$$F_1 = F_2, m_1 = m_2, M_1 = M_2$$

故选 A.

11-4　如解图 11-4 所示, 一正电子从垂直于 $\boldsymbol{E}$ 和 $\boldsymbol{B}$ 的方向射入电场和磁场共存的区域, 其速率 $v < \dfrac{E}{B}$, 则正电子的运动方向为 (　　).

A. 斜向下偏转　　　　　　　　B. 斜向上偏转

C. 水平向右偏转　　　　　　　D. 水平向左偏转

解　正电子受到的磁场力的大小 $F_m = evB$, 方向向上; 受到的电场力的大小 $F_e = eE$, 方向向下. 由于 $vB < E$, 故 $F_e > F_m$, 正电子向下运动, 故选 A.

11-5　如解图 11-5 所示, 半径分别为 R_1、R_2 的两个半圆弧与直径的两小段构成一载流回路 $ABCDA$, 现将之放入一与回路共面的均匀磁场 $\boldsymbol{B}$ 中, 则线圈的磁矩 $m = $ _____; 线圈的磁力矩 $M = $ _____.

解　据定义, 线圈磁矩

$$m = IS = I\pi(R_2^2 - R_1^2)/2$$

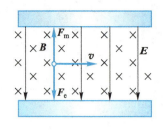

解图 11-4

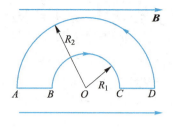

解图 11-5

磁力矩

$$M = mB \sin \theta = mB \sin \frac{\pi}{2} = \frac{I}{2} \pi (R_2^2 - R_1^2) B$$

故前空填 $I\pi(R_2^2 - R_1^2)/2$, 后空填 $I\pi B(R_2^2 - R_1^2)/2$.

11-6 一电子和一质子同时在均匀磁场中绕磁感应线作螺旋线运动, 设初始时刻的速度相同, 则_____ 的螺距大; _____ 的旋转频率大.

解 根据螺距公式有

$$h = \frac{v_{//}}{T} = \frac{2\pi m}{qB} v \cos \theta \tag{1}$$

根据周期公式有

$$T = \frac{2\pi m}{qB} \tag{2}$$

由于 v, q, B 均相同, 而 $m_e = 9.11 \times 10^{-31}$ kg $< 1.67 \times 10^{-27}$ kg $= m_p$, 故

$$h_e < h_p, \quad T_e < T_p$$
$$\nu_e = \frac{1}{T_e} > \frac{1}{T_p} = \nu_p$$

前空填质子, 后空填电子.

11-7 如解图 11-7 所示, 有一段任意形状的平面载流导线 ADC 放置在磁感应强度为 $\boldsymbol{B}$ 的均匀磁场中, $\boldsymbol{B}$ 垂直于 ACD 所在的平面. 设导线中的电流为 I. 证明载流导线 ACD 所受到的安培力等于 A、D 间载有同样电流的直导线所受到的安培力.

证 在 ACD 电流上任取一电流元 $I\mathrm{d}l$, 如图所示. 其上的安培力 $\mathrm{d}\boldsymbol{F}$ 与竖直方向成 θ 角, 它在 x 轴及 y 轴上的分力分别为

解图 11-7

$$\mathrm{d}F_x = IB \sin \theta \mathrm{d}l$$
$$\mathrm{d}F_y = IB \cos \theta \mathrm{d}l$$

于是便有

$$F_x = \int \mathrm{d}F_x = \int IB\sin\theta\mathrm{d}l = \int_0^0 IB\mathrm{d}y = 0$$

$$F_y = \int \mathrm{d}F_y = \int IB\cos\theta\mathrm{d}l = \int_{x_A}^{x_D} IB\mathrm{d}x = IBAD = F_{AD}$$

11-8 如解图 11-8 所示, 一长直导线中通有电流 $I_1 = 20$ A. 其旁有一矩形线圈 $ABCD$ 与它共面. 线圈的边长 $l_1 = 9$ cm, $l_2 = 20$ cm; AB 边与直导线相距 $l = 1$ cm; 线圈中的电流 $I_2 = 10$ A. 求线圈各边受到长直电流 I_1 的作用力.

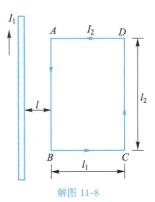

解图 11-8

解 据题意作图, 由图及磁场对电流的作用力公式可得

$$
\begin{aligned}
F_{BC} &= -F_{DA} \\
&= \int_l^{l+l_1} I_2 B_1 \mathrm{d}l = \int_l^{l+l_1} I_2 \frac{\mu_0 I_1}{2\pi x}\mathrm{d}x = \frac{\mu_0 I_1 I_2}{2\pi}\ln\frac{l+l_1}{l} \\
&= \frac{4\pi\times 10^{-7}\times 20\times 10}{2\pi}\times\ln\frac{0.01+0.09}{0.01}\text{ N} \\
&= 9.21\times 10^{-5}\text{ N}
\end{aligned}
$$

其中, $\boldsymbol{F}_{BC}$ 的方向向上, $\boldsymbol{F}_{DA}$ 的方向向下.

$$
\begin{aligned}
F_{AB} &= \int_0^{l_2} I_2 B_1 \mathrm{d}l = \int_0^{l_2} I_2 \frac{\mu_0 I_1}{2\pi l}\mathrm{d}l \\
&= \frac{\mu_0 I_1 I_2}{2\pi l}l_2 = \frac{4\pi\times 10^{-7}\times 20\times 10\times 0.2}{2\pi\times 0.01}\text{ N} \\
&= 8\times 10^{-4}\text{ N}
\end{aligned}
$$

其方向向右.

$$
\begin{aligned}
F_{CD} &= \int_0^{l_2} I_2 B_1 \mathrm{d}l = \int_0^{l_2} I_2 \frac{\mu_0 I_1}{2\pi(l_1+l)}\mathrm{d}l \\
&= \frac{\mu_0 I_1 I_2 l_2}{2\pi(l_1+l)} = \frac{4\pi\times 10^{-7}\times 20\times 10\times 0.2}{2\pi\times(0.09+0.01)}\text{ N} \\
&= 8\times 10^{-5}\text{ N}
\end{aligned}
$$

其方向向左.

11-9 利用安培秤 (亦称磁秤) 可以 "称出" (测量) 均匀磁场的磁感应强度, 其结构大致如解图 11-9 所示. 在天平的右盘挂一 N 匝矩形线圈, 其宽为 a, 方向与天平横梁平行, 与磁场方向垂直. 当线圈中通过电流 I 时, 调节左盘中的砝码, 使左右两盘平衡, 然后再使电流反向, 这时需要在左盘中添加质量为 m 的砝码, 才能使两臂重新平衡. 若 $N = 10$, $a = 8.0$ cm, $I = 0.20$ A, $m = 7.0$ g, $g = 9.8\text{ m}\cdot\text{s}^{-2}$, 求 $\boldsymbol{B}$ 的大小.

解 以 m_1 和 m_2 分别表示挂线圈时左盘和右盘在第一次平衡时的质量, 则有

$$m_1g = m_2g - NIBa \qquad (1)$$

电流反向时应有

$$(m_1 + m)g = m_2g + NIBa \qquad (2)$$

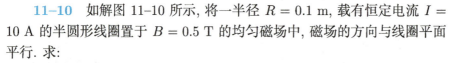

解图 11-9

联立式 (1)、式 (2) 求解, 并代入数据得

$$B = \frac{mg}{2NIa} = \frac{7.0 \times 10^{-3} \times 9.8}{2 \times 10 \times 0.20 \times 8.0 \times 10^{-2}} \text{ T} = 0.21 \text{ T}$$

11-10 如解图 11-10 所示, 将一半径 $R = 0.1$ m, 载有恒定电流 $I = 10$ A 的半圆形线圈置于 $B = 0.5$ T 的均匀磁场中, 磁场的方向与线圈平面平行. 求:

(1) 线圈的磁矩及磁力矩;

(2) 线圈转过 90° 时磁力矩做的功.

解 (1) 半圆形线圈的磁矩

$$m = IS = I\frac{1}{2}\pi R^2 = \frac{\pi}{2}R^2 I$$
$$= \left(\frac{\pi}{2} \times 0.1^2 \times 10\right) \text{A} \cdot \text{m}^2 = 0.157 \text{ A} \cdot \text{m}^2$$

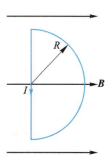

解图 11-10

方向垂直纸面向外.

磁力矩

$$M = mB\sin\frac{\pi}{2} = \frac{1}{2}\pi R^2 IB$$
$$= \left(\frac{\pi}{2} \times 0.1^2 \times 10 \times 0.5\right) \text{N} \cdot \text{m} = 0.078\,5 \text{ N} \cdot \text{m}$$

方向与 $\boldsymbol{m} \times \boldsymbol{B}$ 相同.

(2) 磁力矩做的功 $A = \int_0^{\Phi_0} I\mathrm{d}\varphi = I(\Phi_0 - 0) = I\Phi_0$, 而 $\Phi_0 = \frac{1}{2}\pi R^2 B$, 故

$$A = I\Phi_0 = \frac{1}{2}\pi IR^2 B = 0.078\,5 \text{ J}$$

11-11 如解图 11-11 所示, 一矩形载流线圈共 20 匝, 其边长 $l_1 = 10$ cm, $l_2 = 5$ cm, 电流 $I = 0.1$ A; 线圈平面与 y 轴成 30° 角. 当沿 y 轴方向加上 $B = 0.5$ T 的均匀磁场时,

(1) 求线圈的磁矩和磁力矩的大小;

(2) 线圈在什么位置时, 其磁力矩是最大磁力矩的一半?

解　(1) 线圈的磁矩

$$\boldsymbol{m} = NISe_{\mathrm{n}}$$

其大小

$$m = NIS = NIl_1l_2$$
$$= (0.1 \times 0.1 \times 0.05 \times 20)\ \mathrm{A \cdot m^2} = 1.0 \times 10^{-2}\ \mathrm{A \cdot m^2}$$

线圈的磁力矩

$$\boldsymbol{M} = \boldsymbol{m} \times \boldsymbol{B}$$

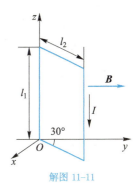

解图 11-11

其大小

$$M = mB\sin\theta = 1.0 \times 10^{-2} \times 0.5 \times \sin 60°\ \mathrm{N \cdot m} = 4.33 \times 10^{-3}\ \mathrm{N \cdot m}$$

(2) 设 $\boldsymbol{m}$ 与 $\boldsymbol{B}$ 的夹角为 θ' 时, 其磁力矩为最大磁力矩的一半, 即

$$M' = mB\sin\theta' = \frac{M_{\max}}{2} = \frac{mB}{2} = 1.0 \times 10^{-2} \times 0.5 \sin\theta'\ \mathrm{N \cdot m}$$

解之, 得

$$\theta' = 30°$$

11-12　一磁电式电表的矩形线圈的面积为 $1.2\ \mathrm{cm^2}$, 共 1 300 匝; 游丝的扭转系数 α (扭转单位角度所需的力矩) 为 $2.2 \times 10^{-8}\ \mathrm{N \cdot m \cdot (°)^{-1}}$, 若电流表指针的最大偏转角为 $90°$, 相应的满度电流为 $50\ \mathrm{\mu A}$.

(1) 求线圈所在处磁感应强度的大小;

(2) 如果磁场减弱到 $0.2\ \mathrm{T}$ 时, 通过线圈的电流为 $20\ \mathrm{\mu A}$, 则线圈将偏转多少度角?

解　(1) 据题意知, 在指针最大偏转处有

$$\alpha\theta_{\max} = M_{\max} = NI_{\max}SB$$

故

$$B = \frac{\alpha\theta_{\max}}{NI_{\max}S} = \frac{2.2 \times 10^{-8} \times 90°}{1\ 300 \times 1.2 \times 10^{-4} \times 50 \times 10^{-6}}\ \mathrm{T}$$
$$= 2.54 \times 10^{-1}\ \mathrm{T}$$

(2) 设此时的偏转角度为 θ', 则有

$$\alpha\theta' = NI'SB'$$

解之, 得

$$\theta' = \frac{NI'SB'}{\alpha} = \frac{1\ 300 \times 20 \times 10^{-6} \times 1.2 \times 10^{-4} \times 0.2}{2.2 \times 10^{-8}}$$
$$= 28.4°$$

11-13　如解图 11-13 所示, 一长直导线所载电流为 8 A, 在离它 5 cm 处有一电子以 $1.0 \times 10^7\ \mathrm{m \cdot s^{-1}}$ 的速率运动, 求在下列情况下作用在电子上的洛伦兹力的大小:

(1) 电子平行长直导线电流方向运动;

(2) 电子垂直并指向长直导线方向运动.

解 (1) 电子平行于长直导线电流方向运动时, 它所受到的洛伦兹力的大小

$$F = |q\boldsymbol{v} \times \boldsymbol{B}| = qvB\sin\theta = evB\sin\frac{\pi}{2}$$

$$= \left(1.6 \times 10^{-19} \times 1 \times 10^7 \times \frac{4\pi \times 10^{-7} \times 8}{2\pi \times 5 \times 10^{-2}}\right) \text{ N}$$

$$= 5.12 \times 10^{-17} \text{ N}$$

(2) 当电子垂直并指向导线运动时, 它所受到的洛伦兹力的大小仍为

$$F = evB\sin 90° = 5.12 \times 10^{-17} \text{ N}$$

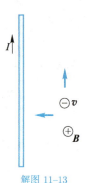

解图 11–13

11–14 将动能为 3.2×10^3 eV 的正电子射入 $B = 0.1$ T 的均匀磁场中, 其速度与 $\boldsymbol{B}$ 成 89° 角, 路径为螺旋线, 其轴沿 $\boldsymbol{B}$ 的方向. 求螺旋线的半径、周期和螺距.

解 由动能定义式 $E_k = \frac{1}{2}mv^2$ 可得

$$v = \sqrt{2E_k/m}$$

由半径、周期及螺距公式分别可得螺旋线的半径

$$R = \frac{mv}{qB}\sin\theta = \frac{m}{qB}\sqrt{\frac{2E_k}{m}}\sin\theta = \frac{\sqrt{2E_k m}}{qB}\sin\theta$$

$$= \frac{\sqrt{2 \times 3.2 \times 10^{-16} \times 9.11 \times 10^{-31}}}{1.6 \times 10^{-19} \times 0.1} \times 0.999 \text{ m}$$

$$= 1.5 \times 10^{-3} \text{ m}$$

周期

$$T = \frac{2\pi m}{qB} = \frac{2 \times 3.14 \times 9.11 \times 10^{-31}}{1.6 \times 10^{-19} \times 0.1} \text{ s} = 3.58 \times 10^{-10} \text{ s}$$

螺距

$$h = \frac{2\pi m}{qB}v\cos\theta = \frac{2\pi m}{qB}\sqrt{\frac{2E_k}{m}}\cos 89°$$

$$= \left(3.58 \times 10^{-10} \times \sqrt{\frac{2 \times 3.20 \times 10^{-16}}{9.11 \times 10^{-31}}} \times \cos 89°\right) \text{ m} = 1.67 \times 10^{-4} \text{ m}$$

11–15 一水平放置的平行板电容器, 极板间的场强大小 $E = 1.0 \times 10^4$ V·m^{-1}, 方向竖直向下, 一电子以 $v = 1.0 \times 10^7$ m·s^{-1} 的速率沿水平方向进入长度 $l = 5$ cm 的电容器, 当它穿过电容器后进入 $B = 1.0 \times 10^{-2}$ T 的均匀磁场中, 其方向如解图 11–15 所示. 求电子在磁场中作螺旋运动的半径和螺距.

解 由于电子在水平方向不受力, 所以 $v_{//} = v$. 故螺旋运动的螺距

$$h = v_{//}T = v\frac{2\pi m}{qB}$$

$$= 1.0 \times 10^7 \times \frac{2\pi \times 9.11 \times 10^{-31}}{1.6 \times 10^{-19} \times 1.0 \times 10^{-2}} \text{ m} = 3.58 \times 10^{-2} \text{ m}$$

螺旋运动的半径

$$R = \frac{mv_\perp}{qB} \tag{1}$$

而

$$v_\perp = at \tag{2}$$

$$a = \frac{F}{m} = \frac{eE}{m} \tag{3}$$

$$t = \frac{l}{v_{//}} \tag{4}$$

联立式 (1)—式 (4) 求解, 可得运动半径

$$R = \frac{mv_\perp}{eB} = \frac{lE}{v_{//}B} = \frac{5 \times 10^{-2} \times 1.0 \times 10^4}{1.0 \times 10^7 \times 1.0 \times 10^{-2}} \text{ m}$$

$$= 5.0 \times 10^{-3} \text{ m}$$

11–16　如解图 11–16 所示, 某质谱仪的离子源产生质量相同、电荷量为 q 的正离子, 进入场强为 E 的均匀电场和磁感应强度为 B 的均匀磁场组成的速度选择器 (其速度近似为 0), 后经电压 U 加速进入方向垂直纸面的均匀磁场 (其磁感应强度为 B_0) 中. 若测得 $DP = l$, 求离子的质量.

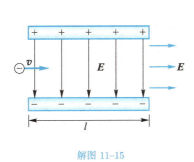

解图 11–15　　　　　　　　解图 11–16

解　由图知, 正离子作圆周运动的半径

$$R = \frac{l}{2} = \frac{mv}{qB_0} \tag{1}$$

故正离子至 D 处的速率满足关系式

$$qU = \frac{1}{2}mv^2 \tag{2}$$

联立式 (1)、式 (2) 求解, 得离子的质量

$$m = \frac{qB_0^2 l^2}{8U}$$

11-17 家用微波炉的核心部件磁控管的工作原理如解图 11-17 所示, 一群 (N 个) 电子在垂直于磁场 $\boldsymbol{B}$ 的平面内作直径为 D 的圆周运动, 它们时而接近电极 1, 时而接近电极 2, 致使两电极间的电势差不断发生变化, 进而加热食品, 煮熟食物. 求:

(1) 两电极间电势差 (电压) 的变化周期及频率;

(2) 两电极间电势差的最大值.

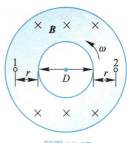

解图 11-17

解 (1) 电子在磁场 $\boldsymbol{B}$ 中作圆周运动, 其运动周期也就是 1、2 两电极间电势差的变化周期. 根据带电粒子在磁场中的运动周期公式可得电势差的变化周期

$$T = \frac{2\pi m}{eB}$$

变化频率

$$\nu = \frac{1}{T} = \frac{eB}{2\pi m}$$

(2) 由电学公式可知, 电子最靠近电极 2 (相距 2 为 r, 相距 1 为 $r + D$) 时, 1、2 电极的电势差最大, 其值为

$$U = V_2 - V_1 = \frac{Ne}{4\pi r \varepsilon_0} - \frac{Ne}{4\pi(r + D)\varepsilon_0} = \frac{Ne}{4\pi\varepsilon_0}\left(\frac{1}{r} - \frac{1}{r + D}\right)$$

六 自我检测

11-1 磁场中某点处的磁感应强度 $\boldsymbol{B} = (0.42\boldsymbol{i} - 0.2\boldsymbol{j})$ T, 一电子以速度 $\boldsymbol{v} = (0.5\times10^6\boldsymbol{i} + 1.0\times10^6\boldsymbol{j})$ m·s^{-1} 通过该点, 则作用于该电子上的磁场力 (　　).

A. 大小为 0, 方向任意

B. 大小为 8.3×10^{-14} N, 方向沿 z 轴正方向

C. 大小为 6.3×10^{-14} N, 方向沿 x 轴

D. 大小为 6.3×10^{-14} N, 方向沿 x 轴正方向

11-2 在洛伦兹力公式 $\boldsymbol{F} = q\boldsymbol{v} \times \boldsymbol{B}$ 中, $\boldsymbol{F}$ 与 $\boldsymbol{v}$ 及 $\boldsymbol{B}$ 始终相互_____; $\boldsymbol{v}$ 与 $\boldsymbol{B}$ 则可以成_____ 角.

11-3 如检图 11-3 所示, 在磁感应强度为 $\boldsymbol{B}$ 的均匀磁场中放一均匀带正电的圆环, 其半径为 R, 电荷线密度为 λ; 圆环可绕与环面垂直的转轴旋转, 当圆环以角速度 ω 转动时, 圆环受到的磁力矩为_____, 其方向_____.

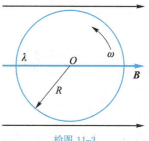

检图 11-3

11-4 半径为 R 的半圆线圈 abc 通有电流 I_2, 置于电流为 I_1 的长直通电导线的磁场中, 直线电流恰好通过半圆的直径, 求半圆线圈受到的磁场力.

自我检测
参考答案

第十二章　磁场与磁介质的相互作用

一　目的要求

1. 理解磁介质中的高斯定理和安培环路定理, 能用安培环路定理熟练地计算有磁介质存在时的磁场.
2. 了解物质的顺磁性、抗磁性及铁磁性, 了解物质的磁化现象及其微观解释.
3. 了解 H 与 B 的联系与区别.

二　内容提要

　　1. 磁介质的磁化与相对磁导率　磁介质置于外磁场 B_0 中后的磁感应强度 B 与外场 B_0 不同的现象称为磁化. B 与 B_0 之比称为相对磁导率 μ_r, 即

$$\mu_r = \frac{B}{B_0}$$

它是磁化强弱程度的表征.

　　2. 物质的顺磁性与抗磁性　相对磁导率 μ_r 略大于 1 的磁介质, 磁化后的场比原磁场 B_0 略大一些, 这样的物质称为顺磁质, 这样的特性称为顺磁性.

　　相对磁导率略小于 1 的磁介质, 磁化后的场比原磁场略小, 这样的物质称为抗磁质, 这样的特性称为抗磁性.

3. 磁场强度 磁感应强度 B 与介质磁导率 μ 之比称为磁场强度 H, 它是一个描述磁场性质的辅助量, 与磁感应强度 B 的关系为

$$H = \frac{B}{\mu}$$

式中, $\mu = \mu_0 \mu_r$ 为介质的磁导率 (亦称介质的绝对磁导率).

4. 磁介质中的安培环路定理 磁场强度 H 沿任一闭合回路的环流等于此闭合回路所围 (亦即穿过以该闭合回路为周界的曲面) 的传导电流的代数和, 此即磁介质中的安培环路定理, 其数学表达式为

$$\oint_l H \cdot \mathrm{d}l = \sum I_i$$

利用安培环路定理可以较方便地计算某些具有对称分布的磁场.

5. 磁介质中的高斯定理 通过磁介质磁场中任一封闭曲面的磁通量恒等于零, 这一结论称为磁介质中的高斯定理. 其数学表达式为

$$\oint_S B \cdot \mathrm{d}S = 0$$

它说明, 磁介质中的磁场仍是无源场.

6. 物质的铁磁性 μ_r 值很大, 且不为常量的物质称为铁磁质. 铁磁质具有如下几个特性:

(1) 相对磁导率 μ_r 很大, 且不为常量;

(2) 有磁滞现象, 磁滞回线的形状随铁磁质的不同而有所差异;

(3) 反复磁化要损耗能量 (称为磁滞损耗), 其大小与磁滞回线所围面积成正比;

(4) 有一居里点. 当温度超过居里点时, 铁磁质便变成一般的顺磁质.

这样的特性称为铁磁性. 铁磁质的磁化机理可用 "磁畴" 理论来解释.

三　重点难点

本章侧重介绍物质的磁性及磁介质中磁场的分布规律. 磁介质中的安培环路定理及其应用是本章的重点. 此外, 对于磁介质的磁化及其机理也应有相应的了解.

四　方法技巧

对于磁介质中的安培环路定理要注意与真空中的安培环路定理进行对照学习, 弄清两者的联系与区别. 此外还应注意, 安培环路定理是普遍成立的, 但应用安培环路定理来求解磁场问题则有条件, 那就是场的分布应该具有一定的对称性, 否则将是很不方便的. 因此, 求解时必须先对磁场是否具有对称性进行必要的分析.

应用安培环路定理来求解磁介质中的磁场问题大致可按如下步骤进行:

(1) 分析场的对称性, 只有对称场才能用安培环路定理来求解.

(2) 选择好积分回路, 其要点: 一是需使待求场点位于积分回路上; 二是要使含有 H 的线积分易于算出来.

(3) 用安培环路定理列方程解方程, 求出 H.

(4) 利用关系式 $B = \mu_r \mu_0 H$ 求出 B.

例 12–1　在以硅钢为材料做成的环形铁芯上单层密绕有线圈 500 匝. 设铁芯中心周长 (即平均周长) 为 0.55 m. 当线圈中通以一定电流时, 测得铁芯中的磁感应强度为 1 T, 磁场强度为 $3\,\mathrm{A \cdot cm^{-1}}$, 求:

(1) 线圈中的电流;

(2) 硅钢的相对磁导率.

解　本题知充满均匀磁介质螺绕环内的磁场求线圈电流, 由于载流螺绕环的电流分布具有对称性, 因此宜先通过磁介质中的环路定理来求磁场 H, 后再通过 B 与 H 的关系来求磁导率.

(1) 根据磁场的特性知, 铁芯内的磁感应 (或磁场) 线为一系列以环心为中心的圆周. 将磁场强度沿中心周长环路取积分, 据安培环路定理 $\oint_l \boldsymbol{H} \cdot \mathrm{d}\boldsymbol{l} = \sum I_i$ 得

$$H 2\pi R = NI$$

解之, 得

$$I = \frac{2\pi R H}{N} = \frac{0.55 \times 3 \times 100}{500}\,\mathrm{A} = 0.33\,\mathrm{A}$$

(2) 由 H 的定义式得

$$\mu = \mu_0 \mu_r = \frac{B}{H}$$

解之, 得

$$\mu_r = \frac{B}{\mu_0 H} = \frac{1}{4\pi \times 10^{-7} \times 3 \times 100} = 2.65 \times 10^3$$

五　习题解答

12–1　磁化电流与传导电流有什么相似与区别?

答　两种电流在激发磁场和受磁场作用方面是相似的、等效的. 两种电流的区别在于: (1) 生成机制不同: 磁化电流是由磁介质的分子电流沿外磁场取向生成的; 而传导电流则是由自由电荷的定向移动形成的. (2) 传导方式不同: 磁化电流仅能沿磁介质表面流动; 而传导电流则可沿导体内部自由流动. (3) 热效应不同: 磁化电流没有热效应; 传导电流有热效应.

12–2　为什么永久磁铁由高处掉到地上时其磁性会减弱? 为什么不能用磁铁去吊运赤热的钢锭?

答　当永久磁铁由高处掉到地上时, 会发生剧烈碰撞, 使得磁铁的磁畴或被破坏, 或磁矩方向变得不一致, 导致磁铁的磁性减弱或消失. 当用磁铁去吊运赤热钢锭时, 会使磁铁的温度超过它的居里点, 致使磁铁的磁性消失, 所以不能用磁铁去吊运赤热的钢锭.

12–3　下列说法中, 正确的是 (　　).

A. H 的大小仅与传导电流有关

B. 无论在什么磁介质中, B 总是与 H 同方向的

C. 闭合回路不包围电流, 则回路上各点的 H 必定为零

D. 闭合回路上各点的 H 为零, 则回路包围的传导电流的代数和必为零

解 这实际上是检查读者对磁介质安培环路定理的理解, 磁介质安培环路定理说明, 磁场强度 H 沿闭合回路的积分值等于该回路包围的传导电流的代数和. 因此, 积分值为零, 回路所围传导电流代数和一定为零. 故选 D.

12-4 两种磁介质的磁化曲线如解图 12-4 中 a、c 直线所示 (图中 b 线代表 $B_0 = \mu_0 H$ 关系曲线), 则 a 线代表_____磁质的磁化曲线. c 线代表_____ 磁质的磁化曲线.

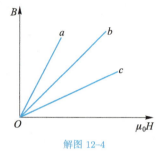

解图 12-4

解 根据物质的磁性, 顺磁质的相对磁导率 $\mu_r > 1$, 对于同一 H, 其磁场 $B > B_0$. 故 a 线代表顺磁质的磁化曲线; 抗磁质的相对磁导率 $\mu_r < 1$, 对于同一 H, 其磁场 $B < B_0$. 故 c 线代表抗磁质的磁化曲线. 故前空填顺, 后空填抗.

12-5 硬磁材料的特点是_____, 适合制造_____.

解 由硬磁材料的物性可知, 其特点是矫顽力大, 剩磁也大, 因此较适合于制造永久磁铁. 故前空填矫顽力大, 剩磁也大, 后空填永久磁铁.

12-6 一细螺绕环由绝缘导线密绕而成, 其线圈数密度为 10 匝/cm. 当给线圈通上 2 A 电流时, 测得环路 B 值为 1 T. 求环内铁环的相对磁导率.

解 本题知磁介质中的磁场 B 求磁介质的相对磁导率 μ_r. 据定义, $\mu_r = \dfrac{B}{B_0}$. 因此, 本题的关键是求出真空中的磁场 B_0. 由于电流分布的对称性, 本题可用安培环路定理来求解.

由环路定理可以解得

$$B_0 = \mu_0 n I$$

将之代入相对磁导率的定义式得

$$\mu_r = \frac{B}{B_0} = \frac{B}{\mu_0 n I} = \frac{1}{4\pi \times 10^{-7} \times 10 \times 10^2 \times 2} = 3.98 \times 10^2$$

12-7 设地球某处磁感应强度的水平分量为 1.7×10^{-5} T. 求该处水平方向的磁场强度.

解 根据磁场强度与磁感应强度的关系 $B = \mu_0 \mu_r H = \mu H$ 可知, 水平方向的磁场强度 $H_x = \dfrac{B_x}{\mu_0 \mu_r}$, 而此处的相对磁导率 μ_r 可近似取为 1. 故该处水平方向的磁场强度为

$$H_x = \frac{B_x}{\mu_0} = \frac{1.7 \times 10^{-5}}{4\pi \times 10^{-7}} \,\text{A} \cdot \text{m}^{-1} = 13.5 \,\text{A} \cdot \text{m}^{-1}$$

12-8 将半径为 R, 相对磁导率为 μ_{r1} 的无限长直导线 (其传导电流为 I) 置于相对磁导率为 μ_{r2} 的无限大均匀磁介质中, 求导线内、外磁感应强度的分布.

解 这是一个关于轴线为对称分布的磁场, 用磁介质安培环路定理求解较为方便.

在垂直于轴线的平面内, 以 r 为半径, 以平面与轴线的交点为圆心作圆周 $2\pi r$. 根据安培环路定理, 则有

$$\oint_{2\pi r} \boldsymbol{H} \cdot \mathrm{d}\boldsymbol{l} = H2\pi r = I'$$

当 $r < R$ 时, $I' = \dfrac{r^2}{R^2}I$. 将之代入上式, 得

$$H = \frac{Ir}{2\pi R^2}$$

$$B = \mu_0 \mu_{\mathrm{r}} H = \frac{\mu_0 \mu_{\mathrm{r}1} Ir}{2\pi R^2}$$

当 $r > R$ 时, $I' = I$. 将之代入上式, 得

$$H = \frac{I}{2\pi r}$$

$$B = \mu_0 \mu_{\mathrm{r}} H = \frac{\mu_0 \mu_{\mathrm{r}2} I}{2\pi r}$$

12-9 一同轴电缆, 芯线是半径为 R_1, 磁导率为 μ_1 的铜线, 包线是半径分别为 R_2 及 R_3, 磁导率为 μ_3 的铝圆筒. 其截面如解图 12-9 所示. 设两导体内的传导电流为 I, 流向相反, 且均匀分布在横截面上. 芯线和圆筒间充满磁导率为 μ_2 的均匀磁介质. 求磁感应强度 B 的分布.

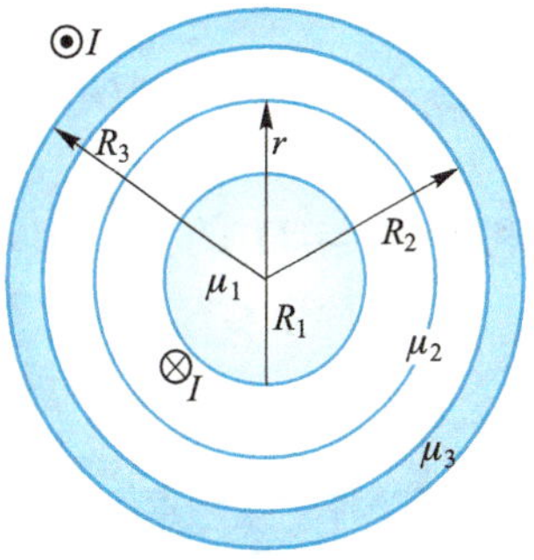

解 设电流由芯线流进, 包线流出. 沿顺时针方向取半径为 r 的圆周作环路, 如图所示. 利用安培环路定理 $\oint \boldsymbol{H} \cdot \mathrm{d}\boldsymbol{l} = I'$ 可得

$$H = \frac{I'}{2\pi r}$$

解图 12-9

当 $r < R_1$ 时, $I' = \dfrac{r^2}{R^2}I$, 于是有

$$H = \frac{Ir}{2\pi R_1^2}$$

$$B = \mu H = \frac{\mu_1 Ir}{2\pi R_1^2}$$

当 $R_1 < r < R_2$ 时, $I' = I$, 于是有

$$H = \frac{I}{2\pi r}$$

$$B = \mu H = \frac{\mu_2 I}{2\pi r}$$

当 $R_2 < r < R_3$ 时

$$I' = I - \frac{(r^2 - R_2^2)I}{R_3^2 - R_2^2} = \frac{(R_3^2 - r^2)I}{R_3^2 - R_2^2}$$

于是有

$$H = \frac{I}{2\pi r} \frac{R_3^2 - r^2}{R_3^2 - R_2^2}$$

$$B = \mu H = \frac{\mu_3 I}{2\pi r} \frac{(R_3^2 - r^2)}{(R_3^2 - R_2^2)}$$

当 $r > R_3$ 时, $I' = 0$, 于是有

$$H = 0$$

$$B = \mu H = 0$$

12–10 一密绕螺线环的平均周长上的匝数密度 $n = 1\,000$ 匝/m, 环内充满了均匀磁介质, 其磁导率 $\mu = 4.0 \times 10^{-4}$ H·m^{-1}. 当线圈中通有电流 1.0 A 时, 求螺绕环内的磁感应强度 B 的大小.

解 本题电流关于平均圆周长对称分布, 因而其场也是对称的, 可用环路定理来求解. 根据环路定理则有

$$\oint_L \boldsymbol{H} \cdot \mathrm{d}\boldsymbol{l} = 2\pi R H = \sum I_i = 2\pi R n I$$

解之, 得环内磁场强度的大小

$$H = nI$$

利用 $\boldsymbol{B}$ 与 $\boldsymbol{H}$ 的关系可以得到环内磁感应强度 $\boldsymbol{B}$ 的大小

$$B = \mu H = \mu n I = (4.0 \times 10^{-4} \times 1\,000 \times 1.0)\ \mathrm{T} = 0.4\ \mathrm{T}$$

六　自我检测

12–1 检图 12–1 中, M、P、O 为由软磁材料制成的棒, 三者在同一平面内, 当 S 闭合后, 则 (　　).

　A. M 的左端出现 N 极　　　　B. P 的左端出现 N 极

　C. O 的右端出现 N 极　　　　D. P 的右端出现 N 极

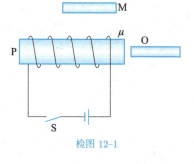

检图 12–1

12–2 长直电缆由一个圆柱导体和一共轴圆筒状导体组成, 两导体中有等值反向均匀电流 I 通过, 其间充满磁导率为 μ 的均匀磁介质. 介质中离中心轴距离为 r 的某点处的磁场强度的大小 $H = \underline{\qquad}$, 磁感应强度的大小 $B = \underline{\qquad}$.

12–3 设地球上某处磁感应强度的水平分量为 1.7×10^{-5} T. 计算该处沿水平方向的磁场强度.

自我检测
参考答案

第十三章　电磁感应

一　目的要求

1. 掌握法拉第电磁感应定律和楞次定律，并能熟练地应用它们来计算感应电动势的大小，判别感应电动势的方向.
2. 理解动生电动势与感生电动势的概念及规律，会计算一些简单问题中的动生电动势及感生电动势.
3. 理解自感和互感现象，会计算简单回路中的自感系数和互感系数.
4. 理解磁能 (磁场能量) 和磁能密度的概念，能计算一些简单情况下的磁场能量.

二　内容提要

1. 楞次定律　感生电流的磁场所产生的磁通量总是反抗回路中原磁通量的改变. 这一规律称为楞次定律，它是判断感应电流方向的普适法则.

2. 法拉第电磁感应定律　不论什么原因使通过回路的磁通量 Φ (或磁链 $\Psi = N\Phi$，式中 N 为线圈匝数) 发生变化，回路中均有感应电动势 $\mathscr{E}_i$ 产生，其大小与通过该回路的磁通

量 (或磁链) 随时间的变化率成正比, 即

$$\mathscr{E}_{\mathrm{i}} = -\frac{\mathrm{d}\Phi}{\mathrm{d}t}$$

这一规律称为法拉第电磁感应定律. 式中负号仅表示 $\mathscr{E}_{\mathrm{i}}$ 的方向.

对于纯电阻电路, 回路中的感应电流

$$I_{\mathrm{i}} = \frac{\mathscr{E}_{\mathrm{i}}}{R} = -\frac{1}{R}\frac{\mathrm{d}\Phi}{\mathrm{d}t}$$

感应电荷

$$q_{\mathrm{i}} = \frac{1}{R}(\Phi_1 - \Phi_2)$$

3. 动生电动势 仅由导体或导体回路在磁场中的运动而产生的感应电动势称为动生电动势. 产生动生电动势的非静电场力是洛伦兹力, 其计算公式为

$$\mathscr{E}_{\mathrm{i}} = \oint_l (\boldsymbol{v} \times \boldsymbol{B}) \cdot \mathrm{d}\boldsymbol{l}$$

式中, $\boldsymbol{v} \times \boldsymbol{B}$ 表示单位正电荷所受到的洛伦兹力.

对于一段导体, 则有

$$\mathscr{E}_{ab} = \int_a^b (\boldsymbol{v} \times \boldsymbol{B}) \cdot \mathrm{d}\boldsymbol{l}$$

若 $\mathscr{E}_{ab} > 0$, 则表示积分终点 b 的电势高, $\mathscr{E}_{ab}$ 的方向由 $a \to b$.

4. 感生电动势 导体或导体回路不动, 仅由磁场变化而产生的感应电动势称为感生电动势.

产生感生电动势的非静电场是感生电场, 它是变化的磁场在其周围所激发的变化电场, 能对处于其中的电荷施以力的作用. 与静电场不同, 感生电场的电场线是闭合的, 所以感生电场也称涡旋电场, 用 E_{i} 表示.

感生电动势又可表示为

$$\mathscr{E}_{\mathrm{i}} = \oint_l \boldsymbol{E}_{\mathrm{i}} \cdot \mathrm{d}\boldsymbol{l} = -\frac{\mathrm{d}\Phi}{\mathrm{d}t} = -\int_S \frac{\partial \boldsymbol{B}}{\partial t} \cdot \mathrm{d}\boldsymbol{S}$$

对于一段导体则有

$$\mathscr{E}_{ab} = \int_a^b \boldsymbol{E}_{\mathrm{i}} \cdot \mathrm{d}\boldsymbol{l}$$

5. 自感系数与自感电动势 线圈的磁链 Ψ 与通过线圈的电流 I 之比

$$L = \frac{\Psi}{I}$$

称为自感系数, 或简称自感, 其大小等于单位电流产生的磁链.

若通过回路的电流发生变化, 则通过自身回路的磁通量也要发生变化, 在回路中产生感应电动势, 这种电动势称为自感电动势, 其大小

$$\mathscr{E}_L = -\frac{\mathrm{d}\Psi}{\mathrm{d}t} = -L\frac{\mathrm{d}I}{\mathrm{d}t}$$

6. 互感系数与互感电动势　两相邻线圈中的一个线圈的电流所产生并通过另一线圈的磁链与其电流之比

$$M = \frac{\Psi_{12}}{I_2} = \frac{\Psi_{21}}{I_1}$$

称为互感系数, 简称互感, 其大小等于一个线圈的单位电流所产生并通过另一线圈的磁链.

一个线圈的电流变化在另一线圈中产生出的感应电动势称为互感电动势, 用 $\mathscr{E}_{12}$ 或 $\mathscr{E}_{21}$ 表示, 即

$$\mathscr{E}_{12} = -M\frac{\mathrm{d}I_2}{\mathrm{d}t}$$

$$\mathscr{E}_{21} = -M\frac{\mathrm{d}I_1}{\mathrm{d}t}$$

7. 磁场能量与磁能密度　储存在磁场中的能量称为磁场能量, 均匀磁场的磁场能量

$$W_{\mathrm{m}} = \frac{1}{2}LI^2 = \frac{B^2}{2\mu}V$$

式中, B 为磁感应强度的大小, V 为磁场的体积, μ 为磁导率.

单位体积中储存的磁场能量称为磁能密度, 以 w_{m} 表示, 即

$$w_{\mathrm{m}} = \frac{W_{\mathrm{m}}}{V} = \frac{B^2}{2\mu} = \frac{1}{2}BH$$

对于非均匀磁场, 储存在 V 空间的磁场能量

$$W_{\mathrm{m}} = \int_V w_{\mathrm{m}}\mathrm{d}V$$

三　重点难点

本章主要介绍电磁感应的基本概念及规律, 法拉第电磁感应定律以及根据这一定律所得出的两个推论——动生电动势与感生电动势, 这是本章的重点. 本章的难点是感生电场与感生电动势. 不过, 基本要求中对于这一内容的学习要求不高.

四　方法技巧

学习法拉第电磁感应定律要注意, 公式中的电动势是整个回路的电动势, 式中负号是楞次定律的要求, 用以判断电动势的方向. 因此, 如果问题只要求电动势的大小, 则也可不计负号.

动生电动势的非静电场力为洛伦兹力, 因此, 学习这一部分内容时, 复习并掌握洛伦兹力的计算和方向判断是很必要的.

感生电动势的非静电场是感生电场, 它是由变化的磁场产生的, 学习时应多从其物理意义, 从抽象思维的角度去理解.

对于感应电动势的计算. 如果是闭合回路, 则用法拉第定律来算较为简便, 其方法大致可分为两步: 第一步, 计算回路的磁通或磁链, 第二步, 对时间求导, 如果研究对象是一段导体, 则用一段导体的动生电动势或用一段导体的感生电动势公式来计算要相对简便一些.

例 13-1 如例图 13-1 所示, 一螺绕环单位长度上的匝数 $n = 5\,000$ 匝, 截面积为 $S = 2 \times 10^{-3}\ \text{m}^2$. 在环上再绕一 $N = 5$ 匝线圈 A. 如果螺绕环的电流按 $1.00\ \text{A} \cdot \text{s}^{-1}$ 的变化率减小, 求线圈 A 中产生的感应电动势的大小.

解 这是一闭合回路感应电动势大小的计算问题, 宜先求 Ψ 再求导.

通过 A 的磁链

$$\Psi_A = \int_S \boldsymbol{B} \cdot \mathrm{d}\boldsymbol{S} = N\mu_0 nIS$$

故 A 中感应电动势的大小

$$\begin{aligned}\mathscr{E} &= \frac{\mathrm{d}\Psi}{\mathrm{d}t} = N\mu_0 nS\frac{\mathrm{d}I}{\mathrm{d}t} = (5 \times 4\pi \times 10^{-7} \times 5\,000 \times 2 \times 10^{-3} \times 1.00)\ \text{V}\\ &= 6.28 \times 10^{-5}\ \text{V}\end{aligned}$$

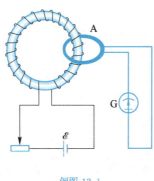

例图 13-1

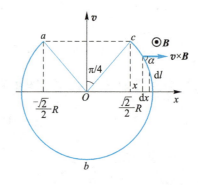

例图 13-2

例 13-2 如例图 13-2 所示, 一均匀磁场垂直纸面向外, 场中有一半径为 R 的 $\frac{3}{4}$ 圆周状刚性导线 abc, 若导线沿 $\angle aOc$ 的平分线向上以速度 $\boldsymbol{v}$ 运动, 求导线上的动生电动势, 并指明 a、c 两点电势的高低.

解 一段导线的动生电动势常用动生电动势公式来计算, 因此, 本题宜先求线元 $\mathrm{d}l$ 的电动势 $\mathrm{d}\mathscr{E}_i$, 后对整段导线求积分, 并用洛伦兹力的方向来判断导线两端电势的高低.

取圆心为参考点建立 x 轴, 在圆弧 $\overset{\frown}{cba}$ 上任取一线元 $\mathrm{d}l$, 据动生电动势公式知, 线元的电动势

$$\mathrm{d}\mathscr{E}_i = (\boldsymbol{v} \times \boldsymbol{B}) \cdot \mathrm{d}\boldsymbol{l} = Bv\mathrm{d}l\cos\alpha = BvR\mathrm{d}x$$

于是, 整个圆弧 $\overset{\frown}{cba}$ 上的动生电动势

$$\mathscr{E}_{\overset{\frown}{cba}} = \int_L \mathrm{d}\mathscr{E}_i = \int_{+\frac{\sqrt{2}}{2}R}^{-\frac{\sqrt{2}}{2}R} BvR\mathrm{d}x = -\sqrt{2}BvR^2$$

由 $\boldsymbol{v} \times \boldsymbol{B}$ 的方向或由 $\underset{cba}{\mathscr{E}}$ 的负号可判定 c 端的电势高.

例 13-3 截面为矩形的螺绕环共绕 N 匝, 其尺寸如例图 13-3 所示. 求:

(1) 螺绕环的自感系数;

(2) 当线圈通以电流 I 时, 螺绕环内储存的磁能.

解 (1) 设螺绕环内通有电流 I, 应用安培环路定理可以求得环内磁感应强度的大小

$$B = \frac{\mu_0 N I}{2\pi r}$$

于是, 通过环内任一截面的磁通量

$$\Phi = \int_S \boldsymbol{B} \cdot \mathrm{d}\boldsymbol{S} = \int_S B\mathrm{d}S = \int_{R_1}^{R_2} \frac{\mu_0 N I}{2\pi r} h\mathrm{d}r$$
$$= \frac{\mu_0 N I h}{2\pi} \ln \frac{R_2}{R_1}$$

据定义

$$L = \frac{N\Phi}{I} = \frac{\mu_0 N^2 h}{2\pi} \ln \frac{R_2}{R_1}$$

(2) 据磁能公式知, 环内储存的磁能

$$W_{\mathrm{m}} = \frac{1}{2}LI^2 = \frac{\mu_0 N^2 h}{4\pi}I^2 \ln \frac{R_2}{R_1}$$

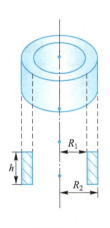

例图 13-3

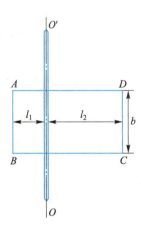

例图 13-4

例 13-4 在矩形导线框 $ABCD$ (其尺寸如例图 13-4 所示) 的平面内有一平行于 AB 的长直导线 OO', 半径为 a.

(1) 求系统的互感系数;

(2) 若导线框 $ABCD$ 通有电流 I, 且 I 以 $\mathrm{d}I/\mathrm{d}t$ 随时间变化, 求长直导线中的感应电动势.

解 (1) 设长直导线所载电流为 I_1, 则其在周围空间产生的磁感应强度的大小

$$B = \frac{\mu_0 I_1}{2\pi r}$$

通过线框 $ABCD$ 的磁通量

$$\Phi_{21} = \int_S \boldsymbol{B} \cdot \mathrm{d}\boldsymbol{S}$$
$$= \int_a^{l_2} \frac{\mu_0 I_1}{2\pi r} b\mathrm{d}r - \int_a^{l_1} \frac{\mu_0 I_1}{2\pi r} b\mathrm{d}r$$
$$= \frac{\mu_0 I_1}{2\pi} b \ln \frac{l_2}{a} - \frac{\mu_0 I_1}{2\pi} b \ln \frac{l_1}{a}$$
$$= \frac{\mu_0 I_1}{2\pi} b \ln \frac{l_2}{l_1}$$

故互感系数

$$M = \frac{\Phi_{21}}{I_1} = \frac{\mu_0}{2\pi} b \ln \frac{l_2}{l_1}$$

(2) 利用互感系数与互感电动势的关系可得

$$\mathscr{E} = -M \frac{\mathrm{d}I}{\mathrm{d}t} = -\frac{\mu_0}{2\pi} b \ln \frac{l_2}{l_1} \frac{\mathrm{d}I}{\mathrm{d}t}$$

五　习题解答

13-1 闭合回路中感应电动势的大小由什么因素决定? 引起回路中的感应电动势的是回路中的 $\boldsymbol{B}$ 通量变化还是 $\boldsymbol{H}$ 通量的变化?

答 根据法拉第电磁感应定律可知, 闭合回路中的感应电动势的大小由穿过回路的磁通量随时间的变化率决定. 引起回路中的感应电动势的是磁感应强度 $\boldsymbol{B}$ 的通量的变化.

13-2 将一磁棒插入一闭合导体回路中: 一次迅速插入, 一次缓慢插入, 但两次插入的始末位置相同, 问在两次插入中:

(1) 感应电动势是否相等? 如果不等, 哪一次的大?

(2) 感应电荷量是否相等? 如果不等, 哪一次的大?

(3) 回路中的电动势是动生电动势还是感生电动势? 为什么?

答 (1) 两次插入的感应电动势不相等, 感应电动势的大小等于穿过回路的磁通量随时间的变化率, 故迅速插入的时候引起回路中的感应电动势大.

(2) 两次插入的感应电荷量是相等的, 因为两次插入引起的磁通量的变化量是相等的.

(3) 回路中的电动势是感生电动势, 因为在此过程中导体回路没有发生运动, 但是穿过回路中的磁通量发生了变化.

13-3 线绕电阻应如何绕制才能使其自感最少? 两长直螺线管线圈应如何放置才能使其互感最少?

答 采用两根电阻丝在瓷管或电阻支架上进行双线并绕, 每段各绕 1/2 的阻值, 然后在一端把两根电阻丝相连, 另一端分开作为无感电阻的引出端. 这称为双线并绕线制法. 也可以采用同步绕组的方法, 线绕电阻在绕制过程中前一半顺时针缠绕, 而后电阻折回 180°, 逆时针缠绕剩下的一半, 这样其自感最小.

两长直螺线管线圈相互垂直放置的时候其互感最小.

13-4 如解图 13-4 所示, 两相距为 $d(d>0)$ 的长直电流等大, 反向, 相互平行, 且随时间的变化率 $\dfrac{\mathrm{d}I}{\mathrm{d}t}$ 相同, 并均大于 0, 其旁有一共面的矩形线圈 (设其长边与电流平行), 则 ( ).

    A. 线圈中无感应电流   B. 线圈中感应电流为顺时针方向

    C. 线圈中感应电流为逆时针方向   D. 线圈中感应电流方向不定

解图 13-4

    解 由于题给电流 2 比电流 1 更靠近线圈, 但电流 I 相同. 因此, 根据长直电流的磁场公式 $B=\dfrac{\mu_0 I}{2\pi r}$ 可知, 线圈中的合成磁场应与电流 2 的磁场同方向: 垂直纸面向外. 由于 $\dfrac{\mathrm{d}I}{\mathrm{d}t}>0$, 所以, 垂直纸面向外的磁场 (亦即磁通量) 亦随着时间推移而增加. 根据楞次定律可知, 线圈中的感应电流必为顺时针方向. 故选 B.

13-5 如解图 13-5 所示, 在圆柱形空间内有一磁感应强度为 $\boldsymbol{B}$ 的均匀磁场, 其变化率为 $\dfrac{\mathrm{d}B}{\mathrm{d}t}$. 若在图中 A、B 两点间放置一直导线 AB 和一弯曲导线 $\overset{\frown}{AB}$, 下列说法中正确的是 ( ).

    A. 电动势只在直导线 AB 中产生

    B. 电动势只在弯曲导线 $\overset{\frown}{AB}$ 中产生

    C. 在直导线、弯曲导线都产生电动势, 且大小相等

    D. 直导线 AB 中的电动势小于弯曲导线 $\overset{\frown}{AB}$ 中的电动势

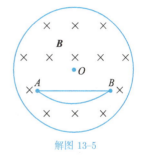

解图 13-5

    解 这是一个感生电动势的问题. 由一段导体的感生电动势公式

$$\mathscr{E}_\mathrm{i}=\int \boldsymbol{E}_\mathrm{i}\cdot\mathrm{d}\boldsymbol{l}$$

可知, 直导线 AB 及弯曲导线 $\overset{\frown}{AB}$ 中均可产生电动势, 但感生电场 E_i 与到 O 的距离 r 成正比, 而弯曲导线 $\overset{\frown}{AB}$ 中的 r 一般均大于直导线 AB 中的 r, 故积分结果为 $\mathscr{E}_{\overset{\frown}{AB}}>\mathscr{E}_{AB}$, 所以选 D.

13-6 如解图 13-6 所示, 用导线围成的回路 (两个以 O 点为圆心, 半径不等的同心圆, 在一处用导线沿半径方向相连), 放在轴线通过 O 点的圆柱形均匀磁场中, 回路平面垂直于柱轴. 若磁场方向垂直于图面向里, 其大小随时间减少, 则下列各图中正确表示感应电流方向的是 ( ).

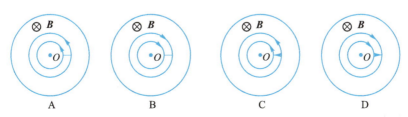

解图 13-6

解 依据楞次定律, 两线圈中的感应电流应顺时针流动. 由于用导线相连, 两线圈为等势体, 线圈间应无电流流动, 故选 B.

13–7 动生电动势的非静电场力是_____; 感生电动势的非静电场是_____.

解 由电动势非静电场力的产生可知, 动生电动势的非静电场力是洛伦兹力, 感生电动势的非静电场是感生电场.

13–8 如解图 13–8 所示, 一均匀磁场的磁感应强度 $\boldsymbol{B}$ 垂直于纸面向里, 长为 L 的导体棒 AB 可无摩擦地在导轨上滑动, 除电阻 R 外, 其余部分的电阻可忽略不计. 当导体棒以匀速度 $\boldsymbol{v}$ 向右运动时, AB 棒上的电动势 $\mathscr{E}_{AB} = $_____.

解 由动生电动势公式可得

$$\mathscr{E}_{AB} = \int_L (\boldsymbol{v} \times \boldsymbol{B}) \cdot \mathrm{d}\boldsymbol{l} = BLv$$

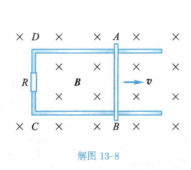

解图 13–8

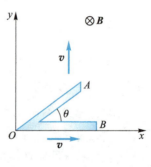

解图 13–9

13–9 如解图 13–9 所示, AOB 为 ∠ 形金属导线 (图中 $AO = OB = L$), 位于 Oxy 平面中; 磁感强度为 $\boldsymbol{B}$ 的均匀磁场垂直于 Oxy 平面. 当 AOB 以速度 $\boldsymbol{v}$ 沿 x 轴正方向运动时, 导线上 A、B 两点间电势差 $\Delta V_{AB} = $_____; 当 AOB 以速度 $\boldsymbol{v}$ 沿 y 轴正方向运动时, A、B 两点的电势比较是_____ 点电势高.

解 当 AOB 沿 x 轴正方向运动时, 根据一段导体的动生电动势公式

$$\mathscr{E}_{OB} = \int_L (\boldsymbol{v} \times \boldsymbol{B}) \cdot \mathrm{d}\boldsymbol{l} = vBL\cos\frac{\pi}{2} = 0$$

$$\mathscr{E}_{OA} = \int_L (\boldsymbol{v} \times \boldsymbol{B}) \cdot \mathrm{d}\boldsymbol{l} = vBL\sin\theta$$

故

$$\Delta V_{AB} = \mathscr{E}_{OA} - \mathscr{E}_{OB} = vBL\sin\theta$$

当 AOB 沿 y 轴正方向运动时, 同理有

$$\mathscr{E}_{OB} = vBL$$

即 B 比 O 的电势低 vBL.

$$\mathscr{E}_{OA} = vBL\cos\theta < \mathscr{E}_{OB}$$

即 A 比 O 的电势低得比 B 低的少, 故知 $V_A > V_B$, 即 A 点电势高.

13–10 如解图 13–10 所示, 在磁感应强度的大小 $B = kt$ $(k > 0)$, 方向与导线回路的法线方向成 60° 角的均匀磁场中, 一长为 l 的导体棒 AB 以速度 v 向右滑动. 设 $t = 0$ 时, AB 与 CD 重合, 求任意时刻导线回路的感应电动势的大小及方向.

解 这是一个可以化为闭合回路的电动势计算问题, 宜设法求出 Φ.

设 t 时刻 ab 位于 $x = vt$ 处, 则磁通量

$$\Phi = \int \boldsymbol{B} \cdot \mathrm{d}\boldsymbol{S} = BS\cos\theta = \frac{1}{2}kt^2vl$$

故感应电动势的大小

$$\mathscr{E} = -\frac{\mathrm{d}\Phi}{\mathrm{d}t} = -ktvl$$

由于滑动中 $\mathrm{d}\Phi > 0$ $(B = kt)$, 所以感应电流产生的磁通必为 $\mathrm{d}\Phi_i < 0$, 感应电流 i 只能顺时针方向流动, 即由 $B \to A$.

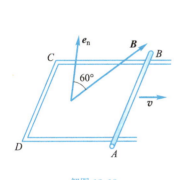

解图 13–10

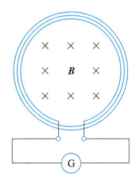

解图 13–11

13–11 如解图 13–11 所示, 一线圈共 100 匝, 电阻为 10 Ω. 将之置于方向垂直纸面向里的均匀磁场中. 设通过线圈平面的磁通量按 $\Phi = 10 + 6t - 4t^2$ (其中, t 以 s 为单位, Φ 以 Wb 为单位) 的规律变化, 求:

(1) $t = 1\,\mathrm{s}$ 时线圈中感应电动势的大小及方向;

(2) $t = 1\,\mathrm{s}$ 时线圈中感应电流的大小及方向;

(3) 第 $1\,\mathrm{s}$ 内通过检流计 G 的电荷量;

解 (1) $1\,\mathrm{s}$ 时的电动势

$$\mathscr{E}_1 = -N\frac{\mathrm{d}\Phi}{\mathrm{d}t} = -N(6 - 8t)_{t=1} = (100 \times 2)\,\mathrm{V} = 200\,\mathrm{V}$$

由楞次定律可以判定, 其方向为顺时针方向.

(2) $1\,\mathrm{s}$ 时的感应电流

$$i_1 = \frac{\mathscr{E}_1}{R} = \frac{200}{10}\,\mathrm{A} = 20\,\mathrm{A}$$

(3) 第 1 s 内通过的电荷量

$$q = \int_0^1 i\,\mathrm{d}t = \int_0^1 \frac{\mathscr{E}_1}{R}\,\mathrm{d}t = \int_0^1 \frac{800t - 600}{10}\,\mathrm{d}t = -20\ \mathrm{C}$$

13-12 如解图 13-12 所示, 两长直电流相距为 d, 载有等大反向电流 I, 其变化率 $\dfrac{\mathrm{d}I}{\mathrm{d}t} = \alpha > 0$. 一边长为 d 的正方形线圈位于导线平面内. 求线圈中感应电动势 $\mathscr{E}$ 的大小及方向.

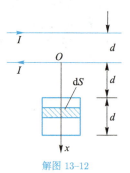

解图 13-12

解 求线圈的感应电动势, 宜用法拉第定律来求解, 即先求 Φ (或 Ψ) 后求导.

以下方电流的磁通量 Φ_1 为正, 则上方电流的磁通量 Φ_2 为负. 取面元 $\mathrm{d}S = d\mathrm{d}x$, 如图所示. 其元磁通量

$$\mathrm{d}\Phi = \boldsymbol{B} \cdot \mathrm{d}\boldsymbol{S} = \frac{\mu_0 I d}{2\pi x}\mathrm{d}x$$

故

$$\Phi_1 = \int \boldsymbol{B} \cdot \mathrm{d}\boldsymbol{S} = \int_d^{2d} \frac{\mu_0 I d}{2\pi x}\mathrm{d}x = \frac{\mu_0 d I}{2\pi}\ln 2$$

同法可得

$$\Phi_2 = \int \boldsymbol{B} \cdot \mathrm{d}\boldsymbol{S} = \int_{2d}^{3d} \frac{\mu_0 I d}{2\pi x}\mathrm{d}x = \frac{\mu_0 I d}{2\pi}\ln\frac{3}{2}$$

线圈的总磁通量

$$\Phi = \Phi_1 - \Phi_2 = \frac{\mu_0 I d}{2\pi}\ln 2 - \frac{\mu_0 I d}{2\pi}\ln\frac{3}{2}$$
$$= \frac{\mu_0 I d}{2\pi}\ln\frac{4}{3}$$

线圈的感应电动势

$$\mathscr{E} = \left|-\frac{\mathrm{d}\Phi}{\mathrm{d}t}\right| = \left|-\frac{\mu_0 d}{2\pi}\ln\frac{4}{3}\frac{\mathrm{d}I}{\mathrm{d}t}\right| = \frac{\mu_0 d}{2\pi}\alpha\ln\frac{4}{3}$$

由楞次定律知, 电动势的方向为顺时针.

13-13 如解图 13-13 所示, 在磁感应强度为 $\boldsymbol{B}$ 的均匀磁场中, 置一导体棒 AB, 其长为 l. 设棒与 $\boldsymbol{B}$ 垂直, 且与水平方向成 $30°$ 角.

(1) 当棒以速度 $\boldsymbol{v}$ 水平向右运动时, 求棒上的动生电动势;

(2) 当棒以角速度 ω 在纸面内绕其端点 A 逆时针转动时, 求棒上的动生电动势.

解 (1) 在棒上取一线段元 $\mathrm{d}\boldsymbol{l}$, 其上电动势

$$\mathrm{d}\mathscr{E} = (\boldsymbol{v} \times \boldsymbol{B}) \cdot \mathrm{d}\boldsymbol{l} = vB\cos 60°\mathrm{d}l$$

$$\mathscr{E}_{AB} = \int \mathrm{d}\mathscr{E} = \int_0^l vB\cos 60°\mathrm{d}l = \frac{1}{2}vBl$$

由洛伦兹力公式知, $\mathscr{E}_{AB}$ 的方向 $A \to B$.

(2) 当棒以 ω 转动时, 线段元上的电动势

$$d\mathscr{E} = (\boldsymbol{v} \times \boldsymbol{B}) \cdot d\boldsymbol{l} = vB\cos\pi dl = -\omega lBdl$$

故

$$\mathscr{E}_{AB} = -\int_0^l \omega lBdl = -\frac{1}{2}\omega Bl^2$$

据洛伦兹力公式知, 其方向: $B \to A$.

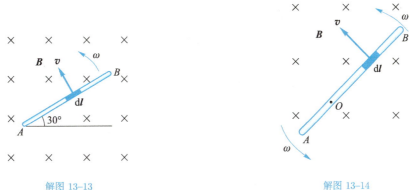

解图 13-13　　　　　　　　　　解图 13-14

13-14　如解图 13-14 所示, 棒 AB 长为 l, 在磁感应强度为 $\boldsymbol{B}$ 的均匀磁场中绕过 O 点的轴以角速度 ω 逆时针转动. 设 O 轴与磁场平行, 且 $OB = 2OA$, 求 AB 上的感应电动势的大小, 并指出 A、O、B 三点中哪一点的电势最高.

解
$$\mathscr{E}_{OB} = \int_0^{\frac{2}{3}l} (\boldsymbol{v} \times \boldsymbol{B}) \cdot d\boldsymbol{l} = -\frac{1}{2}\omega Bl^2 \Big|_0^{\frac{2}{3}l} = -\frac{2}{9}\omega Bl^2$$

方向: $B \to O$.

$$\mathscr{E}_{OA} = \int_0^{\frac{l}{3}} (\boldsymbol{v} \times \boldsymbol{B}) \cdot d\boldsymbol{l} = -\frac{1}{2}\omega Bl^2 \Big|_0^{\frac{l}{3}} = -\frac{1}{18}\omega Bl^2$$

方向: $A \to O$. 故

$$\mathscr{E}_{AB} = -\frac{4}{18}\omega Bl^2 + \frac{1}{18}\omega Bl^2 = -\frac{1}{6}\omega Bl^2$$

由于 A 比 O 低, B 亦比 O 低, 故 O 点电势最高.

13-15　半径为 R 的导体圆环, 其线圈平面与局限于线圈平面内的均匀磁场 $\boldsymbol{B}$ 垂直. 一同种材料和同样粗细的直棒置于其上, 如解图 13-15 所示. 导体棒以速度 $\boldsymbol{v}$ 自左向右滑动, 经过环心时开始计时. 求 t 时刻棒上的动生电动势.

解　设 t 时刻杆与环的两触点为 A、B, 与圆心的距离 $x = vt$. 由动生电动势公式得

$$\mathscr{E}_{AB} = vBl_{AB} = 2vB\sqrt{R^2 - (vt)^2} > 0$$

$\mathscr{E}_{AB}$ 的方向由 $A \to B$.

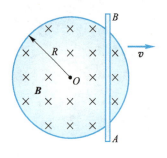

解图 13-15

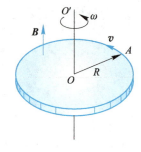

解图 13-16

13-16 如解图 13-16 所示, 法拉第圆盘发电机为一围绕磁场 $\boldsymbol{B}$ 转动的导体圆盘, 设圆盘的半径为 R, 转动的角速度为 ω.

(1) 求盘边 A 与盘心 O 之间的电势差;

(2) A、O 两点谁的电势高?

解 (1) 可将 A、O 的电势差视为一段导体 OA 两端的电势差.

由一段导体的动生电动势公式可得 A、O 间的电势差

$$\mathscr{E}_{OA} = \int_O^A (\boldsymbol{v} \times \boldsymbol{B}) \cdot \mathrm{d}\boldsymbol{l} = \int_0^R vB\mathrm{d}l = \int_0^R l\omega B\mathrm{d}l = \frac{1}{2}\omega BR^2$$

(2) 由 $\boldsymbol{v} \times \boldsymbol{B}$ 可以确定电动势 $\mathscr{E}_{OA}$ 的方向: $O \to A$, 故知 A 点电势高.

13-17 如解图 13-17 所示, 一直角三角形线圈与一恒定电流为 I 的长直导线共面. 设 AB 边与导线平行, 其长为 l_1, 初始时, 它与导线的距离为 r_0, BC 边长为 l_2. 求 t 时刻下列情况中线圈的感应电动势:

(1) 线圈以 $\boldsymbol{v}_1$ 平行导线向上运动;

(2) 线圈以 $\boldsymbol{v}_2$ 垂直导线向右运动.

解 (1) 线圈平行导线向上运动时, $\Phi = C$, 故此时线圈的感应电动势

$$\mathscr{E} = -\frac{\mathrm{d}\Phi}{\mathrm{d}t} = 0$$

(2) 由图可知, 线圈的动生电动势应为 AB、BC 及 CA 三段导体动生电动势之和, 即

$$\mathscr{E} = \mathscr{E}_{AB} + \mathscr{E}_{BC} + \mathscr{E}_{CA}$$

而

$$\mathscr{E}_{BC} = 0 \quad (\text{不切割磁感应线})$$

$$\mathscr{E}_{AB} = \int_A^B (\boldsymbol{v} \times \boldsymbol{B}) \cdot \mathrm{d}\boldsymbol{l} = \frac{\mu_0 v_2 I l_1}{2\pi} \frac{1}{r_0 + v_2 t}$$

$$\mathscr{E}_{CA} = \int_C^A (\boldsymbol{v} \times \boldsymbol{B}) \cdot \mathrm{d}\boldsymbol{l} = -\frac{\mu_0 v_2 I l_1}{2\pi l_2} \ln \frac{r_0 + l_2 + v_2 t}{r_0 + v_2 t}$$

故

$$\mathscr{E} = \mathscr{E}_{AB} + \mathscr{E}_{CA} = \frac{\mu_0 v_2 I l_1}{2\pi} \left(\frac{1}{r_0 + v_2 t} - \frac{1}{l_2} \ln \frac{r_0 + l_2 + v_2 t}{r_0 + v_2 t} \right)$$

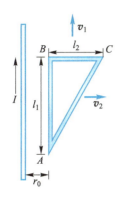

解图 13–17

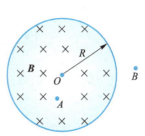

解图 13–18

13–18 一半径 $R = 10$ cm 的圆柱形空间的横截面如解图 13–18 所示. 圆柱形内充满了磁感应强度为 $\boldsymbol{B}$ 的均匀磁场, 其大小按 $\dfrac{\mathrm{d}B}{\mathrm{d}t} = 0.1$ T·s^{-1} 的规律变化. 求 A、B 两点的感生电场 (已知 $r_A = 5$ cm, $r_B = 15$ cm).

解 A 点位于柱内, 因而有

$$E_\mathrm{i} = -\frac{r_A}{2}\frac{\mathrm{d}B}{\mathrm{d}t} = \left(-\frac{5}{2} \times 10^{-2} \times 0.1 \right) \text{ V·m}^{-1} = -2.5 \times 10^{-3} \text{ V·m}^{-1}$$

由于 $\dfrac{\mathrm{d}B}{\mathrm{d}t} > 0$, 所以 $\boldsymbol{E}_\mathrm{i}$ 的方向逆时针.

B 点位于柱外, 因而有

$$E_\mathrm{i} = -\frac{R^2}{2r_B}\frac{\mathrm{d}B}{\mathrm{d}t} = \left(\frac{-0.1^2}{2 \times 0.15} \times 0.1 \right) \text{ V·m}^{-1}$$
$$= 3.33 \times 10^{-3} \text{ V·m}^{-1}$$

由于 $\dfrac{\mathrm{d}B}{\mathrm{d}t} > 0$, 所以 $\boldsymbol{E}_\mathrm{i}$ 的方向逆时针.

13–19 求两半径均为 r_0, 相距为 d (d 很小) 的长直导线单位长度的自感系数.

解 在两导线间取一矩形平面, 令其长为 l, 宽为 $d - 2r_0$. 建立如解图 13–19 所示坐标轴, 在所设平面内取面元 $\mathrm{d}S = l\mathrm{d}x$, 令电流 I 按图示方向流动, 则面元上的磁场 $\boldsymbol{B}$ 的大小

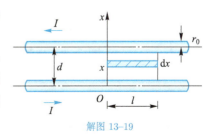

解图 13–19

$$B = B_1 + B_2 = \frac{\mu_0 I}{2\pi} \left(\frac{1}{x} + \frac{1}{d - x} \right)$$

并令面元 $\mathrm{d}\boldsymbol{S}$ 的法线与 $\boldsymbol{B}$ 的方向一致, 则通过面元的磁通量

$$\mathrm{d}\varPhi = \boldsymbol{B} \cdot \mathrm{d}\boldsymbol{S} = B\mathrm{d}S = \frac{\mu_0 I}{2\pi}\left(\frac{1}{x} + \frac{1}{d-x}\right)l\mathrm{d}x$$

通过所选平面的磁通量

$$\varPhi = \int \mathrm{d}\varPhi = \int_{r_0}^{d-r_0}\left[\frac{\mu_0 Il}{2\pi}\left(\frac{1}{x} + \frac{1}{d-x}\right)\right]\mathrm{d}x$$
$$= \frac{\mu_0 Il}{\pi}\ln\frac{d-r_0}{r_0}$$

据定义, 单位长度上的自感 (系数)

$$L = \frac{\varPhi}{Il} = \frac{\mu_0}{\pi}\ln\frac{d-r_0}{r_0}$$

13–20 一纸筒长为 10 cm, 半径为 2 mm, 问:

(1) 应绕多少匝线圈才能使所构成的螺线管的自感为 2 mH?

(2) 若线圈通以变化率为 20 A·s^{-1} 的电流, 则线圈的自感电动势为多少?

解 (1) 由螺线管自感公式 $L = \mu_0 n^2 V = \mu_0\dfrac{N^2}{l^2}lS$ 可得

$$N^2 = \frac{Ll}{\mu_0 S}$$

故

$$N = \sqrt{\frac{Ll}{\mu_0 S}} = \sqrt{\frac{2\times 10^{-3}\times 0.1}{4\pi\times 10^{-7}\times \pi\times (0.02)^2}} = 356\ \text{匝}.$$

(2) 据自感电动势公式可得

$$\mathscr{E} = -L\frac{\mathrm{d}I}{\mathrm{d}t} = (-2\times 10^{-3}\times 20)\ \text{V} = -0.04\ \text{V}$$

13–21 如解图 13–21 所示, 一纸筒绕有两个自感系数分别为 L_1、L_2 的线圈, 其互感系数为 M. 求按下述方法连接时的自感系数:

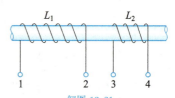

解图 13–21

(1) 接头 2 与 3 连接;

(2) 接头 2 与 4 连接.

解 (1) 令线圈中通有电流 I, 当 2、3 连接时, L_1 中的电流 I 在 L_1、L_2 中的磁链

$$\varPsi_1 = L_1 I, \quad \varPsi_{21} = MI$$

L_2 中的电流在 L_2 及 L_1 中的磁链

$$\varPsi_2 = L_2 I, \quad \varPsi_{12} = MI$$

故整个线圈 (L_1、L_2 的串接) 的磁链

$$\Psi = \Psi_1 + \Psi_2 + \Psi_{21} + \Psi_{12} = I(L_1 + L_2 + 2M)$$

此时的自感系数

$$L = \frac{\Psi}{I} = \frac{I(L_1 + L_2 + 2M)}{I} = L_1 + L_2 + 2M$$

(2) 当 2、4 连接时, 这时 L_1 中的电流 I 在 L_1、L_2 中的磁链

$$\Psi_1 = L_1 I, \quad \Psi_{21} = -MI$$

L_2 中的电流 I 在 L_2 及 L_1 中的磁链

$$\Psi_2 = L_2 I, \quad \Psi_{12} = -MI$$

故线圈中的总磁链

$$\Psi = \Psi_1 + \Psi_2 + \Psi_{21} + \Psi_{12}$$
$$= I(L_2 + L_1 - 2M)$$

总自感系数

$$L = \frac{\Psi}{I} = \frac{I(L_1 + L_2 - 2M)}{I} = L_1 + L_2 - 2M$$

13–22 利用磁能概念证明两线圈互感系数相等.

证 如解图 13–22 所示, 设线圈 1、2 的自感系数分别为 L_1、L_2; 线圈 2 对线圈 1 的互感系数为 M_{12}, 线圈 1 对线圈 2 的互感系数为 M_{21}. 初始时, 两线圈与电源断开.

先接通 S_1, 并使线圈 1 中的电流达到稳定值 I_{10}, 则线圈 1 中储存的磁能

$$W_{m1} = \frac{1}{2} L_1 I_{10}^2 \tag{1}$$

次接通 S_2, 并使线圈 2 中的电流达到稳定值 I_{20}, 则线圈 2 中储存的磁能

$$W_{m2} = \frac{1}{2} L_2 I_{20}^2 \tag{2}$$

但在 I_{20} 的建立过程中, 变化的电流 I_2 会在线圈 1 中激起互感电动势 $\mathscr{E}_{12} = M_{12}\frac{dI_2}{dt}$, 从而影响其电流的稳定性. 为此, 电源 $\mathscr{E}_1$ 必须克服上述互感电动势做功, 并将之转化成附加的磁能储存在线圈 1 中, 其大小为

$$W_{m12} = \int_0^t \mathscr{E}_{12} I_{10} dt = \int_0^{I_{20}} M_{12}\frac{dI_2}{dt} I_{10} dt = M_{12} I_{10} I_{20} \tag{3}$$

于是, 整个系统的磁能

$$W_m = W_{m1} + W_{m2} + W_{m12}$$
$$= \frac{1}{2} L_1 I_{10}^2 + \frac{1}{2} L_2 I_{20}^2 + M_{12} I_{10} I_{20} \tag{4}$$

若先接通 S_2, 后接通 S_1, 且使线圈 2、1 中的电流分别达到 I_{20} 及 I_{10}, 则同法可求, 整个系统的磁能

$$W_m' = \frac{1}{2}L_2 I_{20}^2 + \frac{1}{2}L_1 I_{10}^2 + M_{21} I_{10} I_{20} \tag{5}$$

由于系统的始末状态相同, 因此, 其磁能亦应相同, 即 $W_m = W_m'$. 比较式 (4)、式 (5) 可得

$$M_{12} = M_{21}$$

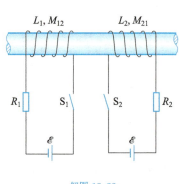

解图 13-22

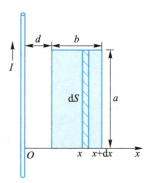

解图 13-23

13-23 如解图 13-23 所示, 在长直导线近旁有一矩形平面线圈与长直导线共面. 设线圈共有 N 匝, 其边长分别为 a、b; 线圈的一边与长直导线平行, 相距为 d.

(1) 求导线与线圈的互感系数;

(2) 若长直导线中的电流在 1 s 内由 0 变化到 10 A, 求线圈中的互感电动势.

解 (1) 建立如图所示的坐标系. 设直导线的电流为 I, 取顺时针方向为线圈回路正绕向, 则通过一匝线圈的磁通量

$$\Phi = \int \boldsymbol{B} \cdot \mathrm{d}\boldsymbol{S} = \int_d^{d+b} \frac{\mu_0 I}{2\pi x} a \mathrm{d}x = \frac{\mu_0 I a}{2\pi} \ln\frac{d+b}{d}$$

由互感系数的定义式得

$$M = \frac{N\Phi}{I} = \frac{\mu_0 a N}{2\pi} \ln\frac{d+b}{d}$$

(2) 线圈中互感电动势的大小

$$\mathscr{E} = -M\frac{\mathrm{d}I}{\mathrm{d}t} = -\left(\frac{\mu_0 N a}{2\pi} \ln\frac{d+b}{d}\right) \times 10$$

$$= -\frac{5\mu_0 N a}{\pi} \ln\frac{d+b}{d} < 0$$

方向与回路绕向相反, 即沿逆时针方向.

13-24 一圆形线圈由 50 匝表面绝缘的导线绕成, 圆面积为 $4.0\ \mathrm{cm}^2$. 将此线圈放在另一半径为 20 cm 的圆形大线圈的中央, 且使两线圈同轴; 设大线圈由 100 匝表面绝缘的导线绕成. 求:

(1) 大小线圈的互感系数;

(2) 当大线圈电流以 $50\ \mathrm{A \cdot s^{-1}}$ 的变化率减少时小线圈的互感电动势.

解　(1) 如解图 13–24 所示, 由于 $S_小 \ll S_大$, 所以小线圈可视为 "点". 设大线圈通有电流 I, 则它在小线圈中产生的场

$$B_小 = \frac{\mu_0 I}{2R}$$

产生的磁链

$$\Psi = N\Phi = NB_小 S_小$$

据定义, 互感系数

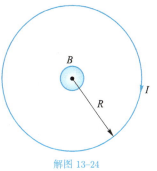

解图 13–24

$$M = \frac{\Psi}{I} = \frac{NB_小 S_小}{I} = \frac{N\frac{\mu_0 I}{2R}S_小}{I} = \frac{N\mu_0 S_小}{2R}$$
$$= \frac{50 \times 4\pi \times 10^{-7} \times 4.0 \times 10^{-4}}{2 \times 0.2}\ \text{H} = 6.28 \times 10^{-8}\ \text{H}$$

(2) 小线圈的互感电动势

$$\mathscr{E} = -M\frac{\mathrm{d}I}{\mathrm{d}t} = -6.28 \times 10^{-8} \times (-50)\ \text{V}$$
$$= 3.14 \times 10^{-6}\ \text{V}$$

13–25　一长直导体所载电流为 I. 设电流沿截面均匀分布, 求单位长度导体内的磁能.

解　在导体内取一半径为 r 的圆周, 利用安培环路定理可得

$$\oint \boldsymbol{B} \cdot \mathrm{d}\boldsymbol{l} = B \cdot 2\pi r = \mu_0 \frac{I}{\pi R^2}\pi r^2 = \mu_0 \frac{r^2}{R^2}I$$

解之, 得

$$B = \frac{\mu_0 I r}{2\pi R^2}$$

在 r 处取一厚度为 $\mathrm{d}r$, 高为单位长度的薄圆筒, 体积 $\mathrm{d}V = 2\pi r\mathrm{d}r$, 其内所含能量

$$\mathrm{d}W_\mathrm{m} = w_\mathrm{m}\mathrm{d}V = \frac{B^2}{2\mu_0}2\pi r\mathrm{d}r = \frac{\mu_0 I^2}{4\pi R^4}r^3\mathrm{d}r$$

故单位长度导体的总能量

$$W_\mathrm{m} = \int_V \mathrm{d}W_\mathrm{m} = \int_0^R \frac{\mu_0 I^2}{4\pi R^4}r^3\mathrm{d}r = \frac{\mu_0 I^2}{16\pi}$$

13–26　一导线弯成半径为 5.0 cm 的圆形, 当其中通有 100 A 电流时, 圆心处的磁能密度为多少?

解　由磁能密度公式得

$$w_\mathrm{m} = \frac{B^2}{2\mu_0} \tag{1}$$

而

$$B = \frac{\mu_0 I}{2R} \qquad (2)$$

将式 (2) 代入式 (1), 得

$$w_\mathrm{m} = \frac{\mu_0^2 I^2 / 4R^2}{2\mu_0} = \frac{\mu_0 I^2}{8R^2} = \frac{4\pi \times 10^{-7} \times 100^2}{8 \times (0.05)^2}\ \mathrm{J \cdot m^{-3}} = 0.63\ \mathrm{J \cdot m^{-3}}$$

13–27　一环状铁芯绕有 100 匝线圈, 环的平均半径 $R = 8.0$ cm, 截面积 $S = 1.0$ cm²; 铁芯的相对磁导率 $\mu_\mathrm{r} = 500$. 当线圈中通有电流 $I = 1.0$ A 时, 铁芯内的磁能密度和总磁能各为多少?

解　由螺绕环的磁场公式可得环内磁场

$$B = \mu n I = \frac{\mu N I}{2\pi R}$$

将之代入磁能密度公式 $w_\mathrm{m} = \dfrac{B^2}{2\mu}$, 即可得到铁芯内的磁能密度

$$w_\mathrm{m} = \frac{\mu_0 \mu_\mathrm{r} N^2 I^2}{2 \times (2\pi R)^2} = \frac{4\pi \times 10^{-7} \times 500 \times 100^2 \times 1}{8\pi^2 \times (0.08)^2}\ \mathrm{J \cdot m^{-3}}$$
$$= 12.4\ \mathrm{J \cdot m^{-3}}$$

铁芯的总磁能

$$W = w_\mathrm{m} V = w_\mathrm{m} 2\pi R S$$
$$= 12.4 \times 2 \times 3.14 \times 0.08 \times 1.0 \times 10^{-4}\ \mathrm{J} = 6.23 \times 10^{-4}\ \mathrm{J}$$

六　自我检测

13–1　如检图 13–1 所示, 导体棒 AB 在磁感应强度为 $\boldsymbol{B}$ 的均匀磁场中, 绕过 C 点的垂直于棒且与磁场方向平行的轴 OO' 转动, 已知 BC 的长度为 AB 长度的 $\dfrac{1}{3}$, 则 (　　).

检图 13–1

　A. A 点的电势比 B 点的电势高

　B. A、B 两点的电势相等

　C. A 点的电势比 B 点的电势低

　D. 有恒定的电流从 A 点流向 B 点

13–2　一无限长直导体薄板宽为 l, 板面与 z 轴垂直, 板的长度方向沿 y 轴, 板的两侧与一个伏特计相接, 如检图 13–2 所示. 整个系统放在磁感应强度为 $\boldsymbol{B}$ 的均匀磁场中, $\boldsymbol{B}$ 的方向沿 z 轴方向. 如果伏特计与导体平板均以速度 $\boldsymbol{v}$ 向 y 轴正方向移动, 则伏特计指示的电压值为 (　　)

　A. 0 　　　　　　　　　　　　　　　　B. $\dfrac{1}{2} v B l$

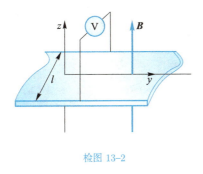

检图 13-2

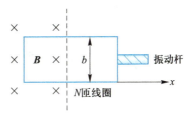

检图 13-3

C. vBl　　　　　　　　　　　　　D. $2vBl$

13-3　磁换能器常用来检测微小的振动. 如检图 13-3 所示, 在振动杆的一端固接一个 N 匝的矩形线圈, 线圈的一部分在匀强磁场 B 中, 设杆的微小振动规律为 $x = A\cos\omega t$, 线圈随杆振动时, 线圈中的感应电动势为_____.

13-4　如检图 13-4 所示, 长直导线通有电流 I, 一垂直于导线、长为 l 与导线垂直且共面的金属棒以恒定的速度 v 沿与棒成 θ 角的方向移动. 开始时, 棒端离导线的距离为 a, 求任意时刻金属棒中的动生电动势, 并指明哪一端的电势高.

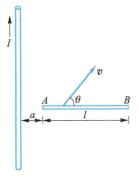

检图 13-4

检图 13-5

13-5　将一长导线从中间弯成相互平行、间距为 $2a$ 的两大段组成回路 (如检图 13-5 所示), 在两段长导线构成的平面内, 远离导线弯头和两端处, 有一半径为 a 的导体圆环位于两线之间并与导线绝缘, 求导体圆环与长导线回路间的互感系数.

自我检测
参考答案

第十四章　电磁场与电磁波

一　目的要求

1. 理解位移电流及全电流的概念, 理解全电流安培环路定理, 能计算简单情况下的位移电流.
2. 理解麦克斯韦方程组积分形式及其物理意义.
3. 理解电磁波的产生及基本性质.
4. 了解麦克斯韦方程组的微分形式, 了解超导体的电磁特性.
5. 了解电磁场的相对性.

二　内容提要

1. 位移电流与位移电流密度　某一截面的电位移通量 Ψ_D 对时间的变化率

$$I_d = \frac{d\Psi_D}{dt} = \int_S \frac{\partial D}{\partial t} \cdot dS$$

称为位移电流, 它只表示电位移通量对时间的变化率, 并不表示有真实的电荷在空间移动. 但是, 位移电流的量纲和在激发磁场方面的作用与传导电流是一致的.

电场中某点的电位移矢量 D 对时间的变化率

$$j_d = \frac{\partial D}{\partial t}$$

称为位移电流密度, 它是矢量, 其大小等于单位面积上通过的位移电流.

2. 全电流与全电流安培环路定理　通过某一截面的传导电流 I_c 与位移电流 I_d 的代数和

$$I_s = I_c + I_d$$

称为全电流, 它在任何情况下都是连续的.

磁场强度沿任一闭合回路的环流恒等于该闭合回路所包围 (亦即穿过以该闭合回路为周界的曲面) 的全电流的代数和 $\sum I_{is}$, 即

$$\oint_l \boldsymbol{H} \cdot \mathrm{d}\boldsymbol{l} = \sum I_{is} = \sum (I_{ic} + I_{id}) = \int_S \left(\boldsymbol{j}_c + \frac{\partial \boldsymbol{D}}{\partial t} \right) \cdot \mathrm{d}\boldsymbol{S}$$

这一规律称为全电流的安培环路定理, 它说明磁场是由全电流产生的.

3. 麦克斯韦方程组　麦克斯韦方程组有积分和微分两种形式, 其积分形式为

$$\oint_S \boldsymbol{D} \cdot \mathrm{d}\boldsymbol{S} = \sum q_i \tag{1}$$

它说明电荷激发的电场为有源场.

$$\oint_S \boldsymbol{B} \cdot \mathrm{d}\boldsymbol{S} = 0 \tag{2}$$

它说明磁场为无源场.

$$\oint_l \boldsymbol{E} \cdot \mathrm{d}\boldsymbol{l} = -\int_S \frac{\partial \boldsymbol{B}}{\partial t} \cdot \mathrm{d}\boldsymbol{S} = -\frac{\mathrm{d}\Phi}{\mathrm{d}t} \tag{3}$$

它说明变化的电场可以激发变化的磁场, 反之亦然.

$$\oint_l \boldsymbol{H} \cdot \mathrm{d}\boldsymbol{l} = \int_S \left(\boldsymbol{j}_c + \frac{\partial \boldsymbol{D}}{\partial t} \right) \cdot \mathrm{d}\boldsymbol{S} = \sum I_i + \frac{\mathrm{d}\Psi_D}{\mathrm{d}t} \tag{4}$$

它说明磁场是由全电流产生的.

麦克斯韦方程组的微分形式为

$$\begin{cases} \boldsymbol{\nabla} \cdot \boldsymbol{D} = \rho & (1)' \\ \boldsymbol{\nabla} \cdot \boldsymbol{B} = 0 & (2)' \\ \boldsymbol{\nabla} \times \boldsymbol{E} = -\dfrac{\partial \boldsymbol{B}}{\partial t} & (3)' \\ \boldsymbol{\nabla} \times \boldsymbol{H} = \boldsymbol{j}_c + \dfrac{\partial \boldsymbol{D}}{\partial t} & (4)' \end{cases}$$

4. 电磁波的产生及基本性质　变化的电场与变化的磁场交替激发, 由近及远进行传播便产生了电磁波.

电磁波具有如下特性:

(1) 电磁波是横波. 其 $\boldsymbol{E}$、$\boldsymbol{H}$ 及 $\boldsymbol{r}$ 两两垂直, 组成右手螺旋关系.

(2) 电、磁矢量同相位, 且大小成比例, 即

$$\sqrt{\varepsilon}E = \sqrt{\mu}H$$

(3) 电磁波的传播速度与光的传播速度相同, 在真空中有如下关系

$$u_{真空} = c$$

5. 电磁场的相对性   电磁场的相对性主要是指描述电磁场的物理量 E 和 B 从概念到量值均与观察者是否有相对运动有关联. 其量值关系为

$$E' = \gamma E$$

$$B' = \gamma B$$

三　重点难点

位移电流和麦克斯韦方程组是本章的重点. 其中后者又是本章的难点.

位移电流是电磁理论中的一个基本概念 (假设), 学习时要从其产生根源及计算两个方面去进行理解.

麦克斯韦方程组是电磁场理论的基础, 学习时要注意从两个层面上去理解它的物理意义: 一是方程中各字母的物理意义; 二是整个方程式的物理意义.

四　方法技巧

本章习题主要涉及位移电流、麦克斯韦方程组和电磁波的概念及特性的理解, 并有部分位移电流的计算. 解答前, 除了认真理解上述重点内容外, 适当复习一下电位移矢量 D 和电位移通量 Ψ_D 的概念及计算是有益的.

例 14-1　将半径为 R 的圆形平行板电容器接入交变电路中. 设平板电容器极板上的电荷量按 $q = q_0 \sin \omega t$ 规律变化, 极板间的电介质为空气, 求两极板间磁感应强度的分布.

解　极板间的磁感应强度由全电流产生, 故本题宜先求极板上的电位移矢量 D 的分布, 进而求出通过平行极板平面的电位移通量 Ψ_D, 利用微分关系求出位移电流 I_d, 再用安培环路定理求出磁场强度 H, 进而便可求出磁感应强度 B 的分布. 利用电场高斯定理容易证明, 两极板间的电位移矢量在数值上与极板上的电荷面密度相等, 即

$$D = \sigma = \frac{q}{\pi R^2} = \frac{q_0 \sin \omega t}{\pi R^2}$$

D 的方向与极板垂直, 且均匀分布. 故通过以极板轴线上任一点为圆心, r 为半径, 平行于极板平面的电位移通量

$$\Psi_D = DS = \frac{q_0 \sin \omega t}{\pi R^2} \pi r^2 = \frac{q_0 \sin \omega t}{R^2} r^2$$

通过该截面的位移电流

$$I_d = \frac{\mathrm{d}\Psi_D}{\mathrm{d}t} = \frac{q_0 r^2 \omega \cos \omega t}{R^2}$$

取上述截面的周界为积分环路, 据全电流安培环路定理有

$$\oint_l \boldsymbol{H} \cdot \mathrm{d}\boldsymbol{l} = 2\pi r H = I_\mathrm{d} = \frac{q_0 r^2 \omega \cos \omega t}{R^2}$$

解之, 得

$$H = \frac{q_0 r \omega \cos \omega t}{2\pi R^2}$$

$$B = \mu_0 \mu_\mathrm{r} H = \mu_0 H = \frac{\mu_0 q_0 r \omega \cos \omega t}{2\pi R^2}$$

五　习题解答

14–1　什么叫位移电流? 它与传导电流有何区别?

答　由电位移通量对时间的变化率激发的电流称为位移电流, 它与传导电流的主要区别有如下三点:

(1) 激发源不同: 位移电流由电位移通量变化所引起, 传导电流由电荷的定向运动所产生;

(2) 热效应不同: 位移电流没有热效应, 传导电流有热效应;

(3) 传播途径不同: 位移电流可在真空、导体、电介质中传播, 而传导电流只能在导体中传播.

14–2　在不存在实物粒子的空间里能否产生电流?

答　能. 因为位移电流的实质是变化着的电场, 它不需要借助实物粒子来产生和传播.

14–3　麦克斯韦方程组 (积分形式) 是如何得出的? 它的物理意义是什么?

答　麦克斯韦方程组 (积分形式) 主要是利用感生电场和位移电流的两个基本假设, 将静电场和静磁场的高斯定理和安培环路定理推广到变化 (含时) 电场和变化 (含时) 磁场, 由所得的四个基本方程组建而成.

麦克斯韦方程组说明, 不管是静磁场还是变化磁场, 都是涡旋场、保守场; 同时还说明, 变化的电场可以产生变化的磁场, 反之亦然. 这便是它的物理意义.

14–4　电磁波是如何产生的? 它与机械波有何异同?

答　按照麦克斯韦电磁场理论, 变化的电场可以激发出变化的磁场, 反之, 变化的磁场也可以激发出变化的电场, 它们交互激发, 由近及远的传播便形成了电磁波.

电磁波与机械波的相同之处:

二者都是波, 都具有波的共同属性, 如都能产生干涉、衍射等现象, 其传播特性都能用波长、波速、频率等参量来描述.

电磁波与机械波的不同之处:

(1) 成因不同: 机械波是机械振动在介质中的传播过程, 电磁波则是变化的电场和磁场相互激发, 由近及远的传播;

(2) 属性不同: 电磁波是横波, 间断波 (一份一份的), 具有物质属性; 而机械波则既可为横波, 也可为纵波, 但无物质性, 且为连续波.

(3) 途径不同: 电磁波可在真空中传播; 机械波只能在介质中传播.

14-5 何谓超导体? 物体进入超导态后有何特性?

答 能够产生超导 (内部电阻突然消失) 现象的物体称为超导体. 物体进入超导状态后, 其内部电阻为零, 内部磁场也为零 (这种现象又称迈斯纳效应).

14-6 怎样理解电磁场物理量的相对性?

答 我们知道, 电磁场的物理量主要由电场量 $\boldsymbol{E}$ 和磁场量 $\boldsymbol{B}$ 来决定, 为 $\boldsymbol{E}$、$\boldsymbol{B}$ 的函数, 即 $f = f(\boldsymbol{E}, \boldsymbol{B})$.

设电荷量为 q 的点电荷静置于一相对于地球高速飞行的飞船上. 在飞船上的观测者看来, 飞船中只有点电荷 q 产生的静电场 $\boldsymbol{E}$, 因此, 他观测到的电磁场量 $f_{船} = f(\boldsymbol{E}, 0)$. 在地球上的观测者看来, 点电荷 q 作定向运动形成了电流 I, 因而具有磁场 $\boldsymbol{B}$, 所以他观测到的电磁场量 $f_{地} = f(0, \boldsymbol{B})$. 可见, 电磁场的物理量具有相对性.

14-7 关于位移电流的概念, 下列说法中正确的是 ( ).

A. 位移电流就是变化的电场, 它在数值上等于场强对时间的变化率

B. 位移电流只能在非导体中传播

C. 位移电流是一种假说, 实际并不存在

D. 位移电流由变化的电场所产生, 其大小仅决定于电位移通量对时间的变化率

解 按照麦克斯韦位移电流的假设, 位移电流是由变化的电场产生的, 其大小等于电位移通量对时间的变化率. 故选 D.

14-8 如解图 14-8 所示, 设回路 L 内既无电荷又无传导电流, 只有随时间变化的电场 $\dfrac{\mathrm{d}D}{\mathrm{d}t}$ 或磁场 $\dfrac{\mathrm{d}B}{\mathrm{d}t}$, 电场或磁场的方向均垂直纸面向里, 若 $\dfrac{\mathrm{d}D}{\mathrm{d}t} < 0$, 则它在图中 L 上产生 H 的环流为_____ 时针方向; 若磁场的 $\dfrac{\mathrm{d}B}{\mathrm{d}t} < 0$, 则它在 L 上产生 E 的环流为_____ 时针方向.

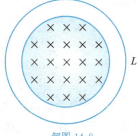

解图 14-8

解 由麦克斯韦方程组的积分形式知, 当 $\dfrac{\partial D}{\partial t} < 0$ 时, $\oint_L \boldsymbol{H} \cdot \mathrm{d}\boldsymbol{l} = \int \dfrac{\partial \boldsymbol{D}}{\partial t} \cdot \mathrm{d}\boldsymbol{S} < 0$, 这时 $\mathrm{d}\boldsymbol{l}$ (L 绕向) 必与 $\boldsymbol{H}$ 反向, 即 L 上 H 的环流为逆时针方向.

由麦克斯韦方程组的积分形式知, 当 $\dfrac{\mathrm{d}B}{\mathrm{d}t} < 0$ 时, $\oint_L \boldsymbol{E} \cdot \mathrm{d}\boldsymbol{l} = -\int \dfrac{\partial \boldsymbol{B}}{\partial t} \cdot \mathrm{d}\boldsymbol{S} > 0$, 这时 $\mathrm{d}\boldsymbol{l}$ (L 绕向) 必与 $\boldsymbol{E}$ 同向, 即 L 上 E 的环流为顺时针方向. 故前空填 "逆", 后空填 "顺".

14-9 某人做充电实验时, 测得 t 时刻电路中的传导电流为 0.5 A, 问该时刻电容器两极板间的位移电流为多少? 当充电完毕, 切断电源时, 两极板间的位移电流又为多少?

解 根据全电流的连续性, 充电时极板间的位移电流与传导电流相等, 同为 0.5 A. 同理可知, 断电时, 传导电流为零, 极板间的位移电流也为零.

14-10 证明充电时平行板电容器中的位移电流 $I_d = C\dfrac{\mathrm{d}U}{\mathrm{d}t}$. 式中, C 为平行板电容器的电容, U 为两极板的电势差.

证　设平行板电容器中的电位移矢量的大小为 D, 极板上的电荷面密度为 σ, 极板面积为 S, 则通过极板间任一截面的电位移通量

$$\Psi_D = DS = \sigma S = q = CU$$

故

$$I_d = \frac{\mathrm{d}\Psi_D}{\mathrm{d}t} = C\frac{\mathrm{d}U}{\mathrm{d}t}$$

14–11　在圆形平行板电容器上, 加一频率为 1.0×10^6 Hz、峰值电压为 0.2 V 的正弦交变电压, 设电容器的电容 $C = 1.0 \times 10^{-12}$ F, 求通过两极板间的位移电流的最大值.

解　设电压表达式为 $U = 0.2\sin\omega t$. 由电容定义式知

$$C = \frac{q}{U} = \frac{\Psi_D}{U}$$

故

$$\Psi_D = CU$$

位移电流

$$I_d = \frac{\mathrm{d}\Psi_D}{\mathrm{d}t} = C\frac{\mathrm{d}U}{\mathrm{d}t} = 0.2\omega C\cos\omega t$$

其最大值

$$I_{d,\max} = 0.2C\omega = (0.2 \times 1.0 \times 10^{-12} \times 2\pi \times 1.0 \times 10^6)\ \mathrm{A}$$
$$= 1.26 \times 10^{-6}\ \mathrm{A}$$

14–12　在电导率为 γ, 相对电容率为 ε_r 的金属导线中有一正弦交变电场, 其场强 $E = E_0\sin\omega t$, 求导线中位移电流与传导电流最大值之比. (其中, $\gamma = 10^7\ \Omega^{-1}\cdot\mathrm{m}^{-1}$, $\varepsilon_r = 8$, $\omega = 100\pi$.)

解　据 $\boldsymbol{D} = \varepsilon_0\varepsilon_r\boldsymbol{E}$ 可知, 金属导线中的电位移矢量的大小

$$D = \varepsilon_0\varepsilon_r E = \varepsilon_0\varepsilon_r E_0\sin\omega t$$

故导线中的位移电流密度

$$j_d = \frac{\mathrm{d}D}{\mathrm{d}t} = \varepsilon_0\varepsilon_r E_0\omega\cos\omega t$$

据欧姆定律的微分形式, 金属导线中的传导电流密度的大小

$$j_d = \gamma E = \gamma E_0\sin\omega t$$

所以有

$$\frac{I_{d,\max}}{I_{c,\max}} = \frac{j_{d\max}}{j_{c\max}} = \frac{\varepsilon_0\varepsilon_r E_0\omega}{\gamma E_0} = \frac{\varepsilon_0\varepsilon_r\omega}{\gamma}$$
$$= \frac{8.85 \times 10^{-12} \times 8 \times 100 \times 3.14}{1 \times 10^7} = 2.22 \times 10^{-15}$$

由此可见, 金属导线中位移电流所占比例很小.

六 自我检测

14-1 在感应电场中的电磁感应定律可写成 $\oint_L \boldsymbol{E} \cdot \mathrm{d}\boldsymbol{l} = -\dfrac{\mathrm{d}\Phi}{\mathrm{d}t}$, 式中 $\boldsymbol{E}$ 为感应电场的电场强度. 此式表明 (   ).

A. 闭合曲线 L 上 $\boldsymbol{E}$ 处处相等

B. 感应电场是保守力场

C. 感应电场的电场线不是闭合曲线

D. 在感应电场中不能像对静电场那样引入电势的概念

14-2 反映电磁场基本规律的麦克斯韦方程组的积分形式为

$$\oint_S \boldsymbol{D} \cdot \mathrm{d}\boldsymbol{S} = \sum q_i \tag{1}$$

$$\oint_l \boldsymbol{E} \cdot \mathrm{d}\boldsymbol{l} = -\frac{\mathrm{d}\Phi}{\mathrm{d}t} \tag{2}$$

$$\oint_S \boldsymbol{B} \cdot \mathrm{d}\boldsymbol{S} = 0 \tag{3}$$

$$\oint_l \boldsymbol{H} \cdot \mathrm{d}\boldsymbol{l} = \sum I_i + \frac{\mathrm{d}\Psi_D}{\mathrm{d}t} \tag{4}$$

则与下列结论对应的麦克斯韦方程式分别是: (只填方程序号)

(1) 变化的磁场一定伴随有电场_____.

(2) 磁感应线总是闭合的_____.

(3) 有电荷必伴随有电场_____.

14-3 如检图 14-3 所示, 一平行板电容器从 $q = 0$ 开始充电. 画出充电过程中极板间 P 点处的 $\boldsymbol{E}$ 和 $\boldsymbol{H}$ 的方向.

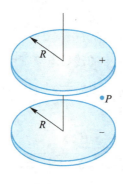

检图 14-3

自我检测
参考答案

* 第十五章　电路

一　目的要求

1. 了解欧姆定律和基尔霍夫定律, 能用欧姆定律、基尔霍夫定律来处理简单电路的计算问题.
2. 了解几种典型的直流电路暂态过程的特点及规律.
3. 了解交流电路的概念及其描述, 理解交流电路的矢量图解法和复数解法, 会用图解法和复数解法来求解简单的交流电路问题.
4. 了解谐振电路的特点及其应用.

二　内容提要

1. 欧姆定律

(1) 一段含源电路的欧姆定律　含源电路上的电势降等于该电路上的所有电阻电势降 $I \sum R_i$ 与所有电源电动势之代数和, 即

$$V_A - V_B = I \sum R_i + \sum \mathscr{E}_i$$

(2) 闭合电路的欧姆定律　闭合电路的电流等于该电路的总电动势与总电阻之比的负值, 即

$$I = -\frac{\sum \mathscr{E}_i}{\sum R_i}$$

2. 基尔霍夫定律

(1) 基尔霍夫第一定律　在电流恒定 (直流) 的情况下, 流经任一节点的电流代数和为零, 即

$$\sum I_i = 0$$

(2) 基尔霍夫第二定律　闭合回路中电阻的电势降与回路上的电动势之和为零, 即

$$I \sum R_i + \sum \mathscr{E}_i = 0$$

3. 直流电路的暂态过程　电路由一个稳定状态向另一稳定状态过渡的过程称为暂态过程. 主要有如下两种形式:

(1) RC 电路的暂态过程　由 R 及 C 组成的电路称为 RC 电路. 充电时, 电容器极板上的电荷随着充电时间 t 的增加而增加, 其关系为

$$q = C\mathscr{E}(1 - e^{-\frac{t}{RC}}) = q_0(1 - e^{-\frac{t}{\tau}})$$

放电时, 极板上的电荷随着时间 t 的增加而减少, 其关系式为

$$q = q_0 e^{-\frac{t}{\tau}}$$

时间常量 $\tau = RC$ 越小, 电路的暂态过程所需时间就越少.

(2) LR 电路的暂态过程　由 L 及 R 组成的电路称为 LR 电路, 当 L 充电时其充电电流

$$i = I(1 - e^{-\frac{t}{\tau}})$$

当 L 放电时, 其放电电流

$$i = I e^{-\frac{t}{\tau}}$$

式中, $\tau = L/R$ 为时间常量.

4. 交流电与交流电路　方向和大小均随时间周期性变化的电流称为交流电. 通常, 人们亦将交流电流、电动势、电压统称为交流电. 常用角频率 ω (描述交流电变化的快慢)、相位 (描述交流电的状态) 来描述.

交流电通过的路径称为交流电路. 由电阻 R、电感 L 及电容 C 等元件构成.

5. 交流电路的求解　主要指求算交流电路的电流、电动势及电压和阻抗、相差的计算过程. 常用如下两种方法:

(1) 矢量图解法　先用矢量图示相关的量——电流、电动势、电压, 然后借鉴于直流电的概念, 按矢量合成法则进行相关运算.

(2) 复数解法　先将交流电的相关量用复数表示, 然后再借鉴于直流电的相关概念及公式来进行运算.

6. 交流电流的功率

(1) 有功功率与功率因数　一个周期内电流所做的平均功率又称有功功率, 有时亦简称为电流的功率, 其表达式为

$$\overline{P} = I^2 Z \cos\varphi$$

式中 $\cos\varphi$ 称为功率因数.

(2) 视在功率与功率因数　电压与电流有效值的乘积

$$S = UI$$

称为视在功率, 它与有功功率 $\overline{P}$ 的关系为

$$\overline{P} = S\cos\varphi = UI\cos\varphi$$

式中, $\cos\varphi = \dfrac{\overline{P}}{S}$ 为功率因数, 在电功理论及技术中均有重要应用.

7. 谐振电路 (串联谐振电路)

(1) 谐振电路的概念　当交流电频率与某一固有频率相等时, 电路电流出现极大值的现象称为谐振, 相应的电路称为谐振电路. 对于 LC 串联谐振电路, 其谐振 (亦称共振) 频率

$$f = f_0 = \frac{\omega_0}{2\pi} = \frac{1}{2\pi\sqrt{LC}}$$

(2) 品质因数　电路谐振时, 其电感电压或电容电压与总电压之比称为品质因数, 其定义式为

$$Q = \frac{U_L}{U} = \frac{U_C}{U} = \frac{\omega_0 L}{R} = \frac{1}{R\omega_0 C} \qquad (\omega_0 = 2\pi f_0)$$

三　重点难点

本章重点内容是欧姆定律、基尔霍夫定律和交流电路的矢量图解法和复数解法. 其中, 基尔霍夫定律和交流电路的复数解法是本章的难点. 这些内容一是中学阶段没有基础, 二是理论本身比较抽象. 因此, 学习时一定要倍加注意.

四　方法技巧

学习本章要把握一条原则, 那就是本章内容以欧姆定律、基尔霍夫定律为依据, 以中学所学的一段直流电路问题为基础, 以矢量和复数知识为手段来展开, 以加深读者对用 "路" 的观点来处理电磁学问题方法的理解. 这样, 学习起来就会感到目的明确, 条理清晰, 易于掌握了.

其次是要注意符号的 "约定". 因为电路所涉及的量较多, 没有一套符号约定法则, 就会造成混乱. 这当然不是学习本身所需要的.

本章习题, 旨在加深对欧姆定律、基尔霍夫定律以及与电路有关的概念及规律的理解和应用, 而直流电路是上述分析与计算的基础. 因此, 做习题前, 认真复习并掌握直流电路的概念、规律、方法是非常必要的.

例 15-1 如例图 15-1 所示, 在 RC 电路 (其中 $Z_R = 10\ \Omega$, $Z_C = 6\ \Omega$) 上加一 36 V 交流电压. 求电路中的电流及电压分配情况.

解 根据欧姆定律有

$$I = \frac{U}{Z}$$

而

$$Z = \sqrt{Z_R^2 + Z_C^2} = \sqrt{10^2 + 6^2}\ \Omega$$
$$= 11.7\ \Omega$$

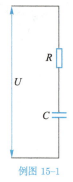

例图 15-1

故电流

$$I = \frac{U}{Z} = \frac{36}{11.7}\ \text{A} = 3.1\ \text{A}$$

电阻上的电压

$$U_R = IZ_R = (3.1 \times 10)\ \text{V} = 31.0\ \text{V}$$

电容器上的电压

$$U_C = IZ_C = (3.1 \times 6)\ \text{V} = 18.6\ \text{V}$$

例 15-2 如例图 15-2 所示,两电源 $\mathscr{E}_1 (= 220\ \text{V})$、$\mathscr{E}_2$ $(= 200\ \text{V})$ 给一负荷 (设其阻抗 $R_L = 45\ \Omega$) 供电. 设电源 $\mathscr{E}_1$ 的内阻 $R_1 = 10\ \Omega$, 电源 $\mathscr{E}_2$ 的内阻 $R_2 = 10\ \Omega$. 求通过各电阻的电流.

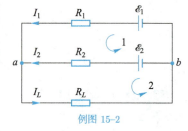

例图 15-2

解 根据基尔霍夫第一定律, 对于结点 a 则有

$$I_1 + I_2 = I_L \tag{1}$$

根据基尔霍夫第二定律, 对于回路 1 则有

$$\mathscr{E}_1 - I_1R_1 + I_2R_2 - \mathscr{E}_2 = 0 \tag{2}$$

对于回路 2 则有

$$\mathscr{E}_2 - I_2R_2 - I_LR_L = 0 \tag{3}$$

联立式 (1)、式 (2)、式 (3) 求解, 得

$$I_1 = \frac{(R_2 + R_L)\mathscr{E}_1 - R_L\mathscr{E}_2}{R_1R_2 + R_1R_L + R_2R_L} = \frac{(10 + 45) \times 220 - 45 \times 200}{10 \times 10 + 10 \times 45 + 10 \times 45}\ \text{A} = 3.1\ \text{A}$$

$$I_2 = \frac{(R_1 + R_L)\mathscr{E}_2 - R_L\mathscr{E}_1}{R_1R_2 + R_1R_L + R_2R_L} = \frac{(10 + 45) \times 200 - 45 \times 220}{10 \times 10 + 10 \times 45 + 10 \times 45}\ \text{A} = 1.1\ \text{A}$$

$$I_L = \frac{R_2\mathscr{E}_1 + R_1\mathscr{E}_2}{R_1R_2 + R_1R_L + R_2R_L} = \frac{10 \times 220 + 10 \times 200}{10 \times 10 + 10 \times 45 + 10 \times 45}\ \text{A} = 4.2\ \text{A}$$

五　习题解答

15-1　基尔霍夫第二定律与欧姆定律有何联系与区别?

答　从欧姆定律可以导出基尔霍夫第二定律, 或者说, 基尔霍夫第二定律可以看成欧姆定律在闭合回路情况下的一种推论. 这就是二者之间的主要联系.

欧姆定律主要用于解决一段电路或一段电路中的单个元件 (如电阻) 电路的计算问题; 而基尔霍夫第二定律多用来求解单个回路或结合基尔霍夫第一定律来求解整个复杂回路的电路计算问题. 这就是二者之间的主要区别.

15-2　交流电的瞬时值、峰值、有效值有何联系与区别?

答　交流电的瞬时值与峰值的余弦随时间而变化, 峰值与有效值成正比, 其比例系数为 $\sqrt{2}$, 用数学式来表示为

$$i = I_0 \cos(\omega t + \varphi_i) = \sqrt{2}I \cos(\omega t + \varphi_i)$$
$$\mathscr{E} = \mathscr{E}_0 \cos(\omega t + \varphi_\mathscr{E}) = \sqrt{2}\varepsilon \cos(\omega t + \varphi_\mathscr{E})$$
$$u = U_0 \cos(\omega t + \varphi_u) = \sqrt{2}U \cos(\omega t + \varphi_u)$$

这就是它们之间的联系. 它们之间的区别在于瞬时值反映的是量随时间的周期变化, 峰值反映的是量的最大值, 有效值反映的是交流电在一个周期内的平均效果.

15-3　用矢量图解法和复数解法求出的各量是不是待求的交流电量? 为什么?

答　不是. 因为用矢量图解法和复数解法求出的仅为相应量的几何量和复数量, 还需要相应的公式进行计算才能得出相应的交流电量.

15-4　一交流电流经电阻 R 时, 其电流 $i = I_0 \cos \omega t$, 则其平均功率为 (　　).

A. 0　　　　　　B. $\dfrac{I^2 R}{2}$　　　　　　C. $\dfrac{I_0^2 R}{2}$　　　　　　D. $\dfrac{LI^2}{2}$

解　据定义, 平均功率

$$\overline{P} = \frac{1}{T} \int_0^T ui\,\mathrm{d}t$$
$$= \frac{1}{T} \int_0^T Rii\,\mathrm{d}t = \frac{I_0^2 R}{2}$$

故选 C.

15-5　交流电能通过电容器的含义是指 _____.

解　其含义是交流电不断改变方向对电容器充电, 相当于电路中不断有电流通过, 亦即相当于电流通过了电容器.

15-6　在如解图 15-6 所示的一段含源电路中, 已知 $\mathscr{E} = 3.0\,\mathrm{V}$, $R_1 = 2.0\,\Omega$, $R_2 = 8.0\,\Omega$, $I = 1.0\,\mathrm{A}$, 问:

(1) A 点电势比 B 点高多少?

(2) 电源做正功还是负功, 做功功率是多少?

(3) 若改变电流方向, 上述结果又如何?

解图 15-6

解 (1) 由欧姆定律可以得到

$$V_B - V_A = IR_1 + IR_2 + \mathscr{E} = [1 \times (2 + 8) + 3]\,\mathrm{V} = 13\,\mathrm{V}$$

即 V_A 比 V_B 高 $-13\,\mathrm{V}$.

(2) 因 I 与 $\mathscr{E}$ 反方向, 所以电源做负功, 功率为

$$P = -I\mathscr{E} = (-1 \times 3)\,\mathrm{W} = -3\,\mathrm{W}$$

(3) 若改变电流方向, 则有

$$V_A - V_B = IR_1 + IR_2 - \mathscr{E} = (1 \times 2 + 1 \times 8 - 3)\,\mathrm{V} = 7\,\mathrm{V}$$

这时 I 与 $\mathscr{E}$ 同向, $\mathscr{E}$ 做正功, 功率

$$P = I\mathscr{E} = (1 \times 3)\,\mathrm{W} = 3\,\mathrm{W}$$

15-7 如解图 15-7 所示, 已知 $\mathscr{E}_1 = 24.0\,\mathrm{V}$, $R_1 = 2.00\,\Omega$, $\mathscr{E}_2 = 6.0\,\mathrm{V}$, $R_2 = 1.0\,\Omega$, $R_3 = 2.0\,\Omega$, $R_4 = 1.0\,\Omega$, $R_5 = 3.0\,\Omega$. 求:

(1) 电路中的电流;

(2) A、B、C、D 各点的电势;

(3) 两电源的端电压.

解 (1) 这是一个含源闭合电路的问题, 取回路如图所示, 其电流

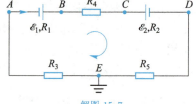

解图 15-7

$$I = \frac{-\sum \mathscr{E}_i}{\sum R_i} = \frac{24 - 6}{2 + 1 + 2 + 1 + 3}\,\mathrm{A} = 2\,\mathrm{A}$$

(2) 取 E 为零电势点, 则

$$V_A = -IR_3 = (-2 \times 2)\,\mathrm{V} = -4\,\mathrm{V}$$

$$V_B = \mathscr{E}_1 + V_A - IR_1 = (24 - 4 - 2 \times 2)\,\mathrm{V} = 16\,\mathrm{V}$$

$$V_C = V_B - IR_4 = (16 - 2 \times 1)\,\mathrm{V} = 14\,\mathrm{V}$$

$$V_D = V_C - \mathscr{E}_2 - IR_2 = (14 - 6 - 2 \times 1)\,\mathrm{V} = 6\,\mathrm{V}$$

(3) $\mathscr{E}_1$ 上的端电压

$$U_1 = V_B - V_A = [16 - (-4)]\,\mathrm{V} = 20\,\mathrm{V}$$

$\mathscr{E}_2$ 上的端电压

$$U_2 = V_C - V_D = (14 - 6)\,\mathrm{V} = 8\,\mathrm{V}$$

15-8 将一 3 000 Ω 的电阻与一 100 μF 的电容串联到 110 V 的直流电源上进行充电. 求电路的时间常量及 $t = 0$ 和 $t = 0.1\,\text{s}$ 时的充电电流.

解 这是一个 RC 电路, 其时间常量

$$\tau = RC = (3\,000 \times 100 \times 10^{-6})\,\text{s} = 0.3\,\text{s}$$

充电电流

$$I_0 = \frac{\mathscr{E}}{R} = \frac{110}{3\,000}\,\text{A} = 0.037\,\text{A}$$

$$I_{0.1} = I_0(1 - \text{e}^{-\frac{t}{\tau}}) = [0.037 \times (1 - \text{e}^{-\frac{0.1}{0.3}})]\,\text{A} = 0.028\,\text{A}$$

15-9 在 RL 串联电路中, 设 $R = 3.0 \times 10^2\,\Omega$, $L = 9.0 \times 10^{-1}\,\text{H}$, $\mathscr{E} = 50\,\text{V}$, $\omega = 1.0 \times 10^3\,\text{rad} \cdot \text{s}^{-1}$. 求:

(1) 电路电流的峰值;

(2) 电阻和电感上的电压峰值.

解 (1) 电路感抗

$$Z_L = L\omega = (0.9 \times 1.0 \times 10^3)\,\Omega = 900\,\Omega$$

电阻

$$Z_R = 3.0 \times 10^2\,\Omega$$

阻抗

$$Z = \sqrt{Z_R^2 + Z_L^2} = \sqrt{(3.0 \times 10^2)^2 + 900^2}\,\Omega = 948\,\Omega$$

故电流峰值

$$I = \frac{\mathscr{E}}{Z} = \frac{50}{948}\,\text{A} = 5.3 \times 10^{-2}\,\text{A}$$

(2) 电阻上的电压

$$U_R = IR = (5.3 \times 10^{-2} \times 3.0 \times 10^2)\,\text{V} \approx 16\,\text{V}$$

电感上的电压

$$U_L = IZ_L = (5.3 \times 10^{-2} \times 900)\,\text{V} \approx 48\,\text{V}$$

15-10 在某串联谐振 RCL 电路中, $L = 120\,\text{mH}$, $C = 30.0\,\text{pF}$, $R = 10.0\,\Omega$. 求:

(1) 电路的谐振频率 f_0;

(2) 电路的品质因数.

解 (1) 谐振频率

$$f_0 = \frac{1}{2\pi\sqrt{LC}} = \frac{1}{2\pi\sqrt{120 \times 10^{-3} \times 30 \times 10^{-12}}}\,\text{Hz} = 8.39 \times 10^4\,\text{Hz}$$

(2) 据定义, RCL 电路的品质因数

$$Q = \frac{1}{R\omega_0 C} = \frac{1}{10.0 \times 2\pi \times 8.39 \times 10^4 \times 30 \times 10^{-12}}$$
$$= 6.32 \times 10^3$$

15–11 一单相电动机的铭牌标明: $U = 220 \text{ V}, I = 3 \text{ A}, \cos\varphi = 0.8$, 求该机的视在功率、有功功率和绕组的阻抗.

解 电动机的视在功率

$$S = UI = (220 \times 3) \text{ V} \cdot \text{A} = 660 \text{ V} \cdot \text{A}$$

有功功率

$$P = S\cos\varphi = (660 \times 0.8) \text{ W} = 528 \text{ W}$$

绕组阻抗

$$Z = \frac{U}{I} = \frac{220}{3} \ \Omega = 73.3 \ \Omega$$

六　自我检测

15–1 某发电机的额定容量为 20 kW, 问能供多少盏功率因数为 0.5, 平均功率为 40 W 的日光灯正常发光? 若将功率因数提高到 0.75 时, 又能供多少盏?

自我检测
参考答案

第十六章　气体动理论

一　目的要求

1. 掌握理想气体的物态方程, 能熟练地利用物态方程来分析、处理一些简单的实际问题及物态参量的计算.
2. 理解热力学第零定律, 理解平衡态的概念及其描述方法.
3. 理解气体压强和温度的概念及其统计规律. 理解宏观量与相应微观量的关系, 理解研究大量微粒子组成的系统的统计方法及统计规律.
4. 理解麦克斯韦速率分布律, 理解三种速率.
5. 理解内能的概念, 理解能量均分定理, 会简单计算气体的内能.
6. 理解气体分子的平均碰撞频率及平均自由程.
7. 了解玻耳兹曼分布律, 了解气体内部的输运现象及范德瓦耳斯方程.

二　内容提要

1. 平衡态　气体的宏观特性不随时间而改变的状态称为平衡态, 它是热学中的重要概念之一. 平衡态可用 p–V 图上的一个点来表示.

2. 热力学第零定律　同时与第三个系统 (物体) 处于热平衡状态的两个系统也必是热平衡的规律称为热力学第零定律. 它是温度概念建立及测度的实验基础.

3. 准静态过程　气体在变化过程中的每一中间状态都无限接近平衡态的过程称为准静态过程, 反之就叫非准静态过程. 准静态过程可用 p–V 图上的一条曲线来表示, 非准静态过程则不能.

4. 理想气体的物态方程　理想气体处于平衡态时, 其态参量 (描述气体平衡态特性的物理量) 压强 p、体积 V 及温度 T 之间存在的关系式

$$pV = \frac{m}{M}RT = \nu RT$$

称为理想气体的物态方程. 利用物态方程可以由一些已知的态参量推算另一些未知的态参量.

5. 压强公式　反映理想气体的压强 p 与气体分子平均平动动能 $\overline{E}_k$ 及分子数密度 n 之间的关系式称为压强公式, 其数学表达式为

$$p = \frac{2}{3}n\overline{E}_k = \frac{2}{3}n\left(\frac{1}{2}m\overline{v^2}\right)$$

式中, $\overline{E}_k = \frac{1}{2}m\overline{v^2}$ 代表一个分子的平均平动动能, m 代表分子的质量.

压强公式表明, 气体的压强是一个具有统计意义的物理量.

6. 温度公式　描述气体温度 T 与气体分子平均平动动能 $\overline{E}_k$ 之间的关系式称为温度公式, 其数学表达式为

$$\overline{E}_k = \frac{3}{2}kT$$

式中, k 为玻耳兹曼常量.

温度公式说明, 气体的温度是气体分子热运动剧烈程度的量度, 它是大量气体分子热运动的集体表现, 也是一个具有统计意义的物理量.

7. 玻耳兹曼能量分布律　描述气体分子 (微观粒子) 数密度 n_i 按能量 E_i 的分布规律, 其数学表达式为

$$n_i = Ae^{-E_i/kT}$$

式中, A 为待定常量.

玻耳兹曼能量分布律表明, 气体分子数密度随分子能量的增加而按指数规律减少.

8. 等温气压公式　在温度恒定的情况下, 气体的压强随高度 z 的增加而按指数规律减少的关系式, 其数学表达式为

$$p = p_0 e^{-Mgz/RT} = p_0 e^{-mgz/kT}$$

式中, p_0 为 $z = 0$ 处的气压, g 为重力加速度.

9. 麦克斯韦速率分布律　气体 (不计重力作用) 处于平衡态时, 分布在速率区间 $v \sim v+dv$ 内的分子数 dN 与总分子数 N 的比率按速率 v 的分布规律, 其数学表达式为

$$\frac{dN}{N} = 4\pi\left(\frac{m}{2\pi kT}\right)^{\frac{3}{2}} e^{-mv^2/2kT} v^2 dv$$

麦克斯韦分布反映了气体分子出现在速率区间 $v \sim v + \mathrm{d}v$ 内的概率, 故称为概率分布.

10. 速率分布函数　分布在速率 v 附近单位速率间隔内的分子数与总分子数的比率, 即分子速率出现在 v 附近的单位速率间隔内的概率

$$f(v) = \frac{\mathrm{d}N}{N\mathrm{d}v} = 4\pi\left(\frac{m}{2\pi kT}\right)^{\frac{3}{2}} \mathrm{e}^{-mv^2/2kT} v^2$$

分布函数又称概率密度, 它随速率 v 而变化的曲线称为分布曲线, 它是分子按速率分布的几何描述.

11. 三种速率

(1) 最概然速率　气体分子分布在某速率附近的单位速率间隔内的分子数与总分子数的百分比为最大的速率, 其表达式为

$$v_{\mathrm{p}} = 1.41\sqrt{\frac{RT}{M}}$$

(2) 平均速率　大量气体分子速率的算术平均值, 其表达式为

$$\overline{v} = 1.60\sqrt{\frac{RT}{M}}$$

(3) 方均根速率　气体分子速率平方平均值的平方根, 其表达式为

$$\sqrt{\overline{v^2}} = 1.73\sqrt{\frac{RT}{M}}$$

12. 能量均分定理　当气体处于平衡态时, 分配于每一个 (平动、转动) 自由度上的平均动能均为 $\frac{1}{2}kT$, 这一规律称为能量均分定理. 利用能量均分定理, 很容易计算出理想气体的内能.

13. 理想气体的内能　气体分子所具有的各种平均动能的总和称为理想气体的内能. 1 mol 理想气体的内能

$$E_{\mathrm{mol}} = \frac{i}{2}RT$$

总质量为 m 的理想气体的内能

$$E = \frac{m}{M}\frac{i}{2}RT$$

式中, M 为气体的摩尔质量, i 为自由度.

14. 平均碰撞频率与平均自由程　气体分子在单位时间内与其他分子碰撞次数的平均值称为平均碰撞频率, 以 $\overline{f}$ 表示, $\overline{f} = \sqrt{2}n\sigma\overline{v}$.

气体分子在相邻两次碰撞间走过的自由路程的平均值称为平均自由程, 以 $\overline{\lambda}$ 表示. 它与 $\overline{f}$、$\overline{v}$ 的关系为

$$\overline{\lambda} = \frac{\overline{v}}{\overline{f}}$$

与气体温度 T 和压强 p 的关系为

$$\overline{\lambda} = \frac{kT}{\sqrt{2}\pi d^2 p}$$

15. 气体内部的输运现象 气体内部由非平衡态自发地向平衡态过渡的现象称为输运现象. 主要有三种形式:

(1) 内摩擦, 其内摩擦力

$$F_f = -\eta \frac{\mathrm{d}v}{\mathrm{d}z} \Delta S$$

(2) 热传导, 其热流量

$$\frac{\mathrm{d}Q}{\mathrm{d}t} = -k \frac{\mathrm{d}T}{\mathrm{d}z} \Delta S$$

(3) 扩散, 其质量流量

$$\frac{\mathrm{d}m}{\mathrm{d}t} = -D \frac{\mathrm{d}\rho}{\mathrm{d}z} \Delta S$$

16. 范德瓦耳斯方程 反映实际气体压强、体积和温度之间关系的方程称范德瓦耳斯方程, 其形式为

$$\left[p + \left(\frac{m}{M} \right)^2 \frac{a}{V^2} \right] \left(V - \frac{m}{M} b \right) = \frac{m}{M} RT = \nu RT$$

式中 a、b 均称为范德瓦耳斯修正量.

范氏方程是通过对理想气体压强和体积的修正而得到的.

三　重点难点

本章重点共有三个内容, 一是物态方程的理解与应用, 二是压强及温度公式的推导及统计意义, 三是三种速率的计算及应用.

本章的难点是麦克斯韦速率分布率及玻耳兹曼分布律, 其共同特点是数学表述繁琐、抽象、不易把握, 应侧重从物理意义上去加强理解.

四　方法技巧

本章学习, 重在理解, 对待公式、定律, 一定要从物理意义上去加以理解, 不要死记硬背. 例如, 对于麦克斯韦分布律的学习, 我们一定要认识到, 繁琐的式子代表着一种分布概率 (气体分子出现在某一速率区间的概率), 换言之, 麦克斯韦分布是一种概率分布, 分布曲线则是这种分布的几何描述, 一目了然, 可以帮助我们加深对这种概率分布的理解.

本章习题所涉及公式较多, 且数字计算也较力学习题繁琐, 但数字计算可以帮助我们获得微观量的数量级概念, 同时还可帮助我们更好地了解分子热运动的图像. 因此, 做题前一定要首先弄清所用公式的物理意义, 然后再代入公式计算, 切不可只列公式照抄答案了事.

例 16—1 某柴油机的气缸容积为 0.827×10^{-3} m³, 设压缩前空气的温度为 $37\,°C$, 压强为 1 atm, 当活塞运动将空气压缩到原体积的 $\frac{1}{18}$ 时, 其压强增加到 42 atm, 求这时的空气温度. 若此时将柴油喷入, 将会发生什么情况? (1 atm $= 1.013 \times 10^5$ Pa.)

解 由气体的物态方程 $pV = \dfrac{m}{M}RT$ 可知, 对于给定气体, $\dfrac{pV}{T} = \dfrac{m}{M}R = C$. 于是便有

$$\frac{p_1 V_1}{T_1} = \frac{p_2 V_2}{T_2} \tag{1}$$

由题意知, $p_1 = 1.01 \times 10^5$ Pa, $p_2 = (42 \times 1.01 \times 10^5)$ Pa $= 4.24 \times 10^6$ Pa; $V_1 = 0.827 \times 10^{-3}$ m³, $V_2 = \left(0.827 \times \dfrac{10^{-3}}{18}\right)$ m³ $= 0.459 \times 10^{-4}$ m³; $T_1 = 310$ K. 由式 (1) 可得

$$T_2 = \frac{p_2 V_2 T_1}{p_1 V_1} = \frac{4.24 \times 10^6 \times 0.459 \times 10^{-4} \times 310}{1.01 \times 10^5 \times 0.827 \times 10^{-3}} \text{ K}$$

$$= 7.22 \times 10^2 \text{ K}$$

由于此温度已超过了柴油的燃点, 所以, 若此时喷入柴油将会发生燃烧爆炸, 推动活塞运动做功.

例 16-2 设氧气的温度为 27 °C, 求氧气分子的方均根速率, 最概然速率和平均速率.

解 根据三种速率公式可以得到, 氧气分子的最概然速率

$$v_{\text{p}} = 1.41 \sqrt{\frac{RT}{M}} = 1.41 \sqrt{\frac{8.31 \times 300}{0.032}} \text{ m} \cdot \text{s}^{-1} = 393.6 \text{ m} \cdot \text{s}^{-1}$$

平均速率

$$\overline{v} = 1.60 \sqrt{\frac{RT}{M}} = 1.60 \sqrt{\frac{8.31 \times 300}{0.032}} \text{m} \cdot \text{s}^{-1} = 446.6 \text{ m} \cdot \text{s}^{-1}$$

方均根速率

$$\sqrt{\overline{v^2}} = 1.73 \sqrt{\frac{RT}{M}} = 1.73 \sqrt{\frac{8.31 \times 300}{0.032}} \text{ m} \cdot \text{s}^{-1} = 482.9 \text{ m} \cdot \text{s}^{-1}$$

例 16-3 设空气 (平均分子相对质量为 28.9) 温度为 0 °C, 求:

(1) 空气分子的平均平动动能和平均转动动能;

(2) 10 g 空气的内能.

解 (1) 空气中的氧气和氮气均为双原子分子, 它们约占空气成分的 99%, 因此可将空气当作双原子分子看待, 其平动自由度 $t = 3$, 转动自由度 $r = 2$. 所以, 空气分子的平均平动动能

$$\overline{E}_{\text{k}} = \frac{t}{2}kT = \left(\frac{3}{2} \times 1.38 \times 10^{-23} \times 273\right) \text{ J} = 5.65 \times 10^{-21} \text{ J}$$

平均转动动能

$$\overline{E}_{\text{r}} = \frac{r}{2}kT = \left(\frac{2}{2} \times 1.38 \times 10^{-23} \times 273\right) \text{ J} = 3.77 \times 10^{-21} \text{ J}$$

(2) 空气分子的自由度 $i = t + r = 5$, 将之代入理想气体的内能公式, 得

$$E = \frac{m}{M}\frac{i}{2}RT = \left(\frac{10 \times 10^{-3}}{28.9 \times 10^{-3}} \times \frac{5}{2} \times 8.31 \times 273\right) \text{ J}$$

$$= 1.96 \times 10^3 \text{ J}$$

此外, 本题也可先求 10 g 空气所含分子数, 然后以每个分子的平均平动动能和平均转动动能之和乘之亦得同样结果.

例 16–4 一热水瓶胆夹壁中的空气压强为 1.33×10^{-2} Pa. 求环境温度为 27 °C 时壁内空气分子的平均自由程及平均碰撞频率. 若不小心将瓶 (胆) 嘴碰破, 此时壁内空气分子的平均自由程及平均碰撞频率将如何变化? 其值为多少? (空气分子的有效直径 $d = 3.5 \times 10^{-10}$ m.)

解 将已知的压强、温度及分子有效直径值代入平均自由程公式, 得

$$\bar{\lambda} = \frac{kT}{\sqrt{2}\pi d^2 p} = \frac{1.38 \times 10^{-23} \times 300}{1.41 \times 3.14 \times (3.5 \times 10^{-10})^2 \times 1.33 \times 10^{-2}} \text{ m}$$
$$= 0.574 \text{ m}$$

当 $T = 300$ K 时, 空气分子的平均速率

$$\bar{v} = 1.60\sqrt{\frac{RT}{M}} = 1.60\sqrt{\frac{8.31 \times 300}{28.9 \times 10^{-3}}} \text{ m} \cdot \text{s}^{-1} = 4.70 \times 10^2 \text{ m} \cdot \text{s}^{-1}$$

故空气分子的平均碰撞频率

$$\bar{f} = \frac{\bar{v}}{\bar{\lambda}} = \frac{470}{0.574} \text{ s}^{-1} = 8.19 \times 10^2 \text{ s}^{-1}$$

当胆嘴碰破时, 壁内空气与大气相通, 压强增加 (但 T 不变). 由 $\bar{\lambda}$ 及 $\bar{f}$ 的计算公式可知, 此时壁内空气分子的平均自由程变小, 平均碰撞频率增加, 其值分别为

$$\bar{\lambda}' = \frac{\bar{\lambda}p}{p'} = 0.574 \times \frac{1.33 \times 10^{-2}}{1.013 \times 10^5} \text{ m} = 7.54 \times 10^{-8} \text{ m}$$

$$\bar{f}' = \frac{\bar{f}p'}{p} = \frac{819 \times 1.013 \times 10^5}{1.33 \times 10^{-2}} \text{ s}^{-1} = 6.24 \times 10^9 \text{ s}^{-1}$$

五 习题解答

16–1 一容器盛有一定量的某种理想气体. 若
(1) 各部分的压强相等, 这种状态是否为平衡态?
(2) 各部分温度相同, 这种状态是否为平衡态?
(3) 各部分压强相等, 密度相同, 这种状态是否为平衡态?
答 系统是否处于平衡态, 可以从温度、压强是否分别处处一致来进行判断.
(1) 不是平衡态, 因为温度可能不是处处一致.
(2) 不是平衡态, 因为压强可能不是处处一致.
(3) 是平衡态, 因为对于一种气体, 当压强和密度处处一致时, 温度也处处一致.

16–2 解释下列现象:
(1) 自行车内胎会晒爆;

(2) 热水瓶的塞子有时会自动跳出.

答　(1) 根据理想气体的物态方程, 当温度升高时, 胎内气压变大, 体积增大, 当超过内胎的极限会发生爆胎.

(2) 当热水瓶内有部分空气, 且空气的温度低于热水的温度时 (例如灌入刚烧好的开水立马塞上瓶塞), 如果瓶塞的密闭性较好, 瓶内气体会发生等体膨胀, 最终跳起.

16-3　统计规律与力学规律有什么不同? 统计规律存在的前提条件是什么?

答　统计规律是建立在大量偶然事件 (样本) 的基础上得到的规律, 对于一次偶然事件具有概率性参考价值, 有可能会存在偏差. 而力学规律对于每一个力学事件都成立, 具有普适性.

统计规律存在的前提条件是有与之对应的大量统计样本.

16-4　若容器中只有少数几个分子, 能否用 $\overline{E} = \dfrac{i}{2}kT$ 来计算它们的平均动能? 为什么?

答　不能. 气体的温度是大量分子热运动的集体表现具有统计意义. 对由少数几个分子组成的系统而言温度是没有意义的.

16-5　当气体处于非平衡态或考虑重力影响时, 公式 $\overline{v_x^2} = \overline{v_y^2} = \overline{v_z^2}$ 是否仍成立? 为什么?

答　不成立. 因为公式 $\overline{v_x^2} = \overline{v_y^2} = \overline{v_z^2}$ 是平衡态时等概率假设 (分子向各方向运动速率相等) 的一个推论, 当气体处于非平衡态或考虑重力影响时, 等概率假设不成立.

16-6　定性描绘下列两种情况下理解气体的速率分布曲线图:

(1) 两种理想气体处于同一平衡态, 其中一种气体的分子质量是另一种气体分子质量的 2 倍;

(2) 同种理想气体由平衡态 I (p_1, V_1) 变化到平衡态 II $(2p_1, V_1)$.

答　(1) 轻分子的最概然速率是重分子的 $\sqrt{2}$ 倍, 轻分子的峰更偏右; 两条曲线面积相等都是 1; 轻分子的峰更矮.

(2) 等体变化, 压强变成初态的两倍, 因此末态的温度是初态的两倍. 末态的最概然速率是初态的 $\sqrt{2}$ 倍, 末态的峰更偏右; 两条曲线面积相等都是 1; 末态的峰更矮.

16-7　已知 $f(v)$ 是速率分布函数, 说明下列各式的物理意义:

(1) $nf(v)dv$;

(2) $\displaystyle\int_0^{v_p} f(v)dv$;

(3) $\displaystyle\int_0^{+\infty} v^2 f(v)dv$.

答　(1) 速率处在 v 到 $v + dv$ 之间的分子数密度.

(2) 小于最概然速率的分子占比.

(3) 速率平方的平均值.

16-8　一刚性密闭容器内盛理想气体, 加热后其压强提高到原来的 2 倍, 则 (　　).

A. 气体的温度和分子数密度均提高到原来的 2 倍

B. 气体的温度提高到原来的 2 倍, 但分子数密度不变

C. 气体的温度不变, 但分子数密度提高到原来的 2 倍

D. 气体的温度和分子数密度均不变

解 由物态方程的另一种形式 $p = nkT$ 可知, 对于密闭容器, 其分子数密度 n 不变, 这时压强 p 与温度 T 成正比: 压强提高到原来的 2 倍, 则其温度亦必提到原来的 2 倍, 故选 B.

16–9 已知某气体的速率分布曲线如解图 16–9 所示, 且曲线下方 A、B 两部分面积相等, 则 v_0 表示 (   ).

A. 最概然速率   B. 平均速率

C. 方均根速率   D. 大于或小于该速率的分子各占一半

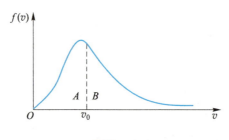

解图 16–9

解 分布曲线下方的面积代表着分子出现的概率. 题设两面积相等, 意味着分子出现在 A、B 两部分的概率相同, 出现的分子数一样多. 因此选 D.

16–10 若两种理想气体的温度相等, 则其能量关系为 (   ).

A. 内能必然相等   B. 分子的平均总能量必须相等

C. 分子的平均动能必然相等   D. 分子的平均平动动能必然相等

解 由于分子的平均平动动能仅与温度有关 $\left(\overline{E}_k = \dfrac{3}{2} kT \right)$. 因此, 当两种气体温度相同时, 其分子的平均平动动能必然相等. 故选 D.

16–11 当压强不变时, 气体分子的平均碰撞频率 $\overline{f}$ 与气体的热力学温度 T 的关系为 (   ).

A. $\overline{f}$ 与 T 无关   B. $\overline{f}$ 与 $\sqrt{T}$ 成正比

C. $\overline{f}$ 与 $\sqrt{T}$ 成反比   D. $\overline{f}$ 与 T 成正比

解 由平均碰撞频率公式 $\overline{f} = \dfrac{\overline{v}}{\overline{\lambda}}$, 平均速率公式 $\overline{v} = 1.6 \sqrt{\dfrac{kT}{m}}$, 平均自由程公式 $\overline{\lambda} = \dfrac{kT}{\sqrt{2}\sigma p}$ 可知, 在 p 不变时, $\overline{\lambda}$ 与 T 成正比, 而 $\overline{v}$ 与 $\sqrt{T}$ 成正比. 故知 $\overline{f}$ 与 $\sqrt{T}$ 成反比, 所以选 C.

16–12 若盛气体的容器固定, 则当理想气体分子速率提高到原来的 2 倍时, 气体的温度将提高到原来的 _____ 倍, 压强将提高到原来的 _____ 倍.

解 气体分子速率的大小是个随机量, 只有它们的统计速率才有确切的大小. 从三种统计速率 v_p、$\overline{v}$ 及 $\sqrt{\overline{v^2}}$ 来看, 它们均与 $\sqrt{T}$ 成正比. 因此, 当速度大小提高到原来的 2 倍时, 其温度必提高到原来的 4 倍, 又由于压强与速度大小的平方成正比, 因此, 速度大小提高到原来的 2 倍时, 其压强必提高到原来的 4 倍. 故前后两空均填 "4".

16-13　某气体分子的速率分布曲线如解图 16-13 所示, 其中 v_p 为最概然速率, n_p 为处于 $v_p \sim v_p + \Delta v$ 速率区间的分子数占总分子数的百分比. 若气体温度升高, 则 v_p _____, n_p _____.

解　由 $v_p = 1.41\sqrt{\dfrac{kT}{m}}$ 可知, 当 T 增加时, v_p 必增加, 曲线变偏平, 在 v_p 附近, 同速率间隔 Δv 情况下, 曲线下方的面积越小, 分子数占总分子数比例亦越小, 故前空填 "增加", 后空填 "减少".

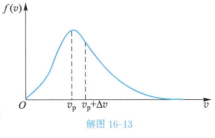

解图 16-13

16-14　标准状态 ($p_0 = 1.013 \times 10^5$ Pa, $T_0 = 273.15$ K) 下的气体分子数密度 n_0 称为洛斯密特常量. 求其值.

解　本题知态参量 p_0、T_0, 求分子数密度 n_0, 一般可用气体的物态方程来处理. 由物态方程的另一种形式 $p = nkT$ 可得洛施密特常量

$$n_0 = \frac{p_0}{kT_0} = \frac{1.013 \times 10^5}{1.38 \times 10^{-23} \times 273.15} \ \mathrm{m^{-3}} = 2.687 \times 10^{25} \ \mathrm{m^{-3}}$$

16-15　一氧气瓶的容积是 32 L, 其中氧气的压强是 130 atm. 规定瓶内氧气压强降到 10 atm 时就得充气, 以免混入其他气体而需洗瓶. 今有一玻璃室, 每天需用 1.0 atm 氧气 400 L, 问一瓶氧气能用几天?

解　设氧气瓶体积为 V, 最初压强为 p_1, 氧气质量为 m_1, 摩尔质量为 M; 允许所剩气体的最小压强为 p_2, 相应氧气质量为 m_2; 而玻璃室每天耗氧质量为 m_3, 压强为 p_3. 根据物态方程,

$$对原有氧气: p_1 V = \frac{m_1}{M} RT$$

$$对所剩氧气: p_2 V = \frac{m_2}{M} RT$$

$$对每天用去氧气: p_3 V_3 = \frac{m_3}{M} RT$$

所以, 一瓶氧气可用天数

$$n = \frac{m_1 - m_2}{m_3} = \frac{pV_1 - pV_2}{p_3 V_3} = \frac{(p_1 - p_2)V}{p_3 V_3}$$

代入具体数据, 得

$$n = \frac{(130 - 10) \times 32}{1.0 \times 400} \ 天 = 9.6 \ 天$$

16-16　设一刚性容器储存的氧气质量为 0.1 kg, 压强为 1.013×10^5 Pa, 温度为 47 °C. 问:

(1) 此时容器的容积为多少?

(2) 若将氧气的温度降至 27 °C, 这时气体的压强又为多少?

解　求解气体的状态参量和气体的质量及其变化多用理想气体的物态方程来处理.

(1) 根据理想气体的物态方程可以求得容器的体积

$$V = \frac{m'RT}{Mp} = \frac{0.100 \times 8.31 \times (273 + 47)}{32 \times 10^{-3} \times 1.013 \times 10^5} \text{ m}^3 = 8.2 \times 10^{-2} \text{ m}^3$$

(2) 由题意知, 气体的体积不变, 为 8.2×10^{-2} m³; 气体的温度为 300 K, 将其代入物态方程, 得

$$p = \frac{m'RT}{MV} = \frac{0.1 \times 8.31 \times (273 + 27)}{32 \times 10^{-3} \times 8.2 \times 10^{-2}} \text{ Pa} = 9.5 \times 10^4 \text{ Pa}$$

16–17 求 320 g 氧气在温度为 27 °C 时的分子平均动能及氧气的内能.

解 由于氧气为双原子分子, 所以 $i=5$. 由分子的平均动能公式可得

$$\overline{\varepsilon_i} = \frac{i}{2}kT = \frac{5}{2} \times 1.38 \times 10^{-23} \times 300 \text{ J} = 1.035 \times 10^{-20} \text{ J}$$

由式可得氧气的内能

$$E = \nu \frac{i}{2}RT = \frac{0.320}{32 \times 10^{-3}} \times \frac{5}{2} \times 8.31 \times (273 + 27) \text{ J} = 6.23 \times 10^4 \text{ J}$$

16–18 储有氧气的容器以速率 $v = 100$ m·s⁻¹ 运动. 若该容器突然停止, 且全部定向运动的动能均转化成分子热运动的动能, 求容器中氧气温度的变化值.

解 设氧气的质量为 m, 温度变化值为 ΔT. 据题意则有

$$\frac{1}{2}mv^2 = \frac{m}{M}\frac{i}{2}R\Delta T$$

故

$$\Delta T = \frac{Mv^2}{iR} = \frac{3.2 \times 10^{-2} \times 100^2}{5 \times 8.31} \text{ K} = 7.7 \text{ K}$$

16–19 一质量为 16.0 g 的氧气, 温度为 27.0 °C, 求其分子的平均平动动能、平均转动动能以及气体的内能. 当温度上升到 127.0 °C 时, 气体的内能变化为多少?

解 温度为 27 °C 时氧气分子的平均平动动能

$$\overline{E}_1 = \frac{t}{2}kT = \left(\frac{3}{2} \times 1.38 \times 10^{-23} \times 300\right) \text{ J}$$

$$= 6.21 \times 10^{-21} \text{ J}$$

平均转动动能

$$\overline{E}_2 = \frac{r}{2}kT = \left(\frac{2}{2} \times 1.38 \times 10^{-23} \times 300\right) \text{ J}$$

$$= 4.14 \times 10^{-21} \text{ J}$$

气体的内能

$$E = \frac{m}{M}\frac{i}{2}RT = \left(\frac{16.0 \times 10^{-3}}{32.0 \times 10^{-3}} \times \frac{5}{2} \times 8.31 \times 300\right) \text{ J}$$

$$= 3.12 \times 10^3 \text{ J}$$

气体温度为 127 °C 时, 氧气内能的变化

$$\Delta E = \frac{m}{M}\frac{5}{2}R\Delta T = \left[\frac{16 \times 10^{-3}}{32 \times 10^{-3}} \times \frac{5}{2} \times 8.31 \times (127 - 27)\right] \text{J}$$

$$= 1.04 \times 10^3 \text{ J}$$

16–20 珠穆朗玛峰海拔 8 844.86 m, 为世界第一高峰, 山顶终年积雪, 气象变化万千, 为无数登山爱好者所神往. 设某登山爱好者测得当时山顶的温度为 −23°C. 略去温度变化的影响. 求此时山顶的压强.

解 由气体的压强公式 $p = p_0 \text{e}^{-\frac{mgz}{kT}}$ 可得山顶的压强

$$p = p_0 \text{e}^{-\frac{Mgz}{RT}} = 1.013 \times 10^5 \text{e}^{-\frac{29 \times 10^{-3} \times 9.8 \times 8\,844.8}{8.31 \times 250}} \text{ Pa}$$

$$= 0.3 \times 10^5 \text{ Pa}$$

16–21 设有 N 个假想的分子, 其速率分布如解图 16–21 所示, 当 $v > 2v_0$ 时, 分子数为零, 求:

(1) a 的大小;

(2) 速率在 $1.5\,v_0 \sim 2.0\,v_0$ 之间的分子数;

(3) 分子的平均速率 (N, v_0 为已知).

解 (1) 由图可知分布函数

$$f(v) = \begin{cases} \dfrac{av}{Nv_0}, & 0 < v \leqslant v_0 \\[2mm] \dfrac{a}{N}, & v_0 < v < 2v_0 \end{cases}$$

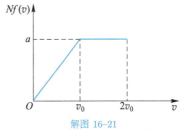

解图 16–21

由归一化条件得

$$\int_0^\infty f(v)\text{d}v = \int_0^{v_0} \frac{av}{Nv_0}\text{d}v + \int_{v_0}^{2v_0} \frac{a}{N}\text{d}v$$

$$= \frac{av_0}{2N} + \frac{av_0}{N} = 1$$

解之, 得

$$a = \frac{2N}{3v_0}$$

(2) 速率在 $1.5\,v_0 \sim 2.0\,v_0$ 之间的分子数

$$\Delta N = \int_{1.5\,v_0}^{2.0\,v_0} Nf(v)\text{d}v = \int_{1.5\,v_0}^{2.0\,v_0} N\frac{a}{N}\text{d}v = \frac{v_0 a}{2} = \frac{N}{3}$$

(3) 分子的平均速率

$$\bar{v} = \int_0^\infty vf(v)\mathrm{d}v = \int_0^{v_0} vf(v)\mathrm{d}v + \int_{v_0}^{2.0\,v_0} vf(v)\mathrm{d}v$$

$$= \int_0^{v_0} \frac{av^2}{Nv_0}\mathrm{d}v + \int_{v_0}^{2.0\,v_0} \frac{a}{N}v\mathrm{d}v$$

$$= \frac{2\,v_0}{9} + v_0 = \frac{11\,v_0}{9}$$

16-22 氧气在某一温度下的最概然速率为 $500\ \mathrm{m\cdot s^{-1}}$. 求同温度下氢气的最概然速率以及氧气在同温度下的方均根速率与平均速率.

解 同温度下, 不同气体的最概然速率与气体的摩尔质量的平方根成反比, 即

$$v_{\mathrm{pH_2}}/v_{\mathrm{pO_2}} = \sqrt{\frac{M_{\mathrm{O_2}}}{M_{\mathrm{H_2}}}} = \sqrt{\frac{32\times10^{-3}}{2\times10^{-3}}} = 4$$

故氢气的最概然速率 $v_{\mathrm{pH_2}} = 4\,v_{\mathrm{pO_2}} = 4\times500\ \mathrm{m\cdot s^{-1}} = 2\times10^3\ \mathrm{m\cdot s^{-1}}$, 而 $v_{\mathrm{pO_2}}/\sqrt{\overline{v_{\mathrm{O_2}}^2}} = \frac{1.41}{1.73}$, 故同温度下氧气分子的方均根速率

$$\sqrt{\overline{v_{\mathrm{O_2}}^2}} = \frac{1.73}{1.41}\times500\ \mathrm{m\cdot s^{-1}} = 613\ \mathrm{m\cdot s^{-1}}$$

因 $v_{\mathrm{pO_2}}/\overline{v_{\mathrm{O_2}}} = \frac{1.41}{1.60}$, 所以氧气分子的平均速率

$$\overline{v_{\mathrm{O_2}}} = \frac{1.60}{1.41}v_{\mathrm{p}} = \frac{1.60}{1.41}\times500\ \mathrm{m\cdot s^{-1}} = 567\ \mathrm{m\cdot s^{-1}}$$

16-23 若对一容器中的气体进行压缩, 并同时对它加热, 当气体温度从 27 °C 上升到 177.0 °C 时, 其体积减少了一半, 求:

(1) 气体压强的变化;

(2) 分子平均平动动能的变化.

解 (1) 由物态方程的另一种形式 $p = nkT$ 得

$$\frac{p_2}{p_1} = \frac{n_2T_2}{n_1T_1}$$

由题意知 $T_1 = 300\ \mathrm{K}, T_2 = 450\ \mathrm{K}, V_1 = 2\,V_2$ (即 $n_2 = 2n_1$), 将之代入上式, 得

$$p_2 = \frac{n_2T_2}{n_1T_1}p_1 = 2\times\frac{450}{300}\,p_1 = 3p_1$$

(2) 由温度公式得

$$\frac{\overline{E}_{\mathrm{k2}}}{\overline{E}_{\mathrm{k1}}} = \frac{\frac{3}{2}kT_2}{\frac{3}{2}kT_1} = \frac{T_2}{T_1}$$

故

$$\overline{E}_{k2} = \frac{T_2}{T_1}\overline{E}_{k1} = \frac{450}{300}\overline{E}_{k1} = 1.5\,\overline{E}_{k1}$$

16-24 某容器储有氧气, 其压强为 1.013×10^5 Pa, 温度为 27.0 °C, 求:

(1) 分子的 v_p、$\overline{v}$ 及 $\sqrt{\overline{v^2}}$;

(2) 分子的平均平动动能 $\overline{E}_k$.

解　(1) 由气体分子的最概然速率、平均速率及方均根速率公式可得

$$v_p = 1.41\sqrt{\frac{RT}{M}} = 1.41\sqrt{\frac{8.31 \times 300}{3.2 \times 10^{-2}}}\ \text{m·s}^{-1} = 3.94 \times 10^2\ \text{m·s}^{-1}$$

$$\overline{v} = 1.60\sqrt{\frac{RT}{M}} = 1.60\sqrt{\frac{8.31 \times 300}{3.2 \times 10^{-2}}}\ \text{m·s}^{-1} = 4.47 \times 10^2\ \text{m·s}^{-1}$$

$$\sqrt{\overline{v^2}} = 1.73\sqrt{\frac{RT}{M}} = 1.73\sqrt{\frac{8.31 \times 300}{3.2 \times 10^{-2}}}\ \text{m·s}^{-1} = 4.83 \times 10^2\ \text{m·s}^{-1}$$

(2) 由气体的温度公式知, 分子的平均平动动能为

$$\overline{E}_k = \frac{3}{2}kT = \frac{3}{2} \times 1.38 \times 10^{-23} \times 300\ \text{J} = 6.21 \times 10^{-21}\ \text{J}$$

16-25 当容器中的氧气温度为 17.0 °C 时, 其分子的平均自由程 $\overline{\lambda} = 9.46 \times 10^{-8}$ m. 若在温度不变的情况下对该容器抽气, 使压强降到原来的 $\frac{1}{1\,000}$. 问此时氧气分子的平均自由程 $\overline{\lambda}$ 及平均碰撞频率 $\overline{f}$ 将如何变化? 其值为多少?

解　由平均自由程公式 $\overline{\lambda} = \dfrac{kT}{\sqrt{2}\sigma p}$ 知, 当 T 不变时, $\overline{\lambda}$ 与 p 成反比. 故当 p 降到原来的 $\frac{1}{1\,000}$ 时, 其 $\overline{\lambda}$ 必增加, 其值为原来的 1 000 倍, 即 $\overline{\lambda}' = 1\,000\,\overline{\lambda} = 9.46 \times 10^{-5}$ m.

由平均碰撞频率公式 $\overline{f} = \dfrac{\overline{v}}{\overline{\lambda}}$ 知, 当 $\overline{v}$ 不变 (因为 T 不变) 时, $\overline{f}$ 与 $\overline{\lambda}$ 成反比, 当 $\overline{\lambda}$ 增加时, $\overline{f}$ 必减少, 其值为

$$\overline{f} = \frac{\overline{v}}{\overline{\lambda}'} = \frac{\overline{v}}{1\,000\,\overline{\lambda}} = \frac{1.6\sqrt{RT/M}}{1\,000\overline{\lambda}} = 1.6\frac{\sqrt{\frac{8.31 \times 290}{3.2 \times 10^{-2}}}}{9.46 \times 10^{-5}}\ \text{s}^{-1}$$

$$= 4.64 \times 10^6\ \text{s}^{-1}$$

16-26 氮气在标准状态下的扩散系数为 1.9×10^{-5} m²·s⁻¹, 求氮气分子的平均自由程和分子的有效直径.

解　由扩散系数公式 $D = \dfrac{1}{3}\overline{v}\overline{\lambda}$ 可得平均自由程

$$\overline{\lambda} = 3D/\overline{v}$$

$$= \frac{3D}{1.6\sqrt{RT/M}} = \frac{3 \times 1.9 \times 10^{-5}}{1.6\sqrt{8.31 \times 273/2.8 \times 10^{-2}}}\ \text{m} = 1.26 \times 10^{-7}\ \text{m}$$

由平均自由程公式 $\bar{\lambda} = \dfrac{kT}{\sqrt{2}\pi d^2 p}$ 可得

$$d^2 = \frac{kT}{\sqrt{2}\pi p \bar{\lambda}} = \frac{1.38 \times 10^{-23} \times 273}{1.41 \times 3.14 \times 1.013 \times 10^5 \times 1.26 \times 10^{-7}} \text{ m}^2 = 6.66 \times 10^{-20} \text{ m}^2$$

故分子的有效直径

$$d = \sqrt{6.66 \times 10^{-20}} \text{ m} = 2.58 \times 10^{-10} \text{ m}$$

16-27 计算氧气在标准状态下的分子平均碰撞频率和平均自由程. (设分子有效直径 $d = 2.9 \times 10^{-10}$ m.)

解 计算 $\bar{f}$ 及 $\bar{\lambda}$ 的关键是算出 $\bar{v}$ 及 n, 然后代入公式.

由平均速率公式可以算出氧气分子在标准状态下的平均速率

$$\bar{v} = 1.60\sqrt{\frac{RT}{M}} = 1.60\sqrt{\frac{8.31 \times 273}{3.2 \times 10^{-2}}} \text{ m} \cdot \text{s}^{-1} = 426 \text{ m} \cdot \text{s}^{-1}$$

由物态方程 $p = nkT$ 可以算出, 标准状态下的分子数密度

$$n = \frac{p}{kT} = \frac{1.013 \times 10^5}{1.38 \times 10^{-23} \times 273} \text{ m}^{-3} = 2.69 \times 10^{25} \text{ m}^{-3}$$

由碰撞频率公式可以算出分子的平均碰撞频率

$$\bar{f} = \sqrt{2}\pi d^2 n \bar{v} = 1.41 \times 3.14 \times (2.9 \times 10^{-10})^2 \times 2.69 \times 10^{25} \times 426 \text{ s}^{-1} = 4.27 \times 10^9 \text{ s}^{-1}$$

由平均自由程公式可以算出分子的平均自由程

$$\bar{\lambda} = \frac{\bar{v}}{\bar{f}} = \frac{426}{4.27 \times 10^9} \text{ m} = 9.98 \times 10^{-8} \text{ m}$$

六　自我检测

16-1 在一密闭容器中, 储有 A、B、C 三种理想气体, 处于平衡状态. A 种气体的分子数密度为 n_1, 它产生的压强为 p_1, B 种气体的分子数密度为 $2n_1$, C 种气体的分子数密度为 $3n_1$, 则混合气体的压强 p 为 (　　).

A. $3p_1$　　　　　　　　　　　　　　B. $4p_1$

C. $5p_1$　　　　　　　　　　　　　　D. $6p_1$

16-2 1 mol 刚性双原子分子理想气体, 当温度为 T 时, 其内能为 (　　).(式中 R 为摩尔气体常量, k 为玻耳兹曼常量)

A. $\dfrac{3}{2}RT$　　　　　　　　　　　　B. $\dfrac{3}{2}kT$

C. $\dfrac{5}{2}RT$　　　　　　　　　　　　D. $\dfrac{5}{2}kT$

16-3　若某种理想气体分子的方均根速率 $(\overline{v^2})^{1/2} = 450 \ \mathrm{m \cdot s^{-1}}$，气体压强为 $p = 7 \times 10^4 \ \mathrm{Pa}$，则该气体的密度为 $\rho = $ _____.

16-4　已知大气中分子数密度 n 随高度 h 的变化规律

$$n = n_0 \exp\left(-\frac{Mgh}{RT}\right)$$

式中 n_0 为 $h = 0$ 处的分子数密度. 若大气中空气的摩尔质量为 M，温度为 T，且处处相同，并设重力场是均匀的，则空气分子数密度减少到地面的一半时的高度为 _____. (符号 $\exp(a)$，即 e^a.)

16-5　已知大气压强随高度 h 的变化规律为

$$p = p_0 e^{-Mgh/RT}$$

设大气的温度为 $5 \ ^\circ\mathrm{C}$，同时测得海平面的气压和山顶的气压分别为 $1.0 \times 10^5 \ \mathrm{Pa}$ 和 $7.87 \times 10^4 \ \mathrm{Pa}$，求山顶的海拔高度.

16-6　已知某理想气体的摩尔定压热容为 $29.1 \ \mathrm{J \cdot mol^{-1} \cdot K^{-1}}$. 求它在 $0 \ ^\circ\mathrm{C}$ 时的分子平均转动动能.

自我检测
参考答案

第十七章　热力学第一定律

一　目的要求

1. 掌握热力学第一定律, 能熟练地分析、计算理想气体在各等值过程及绝热过程中功、热量和内能的改变量.
2. 掌握循环及卡诺循环的概念, 能熟练地计算循环及卡诺循环的效率.
3. 理解内能、功和热量的概念及其特点.
4. 了解多方过程, 了解多方过程与四种典型过程的关系.

二　内容提要

1. 内能　系统动能与相互作用能 (势能) 之和称为内能. 它是系统的态函数, 由系统状态 (参量) 单值决定. 对于理想气体, 其内能仅由系统温度单值决定, 即

$$E = \nu \frac{1}{2} RT = \nu C_{V,m} T$$

式中, $\nu = \dfrac{m}{M}$ 为物质的量. 状态 (T) 不变, 则其内能也不改变.

2. 功　气体压强对体积的一种累积作用称为功. 在压强 p 的作用下, 气体体积变化 dV

时, 气体 (压强) 做的元功 $\mathrm{d}W = p\mathrm{d}V$, 在整个过程中气体做的总功

$$W = \int \mathrm{d}W = \int p\mathrm{d}V$$

其大小与过程有关. 所以, 功是一个过程量, 必须要与具体过程相联系才有确切的意义.

3. 热量 系统在热过程中所传递的能量称为热量. 其大小不仅与过程始末态有关, 更与过程的性质有关, 过程不同, 传递热量的大小也不相同. 因此, 热量是一种过程量. 系统在热过程中传递的热量可用下式计算 (等温过程例外)

$$Q = \nu C_{p,\mathrm{m}} \Delta T$$

式中, C_{m} 为摩尔热容, 其大小随过程不同而不同.

4. 热力学第一定律 系统从外界吸收的热量, 一部分用于增加内能, 一部分用于对外做功, 即

$$Q = \Delta E + W$$

这一规律称为热力学第一定律, 其微分式为

$$\mathrm{d}Q = \mathrm{d}E + p\mathrm{d}V$$

5. 几种典型的热力学过程

(1) 等体过程 体积不变的过程称为等体过程, 其特征是体积 $V = $ 常量, 过程方程为

$$pT^{-1} = 常量$$

在等体过程中, 系统不对外做功,

$$W_V = 0$$

吸收的热量

$$Q_V = \nu C_{V,\mathrm{m}} \Delta T = \nu \frac{i}{2} R \Delta T$$

内能的增量

$$\Delta E = Q_V$$

(2) 等压过程 压强不变的过程称为等压过程, 其特点是压强 $p = $ 常量, 过程方程为

$$VT^{-1} = 常量$$

在等压过程中, 系统对外做的功

$$W_p = \int_{V_1}^{V_2} p\mathrm{d}V = p(V_2 - V_1) = \nu R(T_2 - T_1)$$

系统内能的增量

$$\Delta E = \frac{m}{M} C_{V,\mathrm{m}}(T_2 - T_1) = \nu \frac{i}{2} R(T_2 - T_1)$$

系统吸收的热量

$$Q_p = \nu C_{p,\mathrm{m}}(T_2 - T_1)$$

(3) 等温过程　温度不变的过程称为等温过程, 其特点是温度 $T = $ 常量, 过程方程为

$$pV = 常量$$

在等温过程中, 系统内能无变化, 即

$$\Delta E = 0$$

系统吸收的热量与系统对外做的功相等, 即

$$Q_T = W_T = \int_{V_1}^{V_2} p\mathrm{d}V = \nu RT \ln \frac{V_2}{V_1}$$

(4) 绝热过程　不与外界交换热量的过程称为绝热过程, 其特点是 $\mathrm{d}Q = 0$, 过程方程为

$$pV^\gamma = 常量$$

在绝热过程中, 系统对外做的功等于系统内能的减少, 即

$$W_Q = -\Delta E = -\nu C_{V,\mathrm{m}}\Delta T = -\nu \frac{i}{2}R(T_2 - T_1)$$

(5) 多方过程　热容 C 为常量的过程称为绝热过程, 其过程方程为

$$pV^n = 常量$$

式中, n 为多方指数. 过程中系统对外做的功

$$W = \nu R(T_1 - T_2)/(n-1)$$

吸收的热量

$$Q = \nu C_{V,\mathrm{m}}(T_2 - T_1) + \nu R(T_1 - T_2)/(n-1)$$

内能的增量

$$\Delta E = \nu C_{V,\mathrm{m}}(T_2 - T_1)$$

6. 循环过程　系统从某一状态出发, 经过一系列中间状态变化后又回到了初始状态的整个变化过程称为循环过程, 其特点是内能变化为零, 即

$$\Delta E = 0$$

在循环过程中, 系统吸收的净热量与系统对外做的净功相等, 即

$$Q = Q_1 - Q_2 = W_1 - W_2 = W$$

循环 (热机) 的效率

$$\eta = \frac{W}{Q_1} = 1 - \frac{Q_2}{Q_1}$$

逆循环 (制冷机) 的制冷系数

$$w = \frac{Q_2}{W} = \frac{Q_2}{Q_1 - Q_2}$$

7. 卡诺循环　由两个等温过程和两个绝热过程组成的循环称为卡诺循环, 其效率

$$\eta_卡 = \frac{Q_1 - Q_2}{Q_1}$$

制冷系数

$$w_卡 = \frac{Q_2}{Q_1 - Q_2} = \frac{T_2}{T_1 - T_2}$$

三　重点难点

本章的重点是热力学第一定律, 既要理解它的实质, 更要掌握它的应用.

本章难点在于对公式的记忆与应用. 虽然公式本身并不难懂, 但其数目较多且不好区别记忆.

四　方法技巧

学习热力学第一定律时, 首先应该理解它的实质: 包括热现象在内的能量是守恒的. 其次应该注意定律中所涉及各物理量的符号规定. 对于热量而言, 规定吸收热量 Q 为正, 放出热量 Q 为负. 但是, 对于效率公式而言, 式中的热量 Q 则为绝对值, 因为在推导公式的过程中, 已经将负号单独考虑了.

本章涉及公式较多, 不宜死记硬背, 而应学着自己推导, 通过推导来加深对公式的理解, 这样才能达到牢固掌握, 熟练应用之目的. 事实上, 只要理解了热力学第一定律的微分形式及有关过程的特点, 很多公式都是非常容易导出的.

本章习题主要是根据热力学第一定律来计算理想气体几种典型过程的功、热量及内能变化和循环中的效率问题. 由于功、热量都是过程量, 其值与过程的性质有关. 因此, 在具体解题前, 应首先弄清过程的特点, 然后再根据不同的情况, 选用不同的公式来计算.

例 17-1　如例图 17-1 所示, 设 1 mol 单原子理想气体由温度为 320 K 的初始状态 a 等体变化到温度为 340 K 的中间状态 b 后, 再等压地变化到温度为 300 K 的末态 c, 求气体在上述过程中所吸收的热量, 对外做的功及内能的增量.

解 由于 ab 为等体过程, 所以

$$W_V = 0$$

$$Q_V = \Delta E = C_{V,\mathrm{m}} \Delta T$$

$$= \frac{3}{2} \times 8.31 \times (340 - 320)\ \mathrm{J} = 250\ \mathrm{J}$$

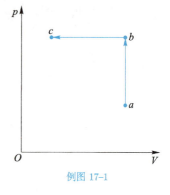

例图 17-1

因为 bc 过程等压, 所以该过程中气体对外做的功

$$W_p = \int p\mathrm{d}V = \int_{T_b}^{T_c} R\mathrm{d}T = R(T_c - T_b)$$

$$= 8.31 \times (300 - 340)\ \mathrm{J} = -332\ \mathrm{J}$$

吸收的热量

$$Q_p = C_{p,\mathrm{m}}\Delta T = \frac{5}{2}R(T_c - T_b) = \frac{5}{2} \times 8.31 \times (300 - 340)\ \mathrm{J}$$

$$= -831\ \mathrm{J}$$

内能的增量

$$\Delta E = Q_p - W_p = [-831 - (-332)]\ \mathrm{J} = -499\ \mathrm{J}$$

在 abc 全过程中气体对外做的功

$$W = W_V + W_p = 0 - 332\ \mathrm{J} = -332\ \mathrm{J}$$

吸收的热量

$$Q = Q_V + Q_p = (250 - 831)\ \mathrm{J} = -581\ \mathrm{J}$$

内能的增量

$$\Delta E = Q_V - W = [-581 - (-332)]\ \mathrm{J} = -249\ \mathrm{J}$$

Q、ΔE、W 全为负, 表明全过程中气体放热, 内能减少, 外界对气体做功.

例 17-2 一氧气的循环如例图 17-2 所示. 图中 ab 为等温过程, bc 为等压过程, ca 为等体过程, 求该循环的效率.

解 ab 为等温膨胀过程, 过程吸热, 其大小

$$Q_T = p_a V_a \ln \frac{p_a}{p_b} = \left(4 \times 1.013 \times 10^5 \times 1 \times 10^{-3} \times \ln \frac{4}{1}\right)\ \mathrm{J}$$

$$= 5.62 \times 10^2\ \mathrm{J}$$

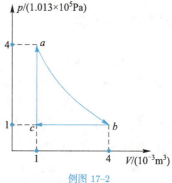

例图 17-2

bc 为等压压缩过程, 过程放热, 其大小

$$Q_p = \frac{m}{M} C_{p,\mathrm{m}}\Delta T = \frac{C_{p,\mathrm{m}}}{R} p_b(V_c - V_b)$$

$$= \left(\frac{7}{2} \times 8.31 \times \frac{1 \times 1.013 \times 10^5}{8.31} \times (1 - 4) \times 10^{-3}\right)\ \mathrm{J}$$

$$= -10.64 \times 10^2\ \mathrm{J}$$

ca 为等体升压过程, 过程吸热, 其大小

$$Q_V = \frac{m}{M}C_{V,m}\Delta T = \frac{C_{V,m}}{R}V_a(p_a - p_c)$$

$$= \left(\frac{\frac{5}{2}\times 8.31}{8.31}\times 1\times 10^{-3}\times(4-1)\times 1.013\times 10^5\right)\mathrm{J} = 7.60\times 10^2\ \mathrm{J}$$

故循环中吸收的热量

$$Q_1 = Q_T + Q_V = (5.62 + 7.60)\times 10^2\ \mathrm{J} = 13.22\times 10^2\ \mathrm{J}$$

循环放出的热量

$$|Q_2| = |Q_p| = 10.64\times 10^2\ \mathrm{J}$$

循环效率

$$\eta = 1 - \frac{Q_2}{Q_1} = 1 - \frac{10.64\times 10^2}{13.22\times 10^2} = 19.52\%$$

例 17-3 一卡诺制冷机工作在温度为 $-10\,^\circ\mathrm{C}$ 的冷库和温度为 $37\,^\circ\mathrm{C}$ 的环境之间, 为了维持冷库的温度每小时须从冷库中取走热量 $2\times 10^7\ \mathrm{J}$. 问与制冷机配套的电机功率至少为多大?

解 欲求功率应先求单位时间内做的功. 由题意知, 高温热源温度 $T_1 = 310\ \mathrm{K}$, 低温热源温度 $T_2 = 263\ \mathrm{K}$, 每小时从低温热源取走的热量 $Q_2 = 2\times 10^7\ \mathrm{J}$, 故每小时消耗的功及功率分别为

$$W = \frac{Q_2}{w} = \frac{Q_2}{T_2/(T_1-T_2)} = \frac{T_1-T_2}{T_2}Q_2$$

$$= \left(\frac{310-263}{263}\times 2\times 10^7\right)\ \mathrm{J} = 3.57\times 10^6\ \mathrm{J}$$

$$N = \frac{W}{t} = \frac{3.57\times 10^6}{3\,600}\mathrm{W} = 0.992\ \mathrm{kW}$$

五 习题解答

17-1 热力学中气体做功的特点是什么? 在体积膨胀过程中, 气体一定对外做正功吗?

答 热力学中气体做功是通过体积的变化来实现的, 所做的功的大小与具体的过程紧密相关, 离开了具体过程去谈论做功是没有意义的, 这就是气体做功的特点. 由于体积膨胀的具体过程不知道, 因此, 不能肯定本题中的气体一定对外做正功 (它可为正, 可为负, 也可为零).

17-2 如解图 17-2 所示的 AB、BC、CA 线段各代表什么过程? 图中封闭曲线所围面积是否代表该循环的功?

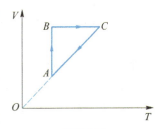

解图 17-2

答 AB 代表等温过程, BC 代表等体过程, CA 代表等压过程. 由于本题图不是 p–V 图, 因此, 曲线所围面积不代表该循环对外所做的净功.

17-3 公式 $\mathrm{d}Q = \mathrm{d}E + \mathrm{d}W$ 与 $\mathrm{d}Q = \mathrm{d}E + p\mathrm{d}V$ 有无不同?

答 有不同. 前者适用于一切热力学系统, 后者仅适用于理想气体.

17-4 根据热力学第一定律, 下列说法中正确的是 ( ).

A. 系统对外做的功不可能大于它从外界吸收的热量

B. 系统吸热后, 其内能肯定会增加

C. 不可能存在有这样的循环过程: 在该过程中, 外界对系统做的功不等于系统传给外界的热量

D. 系统内能的增量等于它从外界吸收的热量

解 热力学第一定律的实质说明包括热现象在内的能量守恒, 它主要涉及热量、功及内能的变化. 由于题目的 A、B、D 中均分别各有一量未计入, 因而不能肯定它们是否就一定符合能量守恒的原则. 只有题目的 C 中给出了三个量的变化, 且符合守恒原则, 故选 C.

17-5 用公式 $\Delta E = \nu C_{V,\mathrm{m}} \Delta T$ (ν 为气体物质的量) 计算理想气体内能增量时, 此式 ( ).

A. 只适合于准静态等体过程

B. 只适用于一切等体过程

C. 只适合于一切准静态过程

D. 适用于一切始末态为平衡态的过程

解 内能是个态函数, 其变化 (增量) 只与状态 (平衡态) 变化有关, 而与过程无关. 因此, 公式 $\Delta E = \nu C_{V,\mathrm{m}} \Delta T$ 是个普适公式, 不受过程限制, 故选 D.

17-6 如解图 17-6 所示, 一理想气体分别经过等压、等温及绝热三个过程并使其体积增加一倍, 则

(1) _____ 过程做的功最大, _____ 过程做的功最小;

(2) _____ 过程引起的温度变化最大, _____ 过程引起的温度变化最小;

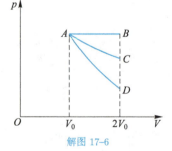

解图 17-6

(3) _____ 过程气体吸收的热量最多, _____ 过程吸收的热量最少.

解 (1) 根据 p–V 图的 "示功" 性质 (过程线下方所围面积大小代表功的大小) 可见, AB 过程功最大, AD 过程功最小, 故前空填 "等压", 后空填 "绝热".

(2) 根据 p–V 图上等温线的特性可以判断 $T_B > T_C > T_D$, 故知 AB 过程温度变化最大, AD 过程温度变化最小, 所以前空填 "等压", 后空填 "绝热".

(3) 由 (1)、(2) 知, AB 过程做功最多, 且内能变化亦最大, 故其吸热亦最多; 而 AD 过程为绝热过程, 不吸热, 为最小, 故前空填 "等压", 后空填 "绝热".

17-7 两卡诺循环在 p–V 图上的过程曲线 $ABCDA$ 及 $A'B'C'D'A$ 所围面积相等, 则它们的循环效率_____, 从高温热源吸收的热量_____, 对外做的净功_____.

解 卡诺循环的效率主要取决于循环的高低温热源的温度 $\left(\eta=1-\dfrac{T_2}{T_1}\right)$. 从解图 17–7 中可以看出, 两循环的低温热源温度 T_2 相同, 但 $A'B'C'D'A$ 循环的高温热源温度与 $ABCDA$ 循环的高温热源温度明显不同, 故两循环的效率也明显不等.

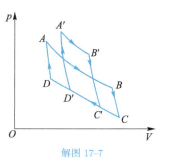

解图 17–7

由效率的定义式 $\eta=\dfrac{W}{Q_1}$ 可知, 两循环吸收的热量不等 (因为 W 相等, 但 η 不等).

在 p–V 图上循环曲线所围面积与循环净功等值. 题设两循环所围面积相等. 因此, 两循环做的净功亦相等.

故前空填 "不等", 中空亦填 "不等", 后空填 "相等".

17–8 若两卡诺循环分别工作在相同的高温热源与相同的低温热源之间, 但它们在 p–V 图上的闭合曲线所围面积大小不等. 对于所围面积较大的循环而言, 则其净功 (与面积小的循环比较而言) 将_____, 效率将_____.

解 由于两卡诺循环工作的高低温热源温度分别对应相同, 故两卡诺循环的效率相等. 循环的净功取决于循环曲线所围面积的大小: 面积大者净功亦大. 故前空填 "增加", 后空填 "相等".

17–9 质量为 2.8×10^{-3} kg, 温度为 300 K, 压强为 1.013×10^5 Pa 的氮气等压膨胀到原来体积的两倍, 求氮气对外做的功、内能的增量以及吸收的热量.

解 此题为等压过程, 过程特征为 $\mathrm{d}p=0$. 氮气做的元功 $\mathrm{d}W=p\mathrm{d}V$, 做的总功

$$
\begin{aligned}
W &= \int_{V_1}^{V_2} p\mathrm{d}V = p_1\Delta V = p_1V_1 = \nu RT_1 \\
&= \left(\frac{2.8\times10^{-3}}{28.0\times10^{-3}}\times8.31\times300\right)\text{ J} = 249.3\text{ J}
\end{aligned}
$$

过程中内能的改变量

$$
\begin{aligned}
\Delta E &= \nu C_{V,\mathrm{m}}\Delta T = \nu C_{V,\mathrm{m}}\frac{1}{\nu}\frac{p_1}{R}\Delta V = \frac{C_{V,\mathrm{m}}p_1V_1}{R} \\
&= \frac{5Rp_1V_1}{2R} = \frac{5}{2}\nu RT_1 \\
&= \left(\frac{2.8\times10^{-3}}{28.0\times10^{-3}}\times\frac{5}{2}\times8.31\times300\right)\text{ J} \\
&= 623.25\text{ J}
\end{aligned}
$$

由热力学第一定律知, 氮气吸收的热量

$$
Q = \Delta E + W = (249.3 + 623.25)\text{ J} = 872.55\text{ J}
$$

17–10 1 mol 单原子分子理想气体从 300 K 等体加热到 350 K. 问气体吸收了多少热量? 增加了多少内能? 对外做了多少功?

解 此题是等体过程, 过程特征是 $dV = 0$, 所以元功 $dW = pdV \equiv 0$, 即对外做功为 0. 由热力学第一定律可知, 过程吸收的热量与内能变化相等, 即

$$Q_V = \Delta E = \nu C_{V,\mathrm{m}} \Delta T$$

$$= 3R\Delta T/2 = 8.31 \times 1 \times 1.5 \times (350 - 300) \text{ J}$$

$$= 623.25 \text{ J}$$

17–11 如解图 17–11 所示, N mol 一定量的氦气由态 $A(p_1, V_1)$ 沿图中直线变化到态 $B(p_2, V_2)$, 求:

(1) 气体内能的变化;

(2) 对外做的功;

(3) 吸收的热量.

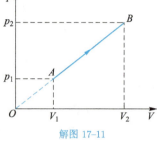

解图 17–11

解 (1) 由内能变化公式 $\Delta E = \nu C_{V,\mathrm{m}} \Delta T$ 及物态方程 $pV = \nu RT$ 可以得到

$$\Delta E = \nu C_{V,\mathrm{m}} \Delta T = \nu \frac{3}{2} R(T_2 - T_1)$$

$$= \frac{3}{2}(p_2 V_2 - p_1 V_1)$$

(2) 由功的概念可以得到气体对外做的功

$$W = \int_{V_1}^{V_2} pdV = \int_{V_1}^{V_2} \frac{p_2 - p_1}{V_2 - V_1} V dV = \frac{1}{2} \frac{p_2 - p_1}{V_2 - V_1} (V_2^2 - V_1^2)$$

$$= \frac{1}{2}(p_2 - p_1)(V_2 + V_1) = \frac{1}{2}(p_2 V_2 + p_2 V_1 - p_1 V_2 - p_1 V_1)$$

$$= \frac{1}{2}(p_2 V_2 - p_1 V_1)$$

(3) 根据热力学第一定律, 气体吸收的热量

$$Q = W + \Delta E = \frac{1}{2}(p_2 V_2 - p_1 V_1) + \frac{3}{2}(p_2 V_2 - p_1 V_1) = 2(p_2 V_2 - p_1 V_1)$$

17–12 如解图 17–12 所示, 当系统沿 ACB 路径从 A 变化到 B 时吸热 80.0 J, 对外界做功 30.0 J.

(1) 当系统沿 ADB 路径从 A 变化到 B 时对外做功 10.0 J, 则系统吸收了多少热量?

(2) 若系统沿 BA 路径返回 A 时外界对系统做功 20 J, 则系统吸收了多少热量?

解 (1) 根据热力学第一定律可得, ADB 过程中系统内能的增量

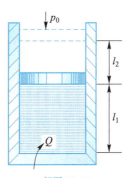

$$\Delta E = E_B - E_A = Q - W$$
$$= (80.0 - 30.0)\ \text{J} = 50.0\ \text{J}$$

吸收的热量

$$Q_{ADB} = \Delta E + W = (50.0 + 10.0)\ \text{J} = 60\ \text{J}$$

解图 17-12

(2) BA 过程中系统吸收的热量

$$Q_{BA} = \Delta E' + W'$$
$$= (-50 - 20)\ \text{J} = -70\ \text{J}$$

Q 为负值, 表示系统放热.

17-13 如解图 17-13 所示, 一侧壁绝热的气缸内盛 2 mol 氧气, 其温度为 300 K, 活塞外面的压强 $p_0 = 1.013 \times 10^5$ Pa, 活塞质量 $m = 100$ kg, 面积 $S = 0.1\ \text{m}^2$. 开始时, 由于气缸内活动插销的阻碍, 活塞停在距气缸底部 $l_1 = 1.0$ m 处. 后从气缸底部缓慢加热, 使活塞上升了 $l_2 = 0.5$ m 的距离. 问:

(1) 气缸中的气体经历的是什么过程?

(2) 气缸在整个过程中吸收了多少热量? (设气缸与活塞间的摩擦可以忽略, 且无漏气, 无热量损失.)

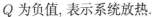

解图 17-13

解 (1) 先是等体加热, 后是等压加热.

(2) 由物态方程可得, 过程终止时气体的温度

$$T_2 = \frac{p_2 V_2}{\nu R} = \left(\frac{1.013 \times 10^5 \times 0.1 \times 1.5}{2 \times 8.31} \right)\ \text{K} = 914.3\ \text{K}$$

由热力学第一定律得气缸吸收的热量

$$Q = \Delta E + W = \nu \frac{i}{2} R(T_2 - T_1) + p_2(V_2 - V_1)$$
$$= \left[2 \times \frac{5}{2} \times 8.31 \times (914.3 - 300) \right.$$
$$\left. + 1.013 \times 10^5 \times (0.15 - 0.1) \right]\ \text{J}$$
$$= 3.06 \times 10^4\ \text{J}$$

17-14 一定量的氮气, 其初始温度为 300 K, 压强为 1.013×10^5 Pa. 现将其绝热压缩, 使其体积变为初始体积的 $\frac{1}{5}$. 求压缩后的压强和温度.

解 由绝热过程方程 $pV^\gamma = C$ 可得

$$p_1 V_1^\gamma = p_2 V_2^\gamma$$

注意到 $V_1 = 5V_2, \gamma = 1.4$ 则可得到压缩后的压强

$$p_2 = \frac{p_1 V_1^{\gamma}}{V_2^{\gamma}} = p_1 5^{1.4} = 1.013 \times 10^5 \times 5^{1.4} \text{ Pa} \approx 9.64 \times 10^5 \text{ Pa}$$

由绝热过程方程的另一形式 $TV^{\gamma-1} = C'$,同法可得压缩后的温度

$$T_2 = \frac{T_1 V_1^{\gamma-1}}{V_2^{\gamma-1}} = T_1 5^{0.4} = 300 \times 5^{0.4}\text{K} \approx 571 \text{ K}$$

17–15 1 mol 单原子理想气体的循环如解图 17–15 所示. 求:

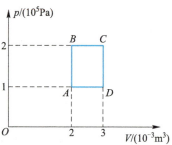

解图 17–15

(1) 气体循环一次从外界吸收的总热量;

(2) 气体循环一次对外界做的净功;

(3) 证明 $T_A T_C = T_B T_D$.

解 (1) 由图可知, AB (等体) 及 BC (等压) 过程吸热,其值

$$Q_{AB} = \Delta E = \frac{3}{2}R(T_B - T_C) = \frac{3}{2}(p_B V_B - p_A V_A)$$

$$Q_{BC} = C_{p,m}(T_C - T_B) = \frac{5}{2}R(T_C - T_B) = \frac{5}{2}(p_C V_C - p_B V_B)$$

故循环一次从外界吸收的热量

$$Q = Q_{AB} + Q_{BC}$$
$$= \frac{3}{2}(p_B V_B - p_A V_A) + \frac{5}{2}(p_C V_C - p_B V_B) = \frac{5}{2}p_C V_C - \frac{3}{2}p_A V_A - p_B V_B$$
$$= \left(\frac{5}{2} \times 2 \times 10^5 \times 3 \times 10^{-3} - \frac{3}{2} \times 1 \times 10^5 \times 2 \times 10^{-3} - 2 \times 10^5 \times 2 \times 10^{-3}\right) \text{J}$$
$$= 800 \text{ J}$$

(2) 根据 p–V 图的 "示功" 性质, 循环曲线所包围的面积表示循环一次系统对外界所做的净功, 可知

$$W_净 = (p_C - p_D)(V_C - V_B)$$
$$= (2 \times 10^5 - 1 \times 10^5) \times (3 \times 10^{-3} - 2 \times 10^{-3}) \text{ J}$$
$$= 100 \text{ J}$$

(3) 证: 根据理想气体的物态方程 $pV = \nu RT$ 可知: 对于摩尔数恒定的理想气体, 温度与 pV 的乘积成正比, 即 $T_2/T_1 = p_2 V_2/p_1 V_1$. 将之用于本题, 则有 $p_B V_B/p_A V_A = p_C V_C/p_D V_D$, 即 $T_B/T_A = T_C/T_D, T_A T_C = T_B T_D$. 证明完毕.

17–16 喷气发动机的循环可近似用如解图 17–16 所示的循环来表示. 其中 AB、CD 分别代表绝热过程, BC、DA 分别代表等压过程. 证明当工质为理想气体时, 循环的效率

$$\eta = 1 - \frac{T_D}{T_C} = 1 - \frac{T_A}{T_B}$$

证　由题意及图可以看出, BC 过程吸热, 其吸热量

$$Q_1 = \nu C_{p,m}\Delta T = \nu \frac{(i+2)R}{2}(T_C - T_B)$$

解图 17-16

DA 过程放热, 其大小

$$Q_2 = \nu C_{p,m}\Delta T = \nu \frac{(i+2)R}{2}(T_A - T_D)$$

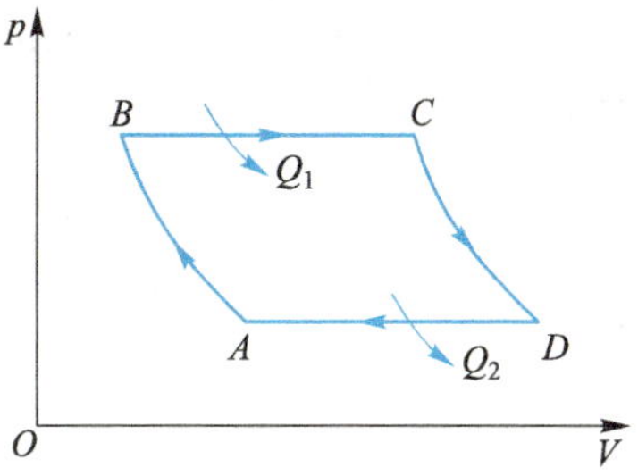

据定义, 循环效率

$$\eta = 1 - \frac{|Q_2|}{Q_1} = 1 - \frac{T_D - T_A}{T_C - T_B} \tag{1}$$

将绝热过程方程 $pV^\gamma = $ 常量与物态方程 $pV = \nu RT$ 结合, 消去 V 则得

$$p^{1-\gamma}T^\gamma = 常量$$

对于 AB 绝热过程, 则有

$$p_A^{1-\gamma}T_A^\gamma = p_B^{1-\gamma}T_B^\gamma \tag{2}$$

对于 CD 绝热过程, 则有

$$p_C^{1-\gamma}T_C^\gamma = p_D^{1-\gamma}T_D^\gamma \tag{3}$$

由于 BC 及 DA 均为等压过程, 因而有

$$p_B = p_C, \quad p_D = p_A \tag{4}$$

联立式 (2)、(3)、(4), 求解可得

$$\frac{T_B}{T_C} = \frac{T_A}{T_D}$$

进而可以得到

$$\frac{T_D - T_A}{T_C - T_B} = \frac{T_D}{T_C} = \frac{T_A}{T_B} \tag{5}$$

将式 (5) 代入式 (1), 得

$$\eta = 1 - \frac{T_D}{T_C} = 1 - \frac{T_A}{T_B}$$

17-17　质量为 4.0×10^{-3} kg 的氮气经历的循环如解图 17-17 所示, 图中三条曲线均为等温线, 且 $T_A = 300.0$ K, $T_C = 833.0$ K. 问:

(1) 中间的等温线对应的温度为多少?

(2) 经历一循环后气体对外做了多少功?

(3) 循环的效率为多少?

解 (1) 由于 BC 为等压过程, 所以由物态方程 $\dfrac{pV}{T} = C$ 可得

$$\frac{V_B}{T_B} = \frac{V_C}{T_C}$$

即

$$T_B = T_C \frac{V_B}{V_C} \tag{1}$$

解图 17-17

对于 DA 等压过程, 同理可得

$$\frac{V_A}{T_A} = \frac{V_D}{T_D}, \quad \frac{V_A}{V_D} = \frac{T_A}{T_D} \tag{2}$$

注意到 $V_A = V_B, V_C = V_D, T_B = T_D$, 由式 (1)、(2) 可得

$$T_B = T_A T_C / T_B$$

故

$$T_B = \sqrt{T_A T_C} = \sqrt{300 \times 833} \text{ K} = 500 \text{ K}$$

(2) 循环一次对外做的功等于循环曲线所围之面积, 即

$$W = (p_B - p_A)(V_C - V_B) = p_B(V_C - V_B) - p_A(V_C - V_B)$$

根据物态方程 $pV = \nu RT$, 并注意到 $T_D = T_B, V_B = V_A, V_C = V_D, p_A = p_D$ 则可得到

$$\begin{aligned}
W &= R(T_C - T_B) - R(T_D - T_A) \\
&= R(T_C - T_B) + R(T_A - T_B) \\
&= R(T_A + T_C - 2T_B) = 8.31 \times (300 + 833 - 2 \times 500) \text{ J} \\
&= 1.11 \times 10^3 \text{ J}
\end{aligned}$$

(3) 由图可知, 循环中仅等体升压过程 AB 及等压膨胀过程 BC 吸热. 故吸热量

$$\begin{aligned}
Q_1 &= Q_{AB} + Q_{BC} = \frac{3}{2}R(T_B - T_A) + \frac{5}{2}R(T_C - T_B) \\
&= \frac{3}{2} \times 8.31 \times (500 - 300) + \frac{5}{2} \times 8.31 \times (833 - 500) \text{ J} = 9\,411 \text{ J}
\end{aligned}$$

据定义, 循环效率

$$\eta = \frac{W}{Q_1} = \frac{1.11 \times 10^3}{9.41 \times 10^3} = 11.8\%$$

17-18 1.5 mol 氧气在 400 K 和 300 K 之间作卡诺循环. 已知循环中的最小体积为 1.2×10^{-2} m³, 最大体积为 4.8×10^{-2} m³. 计算气体在此循环中做的功, 以及从高温热源吸收的热量和向低温热源放出的热量.

解 设卡诺循环由态 $A(T_1, V_A)$ 经等温过程膨胀到态 $B(T_1, V_B)$, 后由绝热过程膨胀到态 $C(T_2, V_C)$, 再经等温过程压缩到态 $D(T_2, V_D)$, 最后再经绝热过程压缩回态 A. 由题意知,

$T_1 = 400\ \text{K}, T_2 = 300\ \text{K}, V_A = 1.2 \times 10^{-2}\ \text{m}^3, V_C = 4.8 \times 10^{-2}\ \text{m}^3, \nu = 1.5, \gamma = 1.4.$ 因 BC 为绝热过程, 所以有

$$T_1 V_B^{\gamma-1} = T_2 V_C^{\gamma-1}$$

解之, 得

$$V_B = \left(\frac{T_2}{T_1}\right)^{\frac{1}{\gamma-1}} V_C = \left(\frac{300}{400}\right)^{\frac{1}{1.4-1}} \times 4.8 \times 10^{-2}\ \text{m}^3 = 2.34 \times 10^{-2}\ \text{m}^3$$

因 AB 为等温过程, 所以其吸收 (亦即循环吸收) 的热量

$$Q_1 = A_{AB} = \nu R T_1 \ln \frac{V_B}{V_A}$$

$$= 1.5 \times 8.31 \times 400 \times \ln \frac{2.34 \times 10^{-2}}{1.2 \times 10^{-2}}\ \text{J} = 3.33 \times 10^3\ \text{J}$$

据定义, 卡诺循环的效率

$$\eta = 1 - \frac{T_2}{T_1} = 1 - \frac{300}{400} = 25\%$$

故循环中做的功

$$W = Q_1 \eta = 3.33 \times 10^3 \times 25\%\ \text{J} = 8.33 \times 10^2\ \text{J}$$

循环中放出的热量

$$Q_2 = Q_1 - W = (3.33 \times 10^3 - 0.833 \times 10^3)\ \text{J}$$
$$= 2.50 \times 10^3\ \text{J}$$

17–19　大家知道, 海洋中储存有大量的能量. 一种从海洋中获取能量的方法是利用海水 (表层和底层) 的温度差来发电. 如解图 17–19 所示, 让极易汽化的流体工质 (如氨、丙烷等) 在表层海水蒸发, 并通过管道送至水下的汽轮机, 在那里膨胀, 驱动汽轮机, 带动发电机组发电, 后在深水区凝结, 并泵回表层, 完成循环. 假设所进行的循环可以近似作为卡诺循环处理, 海水表层温度为 17 °C, 底层温度为 2 °C. 计算这种循环的效率.

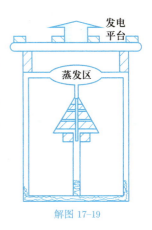

解图 17–19

解　根据卡诺循环效率公式可知

$$\eta = 1 - \frac{T_2}{T_1} = \left(1 - \frac{275}{290}\right) \times 100\% \doteq 5\%$$

17–20　一电冰箱在温度为 27 °C 的室内运行.

(1) 当冷冻室的温度为 −3 °C 时, 从中提取 1 J 的热量最少要做多少功?

(2) 当冷冻室的温度为 −13 °C 时, 从中提取 1 J 的热量最小又需做多少功?

解 (1) 据定义, 冰箱的制冷系数 (按卡诺循环计算)

$$w_卡 = \frac{Q_2}{W} = \frac{Q_2}{Q_1 - Q_2} = \frac{T_2}{T_1 - T_2}$$

$$= \frac{270}{300 - 270} = 9$$

故知从中提取 1 J 的热量最少要做的功

$$W = \frac{Q_2}{w_卡} = \frac{1}{9} \text{ J} = 0.11 \text{ J}$$

(2) 当冷冻室降温时, 冰箱的制冷系数

$$w_卡 = \frac{260}{300 - 260} = 6.5$$

故这时再从中提取 1 J 的热量最少要做的功

$$W = \frac{Q_吸}{w_卡} = \frac{1}{6.5} \text{J} \approx 0.15 \text{ J}$$

17–21 卡诺制冷机工作在温度为 −10 °C 的冷库和温度为 37 °C 的环境之间, 为了维护冷库的温度, 每小时需从冷库中取走热量 2×10^7 J. 问与制冷机配套的电机功率至少为多大?

解 欲求功率应先求单位时间内做的功. 由题意知, 高温热源温度 $T_1 = 310$ K, 低温热源温度 $T_2 = 263$ K, 每小时从低温热源取走的热量 $Q_2 = 2 \times 10^7$ J, 故每小时消耗的功及功率分别为

$$W = \frac{Q_2}{w} = \frac{Q_2}{T_2/(T_1 - T_2)} = \frac{T_1 - T_2}{T_2} Q_2$$

$$= \left(\frac{310 - 263}{263} \times 2 \times 10^7\right) \text{ J} = 3.57 \times 10^6 \text{ J}$$

$$N = \frac{W}{t} = \frac{3.57 \times 10^6}{3\,600} \text{ W} = 0.99 \text{ kW}$$

六 自我检测

17–1 检图 17–1 (a)、(b)、(c) 各表示连接在一起的两个循环过程, 其中 (c) 图是两个半径相等的圆构成的两个循环过程, 图 (a) 和 (b) 则为半径不等的两个圆. 那么, 在一次循环中下述结论正确的是 (　　).

A. 图 (a) 总净功为负, 图 (b) 总净功为正, 图 (c) 总净功为零

B. 图 (a) 总净功为负, 图 (b) 总净功为负, 图 (c) 总净功为正

C. 图 (a) 总净功为负, 图 (b) 总净功为负, 图 (c) 总净功为零

D. 图 (a) 总净功为正, 图 (b) 总净功为正, 图 (c) 总净功为负

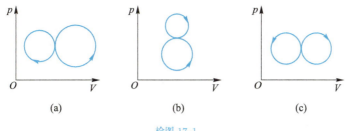

检图 17-1

17-2　一定量理想气体, 从 A 状态 $(2p_1, V_1)$ 经历如检图 17-2 所示的直线过程变到 B 状态 $(2p_1, V_2)$, 则 AB 过程中系统做功 $A =$ _____; 内能改变 $\Delta E =$ _____.

17-3　可逆卡诺热机可以逆向运转. 逆向循环时, 从低温热源吸热, 向高温热源放热, 而且吸收的热量和放出的热量等于它正循环时向低温热源放出的热量和从高温热源吸收的热量. 设高温热源的温度为 $T_1 = 450$ K, 低温热源的温度为 $T_2 = 300$ K, 卡诺热机逆向循环时从低温热源吸热 $Q_2 = 400$ J, 则该卡诺热机逆向循环一次外界必须做功 $A =$ _____.

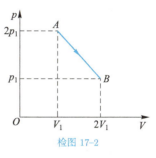

检图 17-2

17-4　3 mol 温度为 273 K 的理想气体, 先经等温过程使体积膨胀到原来的 5 倍, 然后等体加热, 使其末态压强恰好等于初态的压强, 整个过程传给气体的热量为 8×10^4 J. 画出此过程的 p-V 图, 并求出气体的比热容比 $\gamma = C_{p,\mathrm{m}}/C_{V,\mathrm{m}}$ 之值 (摩尔气体常量 $R = 8.31$ J·mol·K^{-1}).

自我检测
参考答案

第十八章　热力学第二定律

一　目的要求

1. 理解可逆过程与不可逆过程的概念.
2. 理解热力学第二定律的两种表述, 理解玻耳兹曼关系式.
3. 理解熵的概念及熵增加原理, 会用熵增加原理去分析宏观过程的方向性问题.

二　内容提要

1. 可逆过程与不可逆过程　若系统在某一过程 P 中, 由一状态经历一系列中间态而变化到另一状态后, 还存在有另一过程 P', 能使系统沿着与原过程相反的方向, 重复原过程的每一状态而复原, 且又不引起外界的任何变化, 这样过程 P 就称为可逆过程. 反之, 如果不论采用什么样的方法都不能使系统沿着与 P 过程相反的方向, 重复 P 过程的态而复原, 或者虽然复原了, 但却引起了其他的变化, 这样过程 P 则称为不可逆过程.

2. 热力学第二定律的两种表述

(1) 克劳修斯表述　将热量从低温物体传到高温物体而不引起其他变化是不可能的.

(2) 开尔文表述　从单一热源吸收热量, 使之完全转化为功而不引起其他变化是不可能的.

3. 熵的概念

(1) 熵的宏观概念——克劳修斯熵　熵是一个由系统状态决定的态函数, 用 S 表示, 其差值等于热量对温度在始末两态之间的积分, 即

$$S(B) - S(A) = \int_A^B \frac{\mathrm{d}Q}{T}$$

熵是一个广延量, 从数学上考虑具有可加性, 即系统的熵 S 等于分系统 1、2 的熵 S_1、S_2 的代数和, 即

$$S = S_1 + S_2$$

(2) 熵的微观意义——玻耳兹曼熵 (玻耳兹曼关系式)　熵是系统混乱度大小的量度, 混乱度大, 其熵就大, 其定量关系由玻耳兹曼关系式确定

$$S = k \ln \Omega$$

式中, k 为玻耳兹曼常量, Ω 为系统的微观态数, Ω 大, 系统的混乱度就大, 其熵亦大.

4. 熵增加原理
孤立 (绝热) 系统中所发生的过程, 其熵值永不变少: 若过程可逆, 则熵值不变; 若过程不可逆, 则熵值增加, 即

$$\Delta S \geqslant 0$$

此式亦可视为热力学第二定律的数学表达式, 它说明, 熵不遵守 "守恒原理".

三　重点难点

　　热力学第二定律的两种表述及熵理论 (熵的概念、特性、熵增加原理) 既是本章的重点, 又是本章的难点. 它们之所以是重点, 主要是它们的应用日益广泛, 它们之所以是难点, 主要是由于内容比较抽象, 而中学物理基本上没有涉及.

四　方法技巧

　　由于本章理论较为抽象, 因此, 学习时须从宏观及微观两个层面去进行交叉理解, 同时还应抓住问题的实质去进行学习. 热力学第二定律的实质是揭示宏观过程进行的方向及条件, 熵的实质是描述系统的无序性, (熵增加原理) 是宏观过程进行方向的定量描述. 只有抓住了问题的实质, 才有可能将热力学第二定律及熵理论真正学到手.

　　本章习题旨在加深理解热力学第二定律及熵变的计算. 在利用热力学第二定律来作证明时, 通常多用反证法; 先假设结论不成立, 后进行推证, 看是否会得出错的结果, 若是, 则说明原结论是正确的. 熵变的计算可利用熵的态函数性质, 在过程的始态和末态之间任意设计一可逆过程, 再据克劳修斯熵变公式, 沿可逆过程路径对 $\frac{\mathrm{d}Q}{T}$ 进行积分.

　　例 18–1　如例图 18–1 所示, 3 mol 双原子理想气体从初态 (p_a, V_a) 开始, 经一等体过程,

压强降为 $p_a/4$, 后经等压过程, 体积膨胀到 $4V_a$, 最后经等温过程而完成一循环. 求各分过程及整个循环的熵变.

解 根据熵变公式可得等体过程中的熵变

$$\Delta S_V = \int_a^b \frac{\mathrm{d}Q}{T} = \int_{T_a}^{T_b} \frac{m}{M} C_{V,m} \frac{\mathrm{d}T}{T}$$

$$= 3C_{V,m} \ln \frac{T_b}{T_a} = 3C_{V,m} \ln \frac{p_b}{p_a} = 3C_{V,m} \ln \frac{1}{4}$$

$$= -6C_{V,m} \ln 2 = -15R \ln 2$$

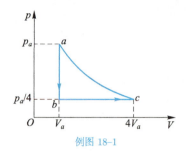

例图 18-1

等压过程中的熵变

$$\Delta S_p = \int_b^c \frac{\mathrm{d}Q}{T} = \int_b^c \frac{m}{M} \frac{C_{p,m}\mathrm{d}T}{T} = 3C_{p,m} \ln \frac{T_c}{T_b}$$

$$= 3C_{p,m} \ln \frac{V_c}{V_b} = 6C_{p,m} \ln 2 = 21R \ln 2$$

等温过程中的熵变

$$\Delta S_T = \int_c^a \frac{\mathrm{d}Q}{T} = \int_{V_c}^{V_a} \frac{p\mathrm{d}V}{T}$$

$$= \int_{V_c}^{V_a} \frac{m}{M} R \frac{\mathrm{d}V}{V} = -6R \ln 2$$

整个循环的熵变

$$\Delta S = \Delta S_V + \Delta S_p + \Delta S_T$$

$$= -15R \ln 2 + 21R \ln 2 - 6R \ln 2 = 0$$

五　习题解答

18-1 开尔文表述中说的单一热源是一种什么样的热源? 据测量, 海洋表面的温度与海洋深处的温度有较大的差别. 如果利用这种温度差来做功是否与开尔文表述矛盾? 为什么?

答 开尔文表述中说的单一热源是一种温度处处相同的热源. 由于海洋表面与海洋深处存在较大的温度差, 因此, 海洋不是单一热源. 利用海洋表面与海洋深处的温度差来做功与开尔文表述不矛盾.

18-2 关于可逆过程与不可逆过程的概念, 下列说法中不正确的是 (　　).

A. 可逆过程一定是准静态过程

B. 准静态过程一定是可逆过程

C. 不可逆过程一定找不到另一过程使系统和外界同时复原

D. 非准静态过程一定是不可逆过程

解　按照可逆过程的概念, 无摩擦等耗散因素的准静态过程为可逆过程. 因此 A 对, C 错, B、D 实为不可逆过程的概念也是对的. 故选 C.

18-3　从热力学第二定律来看, 下列说法中正确的是 (　　).

A. 热量只能从高温物体传向低温物体

B. 热量从低温物体传到高温物体必须借助于外界的帮助

C. 功可以完全转化为热, 但热不能完全转化为功

D. 功可以完全转化为热, 热也可以完全转化为功

解　根据热力学第二定律的克劳修斯表述, A 错, B 对; 根据热力学第二定律的开尔文表述 C、D 均错. 故选 B.

18-4　关于熵的概念, 下列说法中正确的是 (　　).

A. 熵是态函数, 由系统的温度决定

B. 熵是系统无序度的量度, 由系统所包含的微观态数决定

C. 熵是守恒量, 因为系统经历一循环后熵变为零

D. 熵是系统每升高单位温度所吸收的热量

解　根据熵的宏观概念, A 错; B 实为熵的微观概念, 因而是对的; C 与熵增加原理不符, D 反映的是热容的概念而不是熵的概念. 故选 B.

18-5　若太阳表面的温度为 5 800 K, 地球表面温度为 298 K. 当太阳向地球表面传递 4.60×10^4 J 热量时, 系统的熵变为_____.

解　对于太阳或地球来说, 4.60×10^4 J 的热量不会引起其表面温度发生很大的变化, 近似可认为二者均保持表面温度不变. 于是对于太阳和地球组成的整个系统, 其熵变

$$\Delta S = \frac{Q_{吸}}{T_{地}} + \frac{Q_{放}}{T_{日}} = \left(\frac{4.6 \times 10^4}{298} + \frac{-4.6 \times 10^4}{5\ 800} \right) \text{ J} \cdot \text{K}^{-1} \doteq 1.46 \times 10^2 \text{ J} \cdot \text{K}^{-1}$$

18-6　热力学第二定律的克劳修斯表述是_____; 开尔文表述为_____.

解　热力学第二定律的克劳修斯表述是将热量从低温物体传到高温物体而不引起其他变化是不可能的; 开尔文表述为从单一热源吸取热量, 使之完全转变为功而不引起其他变化是不可能的.

18-7　证明: 熵增加原理与热力学第二定理两种表述是完全一致的.

证　(1) 熵增加原理与克劳修斯表述的一致性: 克劳修斯表述成立, 则熵增加原理也成立; 反之, 若克劳修斯表述不成立, 则熵增原理也不成立.

假设有两个热容很大的物体 A 和 B, 它们的温度分别为 T_A 及 T_B, 且 $T_A > T_B$. 当它们相互接触后, 由于温度不同便会发生热量的交换. 若交换只在两物体之间进行, 则可将这两个物体视为一个孤立系统. 假设有热量 ΔQ 从 A 传向 B, 这符合克劳修斯表述. 这时, 系统的熵变 (注意到 $T_A > T_B$)

$$\Delta S = \Delta Q \left(\frac{1}{T_B} - \frac{1}{T_A} \right) > 0$$

这说明, 符合克劳修斯表述的过程也符合熵增加原理.

如果热量 ΔQ 能自动地从 B 物体 (低温) 传到 A 物体 (高温). 这与克劳修斯表述相矛盾, 这时系统的熵变 (注意到 $T_A > T_B$)

$$\Delta S = \Delta Q \left(\frac{1}{T_A} - \frac{1}{T_B} \right) < 0$$

这说明与克劳修斯表述不相符合的过程, 也不符合熵增加原理.

(2) 熵增加原理与开尔文表述的一致性

设工作物质在循环中从高温热源 T_1 吸热 ΔQ_1, 向低温热源 T_2 放出 ΔQ_2 的热量, 这与开尔文表述不违背. 这时 (工作物质还原, 熵变为零), 系统 (工作物质加两个热源) 的熵变

$$\Delta S = -\frac{\Delta Q_1}{T_1} + \frac{\Delta Q_2}{T_2} \tag{1}$$

由于 $\Delta Q_2 = \Delta Q_1 (1 - \eta) \geqslant \Delta Q_1 \dfrac{T_2}{T_1}$, 将之代入式 (1), 得

$$\Delta S \geqslant 0$$

这说明, 不违背开尔文表述的过程也不违背熵增加原理.

如果工作物质从单一热源中吸收了 ΔQ 的热量, 并将它全部转化成了机械功而并未给外界留下任何其他的影响, 这与开尔文表述相违背. 这时可将此热源和工作物质视为一个孤立系统, 且工作物质循环一周回到初始状态, 熵变为零. 此时整个系统的熵变 $\Delta S = -\dfrac{\Delta Q_1}{T_1} < 0$, 这就违背了熵增加原理. 这说明违背开尔文表述的过程, 也必定违背熵增加原理.

18–8 从热力学第二定律出发证明一条绝热线与一条等温线不可能两次相交.

证 本题证明宜用反证法, 即先假设原命题不成立, 后进行推理, 看是否会导出与热力学第二定律相违背的结论.

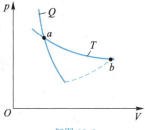

解图 18–8

如解图 18–8 所示, 设绝热线与等温线两次相交, 这样, 绝热线与等温线便构成了一个循环, 它从单一热源 T 吸收的热量 (完成一循环后工作物质复原, 内能变化为零) 全部转化成功而并未引起其他变化, 这与热力学第二定律的开尔文表述相违背, 换言之, 一条绝热线与一等温线两次相交是不可能的.

18–9 一塑料盘内装 3 张可以相互区分的硬纸片, 每张纸片均一面为白, 一面为黑. 若将 3 张纸片看成一个系统, 并将纸片的黑、白看成为纸片的微观态, 将盘内多少张为黑, 多少张为白看作宏观态. 问:

(1) 该系统共有多少种宏观态?

(2) 该系统共有多少种微观态?

解 (1) 根据排列组合的知识, 可以知道: 盘内三张纸片可能出现的情况有: 0 黑 3 白、1 黑 2 白、2 黑 1 白、3 黑 0 白, 四种情况, 所以系统的宏观态数只有 4.

(2) 如果考虑到盘中每张纸片的具体情况 —— 微观状态, 则盘内三张纸片可能出现的情况将变为 (定义第一张纸片为 A, 第二张为 B, 第三张为 C): 0 黑　ABC 白; A 黑　BC 白、B 黑

AC 白、C 黑　AB 白; A 黑　BC 白、B 黑　AC 白、C 黑　AB 白; ABC 黑　0 白, 八种可能情况, 所以系统的微观态数为 8.

18-10　求质量为 32 g 的氧气由压强为 2.02×10^5 Pa 等温地下降到 1.01×10^5 Pa 时的熵变.

解　因过程为等温过程, 所以其熵变

$$\Delta S = \int_1^2 \frac{\mathrm{d}Q}{T} = \frac{m}{M}R\int_{V_1}^{V_2}\frac{\mathrm{d}V}{V} = \frac{m}{M}R\ln\frac{V_2}{V_1} = \frac{m}{M}R\ln\frac{p_1}{p_2}$$

$$= \left(\frac{32 \times 10^{-3}}{32 \times 10^{-3}} \times 8.31 \times \ln 2\right)\,\mathrm{J\cdot K^{-1}} = 5.76\,\mathrm{J\cdot K^{-1}}$$

18-11　将质量为 1 kg、温度为 273 K 的水与一温度为 373 K 的热源接触, 当水温达到 373 K 时, 水和热源的熵变各为多少 (水的比定压热容为 4.18×10^3 J·kg^{-1}·K^{-1})?

解　(1) 水的熵变:

$$\Delta S_{水} = \int_{T_1}^{T_2} mC_p\frac{\mathrm{d}T}{T} = \left[1 \times 4.18 \times 10^3 \times \ln\left(\frac{373}{273}\right)\right]\,\mathrm{J\cdot K^{-1}} \doteq 1.305 \times 10^3\,\mathrm{J\cdot K^{-1}}$$

(2) 热源的温度不变, 所以其熵变:

$$\Delta S_{热} = \frac{\Delta Q}{T_{热}} = \frac{-mC_p\Delta T_{水}}{T_{热}} = \frac{-1 \times 4.18 \times 10^3 \times 100}{373}\,\mathrm{J\cdot K^{-1}}$$

$$\doteq -1.12 \times 10^3\,\mathrm{J\cdot K^{-1}}$$

18-12　以温度为纵坐标, 熵为横坐标画出卡诺循环图 (称为温-熵图, 亦称 T-S 图), 并证明:

(1) 在温-熵图中, 任一过程曲线下方的面积在数值上与该过程中系统和外界所交换的热量等值;

(2) 卡诺循环的效率 $\eta = 1 - \dfrac{T_2}{T_1}$.

解　在 $T-S$ 图中, 卡诺循环如解图 18-12 闭合曲线 $abcda$ 所示.

(1) 由式 $\mathrm{d}S = \dfrac{\mathrm{d}Q}{T}$ 可知, 元过程中吸收的热量

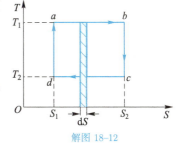

解图 18-12

$$\mathrm{d}Q = T\mathrm{d}S$$

其大小与图中过程曲线下的小阴影面积相等, 故整个过程吸收 (或放出) 的热量与过程曲线和相应纵、横坐标所围面积等值.

从图中可以看出, 循环中吸收的热量 Q_1 与矩形 abS_2S_1 面积等值, 放出的热量 Q_2 与矩形 cdS_1S_2 的面积等值; 循环中交换的净热量 $Q_1 - Q_2$ 与上述两矩形面积之差, 亦即循环曲线所围矩形面积 $abcd$ 等值.

(2) 据定义

$$\eta = \frac{Q_1 - Q_2}{Q_1} = \frac{\text{矩形 } abcd \text{ 的面积}}{\text{矩形 } abS_2S_1 \text{ 的面积}}$$

$$= \frac{(T_1 - T_2)(S_2 - S_1)}{T_1(S_2 - S_1)} = 1 - \frac{T_2}{T_1}$$

六　自我检测

18–1　一绝热容器被隔板分成两半, 一半是真空, 另一半是理想气体. 若把隔板抽出, 气体将进行自由膨胀, 达到平衡后则气体的 (　　).

A. 温度不变, 熵增加　　　　　　　　B. 温度升高, 熵增加

C. 温度降低, 熵增加　　　　　　　　D. 温度不变, 熵不变

18–2　关于热功转化和热量传递过程, 有下面一些叙述:

(1) 功可以完全变为热量, 而热量不能完全变为功

(2) 一切热机的效率都只能够小于 1

(3) 热量不能从低温物体向高温物体传递

(4) 热量从高温物体向低温物体传递是不可逆的以上这些叙述中正确的是 (　　).

A. (2)、(4)　　　　　　　　　　　　B. (2)、(3)、(4)

C. (1)、(3)、(4)　　　　　　　　　　D. 全部正确

18–3　所谓第二类永动机是指＿＿＿＿＿＿＿＿＿＿＿＿, 它不可能制成是因为违背了＿＿＿＿＿＿＿＿＿＿＿.

18–4　从统计的意义来解释, 不可逆过程实质上是一个＿＿＿＿＿＿＿＿＿＿ 的转变过程, 一切实际过程都向着＿＿＿＿＿＿＿＿＿＿ 的方向进行.

自我检测
参考答案

第十九章 简谐振动

一 目的要求

1. 掌握简谐振动的基本特征及其表述, 掌握旋转矢量法.
2. 掌握简谐振动的动力学方程与振动方程.
3. 掌握一维简谐振动的合成方法及规律.
4. 理解描述简谐振动的物理量, 理解简谐振动的能量及拍现象.
5. 了解阻尼振动、受迫振动和共振; 了解非线性振动; 了解两个相互垂直、频率相同或成整数比的简谐振动的合成.

二 内容提要

1. 简谐振动的动力学特征 作简谐振动的物体所受到的力为线性回复力, 即

$$F = -kx$$

这便是简谐振动的动力学特征. 取系统的平衡位置为坐标原点, 则简谐振动的动力学方程 (即微分方程) 为

$$\frac{\mathrm{d}^2 x}{\mathrm{d}t^2} + \omega^2 x = 0$$

2. 简谐振动的运动学特征   作简谐振动的物体的位置坐标 x 与时间 t 成余弦 (或正弦) 函数关系, 即

$$x = A\cos(\omega t + \varphi)$$

这便是简谐振动的运动学特征. 上式又称简谐振动的振动方程, 由它可导出物体的振动的速度

$$v = \frac{\mathrm{d}x}{\mathrm{d}t} = -\omega A\sin(\omega t + \varphi)$$

物体的振动加速度

$$a = \frac{\mathrm{d}^2 x}{\mathrm{d}t^2} = -\omega^2 A\cos(\omega t + \varphi) = -\omega^2 x$$

3. 描述简谐振动的物理量

(1) 振幅   振动物体偏离平衡位置的最大位移称为简谐振动的振幅, 其大小由初始条件确定, 即

$$A = \sqrt{x_0^2 + \frac{v_0^2}{\omega^2}}$$

(2) 周期与频率   作简谐振动的物体完成一次全振动所需的时间 T 称为简谐振动的周期, 单位时间内完成的振动次数 ν 称为频率. 周期与频率互为倒数, 即

$$T = \frac{1}{\nu}$$

(3) 角频率   作简谐振动的物体在 2π s 内完成振动的次数称为角频率, 它与周期、频率的关系为

$$\omega = \frac{2\pi}{T} = 2\pi\nu$$

(4) 相位和初相   简谐振动方程中的 $(\omega t + \varphi)$ 项称为相位, 它决定着作简谐振动的物体的状态. $t = 0$ 时的相位称为初相, 它由简谐振动的初始条件决定, 即

$$\varphi = \arctan\frac{-v_0}{\omega x_0}$$

应该注意, 由此式算得的 φ 在 $0 \sim 2\pi$ 范围内有两个可能取值, 须根据 $t = 0$ 时刻的速度方向进行合理取舍.

4. 旋转矢量与旋转矢量法   作匀速率逆时针方向转动的矢量, 其长度等于简谐振动的振幅 A, 其角速度等于简谐振动的角频率 ω, 且 $t = 0$ 时, 它与 x 轴的夹角为简谐振动的初相 φ, 任意时刻它与 x 轴的夹角为简谐振动的相位 $(\omega t + \varphi)$.

利用旋转矢量来求解简谐振动的方法谓之旋转矢量法. 其方法大致可分为两步:

第一步: 用旋转矢量图示简谐振动 (旋转矢量 $\boldsymbol{A}$ 的末端在 x 轴上的投影点的运动代表着质点的谐振动);

第二步: 看图据题作答.

5. 简谐振动的能量   作简谐振动的系统具有动能和势能, 其动能

$$E_k = \frac{1}{2}m\omega^2 A^2 \sin^2(\omega t + \varphi)$$

势能

$$E_{\mathrm{p}} = \frac{1}{2}kA^2\cos^2(\omega t + \varphi) = \frac{1}{2}m\omega^2 A^2 \cos^2(\omega t + \varphi)$$

机械能

$$E = E_{\mathrm{k}} + E_{\mathrm{p}} = \frac{1}{2}m\omega^2 A^2 = \frac{1}{2}kA^2$$

6. 两个同方向、同频率的简谐振动的合成　　其结果仍为一同频率的简谐振动, 其合振幅

$$A = \sqrt{A_1^2 + A_2^2 + 2A_1 A_2 \cos(\varphi_2 - \varphi_1)}$$

初相

$$\varphi = \arctan\frac{A_1 \sin\varphi_1 + A_2 \sin\varphi_2}{A_1 \cos\varphi_1 + A_2 \cos\varphi_2}$$

当两个简谐振动的相位差

$$\varphi_2 - \varphi_1 = \pm 2k\pi \quad (k = 0, 1, 2, \cdots)$$

时, 合振动的振幅最大, 为 $A_1 + A_2$.

当两个简谐振动的相位差

$$\varphi_2 - \varphi_1 = \pm(2k+1)\pi \quad (k = 0, 1, 2, \cdots)$$

时, 合振动的振幅最小, 为 $|A_1 - A_2|$.

三　重点难点

简谐振动的特征、方程及合成是本章的重点. 对于这些内容的学习, 一是要加深对相关概念的理解, 二是要注意将它们与解决实际问题 (例、习题) 相结合, 在问题的解决中来加深理解.

本章的难点是简谐振动的合成. 这个问题对后续内容 (如波动、光学) 都很重要. 通过旋转矢量法可以帮助我们直观、简便地处理它们. 因此, 对于旋转矢量法一定要给予高度重视.

四　方法技巧

本章习题旨在加深对简谐振动特征、方程、合成规律的理解, 其题目大致可分为三类.

一类是判断物体是否作简谐振动. 这可通过对物体的受力分析, 看合力是否具有 $F = -kx$ 的形式, 或通过对物体运动的分析, 看其运动学方程是否可用 $x = A\cos(\omega t + \varphi)$ 表示, 对于摆动是否可看成简谐振动的问题, 还可用力矩和角坐标来判定. 看力矩是否可写成 $M = -k'\theta$, 或角坐标是否可以写成 $\theta = \theta_0 \cos(\omega t + \varphi)$ 来表示. 是则是, 否则非.

另一类是根据系统的力学性质和初始条件, 写出简谐振动方程. 这可通过对已知条件的分析, 求出 A、ω、φ 来解决, 既可用解析法, 也可用旋转矢量法.

第三类是根据已知简谐振动求合成. 其解决办法一是代公式, 二是利用旋转矢量法, 采用几何图示来解决.

例 19–1 一质点同时参与两同方向、同频率且振幅相等的简谐振动, 其振动方程分别为

$$x_1 = 2 \times 10^{-2} \sin \left(5\pi t + \frac{\pi}{3}\right) \quad (\text{SI 单位})$$

$$x_2 = 2 \times 10^{-2} \cos \left(5\pi t + \frac{5\pi}{6}\right) \quad (\text{SI 单位})$$

用旋转矢量法求合振动的振幅及初相.

解 建立 Ox 坐标轴, 作旋转矢量 $\boldsymbol{A}_1$、$\boldsymbol{A}_2$ 如例图 19–1 所示. 图中, $A_1 = A_2 = 2 \times 10^{-2}$ m, $\varphi_1 = \frac{\pi}{3}$, $\varphi_2 = \frac{5\pi}{6}$. 由于 $\Delta\varphi = \varphi_2 - \varphi_1 = \frac{5\pi}{6} - \frac{\pi}{3} = \frac{\pi}{2}$, 所以 $\boldsymbol{A}_1 \perp \boldsymbol{A}_2$.

以 $\boldsymbol{A}_1$、$\boldsymbol{A}_2$ 为邻边, 作正方形, 其对角线即为所求合振动的合振幅, 由图可知, 其大小

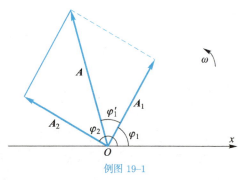

例图 19–1

$$A = \sqrt{A_1^2 + A_2^2} = \sqrt{2}A_1 = 2\sqrt{2} \times 10^{-2} \text{ m}$$

其初相

$$\varphi = \varphi_1 + \varphi_1' = \frac{\pi}{3} + \frac{\pi}{4} = \frac{7\pi}{12}$$

例 19–2 两个频率和振幅都相同的简谐振动的 x–t 关系曲线如例图 19–2 所示, 求:

(1) 两个简谐振动的相位差;

(2) 两个简谐振动的合成振动的振动方程.

解 (1) 由题给的 x–t 图可知, $A_1 = A_2 = 5$ cm, $T = 4$ s, $\omega = \frac{\pi}{2}$ s^{-1}. $t = 0$ 时, 两简谐振动的旋转矢量图如例图 19–2 (b) 所示. 利用旋转矢量图示法可判定

$$\varphi_1 = 0, \quad \varphi_2 = \frac{3}{2}\pi$$

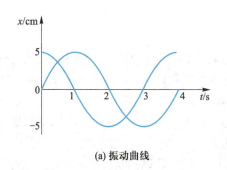

(a) 振动曲线

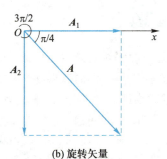

(b) 旋转矢量

例图 19–2

(2) 利用旋转矢量法可知合成振动的振幅

$$A = \sqrt{A_1^2 + A_2^2} = \sqrt{5^2 + 5^2}\ \mathrm{cm} = 5\sqrt{2}\ \mathrm{cm}$$

合成振动的初相

$$\varphi = \arctan\frac{y}{x} = \arctan\frac{-A_2}{A_1} = -\frac{\pi}{4}$$

合成振动的角频率与分振动的角频率相同, 都为 $\frac{\pi}{2}\ \mathrm{s^{-1}}$. 故合成振动的振动方程为

$$x = 5\sqrt{2}\cos\left(\frac{\pi}{2}t - \frac{\pi}{4}\right)\ (\mathrm{cm})$$

五　习题解答

19-1　设一弹簧振子在水平或竖直悬挂振动时均为简谐振动, 且有相同的频率, 如将其装置在光滑斜面上, 它是否仍能作简谐振动? 如能, 则其频率是否不变?

答　由题给条件可知, 该振子由水平改为竖直悬挂 (即改变了振子原长) 后, 振子仍能作简谐振动, 且同频率. 而置于光滑斜面与水平放置相比, 也仅仅是改变了振子的原长, 故知此时的振子仍能作简谐振动, 且与水平放置振子的振动同频率.

19-2　判断下列振动是否为简谐振动:

(1) 质量为 m 的小滑块在半径为 R 的光滑半球面内底部作微小摆动;

(2) 小球在地面上作完全弹性的上下跳动.

答　(1) 小滑块的摆动为简谐振动, 因为小滑块摆动中所受到的力矩 $M = -mgR\sin\theta \approx -mgR\theta$ (参见例 19.2), 与摆动的角坐标正比反号, 符合简谐振动的动力学特征.

(2) 小球在地面上作完全弹性的上下跳动, 这不是简谐振动. 因为小球受到的重力是恒力, 不是回复力, 不符合简谐振动的动力学特征.

19-3　弹簧振子作简谐振动时, 在哪些振动阶段上, 振子的速度和加速度是同号的? 哪些振动阶段速度和加速度是异号的? 加速度为正时振子是否一定为加速振动? 加速度为负时振子是否一定是减速振动?

答　当弹簧振子从正向最大位移或负向最大位移处向着平衡位置运动时, 振子的速度和加速度同号.

当弹簧振子从平衡位置向着正向最大位移或负向最大位移处运动时, 振子的速度和加速度异号.

加速度为正时振子不一定为加速振动, 只有振子从负向最大位移处向着平衡位置运动时才满足加速度为正时振子加速的情况.

加速度为负时振子不一定为减速振动, 只有振子从平衡位置向着正向最大位移处运动时才满足加速度为负时振子减速的情况.

19-4　弹簧振子及单摆均可作简谐振动, 若将二者搬到月球上去, 是否仍为简谐振动? 二

者频率有何变化? (月球上的重力加速度约为 $\frac{1}{6}g$)

答 若将弹簧振子及单摆搬到月球上去, 二者均仍可作简谐振动. 其中弹簧振子的频率 $\nu = \frac{1}{2\pi}\sqrt{\frac{k}{m}}$, 因其只和弹性系数 k 和振子质量 m 有关, 所以频率保持不变.

而单摆的频率 $\nu_{月球} = \frac{1}{2\pi}\sqrt{\frac{g_{月球}}{l}}$, 其中 $g_{月球} = \frac{1}{6}g$, l 为摆长, 保持不变, 所以单摆在月球上的频率为在地球上的 $\frac{\sqrt{6}}{6} \approx 0.41$ 倍.

19–5 在理想情况下, 弹簧振子的角频率 $\omega = \sqrt{\frac{k}{m}}$, 如果弹簧的质量不能忽视, 则振动的角频率将 (   ).

A. 增大   B. 不变   C. 减小   D. 不能确定

解 由角频率的定义式 $\omega = \sqrt{\frac{k}{m}}$ 可以看出, 如果弹簧的质量 m' 不能忽略, 则相当于弹簧振子质量的增加, 角频率 ω 减少, 是故选 C.

19–6 一弹簧振子振动频率为 ν_0, 若将弹簧剪去一半, 则此弹簧振子振动频率 ν 和原有频率 ν_0 的关系是 (   ).

A. $\nu = \nu_0$ B. $\nu = \frac{1}{2}\nu_0$ C. $\nu = 2\nu_0$ D. $\nu = \sqrt{2}\nu_0$

解 设原弹簧振子的质量为 m, 弹性系数为 k, 则其频率 $\nu_0 = \frac{\omega}{2\pi} = \frac{1}{2\pi}\sqrt{\frac{k}{m}}$. 设剪去一半后的弹簧弹性系数为 k_1, 这时, 原弹簧便可看成是两根 k_1 的串联, 由串联弹簧的弹性系数公式可知, $k = \frac{k_1}{2}$. 故剪去一半后弹簧振子的频率 $\nu = \frac{1}{2\pi}\sqrt{\frac{k_1}{m}} = \frac{1}{2\pi}\sqrt{\frac{2k}{m}} = \sqrt{2}\nu_0$. 是故选 D.

19–7 一单摆摆长为 l, 摆锤质量为 m, 则其振动周期 $T = $ _____.

解 由单摆的运动方程可知, 其角频率

$$\omega = \sqrt{\frac{g}{l}}$$

据定义, 单摆的周期

$$T = \frac{2\pi}{\omega} = \frac{2\pi}{\sqrt{g/l}} = 2\pi\sqrt{\frac{l}{g}}$$

故空填 "$2\pi\sqrt{\frac{l}{g}}$".

19–8 两同方向、同频率的简谐振动, 其振动方程分别为

$$x_1 = 6 \times 10^{-2} \cos\left(5t + \frac{\pi}{2}\right)$$

$$x_2 = 2 \times 10^{-2} \cos\left(\frac{\pi}{2} - 5t\right)$$

式中, x_1, x_2 以 m 为单位, t 以 s 为单位. 它们的合成振动的振幅 $A = \underline{\qquad}$, 初相 $\varphi = \underline{\qquad}$.

解 合成振动的振幅

$$A = \sqrt{A_1^2 + A_2^2 + 2A_1A_2\cos\Delta\varphi}$$

$$= \sqrt{(6\times10^{-2})^2 + (2\times10^{-2})^2 + 2\times6\times10^{-2}\times2\times10^{-2}\cos\pi}\ \mathrm{m}$$

$$= 4\times10^{-2}\ \mathrm{m}$$

初相

$$\varphi = \arctan\frac{A_1\sin\varphi_1 + A_2\sin\varphi_2}{A_1\cos\varphi_1 + A_2\cos\varphi_2}$$

$$= \arctan\frac{6\times10^{-2}\sin\dfrac{\pi}{2} + 2\times10^{-2}\sin\left(-\dfrac{\pi}{2}\right)}{6\times10^{-2}\cos\dfrac{\pi}{2} + 2\times10^{-2}\cos\dfrac{\pi}{2}}$$

$$= \arctan\infty = \pi/2$$

故前空填 "4×10^{-2} m", 后空填 "$\pi/2$". 本题也可用旋转矢量法求解: 先图示振动, 后看图作答, 方法简便、直观, 结果完全相同, 有兴趣的读者可以亲自试试.

19–9 如解图 19–9 所示, 一质量为 m 的匀质直杆放在两个迅速旋转的轮上, 两轮旋转方向相反, 轮间距离 $l = 20$ cm, 杆与轮之间的摩擦系数 $\mu = 0.18$. 证明在此情况下直杆作谐振动, 并求其振动周期.

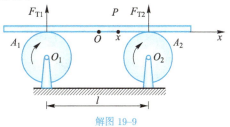

解图 19–9

解 以两轮轮心间距的中心为原点作 x 轴, 当重心由 $x = 0$ 处移到 x 处时, 考虑到杆对通过 A_2 的水平轴 (与 x 轴垂直) 无转动, 于是有

$$F_{\mathrm{T1}}l - mg\left(\frac{l}{2} - x\right) = 0 \tag{1}$$

同理可得

$$F_{\mathrm{T2}}l - mg\left(\frac{l}{2} + x\right) = 0 \tag{2}$$

由式 (1)、(2) 得

$$F_{\mathrm{T1}} - F_{\mathrm{T2}} = -\frac{2mgx}{l} \tag{3}$$

故杆受到的摩擦力 (沿 x 轴)

$$F = m\frac{\mathrm{d}^2x}{\mathrm{d}t^2} = F_{\mathrm{T1}}\mu - F_{\mathrm{T2}}\mu = \mu(F_{\mathrm{T1}} - F_{\mathrm{T2}}) = -\frac{2\mu mg}{l}x = -kx$$

所以, 杆的运动为简谐振动, 其角频率 $\omega = \sqrt{\dfrac{k}{m}} = \sqrt{\dfrac{2\mu g}{l}}$, 其周期

$$T = \frac{2\pi}{\omega} = \pi\sqrt{\frac{2l}{\mu g}} = \pi\sqrt{\frac{2\times0.2}{0.18\times9.8}}\ \mathrm{s} = 1.5\ \mathrm{s}$$

19-10 一质量为 2×10^4 t 的货轮浮于水面, 其水平截面积为 2×10^3 m². 设水面附近的货轮截面积不随轮船高度而变化. 证明此货轮在水中的垂直运动是简谐振动, 并求其振动周期.

解 设由于某种原因而使货轮垂直下降 x 的距离, 则货轮受到的浮力 (方向与运动方向相反)

$$F = -Sxg\rho_{水} = -kx$$

故知此货轮的垂直运动为简谐振动. 其角频率

$$\omega = \sqrt{\frac{k}{m}} = \sqrt{\frac{Sg\rho_{水}}{m}} = \sqrt{\frac{2 \times 10^3 \times 10 \times 10^3}{2 \times 10^4 \times 10^3}} \ \text{rad} \cdot \text{s}^{-1} = 1 \ \text{rad} \cdot \text{s}^{-1}$$

其周期

$$T = \frac{2\pi}{\omega} = 2\pi \ \text{s} = (2 \times 3.14) \ \text{s} = 6.3 \ \text{s}$$

19-11 求如解图 19-11 所示系统的振动频率:

(1) 将两个弹性系数分别为 k_1, k_2 的轻弹簧串联后与质量为 m 的物体相连;

(2) 将两个弹性系数分别为 k_1, k_2 的轻弹簧并联后与质量为 m 的物体相连.

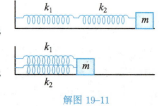

解图 19-11

解 求解本题的关键是求出串、并联弹簧的弹性系数. 在力学中, 我们已求出串联弹簧的弹性系数 $k_{串} = \dfrac{k_1 k_2}{k_1 + k_2}$, 并联弹簧的弹性系数 $k_{并} = k_1 + k_2$, 故对于 (1), 则有

$$\omega_1 = \sqrt{\frac{k_{串}}{m}} = \sqrt{\frac{k_1 k_2 / (k_1 + k_2)}{m}} = \sqrt{\frac{k_1 k_2}{m(k_1 + k_2)}}$$

$$\nu_1 = \frac{\omega}{2\pi} = \frac{1}{2\pi} \sqrt{\frac{k_1 k_2}{m(k_1 + k_2)}}$$

对于 (2) 则有

$$\omega_2 = \sqrt{\frac{k_{并}}{m}} = \sqrt{\frac{k_1 + k_2}{m}}$$

$$\nu_2 = \frac{1}{2\pi} \omega = \frac{1}{2\pi} \sqrt{\frac{k_1 + k_2}{m}}$$

19-12 某卷扬机上吊一质量为 3 t 的重物, 当重物正以 3 m · s⁻¹ 的速度下降时, 钢丝绳 (其弹性系数 k 为 2.7×10^6 N·m⁻¹) 的上端突然因故被卡住, 此时重物的最大振幅和钢丝绳受到的最大拉力.

解 注意到题给条件 $x_0 = 0$, $v_0 = 3 \ \text{m} \cdot \text{s}^{-1}$, $\omega = \sqrt{\dfrac{k}{m}} = \sqrt{\dfrac{2.7 \times 10^6}{3.0 \times 10^3}} \ \text{s}^{-1} = 30 \ \text{s}^{-1}$, 由振

幅公式可得重物的最大振幅

$$A = \sqrt{x_0^2 + \left(\frac{v_0}{\omega}\right)^2} = \sqrt{0 + \left(\frac{3}{30}\right)^2}\ \text{m} = 0.1\ \text{m}$$

钢丝绳受到的最大拉力

$$F = kA = 2.7 \times 10^6 \times 0.1\ \text{N}$$

$$= 2.7 \times 10^5\ \text{N}$$

19-13 一单摆长 1 m, 最大摆角为 5°:

(1) 求单摆的角频率及周期;

(2) 如 $t = 0$ 时摆角处于正向最大处, 写出其振动方程;

(3) 当单摆至 3° 时的角速度及摆球线速度各为多大?

解 (1) 由角频率公式可得摆的角频率

$$\omega = \sqrt{\frac{g}{l}} = \sqrt{\frac{9.8}{1}}\ \text{rad} \cdot \text{s}^{-1} = 3.13\ \text{rad} \cdot \text{s}^{-1}$$

故周期

$$T = \frac{2\pi}{\omega} = \frac{2 \times 3.14}{3.13}\ \text{s} = 2.0\ \text{s}$$

(2) 设单摆的振动方程为 $\theta = \theta_0 \cos(\omega t + \varphi)$. 由假设条件 $t = 0$ 时 $\theta = \theta_0$ 可知, $\varphi = 0$, 而 $\theta_0 = \frac{5}{180} \times 3.14 = 8.72 \times 10^{-2}\ \text{rad}$, 故单摆的振动方程为

$$\theta = 8.72 \times 10^{-2} \cos 3.13t$$

(3) 单摆的角速度

$$\omega' = \frac{\mathrm{d}\theta}{\mathrm{d}t} = -8.72 \times 10^{-2} \times 3.13 \sin 3.13t$$

由 $\theta = 3°$ 可以求得相应时间 t_3 的正弦

$$\sin 3.13t_3 = 0.8$$

将之代入上式, 得摆至 3° 时的角速度

$$\omega' = 0.22\ \text{rad} \cdot \text{s}^{-1}$$

线速度

$$v = l\omega' = 0.22\ \text{m} \cdot \text{s}^{-1}$$

19-14 两质点沿同一方向作同频率、同振幅的谐振动, 每当它们经过 $\frac{A}{2}$ 及 $-\frac{A}{2}$ 时都相遇且运动方向相反, 用旋转矢量法及分析法求两谐振动的相位差.

解 (1) 旋转矢量法　设作简谐振动的质点 2 的相位超前于质点 1, 两个简谐振动的旋转矢量如解图 19–14 所示. 由图可知, 无论是在 $x = \dfrac{A}{2}$ 处还是在 $x = -\dfrac{A}{2}$ 处, 两个简谐振动的相差均为 $\dfrac{2}{3}\pi$, 即

$$\Delta\varphi = \varphi_2 - \varphi_1 = \frac{2}{3}\pi$$

解图 19–14

(2) 分析法　由分析法知, 在 $x = \dfrac{A}{2}$ 处, 有

$$x = \frac{A}{2} = A\cos(\omega t + \varphi)$$

解之, 得

$$\varphi_2 = 2k\pi + \frac{\pi}{3}$$
$$\varphi_1 = 2k\pi - \frac{\pi}{3}$$
$$\Delta\varphi = \varphi_2 - \varphi_1 = \frac{2}{3}\pi$$

在 $x = -\dfrac{A}{2}$ 处有

$$-\frac{A}{2} = A\cos(\omega t + \varphi)$$

解之, 得

$$\varphi_2 = (2k+1)\pi + \frac{\pi}{3}$$
$$\varphi_1 = (2k+1)\pi - \frac{\pi}{3}$$
$$\Delta\varphi = \varphi_2 - \varphi_1 = \frac{2}{3}\pi$$

19–15　用旋转矢量法分析判断如解图 19–15(a) 所示的两个同频率、同方向的简谐振动谁的相位超前? 其值为多少?

解　据解图 19–15(a) 作 x_1、x_2 的旋转矢量图如解图 19–15(b) 所示, 从图中可以清楚地看出, x_1 的相位超前, 其值为 $\pi/2$.

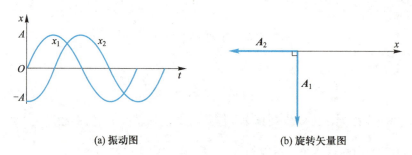

(a) 振动图　　　　　　　　　(b) 旋转矢量图

解图 19–15

19–16　质量为 0.1 kg 的小球与轻弹簧组成弹簧振子, 按 $x = 0.1\cos\left(8\pi t + \dfrac{2}{3}\pi\right)$ 的规律作简谐振动, 式中 x 以 m 为单位, t 以 s 为单位.

(1) 求振动周期、振幅、初相及速度、加速度的最大值;

(2) 作此简谐振动的 $x - t$, $v - t$, $a - t$ 曲线图.

解　(1) 由振动方程可以看出, 其周期 $T = \dfrac{2\pi}{\omega} = \dfrac{2\pi}{8\pi} = 0.25$ s, 振幅 $A = 0.1$ m, 初相 $\varphi = \dfrac{2\pi}{3}$, 其速度

$$v = \frac{\mathrm{d}x}{\mathrm{d}t} = -0.1 \times 8\pi\sin\left(8\pi t + \frac{2}{3}\pi\right)$$

$$= -2.5\sin\left(8\pi t + \frac{2\pi}{3}\right)$$

速度最大值

$$v_{\max} = 2.5 \text{ m}\cdot\text{s}^{-1}$$

其加速度

$$a = \frac{\mathrm{d}v}{\mathrm{d}t} = -0.8\pi \times 8\pi\cos\left(8\pi t + \frac{2}{3}\pi\right)$$

$$= -63.2\cos\left(8\pi t + \frac{2\pi}{3}\right)$$

加速度最大值

$$a_{\max} = 63.2 \text{ m}\cdot\text{s}^{-2}$$

(2) $x{-}t$, $v{-}t$, $a{-}t$ 曲线如解图 19–16 所示.

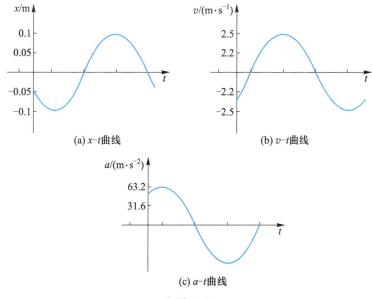

(a) $x{-}t$曲线　　(b) $v{-}t$曲线

(c) $a{-}t$曲线

解图 19–16

19–17 振子沿 x 轴作简谐振动, 其振动方程为 $x = A\cos(\omega t + \varphi)$, 其中 $A = 2\ \text{cm}$, $T = 1\ \text{s}$, $\varphi = \dfrac{\pi}{2}$, 求:

(1) 振子由 $-\sqrt{2}\ \text{cm}$ 处运动至 $\sqrt{3}\ \text{cm}$ 处所需的最短时间;

(2) 振子由 $\sqrt{3}\ \text{cm}$ 处经 2 cm 处回到 $-\sqrt{2}\ \text{cm}$ 处所需最短时间.

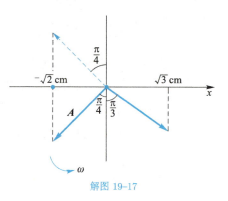

解图 19–17

解 本题用旋转矢量法求解较简便. 由题意知, $\omega = 2\pi/T = 2\pi\ \text{rad} \cdot \text{s}^{-1}$, $A = 2\ \text{cm}$, 简谐振动的旋转矢量如解图 19–17 所示.

(1) 从矢量图可知, 振子由 $-\sqrt{2}\ \text{cm}$ 处运动到 $\sqrt{3}\ \text{cm}$ 处旋转矢量最少需转过 $\Delta\varphi_1 = \dfrac{\pi}{4} + \dfrac{\pi}{3}$ 角度, 故运动所需最少时间

$$\Delta t_1 = \frac{\Delta\varphi_1}{\omega} = \frac{\dfrac{\pi}{4} + \dfrac{\pi}{3}}{2\pi}\ \text{s} = 0.29\ \text{s}$$

(2) 振子由 $\sqrt{3}\ \text{cm}$, 经 2 cm 处再回到 $-\sqrt{2}\ \text{cm}$ 处, 旋转矢量最少需转过 $\Delta\varphi_2 = \dfrac{\pi}{6} + \dfrac{\pi}{2} + \dfrac{\pi}{4} = \dfrac{11\pi}{12}$ 角度, 故运动所需最短时间

$$\Delta t_2 = \frac{\Delta\varphi_2}{\omega} = \frac{11\pi/12}{2\pi}\ \text{s} = \frac{11}{24}\ \text{s} = 0.46\ \text{s}$$

19–18 质量为 0.2 kg 的质点作简谐振动, 其振动方程为 $x = 0.60\sin\left(5t - \dfrac{\pi}{2}\right)$ (SI 单位), 求:

(1) 振动周期;

(2) 质点初始位置, 初始速度;

(3) 质点在何位置时其动能和势能相等?

解 (1) 由振动方程

$$x = 0.60\sin\left(5t - \frac{\pi}{2}\right)$$

知 $A = 0.60\ \text{m}$, $\omega = 5\ \text{rad} \cdot \text{s}^{-1}$, 故振动周期

$$T = \frac{2\pi}{\omega} = \frac{2 \times 3.14}{5}\ \text{s} = 1.26\ \text{s}$$

(2) 由振动方程得

$$x_0 = -0.60\ \text{m}$$
$$v_0 = \frac{\mathrm{d}x}{\mathrm{d}t}\bigg|_{t=0} = 3.0\cos\left(5t - \frac{\pi}{2}\right) = 0$$

(3) 设质点在 x 处的动能与势能相等. 由于振动的总能量为常量, 即 $E_k + E_p = E$ (常量), 故有

$$E_k = E_p = \frac{1}{2}E = \frac{1}{2}\left(\frac{1}{2}kA^2\right)$$

即

$$\frac{1}{2}kx^2 = \frac{1}{2} \times \frac{1}{2}kA^2$$

解之, 得

$$x = \pm\frac{\sqrt{2}}{2}A = \pm 0.42\ \text{m}$$

19-19　一弹性系数为 $10^4\ \text{N} \cdot \text{m}^{-1}$ 的轻弹簧, 其一端固定, 另一端连接一质量为 $0.99\ \text{kg}$ 的滑块, 静止地置于光滑的水平面上. 一质量为 $0.01\ \text{kg}$ 的子弹以 $400\ \text{m} \cdot \text{s}^{-1}$ 的速率沿水平方向射入滑块内使滑块振动. 求其振动方程 (选滑块开始运动时作为计时起点).

解　设其振动方程为 $x = A\cos(\omega t + \varphi)$. 由题意知, 振子的角频率

$$\omega = \sqrt{\frac{k}{m}} = \sqrt{\frac{1 \times 10^4}{0.99 + 0.01}}\ \text{rad} \cdot \text{s}^{-1} = 100\ \text{rad} \cdot \text{s}^{-1}$$

设振子获得子弹的动能后移动的最大距离为 A, 则有

$$\frac{1}{2}kA^2 = \frac{1}{2}mv^2$$

即

$$A = \sqrt{\frac{mv^2}{k}} = \sqrt{\frac{0.01 \times 400^2}{1 \times 10^4}}\ \text{m} = 0.4\ \text{m}$$

由初始条件 $t = 0$ 时, $x = 0$ 可知, $\varphi = \pm\pi/2$, 考虑到 $t = 0$ 时, $v = \dfrac{\mathrm{d}x}{\mathrm{d}t} = -A\omega\sin\varphi > 0$, 故 $\sin\varphi < 0$, $\varphi = -\dfrac{\pi}{2}$. 于是待求方程为

$$x = 0.4\cos\left(100t - \frac{\pi}{2}\right)$$

19-20　一光滑平面上的弹簧振子, 其弹性系数为 k, 振子质量为 m, 当它作振幅为 A 的谐振动时, 一块质量为 m' 的黏土从高度 h 处自由下落在振子上.

(1) 振子在最远位置处, 黏土落在振子上, 其振动周期和振幅有何变化?

(2) 振子经过平衡位置时, 黏土落在振子上, 其振动周期及振幅有何变化?

解　(1) 根据水平方向的动量守恒知, 黏土在振子的最远位置处落下与振子相碰, 这时振子在水平方向的速度 ($v_0 = 0$) 不变, 而 $x_0 = A$, 故新系统的振幅

$$A' = \sqrt{x_0^2 + \left(\frac{v_0}{\omega}\right)^2} = \sqrt{A^2 + 0} = A\ (\text{原振子的振幅})$$

即振幅不变. 而

$$\omega^2 = \frac{k}{m}; \quad \omega'^2 = \frac{k}{m + m'} < \omega^2$$

故

$$T' = \frac{2\pi}{\omega'} > \frac{2\pi}{\omega} = T$$

即周期增大.

(2) 黏土在振子经过平衡位置时落于其上, 此时原振子的速度

$$v = \pm \omega A = \pm A\sqrt{\frac{k}{m}}$$

黏土落下与 m 相碰, 根据水平方向的动量守恒可以得到新系统的速度

$$v' = \frac{mv}{m + m'} = \pm \frac{\sqrt{mk}}{m + m'}A \tag{1}$$

根据机械能守恒定律得

$$\frac{1}{2}kA'^2 = \frac{1}{2}(m + m')v'^2 \tag{2}$$

联立式 (1)、(2) 可以解得

$$A' = \sqrt{\frac{m}{m + m'}}A < A$$

与 (1) 同法可得, 这时的周期也增大.

19-21 一简谐振动的位置时间曲线如解图 19-21 所示, 求其振动方程.

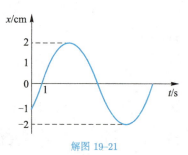

解图 19-21

解 设其振动方程为

$$x = A\cos(\omega t + \varphi) \tag{1}$$

由图可见, $A = 2 \text{ cm} = 2 \times 10^{-2} \text{ m}$.

当 $t = 0$ 时, $x = 2\cos\varphi = -1$, 故知 $\varphi = \pm\frac{2}{3}\pi$, 但此时振子向 x 轴正方向运动, 故知

$$\varphi = -\frac{2\pi}{3}$$

由 $t = 1$ 时, $x = A\cos\left(\omega - \frac{2\pi}{3}\right) = 0$, 结合图示可知

$$\omega - \frac{2\pi}{3} = -\frac{\pi}{2}$$

解之, 得

$$\omega = \frac{\pi}{6}$$

将 A、ω、φ 之值代入式 (1), 得

$$x = 2 \times 10^{-2} \cos\left(\frac{\pi}{6}t - \frac{2}{3}\pi\right)$$

19–22 已知两简谐振动的振动方程分别为

$$x_1 = \cos\left(5t + \frac{5}{6}\pi\right), \ x_2 = \sqrt{3}\cos\left(5t + \frac{\pi}{3}\right)$$

其中 x_1、x_2 以 m 为单位，t 以 s 为单位，求其合成后的振动方程.

解　设其合振动方程为

$$x = A\cos(\omega t + \varphi) \tag{1}$$

由振动合成规律知

$$
\begin{aligned}
A &= \sqrt{A_1^2 + A_2^2 + 2A_1 A_2 \cos(\varphi_2 - \varphi_1)} \\
&= \sqrt{1^2 + (\sqrt{3})^2 + 2 \times 1 \times \sqrt{3} \times \cos\left(\frac{\pi}{3} - \frac{5}{6}\pi\right)}\ \text{m} = 2\ \text{m}
\end{aligned}
$$

$$\omega = 5\ \text{rad} \cdot \text{s}^{-1}$$

$$
\begin{aligned}
\varphi &= \arctan\frac{A_1 \sin\varphi_1 + A_2 \sin\varphi_2}{A_1 \cos\varphi_1 + A_2 \cos\varphi_2} = \arctan\frac{1 \times \sin\frac{5\pi}{6} + \sqrt{3} \times \sin\frac{\pi}{3}}{1 \times \cos\frac{5\pi}{6} + \sqrt{3} \times \cos\frac{\pi}{3}} \\
&= \arctan\infty = \pi/2
\end{aligned}
$$

将 A、ω、φ 的值代入式 (1)，得合振动方程

$$x = 2\cos\left(5t + \frac{\pi}{2}\right)$$

19–23 解图 19–23 中两曲线 a 和 b 分别表示两同频率、同方向的简谐振动的 $x - t$ 关系，求其合成后的振动方程.

解　设合成后的振动方程为

$$x = A\cos(\omega t + \varphi)$$

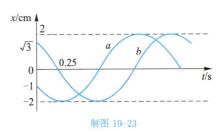

解图 19–23

其中，

$$A = \sqrt{A_1^2 + A_2^2 + 2A_1 A_2 \cos(\varphi_2 - \varphi_1)} \tag{1}$$

$$\varphi = \arctan\frac{A_1 \sin\varphi_1 + A_2 \sin\varphi_2}{A_1 \cos\varphi_1 + A_2 \cos\varphi_2} \tag{2}$$

由图知，

$$A_1 = A_2 = 2\ \text{cm}$$

$$x_1 = x_a = 2\cos\varphi_1 = -1\ \text{cm}$$

且向负最大方向运动, 故知

$$\varphi_1 = \frac{2}{3}\pi$$

$$x_2 = x_b = 2\cos\varphi_2 = \sqrt{3}\ \text{cm}$$

且向平衡 (零) 位置运动, 故知

$$\varphi_2 = \frac{\pi}{6}$$

由 $t = 0.25$ s, $x_2 = 2\cos\left(\omega \times \dfrac{1}{4} + \dfrac{\pi}{6}\right) = 0$, 且向负最大方向运动, 可知 $\dfrac{\omega}{4} + \dfrac{\pi}{6} = \dfrac{\pi}{2}$, 解之, 得

$$\omega = \frac{4}{3}\pi$$

将以上解得的 A_1、A_2、φ_1、φ_2 代入式 (1), 得

$$A = \sqrt{2^2 + 2^2 + 2 \times 2 \times 2\cos\left(\frac{\pi}{6} - \frac{2\pi}{3}\right)}\ \text{cm} = 2\sqrt{2}\ \text{cm}$$

代入式 (2), 得

$$\varphi = \arctan\frac{2 \times \sin\dfrac{2\pi}{3} + 2 \times \sin\dfrac{\pi}{6}}{2 \times \cos\dfrac{2\pi}{3} + 2 \times \cos\dfrac{\pi}{6}} = \pm\frac{5}{12}\pi$$

但 $\dfrac{-5}{12}\pi$ 不合题意 (φ_1、φ_2 均大于零), 故取 $\varphi = \dfrac{5}{12}\pi$. 于是合振动方程

$$x = 2\sqrt{2} \times 10^{-2}\cos\left(\frac{4\pi}{3}t + \frac{5}{12}\pi\right)$$

19–24 两个同方向的简谐振动周期相同, 振幅分别为 $A_1 = 0.05$ m, $A_2 = 0.07$ m, 已知其合振动的振幅 $A = 0.09$ m, 求分振动的相位差.

解 由合振幅公式

$$A^2 = A_1^2 + A_2^2 + 2A_1 A_2 \cos\ \Delta\varphi$$

可得

$$\cos\ \Delta\varphi = \frac{A^2 - A_1^2 - A_2^2}{2A_1 A_2} = \frac{0.09^2 - 0.05^2 - 0.07^2}{2 \times 0.05 \times 0.07} = 0.1$$

$$\Delta\varphi = 84.3°$$

19–25 两个同方向、同频率的简谐振动的合成振幅为 0.20 m, 合成振动的相位与第一振动相位差为 $\dfrac{\pi}{6}$, 已知第一振动振幅 0.173 m, 求第二振动的振幅及第一、第二振动之间的相位差.

解　作旋转矢量 $\boldsymbol{A}_1$、$\boldsymbol{A}_2$ 如解图 19-25 所示. 利用余弦定理可解得

$$
\begin{aligned}
A_2 &= \sqrt{A_1^2 + A^2 - 2A_1 A \cos\frac{\pi}{6}} \\
&= \sqrt{0.173^2 + 0.20^2 - 2 \times 0.173 \times 0.20 \times \frac{\sqrt{3}}{2}}\ \mathrm{m} \\
&= 0.10\ \mathrm{m}
\end{aligned}
$$

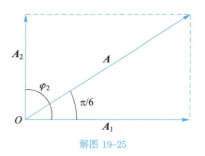

解图 19-25

由题设知 $A_1 = \dfrac{\sqrt{3}}{10}$ m, $A = 0.20$ m, 故

$$
A^2 = A_1^2 + A_2^2,\quad \varphi_2 = \frac{\pi}{2};\quad \Delta\varphi = \varphi_2 - \varphi_1 = \frac{\pi}{2}
$$

19-26　设两同方向的一维简谐运动 (以到达最大位移为计时起点) 的运动学方程分别为

$$
x_1 = 10 \times 10^{-2} \cos 98\pi t \quad (\text{SI 单位})
$$
$$
x_2 = 10 \times 10^{-2} \cos 100\pi t \quad (\text{SI 单位})
$$

它们在空间相遇后产生了拍现象. 求其拍振幅及拍频.

解　由题意知 $A_1 = A_2 = 0.1$ m, $\nu_1 = 49$ Hz, $\nu_2 = 50$ Hz.

由拍振幅公式可得拍振幅

$$
\begin{aligned}
A' &= \left| 2A \cos 2\pi \frac{\nu_2 - \nu_1}{2} \right| \\
&= \left| 2 \times 0.1 \cos 2\pi \frac{50 - 49}{2} \right| \\
&= 0.2\ \mathrm{m}
\end{aligned}
$$

由拍频公式可得拍频

$$
\nu' = \nu_2 - \nu_1 = (50 - 49)\ \mathrm{Hz} = 1\ \mathrm{Hz}
$$

六　自我检测

19-1　一弹性系数为 k 的轻弹簧截成三等份, 取出其中的两根, 将它们并联, 下面挂一质量为 m 的物体, 如检图 19-1 所示. 则振动系统的频率为 (　　).

A. $\dfrac{1}{2\pi}\sqrt{\dfrac{k}{3m}}$　　B. $\dfrac{1}{2\pi}\sqrt{\dfrac{k}{m}}$　　C. $\dfrac{1}{2\pi}\sqrt{\dfrac{3k}{m}}$　　D. $\dfrac{1}{2\pi}\sqrt{\dfrac{6k}{m}}$

检图 19-1

19-2　已知两个简谐振动的振动曲线如检图 19-2 所示. 两简谐振动的最大速率之比为 _____.

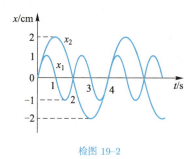

检图 19-2

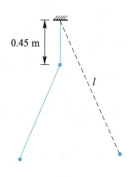

检图 19-3

19-3 一水平弹簧简谐振子的振动曲线如检图 19-3 所示. 当振子处在位移为零、速度为 $-\omega A$、加速度为零和弹性力为零的状态时, 应对应于曲线上的 _____ 点. 当振子处在位移的绝对值为 A、速度为零、加速度为 $-\omega^2 A$ 和弹性力为 $-kA$ 的状态时, 应对应于曲线上的 _____ 点.

19-4 一单摆的悬线长 $l = 1.5$ m, 在顶端固定点的竖直下方 0.45 m 处有一小钉, 如检图 19-4 所示, 求单摆左、右两侧振幅之比.

0.45 m

l

检图 19-4

19-5 在一轻弹簧的下端挂一质量 $m_0 = 100$ g 的砝码时, 弹簧伸长 8 cm. 现在这根弹簧的下端挂一质量 $m = 250$ g 的物体构成一弹簧振子. 将物体从平衡位置向下拉动 4 cm, 并给以向上 21 cm·s^{-1} 的初速度 (这时 $t = 0$), 选 x 轴指向下方, 求其振动方程.

自我检测
参考答案

第二十章 机械波

一 目的要求

1. 掌握描述波的特征量 (参量) 的物理意义及其相互关系.
2. 掌握波函数的建立方法及波函数的物理意义.
3. 掌握波的叠加原理. 掌握波的相干条件. 能用相位差或波程差概念来分析和确定相干波叠加后振幅加强或减弱的条件及规律.
4. 理解波的能量传播特征及能流、能流密度等概念.
5. 理解驻波和相位突变的形成.
6. 理解多普勒效应的成因.
7. 了解声波、超声波、次声波及声强级的概念.

二 内容提要

1. 机械波产生的条件 机械波的产生必须同时具备两个条件: 第一, 要有作机械振动的物体——波源; 第二, 要有能够传播机械波的载体——弹性介质.

2. 机械波的基本特征及其描述参量 机械波的基本特征是它的空间周期性与时间周期性. 它们常用如下参量 (物理量) 来描述:

(1) 波长 在同一波线上振动状态完全相同的两相邻质点间的距离 (一个完整波的长度), 它是波的空间周期性的反映.

(2) 周期与频率 波前进一个波长距离所需的时间, 它反映了波的时间周期性. 周期的倒数称为频率, 波源的振动频率也就是波的频率.

(3) 波速 单位时间里振动状态 (或波形) 在介质中传播的距离 (即波传播的快慢), 它与波源的振动速度是两个不同的概念.

波速 u、波长 λ、周期 T (频率) 之间的关系为

$$u = \frac{\lambda}{T} = \nu\lambda$$

3. 波函数及其物理意义 描述波动中质点位移随时间、空间而周期变化的函数称为波函数, 又称波动方程, 它是空间质点波动行为的表征. 一个行进中的波 (即行波), 其数学表达式 (沿着 x 轴正方向传播) 为

$$y = A\cos\left[\omega\left(t - \frac{x}{u}\right) + \varphi\right]$$

若波沿着 x 轴负方向传播, 则其波函数为

$$x = A\cos\left[\omega\left(t + \frac{x}{u}\right) + \varphi\right]$$

4. 波的能量 波的动能与势能之和称为波的能量, 其特点是同体积元中的动能和势能相等, 即

$$\Delta E_{\mathrm{k}} = \Delta E_{\mathrm{p}} = \frac{1}{2}\rho\Delta V A^2\omega^2\sin^2\left[\omega\left(t - \frac{x}{u}\right) + \varphi\right]$$

这与振动的能量特征是不同的. 体积元中的总能量

$$\Delta E = \Delta E_{\mathrm{k}} + \Delta E_{\mathrm{p}} = \rho\Delta V A^2\omega^2\sin^2\left[\omega\left(t - \frac{x}{u}\right) + \varphi\right]$$

5. 能流密度 一个周期内垂直通过某一面积的波的能量的平均值称为波的平均能流; 通过垂直于波的传播方向上单位面积的平均能流称为能流密度, 亦称波的强度简称波强, 其表达式为

$$I = \frac{\overline{P}}{S} = \overline{w}u = \frac{1}{2}\rho A^2\omega^2 u$$

6. 惠更斯原理与波的衍射 介质中波动传到的各点均可看作能够发射子波的新波源, 此后的任一时刻, 这些子波的包迹就是该时刻的波前, 这一规律称为惠更斯原理, 它为解决波的传播问题提供了理论基础.

波绕过障碍物而传播的现象称为波的衍射, 利用惠更斯原理可以很好地解释这一现象.

7. 波的叠加原理 当几列波在空间某点相遇时, 相遇点的振动为各列波到达该点所引起振动的叠加; 相遇后各波仍保持各自的特性, 继续沿原方向传播, 这一规律称为波的叠加原理, 又称波的独立传播原理.

8. 波的干涉　满足相干条件 (同频率、同振动方向且相位差恒定) 的两列波在空间相遇时将会出现在一些固定的地方合振幅最大, 而在另一些地方合振幅最小的现象. 这样的现象称为波的干涉. 其规律是:

(1) 若两列波的相位差

$$\Delta\varphi = \pm 2k\pi \quad (k = 0, 1, 2, \cdots)$$

则合成振动的振幅有极大值: $A = A_1 + A_2$, 为相长干涉.

(2) 若两列波的相位差

$$\Delta\varphi = \pm(2k+1)\pi \quad (k = 0, 1, 2, \cdots)$$

合成振动的振幅有极小值: $A = |A_1 - A_2|$, 为相消干涉.

9. 驻波　无波形和能量传播的波称为驻波, 它由两列同振幅的相干波在同一直线上沿相反方向传播时叠加而成, 是波的干涉中的一个特例, 其波函数为

$$y = \left[2A\cos\left(2\pi\frac{x}{\lambda}\right)\right]\cos 2\pi\nu t$$

其振幅随 x 作周期变化, 因而为分段的独立振动, 有恒定的波腹和波节出现, 其位置坐标为

$$x_{腹} = k\frac{\lambda}{2} \quad (k = 0, 1, \cdots)$$
$$x_{节} = (2k+1)\frac{\lambda}{4} \quad (k = 0, 1, \cdots)$$

10. 相位突变 (半波损失)　波由波疏介质行进到波密介质, 在分界面反射时会形成波节, 相当于反射波在反射点突然反相位 (即发生了 π 相位的突变), 损失了半个波.

11. 多普勒效应　观察者和波源之间有相对运动时, 观察者所测到的频率 ν' 和波源的频率 ν 不相同的现象, 其关系为

$$\nu' = \frac{u+v}{u-v_s}\nu$$

当观察者向波源运动时, $v > 0$, 取正值, 离开波源运动时, $v < 0$, 取负值; 当波源向着观察者运动时, $v_s > 0$, 取正值, 离开观察者运动时, $v_s < 0$, 取负值.

三　重点难点

平面简谐波 (由简谐振动传播所产生的波称为简谐波) 的波函数以及波的干涉, 是本章的重点. 学习波函数时, 要特别注意理解建立波函数的思路, 要从三个不同角度, 即从 $x =$ 常量、$t =$ 常量以及 x 和 t 都变化的三个方面去仔细理解波函数的物理意义.

本章的难点是波的干涉. 学习机械波的干涉问题时, 要注意掌握波的相干条件, 并能熟练地应用相位差或波程差的概念来分析和确定相干波叠加后振幅的极大与极小问题.

四　方法技巧

本章习题旨在加深对波动基本特征及波的干涉规律的理解, 大致可分为三类:

第一类是已知描述波的一些特征量求波函数, 或是已知波函数求波的特征量. 求解这类问题, 关键是要弄清各特征量的相互联系及波函数的物理意义, 并与波函数的标准式进行比较.

第二类是求解波的能量的有关问题. 这类问题的求解要注意弄清波动能量的特点以及它与振动能量特点的区别.

第三类是波的干涉. 求解此类问题的关键是要弄清波的相干条件及合振幅与相位差的关系, 特别是在相长干涉和相消干涉的条件下.

例 20-1　已知平面简谐波的波函数为

$$y = 20 \cos \pi (2.5t - 0.01x)$$

求其波长、周期和波速.

解　知道波函数求描述波动的物理量, 常用的方法是先将波函数与其标准式进行比较, 然后 "对号入座", 便可求出待求的物理量.

将题设的波函数与波函数的标准式 $y = A \cos 2\pi \left(\dfrac{t}{T} - \dfrac{x}{\lambda} \right)$ 进行比较, 得

$$\frac{2\pi}{\lambda} = 0.01\pi \ \mathrm{m}^{-1}, \quad \frac{2\pi}{T} = 2.5\pi \ \mathrm{s}^{-1}$$

解之, 得

$$\lambda = \frac{2}{0.01} \ \mathrm{m} = 200 \ \mathrm{m}$$

$$T = \frac{2}{2.5} \ \mathrm{s} = 0.8 \ \mathrm{s}$$

故波速

$$u = \frac{\lambda}{T} = \frac{200}{0.8} \ \mathrm{m \cdot s^{-1}} = 250 \ \mathrm{m \cdot s^{-1}}$$

例 20-2　如例图 20-2 所示, 某平面波在坐标原点 O 处的振动方程为

$$y_0 = A \cos \omega t$$

设波速为 u, 入射波到达 B 处反射时没有半波损失, 求反射面处的入射波和反射波的表达式.

例图 20-2

解　设空间任意点的坐标为 x. 由题设条件知, 入射波的波函数为

$$y_\lambda = A \cos \omega \left(t - \frac{x}{u} \right)$$

波自 O 点传到反射处的时间 $\Delta t = \dfrac{L}{u}$. 故入射波在反射面处的表达式为

$$y_B = A \cos \omega \left(t - \frac{L}{u} \right)$$

入射波到达反射面后便沿 x 轴的负方向传播, 到达任意点 x 处所需的时间

$$\Delta t' = \frac{L - x}{u}$$

于是, 反射波的波函数为

$$y_{反} = A \cos \left[\omega \left(t - \frac{L - x}{u} \right) - \frac{\omega L}{u} \right] = A \cos \left[\omega \left(t + \frac{x}{u} \right) - \frac{2\omega L}{u} \right]$$

例 20-3 某谐波沿直径为 0.2 m 的圆柱形管传播. 设其能流密度为 6.8×10^{-3} J·s^{-1}·m^{-2}, 频率为 100 Hz, 波速为 340 m·s^{-1}, 求波的平均能量密度和最大能量密度.

解 由能流密度 (波强) 公式 $I = \overline{w} u$ 可得, 平均能量密度

$$\overline{w} = \frac{I}{u} = \frac{6.8 \times 10^{-3}}{340} \text{ J·m}^{-3} = 2.0 \times 10^{-5} \text{ J·m}^{-3}$$

而最大能量密度为平均能量密度的两倍, 即

$$w_{\max} = 2\overline{w} = 2 \times 2.0 \times 10^{-5} \text{ J·m}^{-3} = 4.0 \times 10^{-5} \text{ J·m}^{-3}$$

例 20-4 两相干波源 B、C 相距 30 m, 振幅均为 0.01 m, 初相差为 π. 两波源相向发出平面简谐波, 频率均为 100 Hz, 波速均为 430 m·s^{-1}. 求:

(1) 两波源的振动方程;

(2) 两列波的波函数;

(3) 在线段 BC 上, 因干涉而静止的各点的位置.

解 (1) 建立如例图 20-4 所示的坐标系. 设波源 B 位于坐标系的原点 O, 初相 $\varphi_B = 0$, 则波源 C 的初相 $\varphi_C = \pi$. 两波源的振动方程分别为

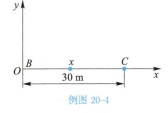

例图 20-4

$$y_B = 0.01 \cos 200\,\pi t$$

$$y_C = 0.01 \cos (200\,\pi t + \pi)$$

(2) 设 x 为 B、C 间的任一点, 则两波的波函数分别为

$$y_B = 0.01 \cos 200\pi \left(t - \frac{x}{430} \right)$$

$$y_C = 0.01 \cos \left[200\pi \left(t + \frac{x - 30}{430} \right) + \pi \right]$$

$$= 0.01 \cos \left[200\pi \left(t - \frac{30 - x}{430} \right) + \pi \right]$$

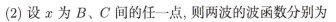

(3) 因干涉而静止的点是合振幅有极小值的点, 故

$$\Delta\varphi = \varphi_C - \varphi_B = \pi + \frac{x - 30 + x}{430} \times 200\pi = (2k+1)\pi$$

解之, 得

$$x = (15 + 2.15k)\ \text{m} \quad (k = 0,\ \pm1, \pm2, \cdots, \pm6)$$

五　习题解答

20-1　什么是波动? 机械波与电磁波有何异同?

答　振动状态由近及远向外传播所形成的运动称为波动.

机械波与电磁波的相同之处是都具有波的特性, 如都能产生干涉、衍射等现象, 都具有波长、频率、波速等特征量; 不同之处是: (1) 成因不同, 机械波是振动状态的传播所产生, 电磁波则是由变化电场和变化磁场交替激发所引起; (2) 介质有别: 机械波需借助介质才能传播, 电磁波传播则可以不需借助介质, 在真空中也可以传播; (3) 属性有异: 机械波可以是横波, 也可以是纵波, 而电磁波则只能是横波.

20-2　机械波从一种介质进入另一种介质时, 其波长、频率、周期、波速等物理量中, 哪些发生变化? 哪些不变?

答　机械波从一种介质进入另一种介质时, 其波速和波长会发生变化 (因为波速由介质决定, 波长由波源和介质共同决定), 其频率和周期保持不变 (频率和周期由波源决定).

20-3　在波的传播过程中, 波速和介质质元的振动速度是否相同?

答　波速和振动速度是两个不同的概念. 波速是指波的传播快慢, 振动速度是指介质质元在平衡位置附近的运动 (振动) 快慢, 因此, 在波的传播过程中, 波速和振动速度是不相同的.

20-4　在波函数 $y = A\cos\left[\omega\left(t - \frac{x}{u}\right) + \varphi\right]$ 中, $\frac{x}{u}$ 表示什么? φ 表示什么? 若将上述波函数改写为 $y = A\cos\left[\omega t + \left(\varphi - \frac{\omega x}{u}\right)\right]$, 则 $\varphi - \frac{\omega x}{u}$ 表示什么?

答　$\frac{x}{u}$ 表示任选点的振动状态比原点的振动状态落后的时间, φ 表示原点的初相位, $\varphi - \frac{\omega x}{u}$ 表示对应 x 处的初相位.

20-5　若两波源发出的波同振动方向, 但不同频率, 则它们在空间叠加时能否相干? 为什么?

答　叠加时不能相干, 因为它们不满足相干条件: 同频率.

20-6　波动的能量与哪些因素有关? 波动的能量与简谐谐振动的能量有何异同?

答　波动的能量主要与两个因素有关: 一是波频与波幅 (与 $\omega^2 A^2$ 成正比), 二是时间和空间 (随时间 t 和空间 x 成周期性变化).

波动能量与简谐振动能量的相同处: 均与波频平方和波幅平方的乘积成正比. 相异处: (1) 波动能量随时间和空间作周期性变化, 简谐振动能量与时间和空间无关, 是一个恒量;

(2) 波动能量的动能和势能变化同相 (同增、同减) 且等值, 简谐振动能量的动能和势能变化反相 ("你增我减"), 相互补偿.

20–7　一平面简谐波在弹性介质中传播时, 若传播方向上某质元在负的最大位置处, 则其能量特点为 (　　).

A. 动能为零, 势能最大

B. 动能为零, 势能为零

C. 动能最大, 势能最大

D. 动能最大, 势能为零

解　本题选择的依据是波的能量的特点: (1) 动能与势能同相, 动能大, 势能亦大; (2) 质元处于正、负最大位置速度为零, 动能亦为零, 符合这两条的只有 B. 故选 B.

20–8　一平面简谐波的表达式为 $y = 0.1 \cos (3\pi t - \pi x + \pi)$ (SI 单位), $t = 0$ 时的波形曲线如解图 20–8 所示. 下列说法中正确的是 (　　).

A. O 点的振幅为 -0.1 m

B. 波长为 3 m

C. a、b 两点间相位差为 $\frac{1}{2}\pi$

D. 波速为 9 m $\cdot$ s^{-1}

解　从图上可以清楚地看出, a、b 两点间距为 $\lambda/4$, 故相位差恰为 $\pi/2$. 故选 C.

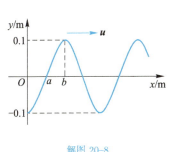

解图 20–8

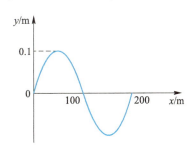

解图 20–9

20–9　一简谐波在 $t = 0$ 时刻的波形如解图 20–9 所示, 波速 $u = 200$ m$\cdot$s^{-1}, 则解图 20–9 中 O 点处质点在 t 时刻的加速度 $a =$ _____.

解　设 O 点的振动方程为

$$y = A \cos (\omega t + \varphi)$$

从图中可以看出, $A = 0.1$ m, $\varphi = \pi/2$, $\lambda = 200$ m, $\nu = \dfrac{u}{\lambda} = \dfrac{200}{200}$ Hz $= 1$ Hz, 故角频率 $\omega = 2\pi\nu = 2\pi$ rad $\cdot$ s^{-1}. 将以上结果代入上式, 得

$$y = 0.1 \cos \left(2\pi t + \frac{\pi}{2}\right)$$

t 时刻 O 点的加速度

$$a = \frac{\mathrm{d}^2 y}{\mathrm{d} t^2} = -0.4\pi^2 \cos \left(2\pi t + \frac{\pi}{2}\right)$$

20—10 某弦上有一简谐波, 其表达式为

$$y_a = 2.0 \times 10^{-2} \times \cos\left[2\pi\left(\frac{t}{0.02} - \frac{x}{20}\right) + \frac{\pi}{3}\right]$$

式中 y_a、x 以 m 为单位, t 以 s 为单位. 为了在此弦上形成驻波, 且在 $x = 0$ 处有一波节, 则此弦上必须另有一简谐波, 其表达式为 $y_a = $ _____.

解 生成驻波的条件是必须有一与原入射波同频率、同振幅的反向传播的波. 而题给条件在 $x = 0$ 处有一波节, 即有半波损失存在, 故另一谐波的表达式为

$$y_a = 2.0 \times 10^{-2} \times \cos\left[2\pi\left(\frac{t}{0.02} + \frac{x}{20}\right) + \frac{4\pi}{3}\right]$$

20—11 解图 20—11 中所示为一平面波在 $t = 0.5$ s 时的波形, 此时 P 点的振动速度为 $v_P = 4\pi$ m·s^{-1}. 求波函数.

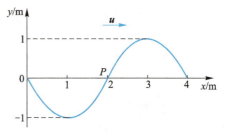
解图 20—11

解 由图示可知, $A = 1$ m, $\lambda = 4$ m; 由 $|v_P| = \omega A$ 得

$$\omega = \frac{|v_P|}{A} = \frac{4\pi}{1} \text{ rad·s}^{-1} = 4\pi \text{ rad·s}^{-1}$$

$$u = \frac{\lambda}{T} = \frac{\lambda}{2\pi/\omega}$$

$$= \frac{4}{2\pi/4\pi} \text{ m·s}^{-1} = 8 \text{ m·s}^{-1}$$

设待求波函数为 $y = \cos\left[\omega\left(t - \frac{x}{u}\right) + \varphi\right]$, 由图可见, 当 $t = 0.5$ s, $x = 1$ m 时, $y = -1$ m, 即

$$\cos\left[4\pi\left(0.5 - \frac{1}{8}\right) + \varphi\right] = -1$$

$$4\pi\left(0.5 - \frac{1}{8}\right) + \varphi = 2k\pi + \pi$$

解之, 得 (取 $k = 1$)

$$\varphi = \frac{3}{2}\pi$$

故待求波函数

$$y = \cos\left[4\pi\left(t - \frac{x}{8}\right) + \frac{3}{2}\pi\right]$$

20—12 已知某平面波周期 $T = \frac{1}{2}$ s, 波长 $\lambda = 10$ m, 振幅 $A = 0.1$ m. 当 $t = 0$ 时, 坐标原点处的质点振动恰好为正方向的最大值. 设波沿 x 轴正方向传播, 求:

(1) 此波的波函数;

(2) 距原点为 $\dfrac{\lambda}{2}$ 处质点的振动方程;

(3) $t = \dfrac{T}{4}$ 时, 距原点为 $\dfrac{\lambda}{4}$ 处的质点的振动速度.

解　(1) 设此波的波函数为

$$y = A\cos\left[\omega\left(t - \frac{x}{u}\right) + \varphi\right]$$

由题给条件知, $A = 0.1$ m; $u = \lambda/T = \dfrac{10}{1/2}$ m·s$^{-1} = 20$ m·s^{-1}; $\omega = 2\pi/T = 4\pi$ rad·s^{-1}; 波为右传 (向 x 轴正方向传播) 波, 且 $t = 0$ 时, $y = A$, 即 $\cos\varphi = 1$, 故知 $\varphi = 0$, 将所得 A、ω、u、φ 代入上式, 得波函数

$$y = 0.1\cos\,2\pi(2t - 0.1x) \tag{1}$$

(2) 将 $x = \lambda/2$ 代入式 (1), 即得距原点为 $\lambda/2$ 处质点的振动方程

$$y = 0.1\cos 2\pi\,(2t - 0.1 \times \lambda/2)$$
$$= 0.1\cos(4\pi t - \pi)$$

(3) 将 $x = \dfrac{\lambda}{4} = \dfrac{10}{4}$ m 代入式 (1), 得质点在该处的振动方程为 $y = 0.1\cos\left(4\pi t - \dfrac{\pi}{2}\right)$. 故该点的振动速度

$$v = \left.\frac{dy}{dt}\right|_{t=T/4} = -0.1 \times 4\pi\sin\left(4\pi t - \frac{\pi}{2}\right)\Big|_{t=T/4}$$
$$= -0.1 \times 4\pi\sin\left(\frac{\pi}{2} - \frac{\pi}{2}\right) = 0$$

20–13　一平面波的波函数为 $y = 0.05\cos\left(\pi t - \pi x + \dfrac{\pi}{3}\right)$, 式中 y、x 以 m 为单位, t 以 s 为单位, 求:

(1) 波的振幅、频率、波长及波速;

(2) 介质中质点振动的最大速度及最大加速度;

(3) $t = 18$ s 时, 位于 $x = 17$ m 处的质点振动的相位.

解　(1) 将题给波函数与其标准式

$$y = A\cos\left[\left(\omega t - \frac{\omega x}{u}\right) + \varphi\right]$$

进行比较即得

$$A = 0.05 \text{ m}, \omega = \pi \text{ rad·s}^{-1}, \nu = 0.5 \text{ Hz}, u = 1 \text{ m·s}^{-1}$$
$$\lambda = \frac{u}{\nu} = \frac{1}{0.5} \text{ m} = 2 \text{ m}$$

(2) 质点的振动速度

$$v = \frac{\partial y}{\partial t} = -0.05 \times \pi \sin\left(\pi t - \pi x + \frac{\pi}{3}\right)$$

最大速度

$$v_{\max} = 0.05 \times 3.14 \text{ m} \cdot \text{s}^{-1} = 0.157 \text{ m} \cdot \text{s}^{-1}$$

质点的加速度

$$a = \frac{\partial v}{\partial t} = -0.05 \times \pi^2 \cos\left(\pi t - \pi x + \frac{\pi}{3}\right)$$

最大加速度

$$a_{\max} = 0.05 \times (3.14)^2 \text{ m} \cdot \text{s}^{-2} = 0.493 \text{ m} \cdot \text{s}^{-2}$$

(3) 质点的振动相位

$$\varphi = \pi \times 18 - \pi \times 17 + \frac{\pi}{3} = \frac{4}{3}\pi$$

20–14 一平面波的波函数为 $y = A\cos(Bt - Cx)$, 式中 A、B、C 均为大于零的常量, 求:

(1) 波的振幅、波速、频率、周期和波长;
(2) 传播方向上距波源为 L 处的质点的振动方程;
(3) 任意时刻在波的传播方向上相距为 D 的两点间的相位差.

解 (1) 将题给波函数 $y = A\cos(Bt - Cx)$ 与波函数的标准式

$$y = A\cos\left[2\pi\left(\frac{t}{T} - \frac{x}{\lambda}\right) + \varphi\right]$$

比较, 得

$$A = A, \nu = \frac{B}{2\pi}, \ T = \frac{2\pi}{B}, \ \lambda = \frac{2\pi}{C}$$

$$u = \lambda\nu = \frac{B}{C}$$

(2) 距波源为 L 处 $(x = L)$ 的振动方程为

$$y_L = A\cos(Bt - CL)$$

(3) 相距为 D 的两点的相差

$$\Delta\varphi = (Bt - Cx_1) - (Bt - Cx_2) = C(x_2 - x_1) = CD$$

20–15 一沿 x 轴正方向传播的平面波在 $t = \frac{1}{3}$ s 时的波形如解图 20–15 所示, 平面波的周期 $T = 2$ s, 求:

(1) 此波的波函数;

(2) D 点的振动方程.

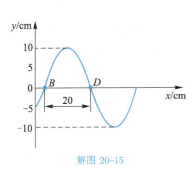

解图 20-15

解 由解图 20-15 知 $T = 2$ s, $\omega = \dfrac{2\pi}{T} = \pi$ rad·s^{-1}, $A =$ 0.1 m, $\lambda = 0.4$ m, 波速 $u = \dfrac{\lambda}{T} = 20$ cm·s^{-1}.

(1) 设所求波函数为

$$y = A\cos\left[\omega\left(t - \frac{x}{u}\right) + \varphi\right]$$

对 $(0, -5)$ 点, 由题给条件知, $t = \dfrac{1}{3}$ s, $x = 0$, $y = -5$ cm $= -0.05$ m, 振动速度 $v < 0$, 将有关数据代入上式, 可求得 $\varphi = \dfrac{\pi}{3}$, 故此波的波函数

$$y = 0.1\cos\left[\pi\left(t - \frac{x}{0.2}\right) + \frac{\pi}{3}\right] \tag{1}$$

(2) 对 D 点, 由题给条件知, $t = \dfrac{1}{3}$ s, $y_D = 0$, $v_D > 0$. 由式 (1) 的结果可得

$$\pi\left(\frac{1}{3} - \frac{x}{0.2}\right) + \frac{\pi}{3} = -\frac{\pi}{2}$$

解之, 得

$$x = \frac{7}{30} \text{ m}$$

将之代入波函数即得 D 点的振动方程为

$$y_D = 0.1\cos\left(\pi t - \frac{5}{6}\pi\right)$$

20-16 一平面波的波函数为

$$y = 0.05\cos(10\pi t - 4\pi x)$$

式中, x、y 以 m 为单位, t 以 s 为单位. 作 $t = 1$ s 及 1.5 s 的波形图.

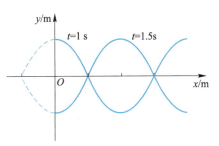

解图 20-16

解 $t = 1$ s 时的波函数为

$$y = 0.05\cos(10\pi - 4\pi x) = 0.05\cos(4\pi x - 10\pi)$$

从波函数表达式中可以看出, y 与 x 有如下对应关系

$x/$m :	0	0.125	0.250	0.375	0.500
$y/$m :	0.05	0.00	-0.05	0.00	0.05

其波形如解图 20-16 的 $t = 1\,\mathrm{s}$ 曲线所示.

$t = 1.5\,\mathrm{s}$ 时, 其波函数为

$$y = 0.05\cos(4\pi x - 15\pi)$$

这时, y 与 x 有如下关系

x/m:	0	0.125	0.250	0.375	0.50
y/m:	-0.05	0	0.05	0	-0.05

其波形如解图 $20-16$ 的 $t = 1.5\,\mathrm{s}$ 曲线所示.

20–17 一横波传播于一张紧的弦上, 其波函数为 $y = \cos\pi(x + 0.25t)$, 式中, x、y 以 m 为单位, t 以 s 为单位.

(1) 判定此波的传播方向;

(2) 求出波速及弦中质点振动的最大速度.

解 (1) 将波函数改写, 得

$$y = \cos\frac{\pi}{4}\left(t + \frac{x}{1/4}\right)$$

与负方向传播的标准波函数对照可知, 波向 x 轴负方向传播.

(2) 由波函数表达式中可直接看出, 波速

$$u = \frac{1}{4}\,\mathrm{m\cdot s^{-1}} = 0.25\,\mathrm{m\cdot s^{-1}}$$

质点振动的速度

$$v = \frac{\mathrm{d}y}{\mathrm{d}t} = -\frac{\pi}{4}\sin\left(\frac{\pi}{4}t + \pi x\right)$$

最大振速

$$v_{\max} = \frac{\pi}{4}\,\mathrm{m\cdot s^{-1}} = 0.79\,\mathrm{m\cdot s^{-1}}$$

20–18 某波在介质中的传播速度 $u = 10^3\,\mathrm{m\cdot s^{-1}}$, 振幅 $A = 1.0\times10^{-4}\,\mathrm{m}$, 频率 $\nu = 10^3\,\mathrm{Hz}$. 若介质的密度 $\rho = 800\,\mathrm{kg\cdot m^{-3}}$, 求:

(1) 波的能流密度;

(2) 1 min 内垂直通过一面积 $S = 4.0\times10^{-4}\,\mathrm{m^2}$ 的波的总能量.

解 (1) 由波的能流密度公式得

$$I = \frac{1}{2}\rho A^2\omega^2 u = \left[\frac{1}{2}\times800\times(1.0\times10^{-4})^2\times(2\pi\times10^3)^2\times10^3\right]\,\mathrm{J\cdot m^{-2}\cdot s^{-1}}$$
$$= 1.58\times10^5\,\mathrm{J\cdot m^{-2}\cdot s^{-1}}$$

(2) 1 min 内垂直通过 S 的能量

$$E = ISt = (1.58\times10^5\times4\times10^{-4}\times60)\,\mathrm{J}$$
$$= 3.79\times10^3\,\mathrm{J}$$

20–19　一正弦空气波沿直径为 0.14 m 的圆柱形管传播, 波的强度为 9×10^{-3} J·s^{-1}·m^{-2}, 频率为 300 Hz, 波速为 300 m·s^{-1}, 求波的平均能量密度和最大能量密度.

解　由波强 I 与平均能量密度 $\overline{w}$ 的关系 $I = \overline{w}u$ 可得

$$\overline{w} = \frac{I}{u} = \frac{9 \times 10^{-3}}{300} \text{ J·m}^{-3} = 3.0 \times 10^{-5} \text{ J·m}^{-3}$$

而平均能量密度仅为最大能量密度 $w_{\max}$ 的一半, 故最大能量密度

$$\overline{w}_{\max} = 2\overline{w} = 2 \times 3.0 \times 10^{-5} \text{ J·m}^{-3} = 6.0 \times 10^{-5} \text{ J·m}^{-3}$$

20–20　利用惠更斯原理证明波的折射定律:

$$\frac{\sin i}{\sin \gamma} = \frac{n_2}{n_1}$$

解　如解图 20–20 所示, 设入射波所在介质的折射率为 n_1, 波速为 u_1; 折射波所在介质的折射率为 n_2, 波速为 u_2. $t = t_0$ 时刻的波面为 $AA'B$, 相继到达分界面上的 A、C'、C 各点激发的子波向第二介质 n_2 传播, 其子波包络为 CD. 从图中可以看出, $\angle BAC = i$ (与 β 为余角), $\angle ACD = \gamma$ (两角两边对应垂直), $BC = AC \sin i$, $AD = AC \sin \gamma$, 于是便有

$$\frac{\sin i}{\sin \gamma} = \frac{BC}{AD} \qquad (1)$$

解图 20–20

注意到 $AD = u_2 \Delta t$, $BC = u_1 \Delta t$, 以及 $n_1 = \dfrac{c}{u_1}$, $n_2 = \dfrac{c}{u_2}$, 由式 (1) 则可得到

$$\frac{\sin i}{\sin \gamma} = \frac{u_1}{u_2} = \frac{n_2}{n_1} \qquad (2)$$

这便是波的折射定律的主要内容.

20–21　S_1、S_2 为两个相干波源, 相互间距为 $\dfrac{\lambda}{4}$, S_1 的相位比 S_2 超前 $\dfrac{\pi}{2}$. 如果两波在 S_1 和 S_2 的连线方向上各点强度相同, 均为 I_0, 求 S_1、S_2 的连线上 S_1 及 S_2 外侧各点合成波的强度.

解　设 P 为波源 S_1 外侧任意一点, 相距 S_1 为 r_1, 相距波源 S_2 为 r_2, 则 S_1、S_2 的振动传到 P 点的相位差

$$\begin{aligned}
\Delta \varphi &= \varphi_2 - \varphi_1 \\
&= \varphi_{20} - \varphi_{10} + \frac{2\pi}{\lambda}(r_1 - r_2) = -\frac{\pi}{2} + \frac{2\pi}{\lambda}\left(-\frac{\lambda}{4}\right) = -\pi
\end{aligned}$$

合振幅

$$A = |A_1 - A_2| = 0$$

故
$$I_P = 0$$

设 Q 为 S_2 外侧的任意一点, 同理可求得 S_1、S_2 的振动传到 Q 点的相位差

$$\Delta\varphi = \varphi_2 - \varphi_1 = -\frac{\pi}{2} + \frac{2\pi}{\lambda}\frac{\lambda}{4} = 0$$

合振幅

$$A = A_1 + A_2 = 2A_1$$

合成波的强度与入射波的强度之比

$$\frac{I_Q}{I_0} = \frac{4A_1^2}{A_1^2} = 4$$

即

$$I_Q = 4I_0$$

20–22 B、C 两点处的两波源具有相同的振动方向和振幅, 它们在介质中产生的波的传播方向相反, 设两波的振幅为 0.01 m, 频率为 100 Hz, 波速为 430 m·s^{-1}, 波源振动的初相差为 π, 且 $\varphi_B = 0$. 若 B 为坐标原点, C 点坐标 $x = 30$ m, 求两波的波函数.

解 设 B 波源 (坐标原点处) 的波函数为

$$y_B = A\cos\left[\omega\left(t - \frac{x}{u}\right) + \varphi\right]$$

从题设条件可知, $A = 0.01$ m, $\omega = 200\,\pi$ rad·s^{-1}, $u = 430$ m·s^{-1}, $\varphi_B = 0$, 将它们代入上式, 得

$$y_B = 0.01\cos 200\pi\left(t - \frac{x}{430}\right)$$

设 C 波源的波函数为

$$y_C = A'\cos\left[\omega'\left(t - \frac{x'}{u'}\right) + \varphi_C\right]$$

由题设条件知, $A' = 0.01$ m, $\omega' = 200\pi$ rad·s^{-1}, $u' = 430$ m·s^{-1}, $\varphi_C = \varphi_B + \pi = \pi$, $x' = 30 - x$, 将它们代入上式, 得

$$y_C = 0.01\cos\left[200\pi\left(t - \frac{30-x}{430}\right) + \pi\right]$$

20–23 一平面简谐波沿 x 轴正方向传播, 其波函数为 $y_1 = A\cos 2\pi\left(\nu t - \frac{x}{\lambda}\right)$. 而另一平面简谐波沿 x 轴负方向传播, 其波函数为 $y_2 = 2A\cos 2\pi\left(\nu t + \frac{x}{\lambda}\right)$. 求:

(1) $x = \frac{\lambda}{4}$ 处质点的合振动方程;

(2) $x = \frac{\lambda}{4}$ 处质点的速度.

解　(1) 在 $x = \lambda/4$ 处，

$$y_1 = A \cos \left(2\pi\nu t - \frac{\pi}{2} \right)$$

$$y_2 = 2A \cos \left(2\pi\nu t + \frac{\pi}{2} \right)$$

用旋转矢量法很容易求得 (见解图 20–23)

$$A = 2A - A = A$$

$$\varphi = \pi/2$$

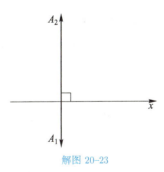

解图 20–23

故合振动的振动方程为

$$y = A \cos \left(2\pi\nu t + \frac{\pi}{2} \right)$$

(2) 在 $x = \dfrac{\lambda}{4}$ 处质点的速度

$$v = \frac{\mathrm{d}y}{\mathrm{d}t} = -2\pi\nu A \sin \left(2\pi\nu t + \frac{\pi}{2} \right)$$

$$= -2\pi\nu A \cos 2\pi\nu t$$

20–24　已知一平面简谐波的波函数为 $y_1 = 0.15 \cos (32t + 0.083x)$，式中 x、y_1 以 m 为单位，t 以 s 为单位，欲使另一列波与上述波叠加而成驻波，且在原点 $(x = 0)$ 处为波节，那么，后一列波的波函数如何？

解　根据驻波的生成条件，另一列波必须与波 1 同振幅、同频率，且反向传播；题意要求 $x = 0$ 处为波节，这就要求两波列必须 (在 $x = 0$ 处) 有一相位突变. 因此，另一列波的波函数为

$$y_2 = 0.15 \cos (32t - 0.083x + \pi)$$

20–25　两列波在一根很长的细绳上传播，设其波函数为

$$y_1 = 0.06 \cos \pi(x - 4t)$$

$$y_2 = 0.06 \cos \pi(x + 4t)$$

式中 y_1、y_2 以 m 为单位，t 以 s 为单位.

(1) 证明细绳上的振动为驻波式振动；

(2) 求波节和波腹的位置.

解　(1) 绳上的振动

$$y = y_1 + y_2 = 0.06 \cos 4\pi t \cos \pi x + 0.06 \sin 4\pi t \sin \pi x$$

$$+ 0.06 \cos 4\pi t \cos \pi x - 0.06 \sin 4\pi t \sin \pi x$$

$$= 0.12 \cos \pi x \cos 4\pi t$$

故为驻波式振动.

(2) 由 $\cos \pi x = 0$ 得 $\pi x = (2k+1)\dfrac{\pi}{2}$, 故波节位置坐标

$$x_节 = \frac{1}{2}(2k+1)\ \text{m} \quad (k=0,\pm 1,\pm 2,\cdots)$$

由 $|\cos \pi x| = 1$ 得 $\pi x = k\pi$, 故波腹位置坐标

$$x_腹 = k\ \text{m} \quad (k=0,\pm 1,\pm 2,\cdots)$$

20–26 利用多普勒效应制成的测速仪称为多普勒计速器, 其主要结构包含三大部分: 超声发射器, 超声接收仪, 频速转换器. 假设计速器向行驶的汽车发射的超声波的频率为 100 kHz, 接收到的汽车回波频率为 110 kHz, 当时的声速为 344 m·s^{-1}. 问汽车行驶的速度为多少?

解 这是一个 "双发射"、"双接收" 的多普勒效应问题, 宜通过求解方程组来处理.

设声速为 u, 车速为 v, 计速器发射的声波频率为 ν_0, 汽车接收到的频率为 ν. 在这一 "发—收" 过程中, 波源 (计速器) 未动, 观测者 (汽车) 在动, 相当于波速增加, 根据多普勒效应则有

$$\nu = \frac{u+v}{u}\nu_0 \tag{1}$$

然后, 汽车发射 (回波), 计速器接受 (设其频率为 ν'), 即波源 (汽车) 运动, 观测者 (计速器) 静止, 其效果相当于波长变短, 根据多普勒效应则有

$$\nu' = \frac{u}{u-v}\nu \tag{2}$$

联立式 (1)、(2) 求解, 得

$$v = \frac{\nu'-\nu_0}{\nu'+\nu_0}u = \frac{110-100}{110+100}\times 344\ \text{m·s}^{-1}$$
$$= 16.4\ \text{m·s}^{-1} = 59.0\ \text{km·h}^{-1}$$

20–27 当火车驶近时, 观察者觉得它的汽笛声音比离去时高一个音节 (即频率为离去时的 9/8 倍), 已知空气中的声速为 340 m·s^{-1}, 求火车的速度.

解 设波源的频率为 ν_0, 火车的速度为 v, 波 (声) 速为 u, 据多普勒效应, 火车驶近时的频率

$$\nu' = \frac{u}{u-v}\nu_0 \tag{1}$$

火车离去时的频率

$$\nu'' = \frac{u}{u+v}\nu_0 \tag{2}$$

将式 (1) 除以式 (2), 得

$$\frac{\nu'}{\nu''} = \frac{u+v}{u-v} = \frac{9}{8}$$

解之, 得

$$17v = u$$

即

$$v = \frac{u}{17} = \frac{340}{17}\ \text{m·s}^{-1} = 20\ \text{m·s}^{-1}$$

20-28　距一点声源 10 m 处的声强级为 20 dB, 若介质对声音的吸收可以忽略, 求距声源 5 m 处的声强级 (声强的大小与距离平方成反比).

解　设 10 m 处的声强为 I_0. 由题意知 $L = 10 \log I_0 = 20$ dB. 据题意知, 5 m 处的声强 $I_5 = \dfrac{10^2}{5^2} I_0 = 4I_0$, 故 5 m 处的声强级数

$$L_5 = 10 \log (4I_0) = (10 \times \log 4 + 10 \log I_0)$$
$$= (6 + 20) \text{ dB} = 26 \text{ dB}$$

六　自我检测

20-1　一平面简谐波在弹性介质中传播时, 某一时刻介质中某质点在负的最大位移处. 则它的能量是

　　A. 动能为零, 势能最大　　　　　　B. 动能为零, 势能为零

　　C. 动能最大, 势能最大　　　　　　D. 动能最大, 势能为零

20-2　一平面简谐波沿 x 轴正方向传播, 波速 $u = 100 \text{ m·s}^{-1}$, $t = 0$ 时刻的波形曲线如检图 20-2 所示. 可知波长 $\lambda = $ _____, 振幅 $A = $ _____, 频率 $\nu = $ _____.

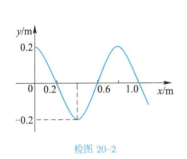

检图 20-2

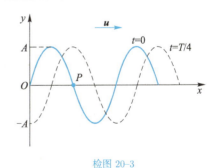

检图 20-3

20-3　一简谐波在 $t = 0$ 和 $t = \dfrac{T}{4}$ (T 为周期) 时的波形如检图 20-3 所示. 求 P 处质点的振动方程.

20-4　已知一平面简谐波的波函数为

$$y = A \cos \pi (4t - 2x) \quad (\text{SI 单位})$$

求: (1) 该波的波长 λ、频率 ν 和波速 u;

　　(2) $t = 4.2$ s 时各波峰位置的坐标表达式及此时离坐标原点最近的那个波峰的位置;

　　(3) $t = 4.2$ s 时离坐标原点最近的那个波峰通过坐标原点的时刻.

自我检测
参考答案

第二十一章　光的干涉

一　目的要求

1. 掌握等厚干涉的条件、规律及其应用.
2. 理解相干光的条件以及光程差与相位差的关系.
3. 理解杨氏双缝干涉的实验规律.
4. 了解迈克耳孙干涉仪的工作原理, 了解光的空间相干性与时间相干性.

二　内容提要

1. 相干光及其获得方法　能产生干涉的光称为相干光. 产生光干涉的必要条件是: 光波的频率相同, 在相遇点有相同的振动方向并有恒定的相位差.

　　获得相干光的基本方法有两种: 一种是分波阵面法 (如杨氏双缝干涉、劳埃德镜、菲涅耳双面镜和菲涅耳双棱镜等), 另一种是分振幅法 (如平行薄膜干涉、劈尖干涉、牛顿环和迈克耳孙干涉仪等).

2. 光程、光程差与相位差的关系　光波在某一介质中所经历的几何路程 l 与介质对该光波的折射率 n 的乘积 nl 称为光波的光学路程, 简称光程. 若光波先后通过几种介质, 其总光程为各分段光程之和. 若在界面反射时有半波损失, 则反射光的光程应加上或减去 $\lambda/2$.

　　来自同一点光源的两束相干光, 经历不同的光程在某点相遇, 其相位差 $\Delta\varphi$ 与光程差 δ 的

关系为

$$\Delta\varphi = \frac{2\pi}{\lambda}\delta$$

其中, λ 为光在真空中的波长.

3. 杨氏双缝干涉　经杨氏双缝的两束相干光在空间产生的干涉称为杨氏双缝干涉, 它有两种特殊情况: 一种是相位差为零或 2π 的整数倍, 合成振动最强; 另一种是相位差为 π 的奇数倍, 合成振动最弱或为零. 其对应的光程差

$$\delta = \begin{cases} \pm k\lambda & (k = 0, 1, 2, \cdots)\ 最强 \\ \pm(2k+1)\dfrac{\lambda}{2} & (k = 0, 1, 2, \cdots)\ 最弱 \end{cases}$$

杨氏双缝干涉的光程差还可写成

$$\delta = d\frac{x}{D}$$

式中, d 为两缝间距, x 为观察屏上纵轴坐标, D 为缝屏间距.

杨氏双缝干涉明、暗条纹的中心位置

$$x = \pm k\frac{D}{d}\lambda \quad 明纹中心$$
$$x = (2k+1)\frac{D}{d}\frac{\lambda}{2} \quad 暗纹中心$$

相邻明纹或相邻暗纹中心距离

$$\Delta x = \frac{D}{d}\lambda$$

4. 劳埃德镜干涉　光掠射入平面镜上产生的干涉称为劳埃德镜干涉, 其规律与杨氏双缝干涉相同. 劳埃德镜实验说明, 在一定条件下, 反射光会出现相位突变, 即半波损失.

5. 劈尖膜的等厚干涉　单色平行光垂直入射到劈尖膜上时所产生的干涉为等厚干涉, 此时, $i = 0$, 光程差

$$\delta = 2en_2 + \begin{cases} \dfrac{\lambda}{2} & (两界面反射条件不同) \\ 0 & (两界面反射条件相同) \end{cases}$$

当 n_2、λ 及界面反射条件已知时, δ 只取决于 e. 劈尖等厚处产生同一级干涉条纹.

劈尖膜的干涉条纹为一系列平行直线. 相邻明 (或暗) 纹间距 Δl 与其对应的劈尖厚度 (高度) 差 Δe 的关系为

$$\Delta l\theta = \Delta e$$

其中 θ 为劈尖的夹角, 其值很小. Δe 也可由 $\Delta e = \lambda/2n_2$ 求得.

6. 牛顿环　平凹薄膜的等厚干涉产生的明暗相间的同心圆环形条纹称为牛顿环, 若薄膜为空气, 则暗环半径为

$$r = \sqrt{kR\lambda} \quad (k = 0, 1, 2, \cdots)$$

7. 迈克耳孙干涉仪 由两反射镜 (动镜和定镜)、两玻璃片和一观察屏组成, 用以观察干涉现象的光学器件称为迈克耳孙干涉仪, 其动镜严格垂直于定镜, 光源为点光源或面光源时, 可产生圆环形等倾干涉条纹.

动镜不严格垂直于定镜, 平行光垂直入射时, 可产生直线形等厚干涉条纹.

动镜沿轴向平移 $\lambda/2$, 视场中干涉条纹移过一级. 若视场中干涉条纹移过 N 级, 则动镜的轴向移动量

$$d = N\frac{\lambda}{2}$$

8. 光的时间相干性和空间相干性 光源每次发光的持续时间称为相干时间, 列波干涉时所允许的光程差 δ 随光的相干时间 τ_0 (亦即相干长度 $l_0 = cT_0$) 而变化: τ_0 越大, 允许的相干程差 δ 亦即光源的相干长度 l_0 就越大, 这样的特性称为光 (源) 的时间相干性. 显然 τ_0 (或 l_0) 越大, 光的时间相干性就越好.

光的空间相干区域的大小与光源宽度大小成反比 ($b\beta = \lambda$). 光源的这一特性称为光 (源) 的空间相干性. 显然光源越窄, 光的空间相干性就越好.

三 重点难点

杨氏双缝干涉、劈尖干涉和牛顿环是本章的重点. 劈尖干涉及其应用、相位突变的分析和计算是本章的难点. 学习时要给以足够的重视.

四 方法技巧

光的干涉的学习, 最重要的就是要正确地分析出两束相干光的光程差, 后再根据干涉的明暗判据来确定干涉情况, 这是学好光的干涉的关键.

在光程差的计算中, 较困难的问题是判断是否存在因界面反射条件不同而产生的附加光程差 $\lambda/2$ (其规律是反射条件相同, 则附加程差为 0; 反射条件不同, 则附加程差为 $\frac{\lambda}{2}$). 这个问题, 若能与波动中的半波损失相结合, 再根据具体情况进行具体分析, 一般便可将难度化解.

本章习题, 旨在加深对两类 (分波面与分振幅) 干涉规律的理解与应用. 因此, 做题前必须要认真理解两类干涉的条件、特点、规律及其物理实质, 以光程差为主线来贯穿分析、解题的全过程, 弄懂一些典型的干涉问题的特点及规律, 举一反三, 这对正确求解本章习题是有益的.

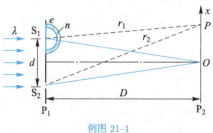

例图 21-1

例 21-1 如例图 21-1 所示, 在一不透明屏 P_1 上有两个相距为 d 的小针孔 S_1、S_2, 其中 S_1 被一厚度为 e、折射率为 n 的半球壳形透明薄膜覆盖, 球心与 S_1 重合. 波长为 λ 的平行激光束垂直于 P_1 照射两针孔. 观察屏

P_2 与 P_1 相距为 D ($D \gg d$), 屏上 x 轴与 S_1S_2 共面, 且原点 O 到 S_1 和 S_2 的几何路程相等. 求:

(1) 此时两相干光在屏上原点 O 处相遇时的光程差和相位差;

(2) 两相干光在屏上 P 点相遇时光程差为零的 P 点的位置坐标 x_p.

解　光程差、相位差及屏上相干点的位置的确定基础在于光程. 因此, 本题求解宜先计算两束光的光程, 后求其差, 再利用光程差与相位差及几何路程关系求相位差及坐标位置.

(1) 对原点 O, 令几何路程 $S_1O = S_2O = r$, 则 S_1 至 O 的光程为膜内光程 ne 与膜外光程 $(r-e)$ 之和, 即

$$L_1 = ne + (r-e) = r + e(n-1)$$

S_2 至 O 的光程

$$L_2 = r$$

故两相干光的光程差

$$\delta = [r + (n-1)e] - r = e(n-1)$$

相应的相位差

$$\Delta\varphi = \frac{2\pi}{\lambda}\delta = \frac{2\pi}{\lambda}(n-1)e$$

(2) 令几何路程 $S_1P = r_1$, $S_2P = r_2$, 由题意知两相干光的光程差

$$\delta' = L_2' - L_1' = r_2 - [ne + (r_1 - e)] = 0$$

即

$$r_2 - r_1 = (n-1)e$$

其中, $r_2 - r_1 = \dfrac{x_P d}{D}$, 于是有

$$x_P = (r_2 - r_1)\frac{D}{d} = (n-1)e\frac{D}{d}$$

例 21-2　一厚度 $e = 625$ nm、折射率 $n_2 = 1.40$ 的煤油膜平浮于水面 (水的折射率 $n_3 = 1.33$), 一波长 $\lambda = 500$ nm 的单色光从空气 ($n_1 = 1.00$) 中垂直入射在油膜上 (如例图 21-2 所示), 求:

(1) 反射光 1、2 的光程差、相位差, 并说出其干涉结果;

(2) 透射光 $1'$、$2'$ 的光程差、相位差, 并说出其干涉结果.

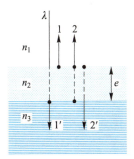

例图 21-2

解　由于薄膜的厚度、介质的折射率和入射条件 (垂直入射) 已经给定, 所以薄膜两界面反射的相干光 1、2 和透射相干光 $1'$、$2'$ 的传播光程差均有相同的形式, 即 $\delta = 2n_2e + \delta'$.

(1) 对于反射光 1、2, 由于薄膜两界面反射条件不同, 故附加光程差 $\delta' = \dfrac{\lambda}{2}$, 两光光程差

$$\delta = 2n_2e + \frac{\lambda}{2} = \left(2 \times 1.40 \times 625 + \frac{500}{2}\right) \text{ nm} = 2\,000 \text{ nm}$$

相位差

$$\Delta\varphi = \frac{2\pi\delta}{\lambda} = \frac{2 \times 2\,000}{500}\pi = 8\pi \ (\pi \ \text{的偶数倍})$$

故干涉结果光强极大.

(2) 对于透射光 $1'$、$2'$, 由于光在两界面的反射条件相同 (见图), 故附加光程差 $\delta' = 0$, 所以两光的光程差

$$\delta = 2n_2 e = (2 \times 1.40 \times 625) \ \text{nm} = 1\,750 \ \text{nm}$$

相位差

$$\Delta\varphi = \frac{2\pi}{\lambda}\delta = \frac{2 \times 1\,750}{500}\pi = 7\pi \ (\pi \ \text{的奇数倍})$$

所以, 干涉结果光强极小.

例 21–3 若将上例的入射光改成白光, 其他条件不变, 问反射及透射的可见光中哪些波长的光波可因干涉而获得光强极大值?

解 由于膜厚及各介质的折射率条件不变, 而入射光中含有各种不同波长的光波, 从薄膜两界面反射或透射的相干光, 其干涉结果获得光强极大的必要条件是光程差 $\delta = k\lambda$.

对于反射光干涉, $\delta_{\text{反}} = 2n_2 e + \dfrac{\lambda}{2} = k\lambda$, 则

$$\lambda = \frac{4n_2 e}{2k-1} = \frac{2 \times 1\,750}{2k-1} \ \text{nm} \quad (k = 1, 2, 3, \cdots)$$

当

$$k = 1 \ \text{时} , \ \lambda_1 = 3\,500 \ \text{nm}$$

$$k = 2 \ \text{时}, \ \lambda_2 = 1\,167 \ \text{nm}$$

$$k = 3 \ \text{时}, \ \lambda_3 = 700 \ \text{nm} \ (\text{红光})$$

$$k = 4 \ \text{时}, \ \lambda_4 = 500 \ \text{nm} \ (\text{绿光})$$

$$k = 5 \ \text{时}, \ \lambda_5 = 389 \ \text{nm}$$

故在反射光的可见光波段中, 只有波长为 700 nm 的红光和波长为 500 nm 的绿光才可获得光强极大值.

对于透射光干涉, $\delta_{\text{透}} = 2n_2 e = k\lambda$, 故

$$\lambda = \frac{2n_2 e}{k} = \frac{1\,750}{k} \ \text{nm}$$

当

$$k = 1 \ \text{时}, \ \lambda_1 = 1\,750 \ \text{nm}$$

$$k = 2 \ \text{时}, \ \lambda_2 = 875 \ \text{nm}$$

$$k = 3 \ \text{时}, \ \lambda_3 = 583 \ \text{nm} \ (\text{黄光})$$

$$k = 4 \ \text{时}, \ \lambda_4 = 438 \ \text{nm} \ (\text{紫光})$$

$$k = 5 \ \text{时}, \ \lambda_5 = 350 \ \text{nm}$$

故在透射光的可见光波段中, 只有波长为 583 nm 的黄光及波长为 438 nm 的紫光可获得光强极大值.

例 21–4 利用牛顿环可以测定凹曲面的曲率半径. 方法是: 将已知曲率半径的平凸透镜的凸面放置在待测的凹面上 (如例图 21–4 所示), 在两镜面之间形成空气层, 可以观察到圆形的干涉条纹. 证明第 k 个暗环半径的平方满足下式

$$r_k^2 = k\lambda \frac{R_1 R_2}{R_2 - R_1}$$

证 由图可见, 两个具有不同曲率的球面与平面相切于同一点, 故可近似得到 $2h_1 R_1 \approx r^2$, $2h_2 R_2 \approx r^2$, 于是有

$$2h_1 - 2h_2 = r^2 \left(\frac{1}{R_1} - \frac{1}{R_2} \right)$$

根据暗纹条件

$$(2h_1 - 2h_2) + \frac{\lambda}{2} = (2k+1)\frac{\lambda}{2} \quad (k = 0, 1, 2, \cdots)$$

即

$$2h_1 - 2h_2 = k\lambda$$

所以第 k 圈暗纹的半径满足

$$r_k^2 = k\lambda \frac{1}{\dfrac{1}{R_1} - \dfrac{1}{R_2}} = k\lambda \frac{R_1 R_2}{R_2 - R_1}$$

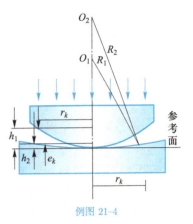

例图 21–4

五 习题解答

21–1 在杨氏双缝干涉实验中, 若一缝稍许加宽, 则屏上干涉条纹有何变化?

答 若有一缝加宽, 则通过两缝的光强将不同, 会产生不同振幅的光波的叠加, 原本暗条纹处的光强将不再为零, 干涉场中的条纹衬比度会降低.

21–2 若将由两玻璃板构成的空气劈尖的上板平行上移, 则其干涉条纹是否会有变化? 若有, 则如何变化?

答 若将由两玻璃板构成的空气劈尖的上板平行上移, 则干涉条纹将整体向交棱边移动, 但条纹的间距不会变化.

21–3 有人说: "等倾干涉就是倾角相等的膜所形成的干涉, 等厚干涉就是厚度相等的膜所形成的干涉." 你认为这话对吗?

答 这种说法是错误的. 等倾干涉的意思是入射倾角相等的一切光线会产生同一级干涉条纹; 而等厚干涉的意思是平行光入射到厚度变化均匀、折射率均匀的薄膜上、下表面而形成的干涉条纹中, 薄膜厚度相同的地方会形成同一级干涉条纹.

21-4 在杨氏双缝干涉实验中, 设入射光波长为 λ, 测得干涉条纹的间距为 Δx, 将此实验装置全部没入折射率为 n 的液体中, 则光源在液体中的波长及测得干涉条纹的间距分别为 (　　).

A. $\lambda, \Delta x$　　　　B. $\dfrac{\lambda}{n}, \Delta x$　　　　C. $\dfrac{\lambda}{n}, \dfrac{\Delta x}{n}$　　　　D. $\lambda, \dfrac{\Delta x}{n}$

解 装置没入折射率为 n 的液体中, 光在液体中的波长及条纹间距均要与空间的波长及间距进行折算, 其关系为 $\lambda' = \dfrac{\lambda}{n}, \Delta x' = \dfrac{\Delta x}{n}$, 故选 C.

21-5 从单色点光源 S 发出波长为 λ 的球面波, 经透镜 L_1 变换成平面波, 再经透镜 L_2 聚焦于 P 点. 在 L_1 和 L_2 之间垂直于光线插入一折射率为 n、厚度为 d 的透明平板. 则从 S 到 P 的任一条通过平板的光线与任一条没有通过平板的光线之间的光程差为 (　　).

A. nd　　　　B. d　　　　C. $(n+1)d$　　　　D. $(n-1)d$

解 在厚度为 d 的空气中, 其光程为 d; 插入折射率为 n, 厚度为 d 的透明平板后, 其光程变为 nd, 故前后的光程差变化为 $nd - d = (n-1)d$, 所以选 D.

21-6 在一金属平板 M 的表面上有一层厚度为 e 的透明氧化膜, 若将此膜磨出两个不同楔角的劈尖 A 和 B, 如解图 21-6 所示. 设楔角 $\theta_A > \theta_B$, 若用同一波长的单色平行光垂直照射, 则在 A、B 上产生的等厚干涉条纹的数目 N_A＿＿＿＿N_B, 相邻明纹的间距 Δl_A＿＿＿＿Δl_B, 相邻明纹对应的膜厚差 Δe_A＿＿＿＿ Δe_B. (填 ">", "=" 或 "<")

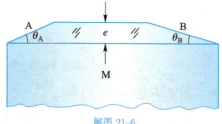

解图 21-6

解 由劈尖干涉规律知, 等厚干涉条纹数仅与膜厚有关, 现今两膜厚度相等 (同为 e), 故有 $N_A = N_B$. 而相邻明纹间距 $\Delta l = \dfrac{\lambda}{2n\sin\theta}$ 与 θ 成反比, θ 大者间距小, 故有 $\Delta l_A < \Delta l_B$. 由相邻膜厚差公式 $\Delta e = \dfrac{\lambda}{2n}$ 知, Δe 与 θ 无关, 故有 $\Delta e_A = \Delta e_B$.

故前空填 "=", 中空填 "<", 后空填 "=".

21-7 如解图 21-7 所示, 有一标准模块 M, 其两端面严格平行且光洁, A 是其复制品. 为检验 A 的端面高度是否与 M 一致, 将 M、A 同置于一光学平面 B 上, 使之相距为 D, 并在其上盖一光学平板 G, 用波长为 λ 的单色平行光垂直于 M 入射. 若测得空气劈尖的等厚条纹间距为 Δl, 则 M、A 的断面高差为＿＿＿＿, 若轻轻压下 G 的 b 端, 发现干涉条纹变稀, 则可判断 A 的端面高度＿＿＿＿ 于标准高度.

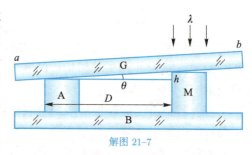

解图 21-7

解 设 M、A 断面高差为 h, 则有 $\sin\theta = \tan\theta = \dfrac{h}{D} = \dfrac{\lambda/2}{\Delta l}$. 故

$$h = \frac{D\lambda}{2\Delta l}$$

轻压 b 后, Δl 变大 (纹稀), 则 θ 必变小. 由图知, 只有 A 低、M 高才有可能, 即 A 端高度 < M 端高度 (标准高度).

21-8 如解图 21-8 所示, 若将牛顿环实验装置中的空气层充满折射率为 1.6 的透明介质, 且平板玻璃由 A、B 两部分组成, 其折射率不相等. 当用单色平行光垂直入射时, 看到的反射等厚干涉条纹分布如图所示. 则 A、B 两部分介质的折射率应满足的条件为: n_A_____1.6, n_B_____1.6. (填 ">","=" 或 "<")

解 由图知, 对于 A (无半波损失) 的反射条件必相同, 故有 $n_A > 1.6$, 而 B (有半波损失) 的反射条件必定不相同, 即 $n_B < 1.6$.

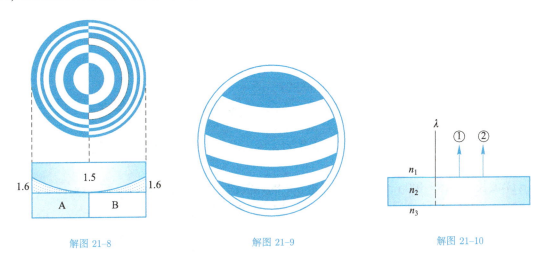

解图 21-8   解图 21-9   解图 21-10

21-9 一竖放肥皂膜即将破裂前的反射光干涉条纹如解图 21-9 所示, 膜的底部出现第 4 条明纹. 设入射波长为 550 nm, 肥皂膜的折射率为 1.33, 此时该膜底部的厚度为_____.

解 由于有 4 条明纹, 所以膜底厚度

$$d = 4\Delta e = 4 \times \frac{\lambda}{2n} = \frac{4 \times 550}{2 \times 1.33} \text{ nm} = 827 \text{ nm}$$

21-10 如解图 21-10 所示, 今用波长为 λ 的单色光照射到厚度为 e 的平行膜 n_2 上. 设 n_2 上下两方均为透明介质, 且 $n_1 < n_2, n_2 > n_3$, 求图中 ①、② 两光之光程差.

解 由于题给条件 $n_1 < n_2, n_2 > n_3$, 故 ①、② 两光反射会有半波损失, 即有 $\frac{\lambda}{2}$ 的额外程差. 根据光程差之定义可知, ①、② 两光的程差

$$\delta = 2en_2 + \frac{\lambda}{2}$$

21-11 在杨氏双缝干涉实验中, 在 SS_1 光路中放置一长度 $l = 25$ nm 的玻璃容器. 先让容器充满空气, 然后排出空气再充满试验气体. 结果发现有 21 条亮纹从屏幕上的固定标志线上移过, 如解图 21-11 所示. 已知入射光波长为 $\lambda = 656.2816$ nm, 空气的折射率为 $n_0 = 1.000\,276$, 求试验气体的折射率 n.

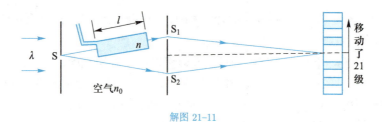

解图 21-11

解 条纹移动是由于放置玻璃容器气体更换引起的. 条纹移过一条, 相当于程差变化一个 λ, 故有

$$\Delta\delta = 21\lambda = (n - n_0)l$$

于是有

$$n = n_0 + \frac{21\lambda}{l} = 1.000\,276 + \frac{21 \times 656.281\,6 \times 10^{-9}}{25 \times 10^{-3}}$$
$$= 1.000\,276 + 0.000\,551 = 1.000\,827$$

21-12 设杨氏双缝干涉实验用白光作为光源, 双缝间距 $d = 0.2$ mm, 缝屏距 $D = 1.0$ m, 求:

(1) 波长为 $\lambda_1 = 400$ nm 及 $\lambda_2 = 600$ nm 的光波的干涉条纹间距 Δx_1 及 Δx_2;

(2) λ_1 的暗纹中心与 λ_2 的明纹中心第一次重合时的位置坐标 x.

解 (1) 据题意由条纹间距公式 $\Delta x = \dfrac{D}{d}\lambda$ 可得

$$\Delta x_1 = \frac{D}{d}\lambda_1 = \left(\frac{1.0}{0.2 \times 10^{-3}} \times 400 \times 10^{-9}\right) \text{m} = 2 \text{ mm}$$

$$\Delta x_2 = \frac{D}{d}\lambda_2 = \left(\frac{1.0}{0.2 \times 10^{-3}} \times 600 \times 10^{-9}\right) \text{m} = 3 \text{ mm}$$

(2) 由明纹坐标公式 $x_2 = k_2\dfrac{D}{d}\lambda_2$ 与暗纹坐标公式 $x_1 = (2k_1 + 1)\dfrac{D}{d}\dfrac{\lambda_1}{2}$ 可得

$$(2k_1 + 1)\frac{D}{d}\frac{\lambda_1}{2} = k_2\frac{D}{d}\lambda_2$$

即

$$(2k_1 + 1)\lambda_1 = 2k_2\lambda_2$$
$$400 \times (2k_1 + 1) = 2 \times 600 k_2$$
$$2k_1 + 1 = 3k_2$$

故知第一次重合在 $k_1 = 1$, $k_2 = 1$ 处. 相应的位置坐标

$$x_1 = \left[\pm(2 \times 1 + 1) \times \frac{1 \times 400 \times 10^{-9}}{0.2 \times 10^{-3} \times 2}\right] \text{m} = \pm 3 \text{ mm}$$

21–13 设杨氏双缝干涉实验的入射光波长为 λ, 双缝间距为 d, 缝屏距为 D, 今以折射率为 n, 厚度为 e 的透明薄片, 盖住双缝中上方的一条狭缝, 求这时屏上光程差为零的明纹的位置坐标 x.

解 由光程差与坐标的关系 $\delta = r_2 - r_1 = \dfrac{d}{D}x$, 可得

$$\frac{d}{D}x = (n-1)e$$

解之, 得

$$x = \frac{D}{d}(n-1)e$$

21–14 在杨氏双缝干涉装置中, 双缝间距为 0.40 mm, 以单色平行光垂直入射, 在 2 m 远的屏上测得第 4 级暗纹中心与零级暗纹中心相距 11.0 mm.

(1) 求所用的光波波长;

(2) 若用折射率为 1.58 的云母透明薄片盖住双缝中的一条狭缝, 发现原来屏上的第 7 级明纹位置现在变为零级明纹位置, 求此云母片的厚度.

解 (1) 由光程差与距离 (坐标) 公式 $\delta = \dfrac{d}{D}x = r_2 - r_1$ 可得

$$x = \frac{D\delta}{d} = \frac{D}{d}4\lambda$$

故

$$\lambda = \frac{dx}{4D} = \frac{0.4 \times 10^{-3} \times 11.0 \times 10^{-3}}{4 \times 2} \text{ m} = 0.550 \times 10^{-6} \text{ m} = 550 \text{ nm}$$

(2) 设云母片厚度为 e, 由题意知, 此时两光程差的变化为

$$e(n-1) = 7\lambda$$

故

$$e = \frac{7\lambda}{n-1} = \frac{7 \times 550 \times 10^{-9}}{1.58 - 1} \text{ m} = 6.64 \text{ μm}$$

21–15 为了观察劳埃德镜干涉实验中的半波损失现象, 将观测屏 P 紧靠平面镜 M 的一端, 如解图 21–15 所示. 设屏 P 至光源 S 的距离为 $D = 4$ m, 入射光波长 $\lambda = 633$ nm, 要想所获得的干涉条纹起码要具有 $\Delta x = 1$ mm 的条纹间距, 求光源 S 到镜面延长线的距离 h 的最大值.

解 由条纹间距公式 $\Delta x = \dfrac{D}{d}\lambda$, 可得

$$d = \frac{D}{\Delta x}\lambda = 2h$$

解图 21–15

故

$$h = \frac{D}{2\Delta x}\lambda = \frac{4 \times 633 \times 10^{-9}}{2 \times 1.0 \times 10^{-3}} \text{ m} = 1.27 \text{ mm}$$

21–16 一束白光垂直照射到空气中的肥皂膜上, 设入射点处肥皂膜的厚度为 0.32 μm, 折射率为 1.33, 试分别求出反射光和透射光中, 哪种波长的可见光因干涉而获得强度极大值.

解 这是一个非平行膜的干涉问题. 上、下两分界面反射条件不同, 应计入半波损失, 于是对于反射光便有

$$2ne + \frac{\lambda}{2} = k\lambda$$

故反射光中得到加强的光波长

$$\lambda_{反} = \frac{2ne}{k - 0.5}$$

$$k = 1, \lambda_{反\,1} = \frac{2 \times 1.33 \times 0.32 \times 10^{-6}}{1 - 0.5} \text{ m} = 1\,702 \text{ nm (不可见)}$$

$$k = 2, \lambda_{反\,2} = \frac{2 \times 1.33 \times 0.32 \times 10^{-6}}{2 - 0.5} \text{ m} = 567 \text{ nm}$$

对于透射光, 它的加强就是反射光的相消, 因而有

$$2ne + \frac{\lambda}{2} = (2k + 1)\frac{\lambda}{2}$$

故透射光中得到加强的光波长.

$$\lambda_{透\,1} = \frac{2ne}{k}$$

$$k = 1, \lambda_{透\,1} = \frac{2 \times 1.33 \times 0.32 \times 10^{-6}}{1} \text{ m} = 851 \text{ nm (不可见)}$$

$$k = 2, \lambda_{透\,2} = \frac{2 \times 1.33 \times 0.32 \times 10^{-6}}{2} \text{ m} = 426 \text{ nm}$$

21–17 如解图 21–17 所示, 在空气中有一半球形玻璃罩 G, 其折射率 $n = 1.80$, 球心处有一白光点光源, 今欲对波长 $\lambda = 600$ nm 的红光增透, 在玻璃罩的内壁镀了一层折射率 $n' = 1.38$ 的介质膜, 求此膜的最小几何厚度及与其对应的光学厚度.

解图 21–17

解 由于膜的上、下两底面反射条件相同, 故不计半波损失. 又红光透射增强, 意味着反射相消. 因而有

$$2n'e = (2k + 1)\frac{\lambda}{2}$$

$$e = (2k + 1)\frac{\lambda}{4n'}$$

$k = 0$ 时 e 最小, 其值

$$e_{\min} = \frac{\lambda}{4n'} = \frac{600 \times 10^{-9}}{4 \times 1.38} \text{ m} = 109 \text{ nm}$$

对应的光学厚度

$$l = n'e = 1.38 \times 109 \text{ nm} = 150 \text{ nm}$$

21–18 在空气中有一劈尖形透明物, 其尖角 $\theta = 1.0 \times 10^{-4}$ rad, 在波长 $\lambda = 700$ nm 的单色光垂直照射下, 测得两相邻干涉明条纹的间距为 $\Delta l = 0.25$ cm, 则求此材料的折射率.

解 由明纹间距公式

$$\Delta l = \frac{\lambda}{2n\sin\theta}$$

得

$$n = \frac{\lambda}{2\Delta l \sin\theta}$$

注意到尖角 θ 很小, 因而有

$$\sin\theta \approx \theta$$

将题给数据代入算式, 得折射率

$$n = \frac{700 \times 10^{-9}}{2 \times 0.25 \times 10^{-2} \times 1.0 \times 10^{-4}} = 1.4$$

21–19 在空气劈尖实验中, 设垂直入射光的波长 $\lambda = 600$ nm, 测得反射光等厚干涉条纹中平行条纹的间距 $\Delta l = 2.64$ mm, 但发现某处的等厚条纹有局部弯曲, 其中, 暗纹最大的弯曲量为 $b = 2\Delta l$, 且曲线的顶端指向劈尖的交棱, 如解图 21–19 所示. 假设劈尖装置中的玻璃板 M 是标准平面. 问下方的玻璃板 G 有何缺陷? 并求缺陷处的最大凹凸程度.

解 由图可知, 某处第 k 级纹的膜厚与第 $k+2$ 级纹的膜厚相同, 意味着该 "膜厚" 增加, 故为凹形.

最大凹陷深度

$$H = \Delta e = \frac{2\lambda}{2} = 2 \times \frac{600}{2} \text{ nm} = 600 \text{ nm}$$

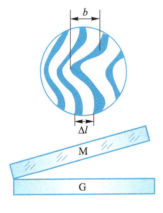

解图 21–19

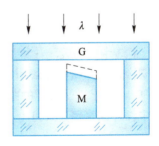

解图 21–20

21–20 如解图 21–20 所示, 在一石英容器 G 内有一金属样品 M, 其一端被磨光并具一小楔角, 与上方石英平面构成一空气劈尖, 用波长为 λ 的单色光垂直入射, 以观察其等厚干涉条纹, 已知温度为 t_0 时样品中心长度为 L_0, 升温到 t 时, 假设样品均匀伸长而石英容器不变形, 若在此过程中测得等厚条纹在视场中平移过 N 条, 求样品的伸长量 Δl 及线胀系数 β $\left(\beta \text{ 的定义为 } \dfrac{\Delta L}{L_0 \Delta t}\right)$.

解 由劈尖干涉规律知, 视场中移过一条条纹, 对应膜厚变化为 $\Delta e = \dfrac{\lambda}{2}$. 故移过 N 条时, 对应膜厚变化, 亦即样品伸长量

$$\Delta L = N\Delta e = \frac{N\lambda}{2}$$

线胀系数

$$\beta = \frac{\Delta L}{L_0 \Delta t} = \frac{N\lambda}{2L_0 \Delta t} = \frac{N\lambda}{2L_0(t - t_0)}$$

21-21 如解图 21-21 所示, 在硅片 Si 的表面上有一层均匀的二氧化硅 SiO_2 薄膜, 已知 Si 的折射率为 3.42, SiO_2 的折射率为 1.50. 为了测量 SiO_2 薄膜的厚度, 将它的一部分磨成劈尖. 现用波长为 $\lambda = 600$ nm 的平行光垂直照射, 观测反射光形成的等厚干涉条纹. 发现图中 AB 段内共有 5 条暗纹, 且 A 和 B 处恰好都是一条明纹的中心. 求薄膜的厚度 e.

解 由图可见, SiO_2 膜厚 e, 对应于 5 条明纹的宽度. 故

$$e = 5 \times \frac{\lambda}{2n} = 5 \times \frac{600}{2 \times 1.5} \text{ nm}$$
$$= 1\,000 \text{ nm} = 1.0 \text{ μm}$$

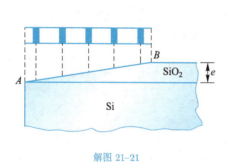

解图 21-21

解图 21-22

21-22 为了测定平凸透镜的曲率半径, 可将其置于一标准平板玻璃上, 构成一牛顿环装置, 并通过一半透半反的玻璃片将波长为 589 nm 的钠黄光垂直投射到平凸透镜上, 后用读数显微镜 T 来观测牛顿环 (参见解图 21-22), 设测得第 4 级暗环的半径为 4.00 mm, 第 9 级的暗环半径为 6.00 mm. 求平凸透镜的曲率半径.

解 由牛顿环的暗环公式可得

$$r_4^2 = 4R\lambda, \quad r_9^2 = 9R\lambda$$

将上述两式相减后整理则得平凸透镜的曲率半径

$$R = \frac{r_9^2 - r_4^2}{5\lambda} = \frac{(6.00^2 - 4.00^2) \times 10^{-6}}{5 \times 589 \times 10^{-9}} \text{ m} = 6.79 \text{ m}$$

21-23 假设牛顿环装置的平凸透镜于平板玻璃间有一小缝隙 e_0, 如解图 21-23 所示. 现用波长为 λ 的单色平行光垂直入射, 已知平凸透镜的曲率半径为 R, 求反射光形成的牛顿环的各暗环半径.

解 设牛顿环半径为 r, 由图可见

$$R^2 = r^2 + (R-e)^2$$

由于 $R \gg e$, 略去 e^2, 则可得到

$$e = \frac{r^2}{2R}$$

由暗环光程差公式可以得到

$$\delta = (2k+1)\frac{\lambda}{2} = 2e' + \frac{\lambda}{2} = 2\left(\frac{r^2}{2R} + e_0\right) + \frac{\lambda}{2}$$

解之, 得

$$r_{暗} = \sqrt{R(k\lambda - 2e_0)}$$

21-24 假如牛顿环装置改成如解图 21-24 所示, 图中 R_1 为一平凸透镜 L_1 的曲率半径, R_2 为一平凹透镜 L_2 的曲率半径, 今用一束波长为 5.893×10^{-7} m 的单色平行光垂直照射, 由反射光测得第 20 级暗条纹半径为 2.50 cm, 若已知 R_2 为 2.00 m, 求 R_1.

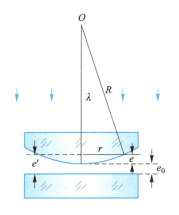
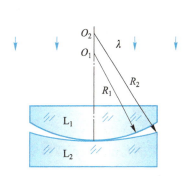

解图 21-23　　　　　　解图 21-24

解 由例 21-4 结果

$$r_k^2 = k\lambda \frac{R_1 R_2}{R_2 - R_1}$$

可得

$$R_1 = \frac{R_2 r_k^2}{k\lambda R_2 + r_k^2} = \frac{2 \times (2.5 \times 10^{-2})^2}{20 \times 5.893 \times 10^{-7} \times 2 + (2.5 \times 10^{-2})^2} \text{ m} = 1.93 \text{ m}$$

21-25 当牛顿环装置中的透镜与平板玻璃之间充满某种液体时, 某一级干涉条纹的直径由原来空气的 1.40 cm, 变为 1.27 cm, 求液体的折射率.

解 根据牛顿环的暗环公式 $r_k = \sqrt{kR\lambda/n}$ 可知, 牛顿环半径 (或直径) 与装置中液体折射率的 1/2 次方成反比. 因而有 $\frac{d_1}{d_2} = \sqrt{\frac{n_2}{n_1}}$ 即

$$\frac{1.4}{1.27} = \sqrt{\frac{n_2}{1.0}}$$

解之, 得

$$n_2 = \left(\frac{1.4}{1.27}\right)^2 = 1.22$$

21-26 一迈克耳孙干涉仪的平面镜面积为 $4 \times 4 \ \text{cm}^2$, 设入射光波长为 589 nm, 在镜的宽度范围内, 观测到等厚干涉条纹共 20 条 (即明、暗纹共 20 条), 求平面镜 M_2 的虚像 M_2' 与 M_1 的夹角.

解 由题意知, 平面镜的边长 $l = 4 \ \text{cm}$, 由等厚干涉规律 $l\sin\theta \approx l\theta = N\dfrac{\lambda}{2}$, 可得

$$\theta = \frac{N\lambda}{2l} = \frac{20 \times 589 \times 10^{-9}}{2 \times 4 \times 10^{-2}} \ \text{rad} = 1.47 \times 10^{-4} \ \text{rad}$$

六　自我检测

21-1 单色平行光垂直照射在薄膜上, 经上下两表面反射的两束光发生干涉, 如检图 21-1 所示, 若薄膜的厚度为 e, 且 $n_1 < n_2 > n_3$, λ_1 为入射光在 n_1 中的波长, 则两束反射光的光程差为 (　　).

A. $2n_2 e$

B. $2n_2 e - \lambda_1/(2n_1)$

C. $2n_2 e + n_1\lambda_1/2$

D. $2n_2 e - n_2\lambda_1/2$

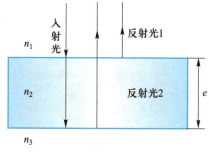

检图 21-1

21-2 用白光光源进行双缝实验, 若用一个纯红色的滤光片遮盖一条缝, 用一个纯蓝色的滤光片遮盖另一条缝, 则屏上观察到的现象是 (　　).

A. 干涉条纹的宽度将发生改变

B. 产生红光和蓝光的两套彩色干涉条纹

C. 干涉条纹的亮度将发生改变

D. 不产生干涉条纹

21-3 若一双缝装置的两个缝分别被折射率为 n_1 和 n_2 的两块厚度均为 e 的透明介质所遮盖, 此时由双缝分别到屏上原中央极大所在处的两束光的光程差 $\delta =$ _____.

21-4 一个平凸透镜的顶点和一平板玻璃接触, 用单色光垂直照射, 观察反射光形成的牛顿环, 测得第 k 级暗环半径为 r_1, 现将透镜和玻璃之间的空气换成某种液体 (其折射率小于玻璃的折射率), 第 k 级暗环的半径变为 r_2, 由此可知该液体的折射率 = _____.

21-5 在折射率为 1.50 的平板玻璃上有一层厚度均匀的油膜, 已知油膜的折射率为 1.25, 今用一束可以连续调节波长的单色平行光垂直照射油膜, 观察到波长为 500 nm 和 700 nm 的单色光在反射光中相继消失. 求油膜的厚度.

21-6　如检图 21-6 所示, 波长为 λ 的单色光以入射角 i 照射到放在空气 (折射率为 $n_1 = 1$) 中的一厚度为 e、折射率为 $n\,(n > n_1)$ 的透明薄膜上, 推导在薄膜上、下两表面反射出来的两束光 1 和 2 的光程差.

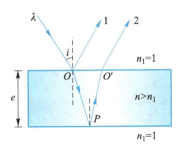

检图 21-6

自我检测
参考答案

第二十二章 光的衍射

一 目的要求

1. 掌握分析单缝夫琅禾费衍射暗纹分布规律的方法, 会分析缝宽及波长对衍射条纹分布的影响.
2. 掌握光栅衍射公式, 会确定光栅衍射谱线的位置, 理解谱线缺级的原因及分析方法.
3. 理解惠更斯–菲涅耳原理及半波带的概念.
4. 理解夫琅禾费圆孔衍射的一般特性和光学仪器的分辨本领的概念.
5. 了解 X 射线的衍射现象及全息照相原理.

二 内容提要

1. 惠更斯–菲涅耳原理 波阵面上的各点均可向外发射子波, 各子波在空间相遇时将会产生干涉, 并在观察屏上形成衍射条纹 (据此可确定衍射后的光强分布). 这一结论称为惠更斯–菲涅耳原理, 它是定量计算和解释衍射的理论基础.

2. 半波带 将单缝上的波阵面划分成若干个面积相等的部分, 每一部分便称为一个波带; 若波带最边缘的两条光线到屏上会聚点的光强差为 $\lambda/2$, 这样的波带称为半波带. 利用半波带的概念可以较简便地、近似地讨论单缝衍射条纹分布的规律.

3. **单缝衍射出现明、暗纹的条件**　由半波带法可以得出单缝衍射出现明纹 (光强极大处)、暗纹 (光强极小处) 的条件:

$$\delta = a\sin\theta = \begin{cases} \pm k\lambda & (暗条纹) \\ \pm(2k+1)\dfrac{\lambda}{2} & (明条纹) \end{cases} \quad (k = 1,2,3,\cdots)$$

式中, δ 代表单缝最边缘的两条光线到屏上会聚点的光程差.

4. **单缝衍射条纹的特点**　单缝衍射条纹主要有以下三个特点:

(1) 中央明纹最亮、最宽, 其角宽度为 $2\lambda/a$, 等于其他明纹角宽度的两倍.

(2) 当用白光照射时, 除中央明纹的中心为白色, 边缘为彩色外, 其他各级明纹均为由紫到红的彩色条纹. 不同波长、不同级次 (高级次) 的条纹可能会产生重叠现象.

(3) 条纹亮度随级次增加而降低.

5. **瑞利判据**　若一个物点的艾里斑中心恰好与另一个物点的艾里斑边缘重合, 则这两个物点恰好能够被分辨. 这一准则称为瑞利判据. 恰能被分辨时两物点对仪器物镜中心的张角称为光学仪器的最小分辨角

$$\theta_0 = 1.22\lambda/D$$

6. **光学仪器的分辨本领**　最小分辨角的倒数称为光学仪器的分辨本领

$$\frac{1}{\theta_0} = \frac{D}{1.22\lambda}$$

θ_0 越小, 分辨本领就越大.

7. **光栅方程**　当相邻两缝的对应光线在屏上会聚点的光程差满足

$$(a+b)\sin\theta = \pm k\lambda \quad (k = 0,1,2,\cdots)$$

时, 则会聚点的光强有最大值 (亮纹). 上述公式称为光栅方程, 利用光栅方程可确定各级光谱线的位置.

8. **缺级与重叠**　若某一位置满足光栅方程的明纹条件, 而单缝衍射在该处却正好为暗纹中心, 则该级谱线便不会出现, 这种现象称为缺级, 所满足的条件为

$$k = \frac{a+b}{a}k' \quad (k' = 1,2,\cdots)$$

式中, k 为光栅衍射谱线缺级的级数, k' 为单缝衍射暗纹的级数.

如果波长为 λ_1 的第 k_1 级谱线与波长为 λ_2 的第 k_2 级谱线同时出现在屏上的同一位置, 这种现象称为重叠, 光谱级次越高, 其重叠情况就越复杂. 两谱线重叠时必满足如下条件:

$$k_1\lambda_1 = k_2\lambda_2$$

三　重点难点

单缝衍射的暗纹公式及光栅衍射的明纹公式 (光栅方程) 是本章重点, 光栅衍射中的缺级与重叠是本章的难点. 前者不仅是本章问题分析处理的依据, 而且对于工程实践也有较大的应用, 后者则是光栅衍射中的一种衍生现象, 不太易于理解, 学习时宜多从物理意义上进行考量.

四 方法技巧

暗纹公式 $a\sin\theta = \pm k\lambda$ 与光栅方程 $(a+b)\sin\theta = \pm k\lambda$ 形式相似, 但结果却相反. 因此, 很多初学者都感到不好理解, 易生混淆. 其实, 只要我们能从光路和光程差这两个方面去理解, 很容易发现, 二者的物理实质完全是一样的, 区别在于二者所选的代表光线不一样: 前者所选为单缝边缘的两条光线, 而后者所选的则是相邻两缝的对应光线.

至于缺级与重叠的理解, 只要我们能记住光栅衍射的实质是单缝衍射下的多缝干涉. 换言之, 光栅衍射要受单缝衍射的调制, 因而自然便会出现缺级问题. 光栅衍射中的明纹位置由衍射角确定, 而衍射角 θ 则同时要受到波长 λ 及谱线级数 k 的制约, 因此, 波长为 λ_1 的 k_1 级谱线与另一波长为 λ_2 的 k_2 级谱线在满足条件 $k_1\lambda_1 = k_2\lambda_2$ 的情况下, 将对应于同一 θ 角, 占据同一位置 —— 这就是重叠.

本章习题, 重点在于掌握单缝衍射的暗纹分布公式 $a\sin\theta = \pm k\lambda$ 及光栅衍射的明纹公式 $(a+b)\sin\theta = \pm k\lambda$, 它们是确定衍射光谱线位置的重要公式. 在利用上述公式求解问题时应该注意两点: 一是式中的 k 是一个可变的整数, 具体可取哪些值须视问题条件而定; 二是一般情况下, θ 角值均很小, 可作近似处理: $\theta \approx \sin\theta \approx \tan\theta$.

例 22–1 一波长 $\lambda = 600$ nm 的单色平行光垂直入射到缝宽 $a = 0.4$ mm 的单缝上, 缝后有一焦距 $f = 1$ m 的会聚透镜, 求:

(1) 屏上中央明纹的宽度;

(2) 单缝上、下端光线到屏上的相位差恰为 4π 的 P 点距离屏中点 O 的距离;

(3) 屏上第 1 级明纹的宽度.

解 单缝衍射的中央明纹宽度恰为两个第 1 级暗纹中心间距, 因此, 欲求中央明纹宽度可先用暗纹公式求出对应的角宽度, 再用几何关系来计算.

至于相位差确定点到中心一点的距离, 一般可先求相位差与光程差的关系, 后建立起光程差与坐标的关系, 再求解方程.

(1) 两个第 1 级 ($k = \pm 1$) 暗纹的中心间距即为中央明纹的宽度 Δx; 注意到 $\lambda \ll a$, 所以有 $\theta \approx \sin\theta \approx \tan\theta$. 由单缝衍射的暗纹公式 $a\sin\theta = \pm k\lambda$ 可得中央明纹的半角宽度

$$\theta \approx \sin\theta = \frac{\lambda}{a}$$

借助几何关系可得中央明纹的宽度

$$\Delta x = 2f\tan\theta \approx 2f\frac{\lambda}{a} = \left(2 \times 1 \times \frac{6.0 \times 10^{-7}}{0.4 \times 10^{-3}}\right) \text{m} = 3.0 \times 10^{-3} \text{ m}$$

(2) 设 P 到 O 点的距离为 x, 由相位差与光程差的关系可得

$$\Delta\varphi = 4\pi = \frac{2\pi}{\lambda}\delta = \frac{2\pi}{\lambda}a\sin\theta \approx \frac{2\pi}{\lambda}a\tan\theta = \frac{2\pi}{\lambda}a\frac{x}{f}$$

解之, 得

$$x \approx \frac{\lambda f}{2\pi a}\Delta\varphi = \frac{2f\lambda}{a}\frac{4\pi}{4\pi} \approx 3.0 \times 10^{-3} \text{ m}$$

(3) 第 1 级明纹的角宽度为中央明纹角宽度的 $\frac{1}{2}$, 即 $\Delta\theta_1 = \theta$, 故第 1 级明纹的宽度

$$\Delta x_1 \approx f\Delta\theta_1 \approx f\theta = f\frac{\lambda}{a} = \frac{\Delta x}{2} = \frac{3.0 \times 10^{-3}}{2} \text{ m} = 1.5 \times 10^{-3} \text{ m}$$

例 22-2　波长为 $400 \sim 760$ nm 的一束可见光垂直入射到一缝宽为 1.0×10^{-4} cm 的透光光栅上, 其中波长为 600 nm 的光的第 4 级谱线缺级, 会聚透镜的焦距为 1 m, 求:

(1) 此光栅每厘米有多少条狭缝;

(2) 波长为 600 nm 的光在屏上呈现的光谱线的全部级数;

(3) 第 2 级光谱在屏上的线宽.

解　(1) 据题意, 波长为 600 nm 的光的第 4 级谱线缺级. 由缺级条件

$$(a + b)\sin\theta = k\lambda \quad \text{及} \quad a\sin\theta = k'\lambda$$

得

$$\frac{k}{k'} = \frac{a + b}{a} = 4$$

即

$$a + b = 4a = 4 \times 1.0 \times 10^{-4} \text{ cm}$$

故光栅上每厘米长的狭缝数

$$N = \frac{1}{a + b} = \frac{1}{4 \times 10^{-4}} \text{ cm} = 2\,500 \text{ 条/cm}$$

(2) 波长为 600 nm 的光垂直照射到光栅上时, k 的最大值对应的衍射角 $\theta = \frac{\pi}{2}$, 即 $\sin\theta = 1$. 由光栅方程 $(a + b)\sin\theta = \pm k\lambda$ 得

$$k_{\max} = \frac{a + b}{\lambda}\sin\frac{\pi}{2} = \frac{4 \times 10^{-4}}{6 \times 10^{-5}} \times 1 = 6.7$$

所以波长为 600 nm 的光在屏上实际出现的光谱线的级数为 $0, \pm 1, \pm 2, \pm 3, \pm 5, \pm 6$, 共计 11 条.

(3) 由光栅方程知, 第 2 级光谱中最短波长 400 nm 对应的衍射角

$$\theta_2 = \arcsin\frac{2 \times 4 \times 10^{-5}}{4 \times 10^{-4}} = \arcsin 0.2 = 11.54°$$

第 2 级光谱中最长波长 760 nm 对应的衍射角

$$\theta_2' = \arcsin\frac{2 \times 7.6 \times 10^{-5}}{4 \times 10^{-4}} = \arcsin 0.38 = 22.33°$$

故第 2 级光谱在屏上的线宽

$$\Delta x_2 = f(\tan\theta_2' - \tan\theta_2) = 1 \times (\tan 22.33° - \tan 11.54°) \text{ m}$$

$$= (0.41 - 0.20) \text{ m} = 0.21 \text{ m}$$

五 习题解答

22-1 衍射现象和干涉现象有何异同?

答 相同的是, 衍射和干涉本质上都是波的叠加, 都会在相遇的空间产生明暗相间的条纹. 不同的是:

(1) 发生条件不同: 发生干涉的条件是两列波必须同频率、同振向, 且相差恒定; 发生衍射的条件是障碍物的尺寸不得大于发生衍射的光的波长;

(2) 条纹特点有异: 干涉产生的明暗相间的明纹亮度大致相同; 衍射产生的明暗相间条纹的中央明纹又宽又亮, 两边条纹的宽度和亮度依次变窄、变弱;

(3) 发生机理有别: 干涉是两列波在屏上的长消叠加: 当两列波到达屏上某点的光程差等于波长整数倍时产生振动的相长叠加, 出现明纹; 等于本波长的奇数倍时产生振动的相消叠加, 出现暗纹. 衍射是无数子波在屏上的干涉叠加: 当缝宽波面恰好被分成偶数个半波带时, 各相应子波在屏上产生两两相消干涉, 屏上出现暗纹; 恰好被分成奇数个半波带时, 各相应子波在屏上产生两两相长干涉, 屏上出现明纹.

22-2 衍射现象是否明显, 关键在于障碍物的尺寸, 还是在于波长与障碍物的相对大小?

答 由单缝衍射暗纹公式 $\sin\theta = k\lambda/a$ 可以看出, 衍射现象是否明显, 关键在于波长与障碍物的相对大小 λ/a.

22-3 在单缝衍射实验中增大波长和增大缝宽各会产生什么效果?

答 根据单缝衍射的暗纹公式 $a\sin\theta = k\lambda$ 可知, 在单缝衍射实验中, 增大波长会使衍射条纹变宽, 而增大缝宽会使衍射条纹宽度变窄.

22-4 在单缝衍射实验中若保持聚集透镜不动, 将单缝沿缝宽方向微移, 衍射条纹是否会随之发生移动?

答 衍射条纹不会发生移动.

22-5 将单缝实验装置全部浸入水中, 屏上衍射条纹将如何变化?

答 由于装置浸入水中, 导致光的波长减小, 致使衍射条纹中的条纹距离变小.

22-6 用双缝干涉、牛顿环、单缝衍射、光栅衍射都可以测量光的波长, 哪种方法最准确?

答 光栅衍射测量光的波长最准确.

22-7 光学仪器的分辨本领主要是受到光的什么现象所限制? 提高光学仪器分辨本领的基本途径是什么?

答 光学仪器的分辨本领主要受光的圆孔衍射的现象所限制, 提高光学仪器分辨本领的基本途径是: (1) 加大物镜的通光孔径; (2) 采用较短的工作波长.

22-8 在单缝衍射中, 若将缝宽缩小一半, 则在原来第 3 级暗纹的方向上, 变成 (　　).

A. 2 级暗纹　　　　B. 2 级明纹　　　　C. 1 级暗纹　　　　D. 1 级明纹

解 原来第 3 级暗纹方向上, 单缝可分成 6 个半波带, 缝宽 a 缩小一半后则只能划分为 3 个半波带. 故为 1 级明纹, 选 D.

22-9 在光栅衍射实验中, 垂直入射光的波长为 λ, 若光栅常量 $d = a + b = 3\lambda$, 且通光缝的宽度 $a = \dfrac{d}{2}$, 则最多能观察到谱线 (主极大) 的总数目为 (   ).

A. 3 条   B. 5 条   C. 6 条   D. 7 条

解 由光栅方程 $(a+b)\sin\theta = k\lambda$ 可知, k 的最大值为 3. 但 $\dfrac{a+b}{a} = \dfrac{d}{d/2} = 2$, 即第 2 级明纹缺级, 故最多能观察到的谱线总数为 $k = 0, \pm1, \pm3$, 共计 5 条, 故选 B.

22-10 在单缝衍射实验中, 垂直入射光的波长为 λ, 若缝宽 $a = 4\lambda$, 对应于衍射角为 $\theta = 30°$, 单缝处的波面能划分为 _____ 个半波带.

解 由单缝衍射的暗纹公式 $a\sin\theta = 4\lambda\sin30° = 2\lambda = 4 \times \dfrac{\lambda}{2}$, 故知单缝处波面能划分为 4 个半波带. 空填 "4".

22-11 在单缝夫琅禾费衍射实验中, 若单缝宽度 a 和垂直入射光的波长 λ 都已给定, 则观测屏上单缝衍射图样的中央明纹宽度 Δx_0 与所用聚焦透镜的焦距 f 有关. 若 $a = 1$ mm, $\lambda = 500$ nm, 欲使所得到的中央明纹宽度 Δx_0 等于单缝宽度 a, 则所用透镜的焦距 $f = $ _____ m.

解 由中央明纹宽度公式

$$\Delta x_0 = 2f\tan\theta = 2f\sin\theta = 2f\dfrac{\lambda}{a}$$

可得

$$f = \dfrac{a\Delta x_0}{2\lambda} = \dfrac{1\times10^{-3}\times1\times10^{-3}}{2\times500\times10^{-9}} \text{ m} = 1 \text{ m}$$

故空填 "1".

22-12 衍射光栅主极大公式为 $(a+b)\sin\theta = \pm k\lambda$ $(k = 0,1,2,\cdots)$. 在 $k = 2$ 的方向上, 第 1 条缝与第 6 条缝对应点发出的两条衍射光的光程差 $\delta = $ _____.

解 在 $k = 2$ 的方向上, 相邻狭缝对应点发出的两条衍射光线的光程差为

$$\delta = (a+b)\sin\theta = 2\lambda$$

第 1 条缝与第 6 条缝之间共有 5 个相邻间隔, 故这两条缝对应点发出的两条衍射光线的光程差为

$$5\delta = 5\times2\lambda = 10\lambda$$

22-13 在光栅衍射中, 欲使单缝包络线的中央明纹宽度范围内恰好有 11 条光栅衍射谱线, 则光栅常量 d 与光栅中每条狭缝的宽度 a 之比必须满足的条件是 $d:a$ _____.

解 单缝衍射的中央明纹宽度范围是单缝 ±1 级暗纹之间的范围. 单缝暗纹公式为 $a\sin\theta = \pm k'\lambda$ $(k' = 1,2,3,\cdots)$, 光栅方程为 $d\sin\theta = \pm k\lambda$ $(k = 0,1,2,\cdots)$. 由光栅谱线缺级条件可知, 当 $\dfrac{d}{a} = 6$ 时, $k' = 1$, 则光栅的第 6 级谱线开始缺级, 这时在单缝衍射中央明纹的范围内, 共有 $0, \pm1, \pm2, \pm3, \pm4, \pm5$ 这 11 条光栅衍射谱线. 故空填 "6".

22-14 在单缝衍射中已知缝宽为 0.5 mm, 单缝到观察屏距离为 1 m, 用单色可见平行光垂直入射于单缝, 发现观察屏上距离坐标中心为 2 mm 处是一条暗纹的中心, 求:

(1) 该暗纹的级次和入射光的波长;

(2) 对于该暗纹, 单缝上的半波带数目.

解 (1) 由题给条件知 $a\sin\theta = k\lambda$; 由几何近似得 $\tan\theta = \sin\theta = \dfrac{\Delta x}{f} = \dfrac{2\times10^{-3}}{1}$. 故 $a\sin\theta = 2a\times10^{-3} = 2\times0.5\times10^{-3}\times10^{-3}$ m $= k\lambda$. 根据题意, 由此可以推知 $k = 2$, $\lambda = 500$ nm.

(2) 由 $a\sin\theta = 2\lambda$ 可以推知, 单缝上的半波带数目为 4.

22-15 波长为 546.1 nm 的平行光垂直透射到缝宽为 1 mm 的单缝上, 单缝后面的会聚透镜焦距为 100 cm, 问: 第 1 级暗纹、第 1 级明纹、第 3 级暗纹分别到中央明纹中心的距离各是多少? 上述各明、暗纹在单缝上所对应的半波带数目各为多少?

解 设它们到中央明纹中心的距离为 y. 根据单缝衍射的暗纹公式可得

$$a\sin\theta \approx a\tan\theta = a\frac{y}{f} = k\lambda$$

公式中的 k 分别等于 1 和 3, 即可解得第 1、第 3 级暗纹离中央明纹的距离分别为

$$y_1 = \frac{f}{a}\lambda = \frac{1\,000}{1}\times5.461\times10^{-4}\ \text{mm} = 0.546\,1\ \text{mm}$$

$$y_3 = 3\frac{f}{a}\lambda = 3y_1 = 3\times0.546\,1\ \text{mm} = 1.638\ \text{mm}$$

由单缝衍射明纹公式可得第 1 级明纹到中央明纹中心的距离

$$y' = f\tan\theta \approx f\sin\theta = \frac{f\lambda}{a}\left(1+\frac{1}{2}\right)$$

$$= \frac{3}{2}y_1 = \frac{3}{2}\times0.546\,1\ \text{mm} = 0.819\ \text{mm}$$

对于第 1 级暗纹, $a\sin\theta = \lambda = 2\times\dfrac{\lambda}{2}$, 其对应半波带数目为 2.

对于第 1 级明纹, $a\sin\theta = (2+1)\dfrac{\lambda}{2}$, 其对应半波带数目为 3.

对于第 3 级暗纹, $a\sin\theta = 3\lambda = 6\times\dfrac{\lambda}{2}$, 其对应的半波带数目为 6.

22-16 一束单色平行可见光垂直入射于宽度为 $a = 0.6$ mm 的单缝上, 用焦距为 400 mm 的透镜形成夫琅禾费单缝衍射图样, 发现距中央明纹中心为 $y = 1.4$ mm 处是一条明纹, 求:

(1) 入射光波长的可能值及 k 的可能值;

(2) 根据 k 的可能值算出相应的半波带数目.

解 (1) 由单缝衍射明纹公式 $a\sin\theta = a\tan\theta = (2k+1)\dfrac{\lambda}{2}$ 可得

$$a\frac{y}{f} = (2k+1)\frac{\lambda}{2} = \frac{0.6\times10^{-3}\times1.4\times10^{-3}}{400\times10^{-3}}\ \text{m} = 2\,100\ \text{nm}$$

当 $k = 3$ 时, 有

$$(6 + 1)\frac{\lambda}{2} = 2\,100\text{ nm}$$

解之, 得

$$\lambda_1 = 600\text{ nm}$$

当 $k = 4$ 时, 有

$$9 \times \frac{\lambda}{2} = 2\,100\text{ nm}$$

解之, 得

$$\lambda_2 = 467\text{ nm}$$

当 $k = 5$ 时, 有

$$11 \times \frac{\lambda}{2} = 2\,100\text{ nm}$$
$$\lambda_3 = 382\text{ nm, 不可见}$$

(2) $k = 3$ 时, 其相应的半波带数目为 7;

$k = 4$ 时, 相应的半波带数目为 9.

22–17　一单缝宽 $a = 0.1$ mm, 用波长为 $\lambda = 546$ nm 的平行光垂直入射, 缝后置一焦距为 50 cm 的会聚透镜,

(1) 求在焦平面上得到的衍射图样的中央明纹宽度;

(2) 若将整个装置浸没于水中, 中央明纹宽度会有何变化? (水的折射率为 1.33.)

解　(1) 设中央明纹宽度为 $2\Delta x$. 据暗纹公式有

$$\tan\theta = \sin\theta = \frac{\lambda}{a}$$

故中央明纹宽度

$$2\Delta x = 2f\tan\theta = \frac{2f\lambda}{a} = \frac{2 \times 50 \times 10^{-2} \times 546 \times 10^{-9}}{0.1 \times 10^{-3}\text{ m}}$$
$$= 5.46\text{ mm}$$

(2) 浸入水中后的宽度

$$d = 2\Delta x' = \frac{2\Delta x}{n} = \frac{5.46}{1.33}\text{ mm} = 4.11\text{ mm}$$

22–18　在白光形成的夫琅禾费单缝衍射图样中, 某一波长的第 3 级明纹与波长为 600 nm 的第 2 级明纹重合, 求该光波的波长.

解　设该光波波长为 λ_2. 据明纹重合条件有

$$(2k_1 + 1)\frac{\lambda_1}{2} = (2k_2 + 1)\frac{\lambda_2}{2}$$

解之, 得

$$\lambda_2 = \frac{(2k_1+1)\lambda_1}{(2k_2+1)} = \frac{5\lambda_1}{7} = \frac{5 \times 600}{7} \text{ nm} = 428.6 \text{ nm}$$

22–19 波长分别为 λ_1 和 λ_2 的两束平行单色光, 同时垂直入射到同一单缝上, 观测到衍射图样中 λ_1 的第 1 级极小与 λ_2 的第 2 级极小重合, 问:

(1) λ_1 与 λ_2 波长值的比例关系如何?

(2) 衍射图中还有其他极小重合吗?

解 (1) 据极小 (暗纹) 重合条件有

$$k_1\lambda_1 = k_2\lambda_2$$

注意到题设 $k_1 = 1$, $k_2 = 2$ 则有

$$\lambda_1 = 2\lambda_2$$

(2) 只要满足条件 $k_2 = 2k_1$, 其他极小均可能重合.

22–20 一衍射光栅每毫米有 200 条透光缝, 每条透光缝的缝宽 $a = 2.5 \times 10^{-3}$ mm, 以波长为 600 nm 的单色光垂直照射光栅, 求:

(1) 透光缝 a 所产生的单缝衍射包络线的中央明纹角宽度;

(2) 在整个衍射场中可能观测到衍射光谱线的最大级次;

(3) 能够出现的光谱线的总数目.

解 (1) 由暗纹公式得 $\theta = \sin\theta = \dfrac{\lambda}{a}$. 故中央明纹角宽度

$$2\theta = \frac{2\lambda}{a} = \frac{2 \times 600 \times 10^{-9}}{2.5 \times 10^{-6}} \text{ rad} = 27.8°$$

(2) 将光栅常量 $a + b = \dfrac{1 \times 10^{-3}}{200}$ m $= 5 \times 10^{-6}$ m 代入光栅方程

$$(a+b)\sin\theta = k\lambda$$

则可得到谱线的最大级次

$$k_{\max} = \frac{(a+b)\sin\theta}{\lambda} = \frac{(a+b)\sin\frac{\pi}{2}}{\lambda} = \frac{5 \times 10^{-6}}{600 \times 10^{-9}} \approx 8$$

但 $\theta = \dfrac{\pi}{2}$ 方向不可见, 故衍射场中可能见到的最大级次应为 7.

(3) 注意到 $\dfrac{a+b}{a} = \dfrac{5 \times 10^{-6}}{2.5 \times 10^{-6}} = 2$, 即 2 的整数倍谱线均缺级, 故可现谱线数为 0, ±1, ±3, ±5, ±7, 共计 9 条.

22–21 一复色平行光束垂直照射到光栅上, 发现在衍射角 $\theta = 41°$ 方向上, 波长为 $\lambda_1 = 653.3$ nm 和 $\lambda_2 = 410.2$ nm 的谱线首次发生重叠, 求光栅常量 d.

解 两谱线重叠的条件是 $k_1\lambda_1 = k_2\lambda_2$, 即

$$\frac{k_2}{k_1} = \frac{\lambda_1}{\lambda_2} = \frac{653.3}{410.2} = 1.6$$

故知两线第一次重叠在 $k_1 = 5, k_2 = 8$ 上. 于是有

$$(a + b) \sin 41° = k_1 \lambda_1$$

解之, 得光栅常量

$$d = a + b = \frac{k_1 \lambda_1}{\sin 41°} = \frac{5 \times 653.3}{0.656} \text{ nm} = 5 \times 10^{-6} \text{ m}$$

22-22　钠光灯的谱线实际上含有 589.0 nm 和 589.6 nm 两种波长, 用每毫米 500 条刻线的光栅做实验, 这两种波长的 1 级谱级之间的角距有多大?

解　由题意知光栅常量 $a+b = \dfrac{1 \times 10^{-3}}{500} \text{ m} = 2.0 \times 10^{-6} \text{ m}$. 由光栅方程 $(a+b)\sin\theta = k\lambda$, 得

$$\sin\theta_1 = \frac{\lambda_1}{a+b} = \frac{589}{2\,000}$$
$$\theta_1 = \arcsin\frac{589}{2\,000} = 17.127\,5°$$
$$\sin\theta_2 = \frac{\lambda_2}{a+b} = \frac{589.6}{2\,000}$$
$$\theta_2 = \arcsin\frac{589.6}{2\,000} = 17.145\,5°$$

两波长 1 级谱线之间的角距

$$\Delta\theta = \theta_2 - \theta_1 = 17.145\,5° - 17.127\,5° = 0.018°$$

22-23　若在一宇宙探测器上有一通光孔径为 5 m 的望远镜, 在距离月球表面为 3.6×10^5 km 的高度上用此望远镜观测月球, 问能分辨出月球上最小的距离是多少? (设工作波长为 550 nm).

解　最小分辨角

$$\theta_0 = 1.22\lambda/D = \frac{1.22 \times 550 \times 10^{-9}}{5} \text{ rad} = 1.34 \times 10^{-7} \text{ rad}$$

最小距离

$$\Delta x = l\theta_0 = 3.6 \times 10^5 \times 10^3 \times 1.34 \times 10^{-7} \text{ m} = 48.24 \text{ m}$$

22-24　用一照相机在距离地面 20 km 的高空中拍摄地面上的物体, 若要求它能分辨地面上相距为 0.1 m 的两点, 问照相机镜头的直径至少要多大? (设感光波长为 550 nm.)

解　由题意知, 相机的最小分辨角

$$\theta_0 = \frac{\Delta x}{l} = \frac{0.1}{20 \times 10^3} = 5 \times 10^{-6} \text{ rad} = 1.22\lambda/D$$

所以相机镜头的直径最小值

$$D = \frac{1.22\lambda}{\theta_0} = \frac{1.22\lambda}{5 \times 10^{-5}} = \frac{1.22 \times 550 \times 10^{-9}}{5 \times 10^{-6}} \text{ m} = 0.134 \text{ m}$$

22-25 万里长城 (上、下底宽约为 5 m 及 8.5 m), 厚重壮观. 一位曾经登上月球的宇航员曾对国人说, 他在月球 (半径约为 1.74×10^6 m) 上看地球 (半径约为 6.37×10^6 m), 除了能见长城外, 其他什么都看不见. 你认为他说的话当真吗? 为什么? (人眼的最小分辨角约为 2.5×10^{-4} rad, 地心到月心的距离约为 3.84×10^8 m.)

答 能看清与看不清的关键是看物体对眼的张角 θ 是否大于最小分辨角 θ_0, 大则清, 小则不清.

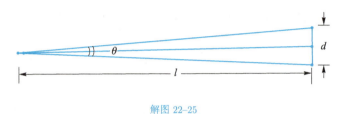

解图 22-25

由题意知, $d = 5$ m, $l = (3.84 \times 10^8 - 6.37 \times 10^6 - 1.74 \times 10^6)$ m $= 375.9 \times 10^6$ m (参见解图 22-25). 可以算出, 长城对宇航员肉眼的张角

$$\theta = \frac{d}{l} = \frac{5}{375.9 \times 10^6} \text{ rad} = 1.33 \times 10^{-8} \text{ rad}$$

由此可见. 在月球上用肉眼是看不见长城的.

六 自我检测

22-1 根据惠更斯-菲涅耳原理, 若已知光在某时刻的波阵面为 S, 则 S 前方的某点 P 的光强度决定于波阵面 S 上所有面积元发出的子波各自传到 P 点的 (　　).

A. 振动振幅之和　　　　　　　　　B. 光强之和
C. 振动振幅之和的平方　　　　　　D. 振动的相干叠加

22-2 一束平行单色光垂直入射在光栅上, 当光栅常量 $(a+b)$ 为下列哪种情况时 (a 代表每条缝的宽度), $k = 3$、6、9 等级次的主极大均不出现?

A. $a + b = 2a$　　　　　　　　　B. $a + b = 3a$
C. $a + b = 4a$　　　　　　　　　D. $a + b = 6a$

22-3 波长为 600 nm 的单色平行光, 垂直入射到缝宽为 $a = 0.60$ mm 的单缝上, 缝后有一焦距 $f' = 60$ cm 的透镜, 在透镜焦平面上观察衍射图样. 则: 中央明纹的宽度为 ＿＿＿＿, 两个第 3 级暗纹之间的距离为 ＿＿＿＿.

22-4 惠更斯-菲涅耳原理的基本内容是: 波阵面上各面积元所发出的子波在观察点 P 的 ＿＿＿＿, 决定了 P 点的合振动及光强.

22-5 波长为 600 nm 的单色光垂直入射到宽度为 0.10 mm 的单缝上, 缝后置一焦距为 1.0 m 的透镜, 在透镜的焦平面处放一观察屏. 求:

(1) 屏上中央明纹的宽度;

(2) 第 2 级暗纹离透镜焦点的距离.

22-6　波长 $\lambda = 600$ nm 的单色光垂直入射到一光栅上, 测得第 2 级主极大的衍射角为 30°, 且第 3 级是缺级. 求:

(1) 该光栅的光栅常量;

(2) 透光缝的最小可能宽度;

(3) 屏上可能呈现的全部主极大的级次.

自我检测
参考答案

第二十三章　光的偏振

一　目的要求

> 1. 掌握马吕斯定律和布儒斯特定律.
> 2. 理解偏振光的概念, 理解偏振性.
> 3. 了解双折射及旋光现象, 了解光的吸收、散射和色散.

二　内容提要

1. 自然光与偏振光

(1) 自然光与偏振光的概念　在垂直于光线的任一平面内, 各种可能的光振动方向均存在, 且光振动在各个方向出现的概率相同、振幅相等, 这样的光称为自然光. 若在垂直于光线的任一平面内只存在某一方向的光振动, 这样的光称为完全偏振光或线偏振光. 若在垂直于光线的任一平面内, 虽然也同时存在各种方向的光振动, 但某一方向的光振动的强度较其他方向占优势, 这样的光称为部分偏振光.

(2) 偏振光的检验　将一束光投射到偏振片上, 然后将偏振片以垂直于偏振片的光线为轴, 旋转 180°. 这时, 若偏振片后的出射光强不仅有大小变化, 且还会有变黑的现象, 则入射光必为 (线) 偏振光.

2. 马吕斯定律　线偏振光通过检偏器后的光强 I, 与入射于检偏器的光强 I_0 乘以入射线

偏振光的光振动方向与检偏器的偏振化方向 (透振方向) 之夹角的余弦平方成正比, 即

$$I = I_0 \cos^2 \alpha$$

这一规律称为马吕斯定律.

3. 布儒斯特定律　当自然光从折射率为 n_1 的各向同性介质向折射率为 n_2 的各向同性介质入射时, 若入射角 i_b 满足

$$\tan i_b = \frac{n_2}{n_1}$$

则反射光变成完全偏振光, 且其光振动的方向垂直于入射面; 而折射光与反射光相互垂直, 即

$$i_b + i_2 = \pi/2$$

这一规律称为布儒斯特定律, 这一特定的入射角 i_b 称为布儒斯特角或起偏振角.

4. 光的双折射　当一束光射向各向异性的晶体 (如方解石) 表面时会产生两束振动方向相互垂直的偏振折射光的现象称为光的双折射. 其中一束光遵守折射定律, 称为寻常光, 亦称 o 光, 另一束不遵守折射定律, 称为非寻常光, 亦称 e 光.

三　重点难点

偏振光的获得和检验, 马吕斯定律, 布儒斯特定律是本章的重点, 学习时必须给予足够的重视.

双折射现象, 特别是 o 光、e 光的特性及其偏振状态是本章的难点, 学习时要注意设法化解.

四　方法技巧

学习马吕斯定律时应该注意, 定律中的光强 I_0 为入射偏振片前的偏振光的光强, 定律中的 α 是入射偏振光的光振动方向与检偏器偏振化方向的夹角. 当一个光学系统有多个检偏片时, 必须细心地进行逐级计算.

学习布儒斯特定律时需要注意: (1) 布儒斯特角 i_b 的大小由入射光所在介质折射率 n_1 和折射光所在介质折射率 n_2 决定, 即

$$i_b = \arctan \frac{n_2}{n_1}$$

这时反射光为线偏振光, 其振动方向垂直入射面; (2) 当光线以 i_b 入射时, 折射光并非完全偏振光, 而是其振动方向平行入射面占优势的部分偏振光 (除非入射光为线偏振光), 但其方向则与反射线垂直, 即

$$i_b + i_2 = \frac{\pi}{2}$$

本章的难点是 o 光、e 光的特性及对振动方向的判定. 前者可从振动方向、传播速度、折射定律三个方面去理解, 后者可从区分主平面与入射面的概念入手来解决.

本章习题除了涉及马吕斯定律、布儒斯特定律及双折射现象的理解与应用外, 还涉及惠更斯原理和几何光学的折射定律. 因此, 在求解本章习题前, 认真理解上述有关定律及原理是很必要的.

例 23–1　如例图 23–1 所示, 偏振片 A、B 的偏振化方向的夹角 $\alpha = 30°$, 偏振片 C 与 A 的偏振化方向的夹角 $\alpha' = 60°$. 设强度为 I_s 的自然光垂直入射于 A. 求:

(1) 最后输出的光强 I';

(2) B、C 位置互换, 但 α 及 α' 不变的情况下, 最后输出的光强 I'.

解　通过偏振片的光强可直接用马吕斯定律计算, 但是有一条件, 那就是入射光必须是偏振光. 因此, 求解本题可先算通过 A 的偏振光强, 后依次用马吕斯定律计算通过 B、C 片的光强.

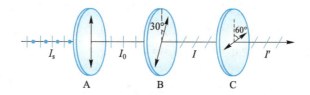

例图 23–1

(1) 设自然光相继通过 A、B、C 的光强分别为 I_0、I 及 I'. 由于自然光各向光振动的振幅相等, 且通过偏振片 A 时, 其垂直于 A 的偏振化方向的光振动分量全被吸收, 只有平行分量通过, 故从 A 输出的光强仅为入射光强的一半, 即

$$I_0 = \frac{1}{2} I_s$$

根据马吕斯定律, 通过 B 的光强

$$I = I_0 \cos^2 \alpha = \frac{1}{2} I_s \cos^2 30° = \frac{1}{2} I_s \left(\frac{\sqrt{3}}{2} \right)^2 = \frac{3}{8} I_s$$

通过 C 的光强

$$I' = I \cos^2 \alpha'' = \frac{3}{8} I_s \cos^2 (60° - 30°) = \frac{3}{8} I_s \cos^2 30°$$

$$= \frac{3}{8} I_s \left(\frac{\sqrt{3}}{2} \right)^2 = \frac{9}{32} I_s$$

(2) B、C 位置互换后, 先对 A、C 应用马吕斯定律, 得

$$I = I_0 \cos^2 \alpha' = \frac{1}{2} I_s \cos^2 60° = \frac{1}{2} I_s \left(\frac{1}{2} \right)^2 = \frac{1}{8} I_s$$

再对 C、B 应用马吕斯定律, 即得最后输出的光强

$$I' = I \cos^2 \alpha'' = \frac{1}{8} I_s \cos^2(60° - 30°)$$
$$= \frac{1}{8} I_s \left(\frac{\sqrt{3}}{2}\right)^2 = \frac{3}{32} I_s$$

例 23–2　水的折射率为 1.33, 玻璃的折射率为 1.50, 当光从水中射向玻璃而反射时,其起偏振角为多少? 当光从玻璃射向水中而反射时, 起偏振角又为多少?

解　由布儒斯特定律可知, 当光从水中射向玻璃而反射时的起偏振角

$$i_b = \arctan \frac{n_{玻}}{n_{水}} = \arctan \frac{1.50}{1.33} = \arctan 1.128 = 48.4°$$

当光从玻璃射向水中而反射时, 其起偏振角

$$i_b = \arctan \frac{n_{水}}{n_{玻}} = \arctan \frac{1.33}{1.50} = \arctan 0.886\,7 = 41.6°$$

例 23–3　如例图 23–3 所示, 在一水平放置的平底玻璃盘 $(n_3 = 1.50)$ 内盛满水 $(n_2 = 1.33)$, 一束自然光从空气 $(n_1 = 1.00)$ 射向水面后, 从水面和水底反射的光束分别用 1 和 2 表示.

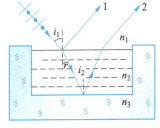

例图 23–3

(1) 欲使 2 为全偏振光, 求自然光在水面的入射角 i_1, 并指明 2 的光振动方向;

(2) 证明 1 不是全偏振光.

解　(1) 欲使 2 为全偏振光, 则光束在水底的入射角 i_2 应为布儒斯特角, 即

$$i_2 = \arctan \frac{n_3}{n_2} = \arctan \frac{1.50}{1.33} = \arctan 1.128 = 48.44°$$

注意到 $r = i_2$, 由折射定律 $n_1 \sin i_1 = n_2 \sin r$ 可得

$$i_1 = \arcsin \left(\frac{n_2}{n_1} \sin i_2\right) = \arcsin (1.33 \times 0.748)$$
$$= \arcsin 0.995 = 84.38°$$

光束 2 的光振动方向垂直入射面 (纸面).

(2) 欲使 1 为全偏振光, 则此时的入射角 i_1' 应为布儒斯特角, 即

$$i_1' = \arctan \frac{n_2}{n_1} = \arctan \frac{1.33}{1.00} = 53°06'$$

但 (1) 中计算给出 $i_1 = 84.38° \neq i_1'$. 故 1 不是全偏振光.

五 习题解答

23-1 如解图 23-1 所示，在下列光路图中，1、2、3 段光路各表示什么光？

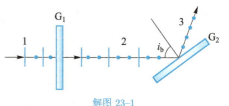

解图 23-1

答 图中第 1 段光路表示自然光；

第 2 段光路表示垂直纸面振动占优的部分偏振光；

第 3 段光路表示垂直纸面振动的完全偏振光.

23-2 在空气质量较好的小河旁，有时会出现 "雨后初晴见彩虹"，这是一种什么样的光学现象？

答 小河旁由于邻近水源，空气中水蒸气充足，湿度较大 (雨后) 时易凝结成细小的水珠，雨后初晴时，太阳光 (白光) 通过悬浮在空气中细小的水珠 (透明、近球形) 时发生折射，各种不同波长光组合而成的白光经水珠折射以后会分成各种彩色光，形成彩虹. 以上现象的原因是不同波长的光对水珠的折射率不同，这些都是光的色散现象.

23-3 让一束自然光和线偏振光的混合光垂直通过一偏振片. 以此入射光束为轴旋转偏振片，测得透射光的强度最大值为最小值的 5 倍，则入射光束中自然光与线偏振光的强度之比为 (　　).

A. $\dfrac{1}{4}$　　　　　B. $\dfrac{1}{2}$　　　　　C. 5　　　　　D. $\dfrac{1}{5}$

解 设自然光强为 I_s，线偏振光强为 I. 由题意知

$$\frac{I_s/2 + I}{I_s/2} = 5$$

解之，得

$$I_s/I = \frac{1}{2}$$

故选 B.

23-4 设两偏振片的偏振化方向成 30° 角时，透射光为 I_1. 若入射光强不变，而使两偏振片的偏振化方向成 45° 角，则透射光的强度为 (　　).

A. $\dfrac{1}{3}I_1$　　　　　B. $\dfrac{1}{2}I_1$　　　　　C. $\dfrac{2}{3}I_1$　　　　　D. $\dfrac{\sqrt{2}}{2}I_1$

解 设 45° 角时透射光强度为 I，据马吕斯定律则有

$$\frac{I}{I_1} = \frac{(\sqrt{2}/2)^2}{(\sqrt{3}/2)^2} = \frac{2}{3}$$

故选 C.

23-5 一束自然光从空气入射到折射率为 1.40 的液体表面上. 若反射光是完全偏振光，则折射光的折射角为_____.

解　根据布儒斯特定律, 这时的起偏角

$$i_b = \arctan 1.40 = 54.46°$$

这时折射光的折射角

$$i_2 = \frac{\pi}{2} - i_b = 90° - 54.46° = 35.54°$$

故空填 "35.54°".

23–6　如果从一池静水 ($n = 1.33$) 的表面反射出来的太阳光为完全偏振光, 那么太阳的仰角大致为_____, 在此反射光中的电矢量 E 的振动方向应_____.

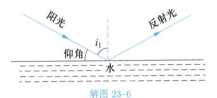

解图 23–6

解　根据布儒斯特定律有

$$i_1 = i_b = \arctan 1.33 = 53.06°$$

故仰角 (参见解图 23–6)

$$\alpha = 90° - 53.06° = 36.94°$$

电矢量 E 的振动方向垂直入射面. 故前空填 " 36.94°", 后空填 "垂直入射面".

23–7　某种透明介质对于空气的全反射临界角 (对应于折射角为 90° 的入射角) 等于 45°, 则先从空气射向此介质时的布儒斯特角为_____.

解　由折射定律 $\dfrac{\sin 45°}{\sin 90°} = \dfrac{1}{n}$ 可求得介质折射率 $n = 1.4144$, 由布儒斯特定律可求得布儒斯特角

$$i_b = \arctan n = \arctan 1.4144 = 54.7°$$

23–8　如解图 23–8 所示, 偏振片 A 和 B 的偏振化方向互相垂直. 今以单色自然光垂直入射于 A, 并在 A、B 中间平行地插入另一偏振片 C, C 的偏振化与 A、B 均不相同.

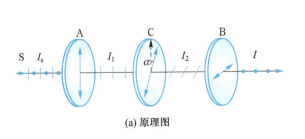

(a) 原理图

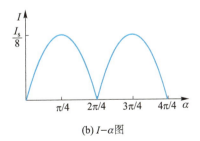

(b) I–α图

解图 23–8

(1) 当 A 与 C 的偏振化方向的夹角为 α 时, 求透过 B 后的透射光的强度.

(2) 若以入射光线为轴将 C 转动一周, 定性画出透射光强随转角变化的函数曲线. (设入射自然光强度为 I_s, 且不考虑反射及吸收损耗.)

解　(1) 透过 B 后的光强

$$I = I_2 \cos^2 \left(\frac{\pi}{2} - \alpha \right) = I_2 \sin^2 \alpha \tag{1}$$

而

$$I_2 = I_1 \cos^2 \alpha = \frac{I_s}{2} \cos^2 \alpha \qquad (2)$$

式 (2) 代入式 (1), 得

$$I = \frac{I_s}{2} \cos^2 \alpha \sin^2 \alpha = \frac{I_s}{8} \sin^2 2\alpha$$

(2) $I - \alpha$ 关系如解图 23–8(b) 所示.

23–9 一束自然光垂直通过两块叠放在一起的偏振片 A 和 B. 若以入射光线为转轴, 分别求出下述两种情况下, 当 A 和 B 的偏振化方向的夹角由 $\alpha_1 = 30°$ 变为 $\alpha_2 = 45°$ 时, 从 B 透出的光强 I_1 与 I_2 之比:

(1) A 不动, 旋转 B;

(2) B 不动, 旋转 A.

解 (1) A 不动, B 动, 则有 $\dfrac{I_1}{I_2} = \dfrac{\cos^2 30°}{\cos^2 45°} = \dfrac{(\sqrt{3}/2)^2}{(\sqrt{2}/2)^2} = \dfrac{3}{2}$

(2) B 不动, A 动, 则有

$$\frac{I_1}{I_2} = \frac{\cos^2 30°}{\cos^2 45°} = \frac{3}{2}$$

23–10 设强度为 I_1 的线偏振光和强度为 I_2 的自然光同时垂直入射于一偏振片, 如解图 23–10 所示. 欲使其透射光强 $I_1' = I_2'$, 则偏振片的偏振化方向应与入射偏振光的振动方向成多大夹角? 对 I_2 的大小有何限制?

解 由马吕斯定律得

$$I_1' = I_1 \cos^2 \alpha; \quad I_2' = \frac{1}{2} I_2$$

题设 $I_1' = I_2'$, 即

$$I_1 \cos^2 \alpha = \frac{1}{2} I_2$$

解之, 得

$$\cos^2 \alpha = I_2 / 2I_1$$

故

$$\alpha = \arccos \sqrt{I_2 / 2I_1}, \quad 且 \quad I_2 < 2I_1$$

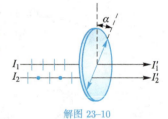

解图 23–10

23–11 根据解图 23–11(a) 中所给出的入射光的性质及入射条件, 定性画出反射光和折射光, 并用短线、圆点等符号表明其偏振性质、振动方向. 图中 i_b 为布儒斯特角, i_1 为不等于 i_b 的任意入射角.

解 已画于解图 23–11(b) 中.

23–12 如解图 23–12 所示, 水 ($n = 1.33$) 中有一平面玻璃板 ($n' = 1.52$), 板面与水平面的夹角为 θ, 一束自然光以 i_b 射入水面, 问 θ 角为多大时, 水面与玻璃板面的反射光都是完全偏振光?

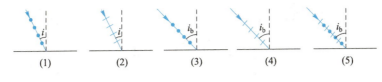

(a) 入射光振动

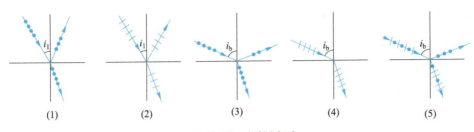

(b) 反射光、折射光振动

解图 23-11

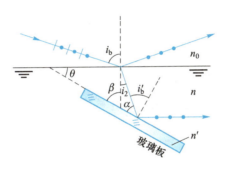

解图 23-12

解　对于 n_0 与 n 界面起偏, 则有

$$i_b = \arctan \frac{n}{n_0} = \arctan 1.33 = 53.06°$$

对于 n 与 n' 界面起偏, 则有

$$i_b' = \arctan \frac{n'}{n} = \arctan \frac{1.52}{1.33} = 48.81°$$

由折射定律 $\dfrac{\sin i_b}{\sin i_2} = n$ 可以解得

$$\sin i_2 = \frac{\sin i_b}{n} = \frac{\sin 53.06°}{1.33} = 0.601$$

故

$$i_2 = \arcsin 0.601\,0 = 36.94°$$

由图可知, $\alpha = 90° - i_b' = 90° - 48.81° = 41.19°$

$$\beta = i_2 + \alpha = 36.94° + 41.19°$$
$$= 78.13°$$

故

$$\theta = 90° - \beta = 90° - 78.13° = 11.87°$$

23-13 自然光从空气 ($n_1 = 1.00$) 射向水 ($n_2 = 1.33$) 和从空气射向玻璃 ($n_3 = 1.50$) 时的布儒斯特角各为多少?

解 据定义, 自然光从空气射向水的布儒斯特角

$$i_b = \arctan \frac{n_2}{n_1} = \arctan \frac{1.33}{1.00} = 53.06°$$

从空气射向玻璃的布儒斯特角

$$i_b' = \arctan \frac{n_3}{n_1} = \arctan \frac{1.50}{1.00} = 56.31°$$

23-14 一平板玻璃置于均匀介质中, 今有一束光以起偏振角 i_b 入射到玻璃板的上表面, 证明玻璃下表面的反射光亦为完全偏振光.

证 令 n_1、n_2 分别代表介质和玻璃的折射率, 由折射定律得

$$n_1 \sin i_b = n_2 \sin r_b \tag{1}$$

注意到 $i_b + r_b = \pi/2$, 所以有

$$\sin i_b = \cos r_b \tag{2}$$

将式 (2) 代入式 (1), 得

$$n_1 \cos r_b = n_2 \sin r_b$$

即

$$\frac{\sin r_b}{\cos r_b} = \frac{n_1}{n_2} = \tan r_b$$

由于 r_b 与下界面的入射角相等, 故下表面亦满足起偏振角条件, 反射光为完全偏振光.

六 自我检测

23-1 一束光是自然光和线偏振光的混合光, 让它垂直通过一偏振片. 若以此入射光束为轴旋转偏振片, 测得透射光强度最大值是最小值的 5 倍, 那么入射光束中自然光与线偏振光的光强比值为 (   ).

A. 1/2   B. 1/3   C. 1/4   D. 1/5

23–2　一束自然光从空气投射到玻璃表面上 (空气折射率为 1), 当折射角为 30° 时, 反射光是完全偏振光, 则此玻璃板的折射率等于_____.

23–3　光强为 I_s 的自然光垂直入射到三块叠合在一起的偏振片上, 已知相邻两偏振片的偏振化方向的夹角为 60°, 则最后输出的光强 (不考虑反射及吸收的损失) 为_____.

23–4　一平板玻璃浸没于水中, 今用单色自然光从玻璃的上表面以某一入射角入射, 发现从玻璃下表面反射的光是全偏振光. 求自然光在上表面的入射角. 这时玻璃的上表面的反射光是否也是全偏振光? ($n_{玻} = 1.50, n_{水} = 1.33.$)

自我检测
参考答案

* 第二十四章　光的直线传播

一　目的要求

> 1. 了解几何光学的三个基本定律及近轴光学成像的分析方法.
> 2. 了解光在平面和球面上的反射和折射规律.
> 3. 了解薄透镜的成像规律.
> 4. 了解显微镜、望远镜、照相机的工作原理.

二　内容提要

1. 几何光学的三个基本定律

(1) 光的直线传播定律　光在均匀介质中将沿直线传播的规律称为光的直线传播定律.

(2) 光的独立传播定律　多光束相遇时, 并不因其他光束的存在而改变原来的方向, 这一规律称为光的独立传播定律.

(3) 光的反射和折射定律

① 反射定律　反射光在入射面内, 反射角等于入射角, 即

$$i_1 = i_1'$$

这一规律称为光的反射定律.

② 折射定律　折射光在入射面内, 入射角 i_1 的正弦与折射角 i_2 的正弦之比为一常数, 即

$$\frac{\sin i_1}{\sin i_2} = \frac{n_2}{n_1} = \frac{u_1}{u_2}$$

这一规律称为光的折射定律.

2. 光在平面上的反射和折射

(1) 光在平面上的反射与平面镜成像　光照射到平面后再从平面反射到原入射光所在介质中的现象称为光在平面上的反射. 光的反射遵守反射定律, 反射光反向延长线的会聚点称为像点. 能从平面镜中看到物像的现象称为平面镜成像. 其规律是平面镜成等大正立虚像, 物像对称分布, 物距等于像距.

(2) 光在平面上的折射与折射成像　光从一种介质经过另一平行介质层的现象称为折射. 光的折射服从光的折射定律. 折射光延长线与轴线的交点称为物点的像点. 在平面近轴成像的情况下, 像距 (像点位置) p'、物距 (物点位置) p 与物在介质折射率 n 和像在介质折射率 n' 之间有如下关系

$$p' = \frac{n'}{n}p$$

3. 球面反射与反射成像

反射面为球面的反射, 称为球面反射, 它有凹面反射与凸面反射之分. 但不管哪种反射, 其成像规律则是共同的, 其成像公式为

$$\frac{1}{p} + \frac{1}{p'} = \frac{1}{f} = \frac{2}{R}$$

其放大率为

$$M = \frac{p'}{p}$$

其中的符号约定 (规则) 为: 实像, $p' > 0$; 虚像, $p' < 0$; 而 p、f、R 则恒为正.

4. 凹面镜反射成像的作图解法

从三条特殊光线中任选两条, 其交点即为像点. 三条特殊光线为

(1) 平行于主轴的入射光其反射光必过焦点;

(2) 通过焦点的入射光, 其反射光必与主轴平行;

(3) 通过曲率中心的入射光, 其反射光必与入射光共线而反向.

5. 球面折射与折射成像

折射面为球面的折射称为球面折射. 它也有凹面折射与凸面折射之分, 但其成像规律是共同的:

$$\frac{n}{p} + \frac{n'}{p'} = \frac{n' - n}{R}$$

其像的放大率

$$M = \frac{np'}{n'p}$$

其符号规则 (约定) 为:

(1) 折射面至曲率中心方向与折射光同向, R 为正, 否则为负;

(2) 像与折射光行进方向同侧, p' 为正, 否则为负;

(3) 物与入射光线同侧, p 为正, 否则为负.

6. 薄透镜及其成像 透镜厚度远小于两球面的曲率半径的透镜称为薄透镜, 它有凹、凸透镜之分, 但其成像规律是共同的:

$$\frac{1}{p} + \frac{1}{p'} = \frac{1}{f}$$

像的放大率

$$M = \frac{p'}{p}$$

其符号: 实像, p' 为正, 虚像, p' 为负; 凸透镜, $f > 0$, 凹透镜, $f < 0$.

7. 透镜成像的作图法 从如下三条特殊光线中任选两条, 其交点即为像点:

(1) 平行于主轴的光线, 折射后必过主焦点;

(2) 过主焦点的光线, 折射后必与主轴平行;

(3) 通过光心的光线不变向.

8. 两个薄透镜组合的成像 其规律可按前述单个透镜几何作图成像规律来逐个处理, 其放大率

$$M = M_A M_B$$

若两透镜紧密贴近, 则其成像规律可用下式表示

$$\frac{1}{p_A} + \frac{1}{p'_B} = \frac{1}{f} = \frac{1}{f_A} + \frac{1}{f_B}$$

组合光焦度

$$\phi = \frac{1}{f} = \phi_A + \phi_B$$

三　重点难点

本章的重点是几何光学的三个基本定律和光学成像的规律. 特别是薄透镜成像的分析方法及规律, 它既是本章的重点, 也是本章的难点, 学习时一定要给予足够的重视.

四　方法技巧

本章习题旨在加深对三个基本定律和近轴光线成像规律及其分析方法的理解和应用.

对于近轴光线的成像问题, 通常有两种处理方法, 一种是用成像公式计算. 这时一定要事先弄清公式中各符号的物理意义以及它们正、负号的约定, 不能似懂非懂地乱用公式. 另一种是几何作图法, 其关键是选好两条特殊光线 (以方便分析, 易于作图为原则), 它们的交点即为待求物体的像点.

例 24-1 某物长 20 cm, 置于焦距为 30 cm 的凸透镜前 80 cm 处. 用作图法及公式法求像的位置及高度.

解 (1) 作图法求解 (按 1:20 作图) (如例图 24-1)

① 过物之端点 A 作平行于主轴的光线 AB; 自 B 过 F' 作射线 BF';

② 自 A 过透镜中心 O 作射线 AO 与 BF' 相交于 A', 则 $P'A'$ 即为待求的像. 测得 $OP' = 2.45$ cm (即像距为 49 cm), $P'A' = 0.6$ cm (即像高为 12 cm).

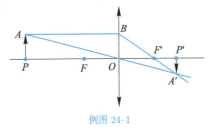

(2) 利用成像公式计算

由成像公式 $\dfrac{1}{p} + \dfrac{1}{p'} = \dfrac{1}{f}$ 可以解得

例图 24-1

$$\frac{1}{p'} = \frac{1}{f} - \frac{1}{p} = \frac{p-f}{fp}$$

故像距

$$p' = \frac{pf}{p-f} = \frac{80 \times 30}{80 - 30} = \frac{2\,400}{50} \text{ cm} = 48 \text{ cm}$$

像高

$$h' = hM = \left(20 \times \frac{48}{80}\right) \text{ cm} = 12 \text{ cm}$$

例 24-2 焦距为 100 mm 的相机镜头已对无限远处的景物调了焦平面. 现拟为镜头前 2 m 远处的人拍照, 在不变动像 (焦平) 面位置的情况下, 镜头应向前移动多少距离?

解 设镜头前移距离 d (相当于像距 p' 由 f 变成了 $f + d$) 后, 镜前 2 m 远处的人的成像恰在焦平面处, 使相机 "底片" 成像清晰. 根据高斯公式, 则有

$$\frac{1}{p} + \frac{1}{f+d} = \frac{1}{f}$$

即

$$\frac{1}{f+d} = \frac{1}{f} - \frac{1}{p}$$

解之得

$$d = \frac{fp}{p-f} - f = \left(\frac{100 \times 2\,000}{2\,000 - 100} - 100\right) \text{ mm}$$
$$= 5.26 \text{ mm}$$

五 习题解答

24-1 日常生活中所说的光线 (如 "光线充足" 中的光线) 与几何光学中所说的光线概念有何区别?

答 几何光学中所说的光线主要是指代表光的传播方向的几何线, 它是一种几何的抽象. 日常生活中所说的光线则是指光源辐射的光, 有光和热效应, 是真实存在的实体.

24-2 若光线入射到折射率递减的介质中, 则其轨迹如何?

答 若斜射入界面相互平行、折射率递减的多层介质膜中, 每一个界面处的折射角等于下一个界面的入射角, 根据折射定律可知, 光的折射角会逐渐增大, 其光路图如解图 24-2 所示.

解图 24-2

24-3 已知水的折射率为 1.33, 从空气中垂直看水面下 1 m 深处物体的视觉深度约为 ( ).

A. 2.33 m   B. 1.33 m   C. 1 m   D. 0.33 m

解 此属平面折射成像问题. 据成像公式可得, 视觉深度 (像距)

$$p' = \frac{n'}{n}p = \frac{1.33}{1.0} \times 1 \text{ m} = 1.33 \text{ m}$$

故选 B.

24-4 身高 1.4 m 站在镜前 1 m 处的儿童, 欲从直立的平面镜中看到自己站立的全身像, 该镜子的最小长度为 ( ).

A. 2.4 m   B. 1.4 m   C. 1.2 m   D. 0.7 m

解 这是一个平面反射成像的问题, 由作图成像可以看出, 镜子长度仅需人高的一半即可看到全身像. 故选 D.

24-5 一物长 5 cm, 垂直立于焦距为 40 cm 的凸透镜的主轴上, 距透镜 200 cm 处, 则该物像距为_____cm, 像长为_____cm.

解 由透镜成像公式 $\dfrac{1}{p} + \dfrac{1}{p'} = \dfrac{1}{f}$ 可得

$$\frac{1}{200} + \frac{1}{p'} = \frac{1}{40}$$

解之, 得像距

$$p' = 50 \text{ cm}$$

由放大率公式

$$M = \frac{y}{y'} = \frac{p}{p'} = \frac{200}{50} = 4$$

解之, 得像长

$$y' = \frac{y}{M} = \frac{5}{4} \text{ cm} = 1.25 \text{ cm}.$$

24-6 某人眼睛的远点到眼睛距离 $p_{远} = 0.8$ m, 其视力缺陷为_____视眼, 可配_____屈光度的眼镜, 眼镜的度数为_____度, 镜片的性质为_____透镜.

解 因为远点在 0.8 m, 不在 ∞ 远处, 故为近视眼. 可配光焦度 $\phi = \dfrac{1}{p_{远}} = \dfrac{-1}{0.8} = -1.25$ 屈光度的眼镜. 其度数为 $100\phi = -1.25 \times 100 = -125$ 度, 镜片性质为凹透镜. 故第一空填 "近", 第二空填 "-1.25", 第三空填 "-125", 第四空填 "凹".

24-7 某人眼睛的近点到眼睛距离 $p_{近} = 0.8$ m, 其视力缺陷为_____视眼, 可配_____屈光度的眼镜, 眼镜的度数为_____度, 镜片的性质为_____透镜.

解　因为 $p_{近} = 0.8$ m > 0.25 m　(明视距离), 故为远视眼. 配镜的光焦度 $\phi = \dfrac{1}{f} =$ $\dfrac{1}{p_{明}} - \dfrac{1}{p_{近}} = \left(\dfrac{1}{0.25} - \dfrac{1}{0.8} \right) D = 2.75D$, 眼镜的度数为 $100 \times \phi = 100 \times 2.75$ 度 $= 275$ 度. 镜片性质为凸透镜. 故第一空填 "远", 第二空填 "2.75", 第三空填 "275", 第四空填 "凸".

24-8　为了使人们能即时了解急转弯处前方的路面状况. 管理部门一般在该处立一球面镜. 如果某一时刻镜中出现一缩小的正立虚像, 问该镜系凸面镜还是凹面镜?

解　根据球面镜的成像特点可知, 该镜系凸面镜. 因为只有凸面镜才能成缩小正立的虚像.

24-9　如解图 24-9 所示, 已知一三棱镜的顶角 $\theta = 40°$, 光线从一面进入棱镜, 沿与底边平行方向射向另一面, 然后以偏向角 $\delta = 30°$ 从另一面射出, 求棱镜玻璃的折射率.

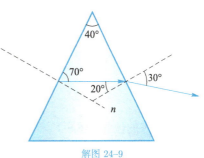

解图 24-9

解　这也是一个光的折射问题. 根据题目的几何分析, 其另一面的入射角为 20°, 折射角为 30°. 由折射定律 $\dfrac{\sin i_1}{\sin r_1} = 1/n$ 可得

$$n = \frac{\sin r_1}{\sin i_1} = \frac{\sin 30°}{\sin 20°} = 1.46$$

24-10　牙科医生常用一个小球面反射凹镜放进患者口腔内观察牙齿, 若当小反射镜中心距离某牙齿的一个小洞为 0.6 cm 时, 得到一个放大 5 倍的正立虚像, 求此凹镜曲率半径的大小.

解　这是一个凹镜成像问题, 从题给条件知, 物距 $p = 0.6$ cm, 像距 $p' = -5p = -3.0$ cm, 据成像公式

$$\frac{1}{f} = \frac{1}{p} + \frac{1}{p'} = \frac{2}{R}$$

可以解得凹镜曲率半径

$$R = \frac{2pp'}{p + p'} = \frac{2 \times 0.6 \times (-3.0)}{0.6 + (-3.0)} \text{ cm} = 1.5 \text{ cm}$$

24-11　有一球面反射镜, 当一物体沿光轴方向逐渐远离球面镜的顶点时, 始终能得到缩小的正立虚像. 问该球面镜是凹镜还是凸镜? 若该物体距离球面镜的顶点为 1 m 时, 得到一缩小倍数为 5 倍的正立虚像, 求此球面镜的曲率半径及焦距.

解　由题意知, 此镜为凸镜. 因为只有凸镜才能得到始终缩小的正立虚像. 题给 $p = 1$ m, $p' = -\dfrac{1}{5}$ m. 由成像公式 $\dfrac{1}{p} + \dfrac{1}{p'} = \dfrac{1}{f} = \dfrac{2}{R}$ 可以得到

$$f = \frac{pp'}{p + p'} = \frac{1 \times (-1/5)}{1 + (-1/5)} \text{ m} = -0.25 \text{ m}$$
$$R = 2f = 2 \times (-0.25) \text{ m} = -0.5 \text{ m}$$

24–12 如解图 24–12 所示, 一凹凸薄透镜玻璃的折射率为 1.5, 其第一曲面的曲率半径大小为 $R_1 = 2$ cm, 第二曲面的曲率半径大小为 $R_2 = 4$ cm, 离透镜为 $p = 16$ cm 处有一长度为 $y = 5$ mm 的近轴物体. 求该薄透镜的焦距和像的位置及大小.

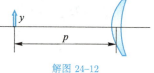

解图 24–12

解 由薄透镜成像公式得

$$\frac{1}{f} = (n'-1)\left(\frac{1}{R_1} - \frac{1}{R_2}\right) = (1.5-1)\left(\frac{1}{2} - \frac{1}{4}\right) \text{ cm}^{-1} = \frac{1}{8} \text{ cm}^{-1}$$

解之, 得薄透镜的焦距

$$f = 8 \text{ cm}$$

由高斯公式可得

$$\frac{1}{p'} = \frac{1}{f} - \frac{1}{p} = \left(\frac{1}{8} - \frac{1}{16}\right) \text{ cm}^{-1} = \frac{1}{16} \text{ cm}^{-1}$$

解之, 得像的位置 (像距)

$$p' = 16 \text{ cm}$$

像的放大率

$$M = \frac{p'}{p} = \frac{16}{16} = 1$$

故像与物同大, 亦为 5 mm.

六 自我检测

24–1 如检图 24–1 所示, 水中有两束平行光, 其中一束通过水面折射入空气, 另一束通过玻璃折射入空气, 在空气中, 两束光是否还平行?

24–2 一物长 5 cm, 垂直立于焦距为 40 cm 的凸 (会聚) 透镜的主轴上, 距透镜 200 cm 处. 用作图法求该物的像位置及像长.

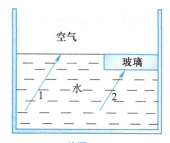

检图 24–1

自我检测
参考答案

第二十五章　量子力学的实验基础

一　目的要求

1. 理解光电效应和康普顿效应的实验规律, 会用光电效应方程进行一些简单的分析与计算.
2. 理解德布罗意物质波假设, 会计算德布罗意波长.
3. 理解黑体辐射的实验规律和普朗克的能量子假设.
4. 了解玻尔的氢原子理论及弗兰克–赫兹实验.

二　内容提要

1. 黑体及其辐射规律　能完全吸收投射于其上的所有电磁波的物体称为黑体, 它是一种理想模型. 黑体辐射有两条规律:

(1) 斯特藩–玻耳兹曼定律　黑体的辐出度 $M_{\mathrm{B}}(T)$ 与黑体温度 T 的四次方成正比, 即

$$M_{\mathrm{B}}(T) = \sigma T^4$$

式中, $\sigma = 5.67 \times 10^{-8} \ \mathrm{W \cdot m^{-2} \cdot K^{-4}}$ 称为斯特藩–玻耳兹曼常量.

(2) 维恩位移定律　黑体的单色辐出度 $M_{\mathrm{B}\lambda}(T)$ 的最大值所对应的波长 λ_{m} 与黑体温度的乘积为一常量, 即

$$T\lambda_{\mathrm{m}} = b$$

式中 b 的大小为 $2.898 \times 10^{-3} \ \mathrm{m \cdot K}$.

2. 光电效应的实验规律　光照金属时产生光电子的现象称为光电效应. 实验发现, 光电效应有四条规律:

(1) 入射光的频率 ν 一定时, 饱和光电流与光强成正比;

(2) 光电子的初动能仅与入射光的频率呈线性关系, 与入射光的强度无关;

(3) 光电效应存在有一个红限 ν_0, 如果入射光的频率 $\nu < \nu_0$, 便不会产生光电效应;

(4) 光电流与光照射几乎是同时发生的, 延迟时间在 $10^{-9} \ \mathrm{s}$ 以下.

3. 光子假设与光电效应方程　爱因斯坦认为, 光是由以光速运动的光量子 (简称光子) 组成的, 在频率为 ν 的光波中, 光子的能量

$$E = h\nu$$

光子的静质量 $m_0 = 0$, 动量

$$p = \frac{h}{\lambda}$$

电子吸收一个光子后所获得的能量 $h\nu$ 等于它克服从金属表面逸出所做的功与它所获得的动能之和, 即

$$h\nu = A + \frac{1}{2}mv^2$$

这一公式称为光电效应的方程.

4. 康普顿效应　X 射线入射到晶体上被散射时, 散射线中除了有与入射波长 λ_0 相同的射线外, 还有波长 $\lambda > \lambda_0$ 的射线, 这种波长有改变的现象称为康普顿效应. 波长的偏移量 (康普顿偏移)

$$\Delta\lambda = \lambda - \lambda_0 = \frac{h}{m_e c}(1 - \cos\varphi) = 2\lambda_\mathrm{C}\sin^2\frac{\varphi}{2}$$

此式称为康普顿波长偏移公式. 式中, φ 为散射角, $\lambda_\mathrm{C} = \dfrac{h}{m_e c}$ 称为电子的康普顿波长.

5. 德布罗意波假设　德布罗意采用类比法, 分析了经典力学和光学的某些对应关系, 提出了实物粒子的波动性假设 (后人称为德布罗意波假设). 他认为, 一切实物粒子都具有波动性. 对于静质量为 m_0、速度为 v 的实物粒子, 其波长

$$\lambda = \frac{h}{p} = \frac{h}{m_0 v}\sqrt{1 - \frac{v^2}{c^2}}$$

在低速运动 (速度远小于光速) 的情况, 上式还可写为

$$\lambda = \frac{h}{p} = \frac{h}{mv} = \frac{h}{\sqrt{2mE_\mathrm{k}}}$$

三　重点难点

黑体辐射、光电效应、康普顿效应以及德布罗意物质波假设是本章的重点. 其中, 康普顿效应及德布罗意物质波假设又是本章的难点, 它们在量子物理学的发展进程中均起过巨大的促进作用.

四　方法技巧

学习本章的困难在于对康普顿效应及德布罗意波假设的理解. 这个问题可从两个方面去解决: 一是要转变观念, 对待微观体系的描述不能像宏观体系那样强调直观性; 二是要多从物理实质上考虑. 比如电子, 我们既不能将它看成是经典意义上的粒子, 也不能将它理解为经典意义上的机械波, 而只能认为, 当它与其他微粒作用时, 表现出粒子的特性, 而当它向空间传播时, 则表现出波动的特征. 换言之, 波粒二象性是一切微观粒子固有的特性.

本章习题旨在加深对光电效应、康普顿效应及德布罗意波假设的理解. 因此, 求解本章习题时一定要弄清上述理论的实质以及有关公式的物理意义.

例 25-1　一点光源发出的光的波长 $\lambda = 400$ nm, 光源的功率 $P = 1$ W, 距光源 $d = 3$ m 处有一钾薄片. 问:

(1) 单位时间内打到单位面积钾片上的光子数为多少?

(2) 能否产生光电效应 (钾的红限 $\nu_0 = 5.38 \times 10^{14}$ Hz)? 若能, 则逸出的光电子具有多大的速率?

解　单位时间打在单位面积上的光子数与光强 (功率密度) 有关, 因此宜先建立光强与光子数的关系, 然后再求解方程.

判断能否产生光电效应的关键是看入射光的频率, 因此应先求出入射光频率, 并将之与红限作比较, 后再用光电效应方程来求光电子的速率.

(1) 根据光强与光子数的关系

$$I = \frac{P}{4\pi d^2} = Nh\nu = N\frac{hc}{\lambda}$$

得单位时间内打到单位面积钾片上的光子数

$$N = \frac{P\lambda}{4\pi d^2 hc} = \frac{1 \times 400 \times 10^{-9}}{4 \times 3.14 \times 3^2 \times 6.63 \times 10^{-34} \times 3 \times 10^8}$$
$$= 1.78 \times 10^{16}$$

(2) 由题意知, 入射光的频率

$$\nu = \frac{c}{\lambda} = \frac{3 \times 10^8}{400 \times 10^{-9}} \text{ Hz} = 7.5 \times 10^{14} \text{ Hz} > 5.38 \times 10^{14} \text{ Hz}$$

所以能产生光电效应.

由爱因斯坦的光电效应方程

$$h\nu = h\nu_0 + \frac{1}{2}mv^2$$

得

$$v = \sqrt{\frac{2h}{m}(\nu - \nu_0)}$$
$$= \sqrt{\frac{2 \times 6.63 \times 10^{-34}}{9.11 \times 10^{-31}}(7.5 - 5.38) \times 10^{14}} \ \mathrm{m \cdot s^{-1}}$$
$$= 5.53 \times 10^5 \ \mathrm{m \cdot s^{-1}}$$

例 25-2 一能量为 10^4 eV 的光子与一静止的自由电子相碰 (如例图 25-2 所示), 碰撞后光子的散射角为 $60°$, 求:

(1) 散射光波的波长、频率和光子的能量;

(2) 反冲电子的动能和动量.

解 (1) 由康普顿波长偏移公式 $\Delta\lambda = \lambda - \lambda_0 = 2\lambda_C \sin^2\frac{\varphi}{2}$
得散射光波的波长

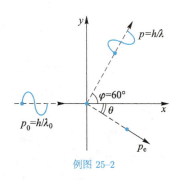

例图 25-2

$$\lambda = \lambda_0 + 2\lambda_C \sin^2\frac{\varphi}{2} = \frac{hc}{\varepsilon_0} + 2\lambda_C \sin^2\frac{\varphi}{2}$$
$$= \frac{6.63 \times 10^{-34} \times 3 \times 10^8}{10^4 \times 1.6 \times 10^{-19}} + 2 \times 0.024\,3$$
$$\times 10^{-10} \times \sin^2\frac{60°}{2} \ \mathrm{m}$$
$$= 1.255 \times 10^{-10} \ \mathrm{m}$$

频率

$$\nu = \frac{c}{\lambda} = \frac{3 \times 10^8}{1.255 \times 10^{-10}} \ \mathrm{Hz} = 2.390 \times 10^{18} \ \mathrm{Hz}$$

光子的能量

$$\varepsilon = h\nu = 6.63 \times 10^{-34} \times 2.390 \times 10^{18} \ \mathrm{J}$$
$$= 1.585 \times 10^{-16} \ \mathrm{J} = 9.90 \times 10^3 \ \mathrm{eV}$$

(2) 碰撞后, 反冲电子的动能

$$E_k = \varepsilon_0 - \varepsilon = (10^4 - 9.9 \times 10^3) \ \mathrm{eV} = 1.0 \times 10^2 \ \mathrm{eV}$$

根据动量守恒定律, 在 x 方向上有

$$\frac{h}{\lambda_0} = \frac{h}{\lambda}\cos\varphi + p_e\cos\theta \tag{1}$$

式中, $\lambda_0 = \dfrac{hc}{\varepsilon_0} = \dfrac{6.63 \times 10^{-34} \times 3 \times 10^8}{10^4 \times 1.6 \times 10^{-19}} \ \mathrm{m} = 1.243 \times 10^{-10} \ \mathrm{m}$

在 y 方向有

$$0 = \frac{h}{\lambda}\sin\varphi - p_e\sin\theta \tag{2}$$

联立式 (1)、(2) 求解, 得反冲电子的动量大小

$$p_e = \sqrt{\left(\frac{h}{\lambda_0} - \frac{h}{\lambda}\cos\varphi\right)^2 + \left(\frac{h}{\lambda}\sin\varphi\right)^2} = h\sqrt{\frac{1}{\lambda_0^2} + \frac{1}{\lambda^2} - \frac{2\cos\varphi}{\lambda_0\lambda}}$$
$$= 6.63 \times 10^{-34}$$
$$\times \sqrt{\frac{1}{(1.243 \times 10^{-10})^2} + \frac{1}{(1.255 \times 10^{-10})^2} - \frac{2\cos 60°}{1.243 \times 10^{-10} \times 1.255 \times 10^{-10}}}$$
$$= 5.31 \times 10^{-24} \text{ kg} \cdot \text{m} \cdot \text{s}^{-1}$$

动量与 x 轴的夹角 θ 满足

$$\cot\theta = \frac{\frac{h}{\lambda_0} - \frac{h}{\lambda}\cos\varphi}{-\frac{h}{\lambda}\sin\varphi} = \frac{\frac{\lambda}{\lambda_0} - \cos\varphi}{-\sin\varphi} = \frac{\frac{1.255 \times 10^{-10}}{1.243 \times 10^{-10}} - \cos 60°}{-\sin 60°} = -0.5886$$

故
$$\theta = -59.5°$$

例 25-3　能量为 15 eV 的光子, 被处于基态的氢原子吸收, 使氢原子电离, 发射一个光电子. 求此光电子的德布罗意波长.

解　由德布罗意波长公式 $\lambda = \frac{h}{p} = \frac{h}{mv}$ 可知, 求解本题的关键是求出光电子的速度 v. 为此得先求出光电子的动能. 其值为光子能量与氢原子基态能之和, 即

$$E_k = \frac{1}{2}mv^2 = (15 - 13.6) \times 1.6 \times 10^{-19} \text{ J}$$

解之, 得

$$v = \sqrt{\frac{2E_k}{m}} = \sqrt{\frac{2 \times 1.4 \times 1.6 \times 10^{-19}}{9.1 \times 10^{-31}}} \text{ m} \cdot \text{s}^{-1}$$
$$= 7.0 \times 10^5 \text{ m} \cdot \text{s}^{-1}$$

故光电子的德布罗意波长

$$\lambda = \frac{h}{p} = \frac{h}{mv} = \frac{6.63 \times 10^{-34}}{9.1 \times 10^{-31} \times 7.0 \times 10^5} \text{ m}$$
$$= 1.04 \times 10^{-9} \text{ m}$$

五　习题解答

25-1　用光的波动理论解释光电效应遇到了哪些困难?

答　第一, 不能解释为什么光电效应存在截止频率. 按照波动光学的观点, 无论频率是多少, 只要光强大, 时间长, 电子就能获得足够的动能脱离阴极, 因而不存在截止频率.

第二, 不能解释为什么光电效应逸出电子的初动能与光强无关. 按照波动光学的观点, 当光照射金属表面时, 导体内的自由电子便会吸收光照能量, 逸出表面, 光照越强, 逸出电子吸收的光能就越多, 初动能就越大. 因此, 逸出电子的初动能应与光强有关, 但实验指出, 初动能与光强无关.

第三, 不能解释光电效应是瞬时的. 按照波动光学的观点, 金属中的电子只有经过一定的时间积累, 从入射光中吸收了足够多的能量才能逸出金属表面, 产生光电效应, 也就是说, 光电效应不应是瞬时发生的, 但实验却指出, 光电效应具有瞬时性.

25–2 什么是德布罗意波? 哪些实验证实微观粒子具有波动性?

答 德布罗意波是德布罗意提出来的一个假设. 他认为, 一切实物粒子都有波动性, 其行为可用表征波动性的物理量 λ 和 ν 来表征, 它们与表征粒子行为的 E 和 p 之间的关系为

$$\lambda = \frac{h}{p}$$
$$\nu = \frac{E}{h}$$

这种与实物粒子相联系的波称为德布罗意波, 亦称物质波. 戴维森–革末实验证实了微观粒子具有波动性.

25–3 按照德布罗意假设, 一切物体都具有波粒二象性, 但我们却没有观测到宏观物体的波动性. 这是为什么?

答 由于普朗克常量 h 很小很小, 而宏观物体的 p 又不是很小, 所以宏观物体的波长极短极短, 以致不能被观测到, 所以我们没有观测到宏观物体的波动性.

25–4 一绝对黑体在 $T_1 = 1\,450\,\text{K}$ 时, 单色辐出度的峰值所对应的波长 $\lambda_1 = 2\,\mu\text{m}$, 当温度降低到 $T_2 = 976\,\text{K}$ 时, 单色辐出度的峰值所对应的波长 $\lambda_2 = 2.97\,\mu\text{m}$, 则两种温度下辐出度之比 $M_1 : M_2$ 为 (   ).

A. 4.87　　　　　　B. 1.49　　　　　　C. 0.673　　　　　　D. 0.205

解 利用斯特藩–玻耳兹曼定律得到

$$\frac{M_1}{M_2} = \left(\frac{T_1}{T_2}\right)^4 = \left(\frac{1\,450}{976}\right)^4 = 4.87$$

故选 A.

25–5 波长为 $0.071\,\text{nm}$ 的 X 射线, 照射到石墨晶体上, 在与入射方向成 $\frac{\pi}{4}$ 角的方向上观察到康普顿散射 X 射线的波长是 (   ).

A. 0.070 3 nm　　　B. 0.071 7 nm　　　C. 0.007 1 nm　　　D. 0.717 nm

解 将题给条件及物理常量 $\lambda_C = 0.002\,43\,\text{nm}$, $\varphi = \frac{\pi}{4}$, $\lambda_0 = 0.071\,\text{nm}$ 代入康普顿散射公式 $\Delta\lambda = \lambda - \lambda_0 = \lambda_C(1 - \cos\varphi)$ 后可以算得

$$\lambda = \lambda_0 + (1 - \sqrt{2}/2)\lambda_C = 0.071\,7\,\text{nm}$$

故选 B.

25-6 波长 λ 为 0.1 nm 的 X 射线, 其光子的能量 $\varepsilon =$ _____; 质量 $m =$ _____; 动量 $p =$ _____.

解 光子的能量

$$\varepsilon = h\nu = hc/\lambda = 1.99 \times 10^{-15} \text{ J}$$

质量

$$m = \varepsilon/c^2 = 2.21 \times 10^{-32} \text{ kg}$$

动量

$$p = \varepsilon/c = 6.63 \times 10^{-24} \text{ kg} \cdot \text{m} \cdot \text{s}^{-1}$$

25-7 处于基态的氢原子被外来单色光激发后发出巴耳末线系, 但仅观察到两条谱线, 这两条谱线的波长 $\lambda_1 =$ _____, $\lambda_2 =$ _____, 外来光的频率 $\nu =$ _____.

解 由巴耳末线系公式 $\dfrac{1}{\lambda} = R\left(\dfrac{1}{2^2} - \dfrac{1}{n^2}\right)$ $(n = 3, 4, 5, \cdots)$ 知道, 基态氢原子被激发到 $n = 4$ 的激发态. 观测到的巴耳末谱线对应于 $3 \to 2$ 和 $4 \to 2$ 的跃迁, 所以波长

$$\lambda_1 = \lambda_{32} = \left[R\left(\frac{1}{2^2} - \frac{1}{3^2}\right)\right]^{-1} = \frac{36}{5R} = \frac{36}{5 \times 1.097 \times 10^7} \text{ m} = 656.3 \text{ nm}$$

$$\lambda_2 = \lambda_{42} = \frac{16}{3R} = \frac{16}{3 \times 1.097 \times 10^7} \text{ m} = 486.1 \text{ nm}$$

外来光的频率 ν 满足 $h\nu = E_4 - E_2$, 所以有

$$\nu = \frac{E_4 - E_2}{h} = 6.154 \times 10^{14} \text{ Hz}$$

25-8 氢原子基态的电离能是_____eV, 电离能级 $n =$ _____ 的激发态氢原子, 电离能为 0.544 eV.

解 基态电离能为 13.6 eV. 由 $\dfrac{13.6}{n^2} = 0.544$ 可得 $n = 5$.

25-9 用波长 $\lambda = 300$ nm 的紫外光照射某金属, 测得光电子的最大速度为 5×10^5 m·s^{-1}, 该金属的截止波长 $\lambda_0 =$ _____.

解 利用 $\dfrac{hc}{\lambda} = \dfrac{1}{2}mv^2 + A$ 以及 $\dfrac{hc}{\lambda_0} = A$ 得到 $hc\left(\dfrac{1}{\lambda} - \dfrac{1}{\lambda_0}\right) = \dfrac{1}{2}mv^2$, 所以

$$\lambda_0 = \left(\frac{1}{\lambda} - \frac{mv^2}{2hc}\right)^{-1} = 362.2 \text{ nm}$$

25-10 测得从某炉壁小孔辐射出来的功率密度为 20 W·cm^{-2}, 求炉内温度及单色辐出度极大值所对应的波长.

解 利用斯特藩-玻耳兹曼定律可以得到炉内温度 $T = \left(\dfrac{M}{\sigma}\right)^{1/4} = 1\,370.4$ K

利用维恩位移定律可以得到对应的波长

$$\lambda_{\mathrm{m}} = \frac{b}{T} = \frac{2.898 \times 10^{-3}}{1370.4} \text{ m} = 2\,114.7 \text{ nm}$$

25–11 某黑体在 $\lambda_m = 600\text{ nm}$ 处辐射为最强, 假如将它加热使其 λ_m 移到 500 nm, 求前后两种情况下该黑体辐射能之比.

解 由斯特藩–玻耳兹曼定律得 $\dfrac{M_1}{M_2} = \left(\dfrac{T_1}{T_2}\right)^4$, 由维恩位移定律得 $\left(\dfrac{T_1}{T_2}\right) = \left(\dfrac{\lambda_{2m}}{\lambda_{1m}}\right)$, 所以有 $\dfrac{M_1}{M_2} = \left(\dfrac{\lambda_{m2}}{\lambda_{m1}}\right)^4 = \left(\dfrac{500}{600}\right)^4 = 0.482$

25–12 太阳每分钟投射到地球表面的辐射能密度约为 $8.36\text{ J}\cdot\text{cm}^{-2}$, 若将太阳看作黑体, 求太阳表面的温度. 设太阳到地球的距离 $R = 1.5 \times 10^{11}\text{ m}$, 太阳的半径 $r = 6.9 \times 10^8\text{ m}$.

解 地球表面接受太阳辐射功率密度

$$M_E = 8.36 \times 10^4/60\text{ W}\cdot\text{m}^{-2} = 1.39 \times 10^3\text{ W}\cdot\text{m}^{-2}$$

利用能量守恒 $4\pi R^2 M_E = 4\pi r^2 M_S$ 得到太阳表面辐出度为

$$M_S = \frac{R^2}{r^2}M_E = 6.569 \times 10^7\text{ W}\cdot\text{m}^{-2}$$

利用 $M_S = \sigma T_S^4$ 得到 $T_S = \left(\dfrac{M_S}{\sigma}\right)^{1/4} = 5\,834\text{ K} \approx 5.83 \times 10^3\text{ K}$

25–13 从钼中移出一个电子需要 4.2 eV 的能量. 今用 $\lambda = 200\text{ nm}$ 的紫外光照射到钼的表面上, 求光电子的最大初动能、遏止电压及钼的红限波长.

解 根据 $\dfrac{hc}{\lambda} = \dfrac{1}{2}mv_{max}^2 + A$, 由题意 $A = 4.2\text{ eV}$, 可得光电子的最大初动能

$$\begin{aligned}
\frac{1}{2}mv_{max}^2 &= \frac{hc}{\lambda} - A = \frac{6.63 \times 10^{-34} \times 3.0 \times 10^8}{200 \times 10^{-9}}\text{ J} - 4.2 \times 1.6 \times 10^{-19}\text{ J} \\
&= 3.23 \times 10^{-19}\text{ J}
\end{aligned}$$

根据 $\dfrac{1}{2}mv_{max}^2 = eU_a$ 得到遏止电压 $U_a = 2.0\text{ V}$.

由红限波长 λ_0 的概念可得

$$\begin{aligned}
\lambda_0 &= \frac{hc}{A} = \frac{6.63 \times 10^{-34} \times 3.0 \times 10^8}{4.2 \times 1.6 \times 10^{-19}}\text{ m} \\
&= 296.0\text{ nm}
\end{aligned}$$

25–14 汞的红限 $\nu_0 = 1.09 \times 10^{15}\text{ Hz}$, 现用 $\lambda = 200\text{ nm}$ 的单色光照射, 求汞放出光电子的最大初速度和遏止电压.

解 利用光电效应方程可以得到

$$\begin{aligned}
\frac{1}{2}mv_{max}^2 &= \frac{hc}{\lambda} - h\nu_0 = 2.72 \times 10^{-19}\text{ J} \\
&= 1.7\text{ eV}
\end{aligned}$$

所以 $v_{max} = \sqrt{2E_k/m} = 7.73 \times 10^5\text{ m}\cdot\text{s}^{-1}$, 遏止电压 $U_a = E_k/e = 1.7\text{ V}$.

25-15 在光电效应实验测得的实验曲线如解图 25-15 所示. 求曲线斜率 k 及普朗克常量 h.

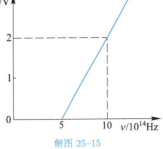

解图 25-15

解 由图可见, 曲线斜率

$$k = \frac{\Delta U}{\Delta L} = \frac{2-0}{(10-5) \times 10^{14}} = 0.4 \times 10^{-14} \qquad (1)$$

由遏止电压方程

$$U_a = \frac{h}{e}\nu - \frac{A}{e}$$

可得

$$k = \frac{h}{e} \qquad (2)$$

联立式 (1)、(2) 可以解得

$$h = ek = 1.6 \times 10^{-19} \times 0.4 \times 10^{-14} \text{ J} \cdot \text{s}$$

$$= 6.4 \times 10^{-34} \text{ J} \cdot \text{s}$$

25-16 当波长 $\lambda = 400$ nm 的光入射在一钡制发射极上时, 求使所有电子轨道弯曲限制在半径为 20 cm 的圆内所需要的横向磁感应强度 (钡的逸出功为 2.5 eV).

解 由电子在磁场中作圆周运动的半径公式

$$R = \frac{m v_{\max}}{qB}$$

可得

$$v_{\max} = 4.588 \times 10^5 \text{ m} \cdot \text{s}^{-1}$$

所以需要的磁场强度

$$B = \frac{m v_{\max}}{eR} = 1.32 \times 10^{-5} \text{ T}$$

25-17 波长为 3.0×10^{-12} m 的光子射到自由电子上, 测得反冲电子的速度为光速的 60%, 求散射光的波长及散射角.

解 令散射光的波长为 λ, 根据能量守恒定律, 反冲电子的动能等于入射光子的能量与散射光子的能量差, 即

$$E_k = \varepsilon_0 - \varepsilon = hc\left(\frac{1}{\lambda_0} - \frac{1}{\lambda}\right) \qquad (1)$$

而反冲电子速度与电子动能满足

$$E_k = mc^2 - m_0 c^2 = m_0 c^2 \left(\frac{1}{\sqrt{1 - v^2/c^2}} - 1\right) = \frac{1}{4} m_0 c^2 \qquad (2)$$

由式 (1)、(2) 可得 $hc\left(\dfrac{1}{\lambda_0} - \dfrac{1}{\lambda}\right) = \dfrac{1}{4} m_0 c^2$

即

$$\frac{1}{\lambda_0} - \frac{1}{\lambda} = \frac{m_0 c}{4h} = \frac{1}{4\lambda_C}$$

解之, 得

$$\lambda = \frac{4\lambda_C \lambda_0}{4\lambda_C - \lambda_0} = 4.35 \times 10^{-12} \text{ m}$$

利用康普顿公式 $\lambda - \lambda_0 = \lambda_C(1 - \cos\varphi)$ 可得

$$\cos\varphi = 0.45$$

故散射角

$$\varphi = 63.3°$$

25-18 当入射光的波长为 0.05 nm 的 X 射线时, 在康普顿散射实验中能传递给一个电子的最大能量为多少?

解 根据能量守恒定律, 传递给电子的能量 (电子动能) 等于入射光子的能量与散射光子的能量差, 即

$$E_k = \varepsilon_0 - \varepsilon = hc\left(\frac{1}{\lambda_0} - \frac{1}{\lambda}\right) = hc\left(\frac{1}{\lambda_0} - \frac{1}{\lambda_0 + 2\lambda_C \sin^2 \frac{\varphi}{2}}\right)$$

所以光子被反弹时电子获得的最大能量为

$$E_{k,max} = hc\left(\frac{1}{\lambda_0} - \frac{1}{\lambda_0 + 2\lambda_C}\right) = 2.2 \text{ keV}$$
$$= 3.52 \times 10^{-16} \text{ J}$$

25-19 在康普顿散射实验中, 用某一波长的光入射时, 电子可能获得的最大能量为 45 keV, 求入射光子的波长.

解 由上题讨论结果 $E_{k,max} = hc\left(\frac{1}{\lambda_0} - \frac{1}{\lambda_0 + 2\lambda_C}\right)$, 可以得到一元二次方程

$$\lambda_0^2 + 2\lambda_0\lambda_C - \frac{2hc\lambda_C}{E_{k,max}} = 0$$

解之, 得入射光子的波长 $\lambda_0 = 9.4 \times 10^{-12} \text{ m} = 0.009\,4 \text{ nm} = 9.4 \times 10^{-3} \text{ nm}$

25-20 一个波长为 0.015 nm 的光子被一个自由电子产生 120° 角的散射, 求其波长变化与原波长的比.

解 利用 $\lambda - \lambda_0 = \lambda_C(1 - \cos\varphi)$ 得到波长变化与原波长的比为

$$\frac{\lambda - \lambda_0}{\lambda_0} = \frac{\lambda_C}{\lambda_0}(1 - \cos 120°) = 0.243 = 24.3\%$$

25-21 计算氢原子光谱中莱曼系的最短和最长的波长, 并指出他们是否是可见光.

解　莱曼系波长公式为 $\dfrac{1}{\lambda} = R\left(\dfrac{1}{1^2} - \dfrac{1}{n^2}\right)$ $(n = 2, 3, 4, \cdots)$，所以 $n = \infty$ 时波长最短，其值为

$$\lambda_{\min} = \frac{1}{R} = \frac{1}{1.097\,213 \times 10^7}\,\text{m} = 91.1\,\text{nm}, \text{ 不可见光}$$

当 $n = 2$ 时，波长最长，其值为

$$\lambda_{\max} = \frac{n^2}{R(n^2-1)} = \frac{2^2}{1.097\,213 \times 10^7 \times (2^2-1)}\,\text{m} = 121.5\,\text{nm}, \text{ 不可见光}$$

25–22　μ 子所带电荷量为 $-e$，质量为电子质量的 207 倍．一个质子俘获一个 μ 子后形成 μ 子原子，参照氢原子能级公式，求出 μ 子原子的能级公式．

解　根据氢原子能级公式 $E_n = -\dfrac{m_e e^4}{32\pi^2\varepsilon_0^2\hbar^2}\dfrac{1}{n^2}$ 知道只需将电子质量代换为 μ 子质量即可，所以 μ 子原子的能级公式为

$$E_n = -\frac{m_\mu e^4}{32\pi^2\varepsilon_0^2\hbar^2}\frac{1}{n^2} = -207\frac{m_e e^4}{32\pi^2\varepsilon_0^2\hbar^2}\frac{1}{n^2}$$

$$= -207 \times \frac{13.6}{n^2}\,\text{eV} = -\frac{2\,815.2}{n^2}\,\text{eV} = -\frac{2.815\,2}{n^2}\,\text{keV}$$

25–23　在一电子束中，电子的动能为 200 eV，则电子的德布罗意波长为多少？当电子遇到直径为 1 mm 的孔或障碍物时，它表现出粒子性，还是波动性？

解　根据德布罗意波长公式可得电子的德布罗意波长

$$\lambda = \frac{h}{p} = \frac{h}{\sqrt{2mE_\text{k}}}$$

$$= \frac{6.63 \times 10^{-34}}{\sqrt{2 \times 9.1 \times 10^{-31} \times 200 \times 1.6 \times 10^{-19}}}\,\text{m}$$

$$= 8.69 \times 10^{-11}\text{m} \ll 1\,\text{mm}$$

故电子束表现出粒子性．

25–24　若一个电子的动能等于它的静能，求该电子的德布罗意波长．

解　本题涉及相对论能量范畴．这时的电子动能 $E_\text{k} = m_0 c^2$（电子的静能），相应的德布罗意波长

$$\lambda = \frac{h}{\sqrt{2m_0 E_\text{k}(1 + E_\text{k}/2m_0 c^2)}} = \frac{h}{\sqrt{3}m_0 c} = 1.4 \times 10^{-12}\,\text{m}$$

25–25　已知电子的德布罗意波长与电子的康普顿波长相等．求电子的运动速度．

解　由题意可知

$$\frac{h}{mv} = \frac{h}{m_0 c} \tag{1}$$

式中 m_0、m 分别为电子的静质量和相对论质量．

根据相对论的质速关系有

$$m = \frac{m_0}{\sqrt{1 - \left(\frac{v}{c}\right)^2}} \tag{2}$$

联立式 (1)、(2) 求解, 得电子的运动速度

$$v = \frac{\sqrt{2}}{2}c$$

六　自我检测

25-1　用频率为 ν_1 的单色光照射某一种金属时, 测得光电子的最大动能为 E_{k1}; 用频率为 ν_2 的单色光照射另一种金属时, 测得光电子的最大动能为 E_{k2}. 如果 $E_{k1} > E_{k2}$, 那么 (　　).

A. ν_1 一定大于 ν_2　　　　　　　　　B. ν_1 一定小于 ν_2

C. ν_1 一定等于 ν_2　　　　　　　　　D. ν_1 可能大于也可能小于 ν_2

25-2　静质量不为零的微观粒子作高速运动, 这时粒子的物质波的波长 λ 与速度 v 的关系 (　　).

A. $\lambda \propto v$　　　　　　　　　　　B. $\lambda \propto 1/v$

C. $\lambda \propto \sqrt{\dfrac{1}{v^2} - \dfrac{1}{c^2}}$　　　　　　　D. $\lambda \propto \sqrt{c^2 - v^2}$

25-3　光子波长为 λ, 则其能量 =_____; 动量的大小 =_____; 质量 =_____.

25-4　以波长 $\lambda = 0.207\ \mu\text{m}$ 的紫外光照射金属钯表面产生光电效应, 已知钯的红限 $\nu_0 = 1.21 \times 10^{15}\ \text{Hz}$, 则其遏止电压 $|U_a| = $_____.

25-5　设康普顿效应中入射的 X 射线的波长 $\lambda = 0.07\ \text{nm}$, 散射的 X 射线与入射的 X 射线垂直. 求:

(1) 反冲电子的动能;

(2) 反冲电子运动方向与入射的 X 射线间的夹角.

25-6　假设电子运动的速度接近光速. 当电子的动能等于它的静能的 2 倍时, 其德布罗意波长为多少?

自我检测
参考答案

第二十六章 量子力学初步

一 目的要求

1. 理解波函数及其概率解释.
2. 理解不确定关系, 会用不确定关系估算粒子坐标及动量的不确定值.
3. 理解薛定谔方程. 通过一维无限深势阱问题的求解, 加深对薛定谔方程及微观粒子运动特征的理解.
4. 了解一维谐振子、一维势垒、隧道效应及电子隧穿显微镜.

二 内容提要

1. 波函数 描述微观粒子运动状态的函数 $\Psi(\boldsymbol{r}, t)$ 称波函数. 用波函数来描述微观粒子的状态是量子力学的一个基本假设.

从统计的观点来看, 波函数的模的平方代表着微观粒子在空间某点出现的概率密度 $P(\boldsymbol{r}, t)$. 因此, 波函数又称概率幅.

波函数遵从归一化条件, 即

$$\int_V \Psi(\boldsymbol{r}, t)\Psi^*(\boldsymbol{r}, t)\mathrm{d}V = 1$$

波函数必须满足单值、有限、连续 (含一阶偏导) 三个条件 (称为标准条件). 它们在求解量子力学问题时会经常用到.

2. 不确定关系　微观粒子的位置和动量不能同时被精确确定, 其不确定量 Δx 与 Δp_x 的乘积不小于某一常量, 即

$$\Delta x \Delta p_x \geqslant \frac{\hbar}{2} \quad \left(\hbar = \frac{h}{2\pi}\right)$$

(有时也简写成 $\Delta x \Delta p_x \geqslant h$.) 这一关系称为不确定关系.

3. 薛定谔方程　波函数随时间变化所满足的方程称为薛定谔方程, 其形式为

$$i\hbar \frac{\partial \Psi(\boldsymbol{r}, t)}{\partial t} = \hat{H} \Psi(\boldsymbol{r}, t)$$

对于定态 (其势能函数不随时间而变化), 其波函数所满足的方程为

$$\hat{H} \Psi(\boldsymbol{r}) = E \Psi(\boldsymbol{r})$$

此式称为定态薛定谔方程, 式中, $\hat{H} = -\dfrac{\hbar^2}{2m} \left(\dfrac{\partial^2}{\partial x^2} + \dfrac{\partial^2}{\partial y^2} + \dfrac{\partial^2}{\partial z^2}\right) + U(\boldsymbol{r}) = -\dfrac{\hbar^2}{2m} \nabla^2 + U(\boldsymbol{r})$ 称为哈密顿算符, E 为粒子的能量, m 为粒子的质量; 而 $\nabla^2 = \dfrac{\partial^2}{\partial x^2} + \dfrac{\partial^2}{\partial y^2} + \dfrac{\partial^2}{\partial z^2}$ 则称为拉普拉斯算符.

4. 一维无限深势阱　势能函数

$$U(x) = \begin{cases} 0 & (0 < x < L) \\ \infty & (x \leqslant 0, x \geqslant L) \end{cases}$$

的曲线形如深阱, 称为一维无限深势阱. 在这种情况下求解定态薛定谔方程可得

$$\Psi(x) = \begin{cases} 0 & (阱外) \\ \sqrt{\dfrac{2}{L}} \sin \dfrac{n\pi}{L} x & (阱内) \end{cases}$$

$$E_n = n^2 \frac{\pi^2 \hbar^2}{2mL^2} = \frac{n^2 h^2}{8mL^2} \ (n = 1, 2, \cdots)$$

可见, 微观粒子仅局限在势阱中运动, 其能量 E_n 是量子化的, 且随势阱宽度 L 的增加而减少.

5. 一维势垒与隧道效应　势能函数

$$U(x) = \begin{cases} U_0 & (0 < x < a) \\ 0 & (x \leqslant 0, x \geqslant a) \end{cases}$$

的曲线形似矩形方垒, 称为一维势垒. 微观粒子穿过较其自身能量 E 更高的势垒的现象称为隧道效应, 其穿透系数可近似写为

$$D = D_0 e^{\frac{-2a}{\hbar} \sqrt{2m(U_0 - E)}}$$

式中, a 为势垒的宽度, U_0 为势垒的高度.

三　重点难点

波函数、不确定关系、一维无限深势阱是本章的重点. 薛定谔方程、隧道效应是本章的难点. 对于它们的学习, 一是要注意多从物理意义上去进行理解; 二是要注意把握微观粒子与宏观物体的区别, 不能拿适用于宏观物体的规律去硬套微观粒子的问题; 三是要多注重问题的抽象思维, 少强求问题的直观描述.

四　方法技巧

学习本章内容时, 要注意知识的系统性. 表面上看, 本章内容似乎是零乱的, 实际上, 它们是有机联系的. 波函数是量子力学的一个基本概念, 用以描述微观粒子的运动状态, 它是本章内容的核心. 波函数随时间的变化由薛定谔方程确定, 反过来, 我们也可将它看成是薛定谔方程的解. 由于微观粒子的运动状态由波函数描述, 因此, 微观粒子的坐标及动量不可能同时具有确定值, 这就是不确定关系. 如果我们能将它们串联起来学习, 则知识的系统性就会增强, 就比较有趣, 比较好学.

通过本章的学习, 我们应该在思维及处理方法上有个较大的变革: 处理微观粒子的问题必须采用量子力学的新方法, 微观粒子的状态由波函数来描述, 波函数随时间的变化遵从薛定谔方程, 在求解薛定谔方程时其中的力学量必须用相应的算符来代替.

本章习题的目的在于加深对上述内容的理解与应用. 因此, 求解时, 必须很好地理解有关问题的基本概念及公式, 不要似懂非懂地乱套公式, 更不能用经典力学的方法来处理量子力学的问题.

例 26-1　设某粒子的波函数

$$\Psi(x) = \begin{cases} 0 & (x < 0, x > L) \\ Ax(L-x) & (0 \leqslant x \leqslant L) \end{cases}$$

求: (1) 归一化常数 A;

(2) 粒子出现在 $0 \sim 0.1L$ 区间的概率.

解　归一化常数常由波函数的归一化条件确定, 故本题求解宜先建立含有待求常数 A 的方程, 然后求解, 再用归一化的波函数与概率密度的关系求出概率密度, 积分后即可求得粒子在确定区间出现的概率.

(1) 由归一化条件得

$$\int_{-\infty}^{\infty} |\Psi(x)|^2 dx = \int_0^L \Psi^2 dx = \int_0^L \Psi(x)\Psi^*(x)dx = \int_0^L [Ax(L-x)]^2 dx$$

$$= A^2 \int_0^L (L^2 x^2 - 2Lx^3 + x^4)\mathrm{d}x$$

$$= A^2 \left[\frac{L^2 x^3}{3} - \frac{Lx^4}{2} + \frac{x^5}{5} \right]\Bigg|_0^L = A^2 \frac{L^5}{30} = 1$$

解之, 得

$$A = \sqrt{\frac{30}{L^5}}$$

(2) 据波函数的物理意义知粒子的概率密度

$$P = |\Psi|^2 = A^2 x^2 (L-x)^2 = \frac{30}{L^5}(L^2 x^2 - 2Lx^3 + x^4)$$

故粒子出现在 $0 \sim 0.1L$ 间的概率

$$\Delta P = \int_0^{0.1L} |\Psi|^2 \mathrm{d}x = \frac{30}{L^5} \int_0^{0.1L} (L^2 x^2 - 2Lx^3 + x^4)\mathrm{d}x$$

$$= \frac{30}{L^5}\left[\frac{L^2 x^3}{3} - \frac{Lx^4}{2} + \frac{x^5}{5} \right]\Bigg|_0^{0.1L}$$

$$= 8.6 \times 10^{-3}$$

例 26-2 某实物粒子的动能为 E_k, 静能为 E_0, 若该粒子在 x 轴上运动的动量不确定量恰好与其动量相等, 该粒子位置不确定量的最小值为多少?

解 据不确定关系知, 欲求位置的不确定量, 应先求动量的不确定量, 亦即粒子的动量. 由 $E_k = E - E_0$ 及 $E^2 = E_0^2 + p^2 c^2$ 得

$$p = \frac{\sqrt{E_k(E_k + 2E_0)}}{c}$$

由题设知

$$\Delta p = p = \frac{\sqrt{E_k(E_k + 2E_0)}}{c}$$

将之代入不确定关系式 $\Delta x \Delta p \geqslant \dfrac{\hbar}{2}$, 得

$$\Delta x \geqslant \frac{\hbar}{2\Delta p} = \frac{\hbar c}{2\sqrt{E_k(E_k + 2E_0)}}$$

故粒子位置不确定量的最小值

$$\Delta x_{\min} = \frac{\hbar c}{2\sqrt{E_k(E_k + 2E_0)}}$$

例 26-3 质量为 m 的粒子沿 x 轴运动, 其势能为 $U(x)$, 求粒子运动所遵从的薛定谔方程.

解 求薛定谔方程的常用方法是先求哈密顿算符, 后代入薛定谔方程的标准式. 由题给条件知, 粒子运动的哈密顿算符为

$$\hat{H} = -\frac{\hbar^2}{2m}\frac{\mathrm{d}^2}{\mathrm{d}x^2} + U$$

将其代入薛定谔方程的标准式, 得

$$-\frac{\hbar^2}{2m}\frac{\mathrm{d}^2\Psi}{\mathrm{d}x^2} + U\Psi = E\Psi$$

即

$$\frac{\hbar^2}{2m}\frac{\mathrm{d}^2\Psi}{\mathrm{d}x^2} + (E-U)\Psi = 0$$

五 习题解答

26–1 波函数的物理意义是什么? 它必须满足哪些条件?

答 空间某处波函数绝对值的平方代表微观粒子在该处出现的概率密度, 这就是波函数的物理意义. 为此, 波函数必须满足如下四个条件: (1) 归一化; (2) 连续性; (3) 有限性; (4) 单值性.

26–2 物质波与经典波有何区别? 为什么说物质波是一种概率波?

答 物质波与经典波主要存在三大区别: (1) 成因区别: 经典波的成因在于传播 (振动传播, 交变磁场的传播), 物质波的成因在于德布罗意为解释粒子波动性而提出来的一种假设; (2) 同异态区别: 将物质波的波函数乘以某一常数后, 它所描述的状态与原波函数描述的状态相同, 而经典波的波函数乘以某一常数后, 它所描述的状态与原波函数描述的状态并不相同; (3) 归一化区别: 物质波的波函数存在归一化问题, 而经典波的波函数则无归一化可言.

由于物质波波函数的平方代表着微观粒子在空间某处出现的概率密度, 所以我们完全有理由认为, 物质波是一种概率波.

26–3 怎样理解不确定关系? 它和宏观上的测量误差有何本质的不同?

答 不确定关系 $\Delta x \Delta p_x \geqslant h$ 表明, 微观粒子的坐标 x 和动量 p_x 是不能同时被完全精确确定的: 若坐标被精确确定 ($\Delta x \to 0$), 则其动量就完全不确定 ($\Delta p_x \to \infty$), 反之亦然, 二者乘积必定会大于某一常量.

不确定关系是微观粒子的内禀属性, 其本质源于微观粒子的波粒二象性. 宏观上的测量误差, 其实质则是源于测量仪器的精确度、测量环境的干扰、测量者的科学素养的高低等外部因素的影响, 而被测量量本身是确定的.

26–4 已知粒子归一化的波函数为 $\psi(x) = \dfrac{1}{\sqrt{a}}\cos\dfrac{3\pi x}{2a}$ $(-a \leqslant x \leqslant a)$, 那么粒子处于 $x = 5a/6$ 处的概率密度为 (   ).

A. $1/(2a)$ B. $1/a$ C. $1/\sqrt{2a}$ D. $1/\sqrt{a}$

解 据定义, 粒子处于 $x = 5a/6$ 处的概率密度为

$$P = |\psi(x)|^2 = \left|\frac{1}{\sqrt{a}}\cos\frac{3\pi(5a/6)}{2a}\right|^2 = 1/(2a)$$

故选 A.

26-5 关于不确定关系 $\Delta x \Delta p_x \geqslant \dfrac{\hbar}{2}$, 下列说法中正确的是 (　　).

A. 粒子的动量不可能精确确定

B. 粒子的坐标不可能精确确定

C. 粒子的动量和坐标不可能同时精确确定

D. 粒子的不确定关系仅适用于电子, 不适用于其他粒子

解 根据量子力学不确定关系的概念可知, C 正确, 故选 C.

26-6 在量子力学中, 一维无限深势阱中的粒子可以有若干个态, 如果势阱的宽度缓慢地减少至某一较小的宽度, 则下列说法中正确的是 (　　).

A. 每一能级的能量减小　　　　　　B. 能级数增加

C. 相邻能级的能量差增加　　　　　D. 每个能级的能量不变

解 根据 $E_n = \dfrac{n^2\pi^2\hbar^2}{2mL^2}$ 知道 C 正确.

26-7 波函数必须满足的三个标准条件是_____.

解 由波函数的物理意义可以推知, 波函数必须满足的三个标准条件分别是 "单值" "有限" "连续".

26-8 一维运动的粒子, 其波函数

$$\Psi(x) = \begin{cases} 0 & (x < 0) \\ 2\lambda^{3/2}xe^{-\lambda x} & (x \geqslant 0) \end{cases}$$

式中, λ 为大于零的常数, 则粒子坐标的概率密度为_____, 在 $x = $_____ 处发现粒子的概率最大.

解 据定义, 概率密度 $P(x) = |\Psi(x)|^2 = \begin{cases} 0 & (x < 0) \\ 4\lambda^3 x^2 e^{-2\lambda x} & (x \geqslant 0) \end{cases}$

令 $\dfrac{\mathrm{d}P(x)}{\mathrm{d}x} = 0$, 得

$$4\lambda^3[2xe^{-2\lambda x} + x^2(-2\lambda)e^{-2\lambda x}] = 0$$

即

$$2x - 2\lambda x^2 = 0$$

解之, 得

$$x = 0, \quad x = 1/\lambda$$

但 $x = 0$ 不合题意, 应舍去. 故知在 $x = 1/\lambda$ 处发现粒子的概率密度最大.

26-9 微观粒子的运动状态用_____ 来描述, 反映微观粒子运动的基本方程为_____ 方程.

解 根据量子力学的基本假设, 微观粒子的运动状态用波函数来描述, 反映微观粒子运动的基本方程为薛定谔方程.

26–10　在宽度为 L 的一维无限深势阱中运动的粒子, 当 $n = 2$ 时, 其能量为多少? 概率密度极大值的位置在哪里? 在 $0 \leqslant x \leqslant \dfrac{L}{3}$ 区间内找到粒子的概率为多少?

解　由 $E_n = \dfrac{n^2 \pi^2 \hbar^2}{2mL^2}$ 得到 $E_2 = \dfrac{2\pi^2 \hbar^2}{mL^2}$.

由 $\Psi_2(x) = \begin{cases} 0 & (x \leqslant 0, x \geqslant L) \\ \sqrt{\dfrac{2}{L}} \sin \dfrac{2\pi}{L} x & (0 < x < L) \end{cases}$　得到概率分布为

$$P_2(x) = \begin{cases} 0 & (x \leqslant 0, x \geqslant L) \\ \dfrac{2}{L} \sin^2 \dfrac{2\pi x}{L} = \dfrac{1}{L}\left(1 - \cos \dfrac{4\pi x}{L}\right) & (0 < x < L) \end{cases}$$

概率密度最大值在 $\cos \dfrac{4\pi x}{L} = -1$, 即 $x = \dfrac{L}{4}$ 和 $x = \dfrac{3L}{4}$ 处.

在 $0 \leqslant x \leqslant \dfrac{L}{3}$ 区间内找到粒子的概率为

$$P = \frac{1}{L} \int_0^{L/3} \left(1 - \cos \frac{4\pi x}{L}\right) \mathrm{d}x = \frac{1}{3} + \frac{\sqrt{3}}{8\pi} = 0.402$$

26–11　一维运动的粒子其波函数

$$\Psi(x) = \begin{cases} Ax\mathrm{e}^{-\lambda x} & (x \geqslant 0) \\ 0 & (x < 0) \end{cases}$$

(1) 将此波函数归一化;

(2) 求粒子运动的概率分布函数.

解　(1) 由归一化条件 $\displaystyle\int_{-\infty}^{\infty} |\Psi(x)|^2 \mathrm{d}x = A^2 \int_0^{\infty} x^2 \mathrm{e}^{-2\lambda x} \mathrm{d}x = 1$ 及积分公式

$$\int_0^{\infty} x^2 \mathrm{e}^{-2\lambda x} \mathrm{d}x = \frac{1}{8\lambda^3} \int_0^{\infty} \mathrm{e}^{-t} t^2 \mathrm{d}t = \frac{\Gamma(3)}{8\lambda^3} = \frac{1}{4\lambda^3}$$

可以得到 $A = 2\lambda^{3/2}$. 故归一化的波函数

$$\Psi(x) = \begin{cases} 2\lambda^{3/2} x\mathrm{e}^{-\lambda x} & (x \geqslant 0) \\ 0 & (x < 0) \end{cases}$$

(2) 据定义概率分布函数 $P(x) = |\Psi(x)|^2 = \begin{cases} 4\lambda^3 x^2 \mathrm{e}^{-2\lambda x} & (x \geqslant 0) \\ 0 & (x < 0) \end{cases}$

26–12　如果电子的运动被限制在 x 到 $x + \Delta x$ 之间. 设 $\Delta x = 0.05$ nm. 求电子动量在 x 轴方向上的不确定量 (设不确定关系为 $\Delta x \Delta p_x \geqslant h$).

解 由不确定关系可以解得, 电子动量在 x 轴方向上的不确定量

$$\Delta p_x = \frac{h}{\Delta x} = \frac{6.63 \times 10^{-34}}{0.05 \times 10^{-9}} \text{ kg} \cdot \text{m} \cdot \text{s}^{-1}$$
$$= 1.33 \times 10^{-23} \text{ kg} \cdot \text{m} \cdot \text{s}^{-1}$$

26–13 如果枪口的直径为 5 mm, 子弹质量为 0.01 kg, 用不确定关系估算子弹射出枪口时的横向速率.

解 在 $\Delta x \Delta p \approx \frac{\hbar}{2}$ 中令 $\Delta x \approx 5$ mm, 得到 $\Delta p \approx 1.1 \times 10^{-32}$ kg $\cdot$ m $\cdot$ s^{-1}, 故可估计子弹横向速率为 $v_t \approx \frac{\Delta p}{m} = 1.1 \times 10^{-30}$ m $\cdot$ s^{-1}.

26–14 电子位置的不确定量为 0.05 nm 时, 其速率的不确定量是多少?

解 由 $\Delta x \Delta p \approx \frac{\hbar}{2}$ 得到 $\Delta p \approx 1.1 \times 10^{-24}$ kg $\cdot$ m $\cdot$ s^{-1}, 故速率不确定量

$$\Delta v = \frac{\Delta p}{m} = \frac{1.1 \times 10^{-24}}{9.11 \times 10^{-31}} \text{ m} \cdot \text{s}^{-1} = 1.2 \times 10^6 \text{ m} \cdot \text{s}^{-1}$$

26–15 一光子的波长为 300 nm, 如果测定此波长的精确度为 10^{-6}, 求光子位置的不确定量 (提示: $\Delta \lambda / \lambda = 10^{-6}, \Delta p = \frac{h}{\lambda^2} \Delta \lambda$).

解 由 $p = \frac{h}{\lambda}$ 得到 $\Delta p = \frac{h}{\lambda^2} \Delta \lambda = \frac{h}{\lambda} \frac{\Delta \lambda}{\lambda}$. 所以位置不确定量 $\Delta x \approx \frac{\hbar}{2 \Delta p} = \frac{\hbar}{2 \frac{h}{\lambda} \frac{\Delta \lambda}{\lambda}} =$

$$\frac{\lambda}{4\pi \frac{\Delta \lambda}{\lambda}} = \frac{300}{4\pi \times 10^{-6}} \text{ nm} = 2.39 \times 10^{-2} \text{ m}$$

26–16 质量为 m 的自由粒子, 沿 x 轴正方向以速度 $v(v \ll c)$ 运动, 求其薛定谔方程及其解.

解 因为是自由粒子, 所以 $U(x) = 0$. 粒子的总能量 $E = \frac{1}{2}mv^2$. 将之代入一维定态薛定谔方程得

$$-\frac{\hbar^2}{2m}\frac{\mathrm{d}^2 \Psi}{\mathrm{d}x^2} = \frac{1}{2}mv^2 \Psi$$

整理上式, 得

$$\frac{\mathrm{d}^2 \Psi}{\mathrm{d}x^2} + \frac{m^2 v^2}{\hbar^2} \Psi = 0$$

这是一个二阶常系数微分方程, 其特解为

$$\Psi = \mathrm{e}^{-\frac{\mathrm{i}}{\hbar}mvx}$$

考虑到时间因子 $f = c\mathrm{e}^{-\frac{\mathrm{i}}{\hbar}Et}$ 则可得到其解

$$\Psi = f\Psi(x) = \Psi_0 \mathrm{e}^{-\frac{\mathrm{i}}{\hbar}m\left(\frac{v^2}{2}t - vx\right)}$$

26-17　质量为 m、电荷为 q_1 的粒子, 在点电荷 q_2 所产生的电场中运动, 求其薛定谔方程.

解　由电学知识知, 质量为 m、电荷为 q_1 的粒子在点电荷 q_2 所产生的电场中的势能为

$$U(r) = \frac{q_1 q_2}{4\pi\varepsilon_0 r}$$

由此可得其薛定谔方程为

$$\left[-\frac{\hbar^2}{2m}\nabla^2 + \frac{q_1 q_2}{4\pi\varepsilon_0 r} \right] \Psi(r) = E\Psi(r)$$

或为

$$\nabla^2 \Psi(r) + \frac{2m}{\hbar^2}\left(E - \frac{q_1 q_2}{4\pi\varepsilon_0 r} \right) \Psi(r) = 0$$

26-18　求电子处于宽度为 10^{-10} m 及 1 m 的方势阱中的能级公式.

解　由一般的能级公式 $E_n = \dfrac{n^2\hbar^2\pi^2}{2ma^2}$ 可知, 对于 $a = 10^{-10}$ m 的势阱中的电子, 其能级公式为

$$E_n = n^2 \frac{(6.63 \times 10^{-34})^2\pi^2/4\pi^2}{2 \times 9.1 \times 10^{-31} \times (10^{-10})^2} \text{J} = 6.0 \times 10^{-18} n^2 \text{ J}$$

对于阱宽 $a = 1$ m 的电子, 其能级公式为

$$E_n = n^2 \frac{(6.63 \times 10^{-34})^2\pi^2/4\pi^2}{2 \times 9.1 \times 10^{-31} \times 1^2} \text{ J} = 6.0 \times 10^{-38} n^2 \text{ J}$$

26-19　质量为 m 的粒子在宽为 a 的一维方势阱中运动, 求其能级差 $E_{n+1} - E_n$.

解　由能级公式 $E_n = \dfrac{n^2\hbar^2\pi^2}{2ma^2}$ 可以得到粒子的能级差

$$\Delta E_n = E_{n+1} - E_n = (2n+1)\frac{\pi^2\hbar^2}{2ma^2} = \left(n + \frac{1}{2} \right)\frac{\pi^2\hbar^2}{ma^2}$$

六　自我检测

26-1　在如检图 26-1 所示的一维势阱中, 粒子可以有若干能态, 如果势阱的宽度缓慢地减少, 则 (　　).

　A. 每个能级的能量减少

　B. 能级数增加

　C. 每个能级的能量保持不变

　D. 相邻能级的能量差增加

26-2　如果电子被限制在边界 x 与 $x + \Delta x$ 之间, 且 $\Delta x = 0.5$ Å (1 Å $= 1.0 \times 10^{-10}$ m), 则电子动量的 x 分量的不确定量近似地为_____ kg $\cdot$ m $\cdot$ s^{-1}.

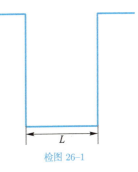

检图 26-1

(不确定关系式为 $\Delta x \cdot \Delta p_x \geqslant h$, $h = 6.63 \times 10^{-34}$ J·s)

26–3 如果电子被限制在边界 x 与 $x + \Delta x$ 之间, $\Delta x = 0.5$ Å, 则电子动量 x 分量的不确定量近似地为_____kg·m·s^{-1}

26–4 一粒子在无限深矩形势阱中运动, 波函数为

$$\Psi_n = \sqrt{\frac{2}{a}} \sin \frac{n\pi x}{a} \quad (0 < x < a)$$

求粒子处于 $n = 1$ 的状态时在 $0 \sim \dfrac{a}{4}$ 区间发现该粒子的概率.

自我检测
参考答案

第二十七章　原子结构的量子理论

一　目的要求

1. 理解氢原子的能量及角动量.
2. 理解电子的自旋及其实验验证.
3. 理解泡利原理、四个量子数和原子的壳层结构.
4. 了解氢原子的量子力学处理方法. 了解碱金属原子及全同粒子的交换对称性.

二　内容提要

1. 氢原子的能量

$$E_n = -\frac{me^4}{32\pi^2\varepsilon_0^2\hbar^2}\frac{1}{n^2} = -E_1/n^2$$

可见, 氢原子的能量是量子化的, 式中, n 为主量子数.

2. 氢原子的角动量

$$L_z = m_l\hbar \ (m_l = 0, \pm1, \pm2, \cdots, \pm l)$$

可见, 氢原子的角动量也是量子化的, 式中, m_l 为磁量子数.

3. 电子的自旋　除空间运动以外的一种内禀运动. 其角动量

$$S = \sqrt{s(s+1)}\hbar$$

它在 z 轴方向的投影为

$$S_z = m_s \hbar$$

式中, 自旋磁量子数

$$m_s = \pm \frac{1}{2}, s = \frac{1}{2}$$

4. 四个量子数

(1) 主量子数 n $(n = 1, 2, \cdots)$, 其值可决定电子能量的大小.

(2) 角量子数 l $[l = 0, 1, \cdots, (n - 1)]$, 其值可决定电子的角动量, 且对能量也有一定的影响 (又称副量子数).

(3) 磁量子数 m_l $(m_l = 0, \pm 1, \cdots, \pm l)$, 其值可决定角动量在外场的取向 L_z.

(4) 自旋磁量子数 m_s $\left(m_s = \pm \frac{1}{2} \right)$, 其值可决定电子自旋角动量在外场中的取向.

5. 泡利不相容原理与能量最低原理

(1) 泡利不相容原理 在一原子中, 不可能有两个或两个以上的电子具有完全相同的量子态, 这一规律称为泡利不相容原理.

(2) 能量最低原理 在不违背泡利原理的前提下, 每个电子都趋向于或尽可能占据最低能级, 以使系统的能量为最低, 这一规律称为能量最低原理.

6. 原子的壳层结构 组成原子的电子按一定规则的排布称为原子的壳层结构. 它有主壳层与支壳层之分. 主量子数 n 相同的电子组成主壳层, 在主壳层中, 依据 l 的不同又可分为不同的支壳层. 每一主壳层最多可容纳的电子数为 $2n^2$ 个, 各支壳层上最多可容纳的电子数分别为 $2, 6, 10, 14, \cdots$.

按照原子序数及原子的壳层结构对各元素进行排列, 得出的表称为元素周期表, 它对探讨物质的物理化学性质有着良好的指导作用.

三　重点难点

泡利不相容原理、四个量子数以及微粒子的能量及角动量是本章的重点. 本章的难点是原子的电子壳层结构, 它们既抽象, 又不好进行宏观类比.

四　方法技巧

学习本章内容时, 一方面应该注意了解它们的由来, 以加深理解量子力学处理问题的一般方法. 另一方面, 必须要理解它们的物理意义, 这样才能正确应用它们来处理微粒子的相关问题.

本章习题旨在加深对重点、难点问题的理解, 虽然难度不大, 但涉及公式却不少. 因此解题时, 一定要先弄清公式的物理意义, 然后再代公式.

例 27–1 已知氢原子的基态 $(n = 1, l = 0, m_l = 0)$ 波函数

$$\Psi_{100}(r, \theta, \varphi) = \sqrt{\frac{1}{\pi a_0^2}} \mathrm{e}^{-\frac{r}{a_0}}$$

计算基态的能量, 并求电子离核在 $r \sim r + \mathrm{d}r$ 间出现的概率和概率最大的位置.

解 在量子力学中, 微粒子的能量是通过求解薛定谔方程得出的. 因此, 本题求解宜先将题给波函数代入薛定谔方程算能量, 后用波函数求概率密度, 最后通过对概率求导来求概率最大的位置.

将波函数 Ψ_{100} 代入薛定谔方程

$$\frac{1}{r^2}\frac{\partial}{\partial r}\left(r^2\frac{\partial \Psi}{\partial r}\right) + \frac{1}{r^2\sin\theta}\frac{\partial}{\partial \theta}\left(\sin\theta\frac{\partial \Psi}{\partial \theta}\right) + \frac{1}{r^2\sin^2\theta}\frac{\partial^2 \Psi}{\partial \varphi^2} + \frac{2m}{\hbar^2}\left(E + \frac{\mathrm{e}^2}{4\pi\varepsilon_0 r}\right)\Psi = 0 \quad (1)$$

可得

$$\left(\frac{1}{a_0^2} + \frac{2mE}{\hbar^2}\right) - 2\left(\frac{1}{a_0} - \frac{me^2}{4\pi\varepsilon_0\hbar^2}\right)\frac{1}{r} = 0 \tag{2}$$

由式 (2) 可得

$$a_0 = \frac{4\pi\varepsilon_0\hbar^2}{me^2}, E = -\frac{\hbar^2}{2ma_0^2} = \frac{me^4}{32\pi\varepsilon_0^2\hbar^2}$$

电子离核在 $r \sim r + \mathrm{d}r$ 之间出现的概率

$$P(r)\mathrm{d}r = |\varphi_{100}(r, \theta, \varphi)|^2 4\pi r^2 \mathrm{d}r = \frac{4}{a_0^2}\mathrm{e}^{-\frac{2r}{a_0}}r^2\mathrm{d}r$$

根据概率取极值的条件

$$\frac{\mathrm{d}P(r)}{\mathrm{d}r} = \frac{8}{a_0^2}r\mathrm{e}^{-\frac{2r}{a_0}}\left(1 - \frac{r}{a_0}\right) = 0$$

可得概率最大的位置为

$$r_{\max} = a_0 = \frac{4\pi\varepsilon_0\hbar^2}{me^2}$$

例 27–2 在宽度 $L = 10^{-10}$ m 的一维无限深势阱中有 8 个电子, 求能级最高的电子的能量.

解 一维无限深势阱中电子的能量为

$$E_n = n^2\frac{\pi^2\hbar^2}{2mL^2} \quad (n = 1, 2, \cdots)$$

电子在能级上的填充服从泡利不相容原理和能量最低原理, 每个能级最多只能容纳两个自旋相反的电子. 这样有的电子将填充到第 4 个能级, 因而 n 的最大值 $n_{\max} = 4$, 处于该能级的电子的能量

$$E_{\max} = n_{\max}^2\frac{h^2}{8mL^2} = 4^2 \times \frac{(6.63 \times 10^{-34})^2}{8 \times 9.11 \times 10^{-31} \times (10^{-10})^2}$$

$$= 9.65 \times 10^{-17} \text{ J} = 603 \text{ eV}$$

五　习题解答

27-1　比较玻尔的氢原子图像和由解薛定谔方程得到的氢原子图像的异同.

答　两种图像的相同处: (1) 都有定态的概念, 且其物理意义相同; (2) 都有原子能量的概念, 且其能量公式相同: $E_n = E_1/n^2$.

两种图像的相异处: (1) 成图原因不同: 玻尔图像是由经典物理加上量子化条件 (假设) 组成的, 属于半经典理论; 而后者是通过对方程的求解自然得出的. (2) 概念有异: 玻尔图像有轨道和轨道半径的概念, 而后者没有; 玻尔图像有电子轨道运动的角动量概念, 计算公式为 $L = n\hbar$, 而后者用的是电子的角动量概念, 计算公式为 $L = \sqrt{l(l+1)}\hbar$. (3) 运动条件不同: 玻尔图像的电子仅在特定轨道上运动, 而后者的电子作的是随机运动, 无轨道约束.

27-2　描述原子中电子定态需要哪几个量子数? 取值范围如何? 它们各代表什么含义?

答　描述原子中电子定态需要四个量子数: (1) 主量子数 n, 它代表着电子的能量, 取值为 $n = 1, 2, 3, \cdots$; (2) 角量子数 l, 它代表着电子的角动量, 其取值为 $l = 0, 1, 2, \cdots, n-1$; (3) 磁量子数 m_l, 它代表着电子角动量在外磁场中的取向, 其取值为 $m_l = 0, \pm 1, \pm 2, \cdots \pm l$; (4) 自旋磁量子数 m_s, 它代表着电子自旋角动量在外磁场中的取向, 其取值仅有 $m_s = \pm \frac{1}{2}$ 两个.

27-3　在原子的 K 壳层中, 电子可能具有的四个量子组数 (n, l, m_l, m_s): (1) $\left(1, 1, 0, \frac{1}{2}\right)$ (2) $\left(1, 0, 0, \frac{1}{2}\right)$ (3) $\left(2, 1, 0, -\frac{1}{2}\right)$ (4) $\left(1, 0, 0, -\frac{1}{2}\right)$ 的取值中, 正确的是 (　　).

A. 只有 (1)、(3) 是正确的　　　　　　B. 只有 (2)、(4) 是正确的
C. 只有 (2)、(3)、(4) 是正确的　　　　D. 全部是正确的

解　K 壳层指的是 $n = 1$ 的壳层, 故 (3) 不正确; l 的取值为 $0, 1, 2, \cdots, n-1$, 故 l 只能取 0, 故 (1) 不正确, 换言之, 凡含 (1)、(3) 的组合都不对, 故选 B.

27-4　下列各电子态中, 角动量最大的是 (　　).

A. 6 s　　　　　B. 5 p　　　　　C. 4 f　　　　　D. 3 d

解　角动量由角量子数 l 决定, s、p、d、f 分别表示 l 为 1、2、3、4 的支壳层, 故选 C.

27-5　直接证实电子自旋存在的最早的实验之一是 (　　).

A. 康普顿实验　　　　　　　　　　B. 卢瑟福实验
C. 戴维森–革末实验　　　　　　　　D. 施特恩–格拉赫实验

解　由物理史料知, 最早证实电子自旋存在的实验是施特恩–格拉赫实验. 故选 D

27-6　根据量子理论, 氢原子中核外电子的状态可由四个量子数来决定, 其中, 主量子数 n 的可能取值为＿＿＿＿, 它决定着＿＿＿＿.

解　主量子数 n 的可能取值为 $1, 2, 3, \cdots$, 它决定着原子系统的能量. 故前空填 "1, 2, 3, …", 后空填 "系统的能量".

27-7　在原子中的电子排布时, 必须遵守的两条基本原理是＿＿＿ 和 ＿＿＿.

解　多电子原子中电子的排列必须遵循两条原理, 即泡利不相容原理和能量最低原理.

27-8　当主量子数 $n = 3$ 时, 角量子数 l, 磁量子数 m_l 的取值关系为: $l = $ _____,
$m_l = $ _____; $l = $ _____, $m_l = $ _____; $l = $ _____, $m_l = $ _____.

解　根据量子数取值范围, l 可取 $0, 1, 2, \cdots, (n-1)$, m_l 可取 $0, \pm 1, \pm 2, \cdots, \pm l$, 由此可知,
当 $n = 3$ 时, l 与 m_l 的取值关系为

$$l = 0, m_l = 0$$

$$l = 1, m_l = 0, \pm 1$$

$$l = 2, m_l = 0, \pm 1, \pm 2$$

27-9　求角量子数 $l = 2$ 的体系的 L 和 L_z 之值.

解　由角动量公式 $L = \sqrt{l(l+1)}\hbar$ 可得, 当 $l = 2$ 时, $L = \sqrt{2 \times (2+1)}\hbar = \sqrt{6}\hbar$.
注意到 $m_l = 0, \pm 1, \cdots, \pm l$ 及投影值公式 $L_z = m_l \hbar$ 可知, 当 $l = 2$ 时, L_z 的可取值为
$0, \pm \hbar, \pm 2\hbar$.

27-10　计算氢原子中 $l = 4$ 的电子的角动量及其在外磁场方向上的投影值.

解　由角动量公式 $L = \sqrt{l(l+1)}\hbar$ 可知, 对于 $l = 4$ 的电子, 其角动量为

$$L = \sqrt{4 \times 5}\hbar = 2\sqrt{5}\hbar$$

它在外场方向上的投影值为

$$L_z = m_l \hbar = 0, \pm \hbar, \pm 2\hbar, \pm 3\hbar, \pm 4\hbar$$

27-11　锂 $(Z = 3)$ 原子中含有三个电子, 若已知基态锂原子中一个电子的量子态为
$\left(1, 0, 0, \dfrac{1}{2}\right)$, 则其余两个电子的量子态形式如何?

解　根据泡利不相容原理和能量最低原理, 第二个电子的量子态为 $\left(1, 0, 0, -\dfrac{1}{2}\right)$, 第三个
电子的量子态可能为 $\left(2, 0, 0, -\dfrac{1}{2}\right)$ 或 $\left(2, 0, 0, \dfrac{1}{2}\right)$.

27-12　设氢原子中的电子处于 $n = 4$、$l = 3$ 的状态, 问:

(1) 该电子的角动量 L 的值是多少?

(2) 该角动量 L 在 z 轴的分量有哪些可能的值?

解　(1) 角动量值与 n 无关. 由角动量公式 $L = \sqrt{l(l+1)}\hbar$ 可知, 对于 $l = 3$ 的电子, 其
角动量值为

$$L = \sqrt{3 \times (3+1)}\hbar = 2\sqrt{3}\hbar$$

(2) 注意到 $l = 3$ 时, m_l 的可能取值为 $0, \pm 1, \pm 2, \pm 3$, 由投影值公式可知, 对于 $l = 3$ 的电
子, 其角动量在 z 轴上的分量可能取值为

$$L_z = m_l \hbar = 0, \pm \hbar, \pm 2\hbar, \pm 3\hbar$$

27–13 写出第 18 号元素 Ar 和 20 号元素 Ca 的原子在基态时的电子组态.

解 根据泡利不相容原理及能量最低原理可知, 第 18 号元素 Ar 的原子在基态时的电子组态为: $1s^2 2s^2 2p^6 3s^2 3p^6$, 第 20 号元素 Ca 的原子在基态时的电子组态为: $1s^2 2s^2 2p^6 3s^2 3p^6 4s^2$.

27–14 钴 ($Z = 27$) 有两个电子在 4s 态, 没有其他 $n \geqslant 4$ 的电子, 则在 3d 态的电子共有几个?

解 查原子的壳层结构表可得, 钴的电子组态为 $1s^2 2s^2 2p^6 3s^2 3p^6 3d^7 4s^2$, 由此可知, 在 3d 态的电子有 7 个.

六　自我检测

27–1 氩 ($Z = 18$) 原子基态的电子组态是 (　　).

A. $1s^2 2s^8 3p^8$

B. $1s^2 2s^2 2p^6 3d^8$

C. $1s^2 2s^2 2p^6 3s^2 3p^6$

D. $1s^2 2s^2 2p^6 3s^2 3p^4 3d^2$

27–2 多电子原子中电子的排列遵循＿＿＿＿ 原理和 ＿＿＿＿ 原理.

27–3 原子内电子的量子态由 n、l、m_l、m_s 四个量子数表示. 当 n、l、m_l 一定时, 不同量子态数目为＿＿＿＿, 当 n、l 一定时, 不同量子态数目为＿＿＿＿, 当 n 一定时, 不同量子态数目为＿＿＿＿.

自我检测
参考答案

* 第二十八章　分子与固体

一　目的要求

> 1. 了解化学键的形成机理及分子结构的基本特点.
> 2. 了解金属中自由电子的分布规律和导电机制.
> 3. 了解能带的形成, 半导体的导电机制, pn 结的形成及简单半导体器件的工作原理.

二　内容提要

1. 化学键　构成分子或晶体的原子之间存在一种强相互作用, 它是原子构成分子或晶体的主要原因. 常见的形式主要有两种:

(1) 离子键　构成分子的原子或离子之间存在一种强烈的库仑相互作用而形成的化学键, 盐类物质 (如 NaCl) 主要依靠离子键构建而成.

(2) 共价键　通过原子之间共有价电子而形成的化学键, 气体类分子 (如 H_2 分子) 主要依靠这类化学键构成. 这是一种量子效应.

2. 分子的振动　组成分子的原子围绕分子质量中心的来回运动, 其特点与线性谐振子相似, 其能量为

$$E_n = \left(n + \frac{1}{2} \right) \hbar \omega \quad (n = 0, 1, \cdots)$$

3. 分子的转动　分子中原子围绕分子质心的运动, 其能量

$$E_l = \frac{l(l+1)\hbar^2}{2mr_0^2}$$

4. 固体能带的形成与划分　原子间的相互作用使原子的能级分裂成许多和原来能级很接近的能级而形成能带.

依据电子对能级的填充情况, 能带可分为满带 (电子填满的能带)、不满带 (能级未被填满的能带) 和空带 (无电子占据的能带), 此外还有禁带 (两相邻能带之间的区域). 满带中的电子容易被激发而到达邻近的空带和不满带, 产生导电. 因此, 空带和不满带又称导带. 由价电子形成的能带则称价带.

5. 导体、绝缘体和半导体　若晶体的价带为不满带, 或已填满电子的价带与上面的空带部分重叠而形成不满带, 则很容易使电子在晶体中运动而称为导体.

若晶体的价带为满带, 且该满带与上面空带之间的间隔又很大 (即禁带很宽), 电子则很难在晶体产生定向运动而称为绝缘体.

若晶体的价带虽为满带, 但该满带与上面的空带之间的间隔比绝缘体的少 (即禁带较窄), 使电子可以在晶体中产生定向运动而称为半导体.

6. p 型半导体与 n 型半导体, pn 结　若半导体的导电机构主要是由满带中的空穴运动形成的则称为 p 型半导体或空穴半导体; 若半导体的导电机构主要是由施主能级 (杂质能级) 的电子运动形成的则称 n 型半导体或电子型半导体.

若将 p 型半导体与 n 型半导体接触, 则会在相互接触的区域形成一电偶层结构, 称之为 pn 结. 它在半导体器件的应用中占有重要地位.

三　重点难点

本章的重点是能带理论及其应用, 它同时也是本章的难点. 此外, 对于化学键及气体分子的振动也要给予一定的注意.

四　方法技巧

本章习题重在加深对分子与固体中一些涉及量子物理学问题的概念的理解. 因此, 加强对所及问题 (如化学键、分子的振动与转动、能带等问题) 特性的了解是很必要的.

五　习题解答

28–1　何谓化学键? 它有几种主要类型? 它们是如何形成的?

答　化学键是构成分子或晶体的一种强烈的相互作用, 是原子构成分子或晶体的主要动力. 它主要有两种形式: 一种叫离子键, 它是通过构成分子的原子或离子之间的强烈的库仑作用而形成的; 另一种叫共价键, 它是通过原子之间共有价电子而形成的.

28-2　定性说明能带形成的原因.

答　以两个氢原子结合成一个氢分子为例来说明. 结合前, 两个原子的 1 s 电子具有共同的能量 (能级)E_{1s}, 结合后, 由于 a、b 原子的电子的共有化影响, 使得两个原子 1 s 上的电子能量均会发生改变, 成为 E_{1sa}, E_{1sb} [参见解图 28-1(a)], 这种情况称为能级分裂. 同理可知, 当分子或晶体由 N 个原子组成时, 其 1 s 电子的能级便会分裂成 $E_{1sa}, \cdots, E_{1sn}$ [参见解图 28-2(b)], 形如带状, 形成了能带.

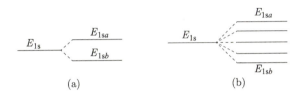

解图 28-2

28-3　从固体的能带结构出发, 如何判断它是导体、绝缘体还是半导体?

答　若晶体的价带为不满带, 这样的晶体便为导体; 若晶体的价带为满带, 且禁带又很宽, 这样的晶体便为绝缘体; 若晶体的价带虽为满带, 但禁带较窄, 这样的晶体便为半导体.

28-4　本征半导体与杂质半导体在导电机理上有何区别?

答　它们导电机制的区别主要在于: 本征半导体的导电主要依赖于满带中的价电子, 它们受光或热的激发极易跃迁到导带上, 参与导电, 并在价带上留下空穴, 在电场力的作用下, 与电子异向运动, 产生同向电流 (导电); 杂质 n 型半导体导电主要依靠施主能级上的电子受激跃迁到导带上参与导电; 杂质 p 型半导体主要依靠价带电子受激跃迁到受主能级上, 在价带上产生空穴, 它们在电场作用下产生运动, 参与导电.

28-5　若将氧分子看作理想气体, 计算角量子数 $l = 1$ 的氧气分子对质心的转动能量 (氧分子的有效直径为 3.8×10^{-10} m).

解　据转动能量公式知, 分子的转动能主要依赖于角量子数 l, 即

$$
\begin{aligned}
E_l &= \frac{l(l+1)\hbar^2}{2mr_0^2} = \frac{l(l+1)h^2/4\pi^2}{2mr_0^2} \\
&= \frac{1 \times (1+1) \times (6.63 \times 10^{-34})^2}{8 \times 3.14^2 \times \dfrac{3.2 \times 10^{-2}}{2 \times 6.02 \times 10^{23}} \times (3.8 \times 10^{-10})^2} \ \text{J} \\
&= 0.29 \times 10^{-23} \ \text{J} = 2.9 \times 10^{-24} \ \text{J}
\end{aligned}
$$

28-6　设金属中自由电子的费米温度 $T_F = 800$ K, 求相应的费米能级.

解 据费米能级与温度的关系, 可以得到费米能级

$$E_F = kT_F = (1.38 \times 10^{-23} \times 800) \text{ J}$$
$$= 1.10 \times 10^{-20} \text{ J}$$

六　自我检测

28–1　按照分子的振动理论, 谐振子的能量 $E_n = $ _____; 按照普朗克的量子假设, 谐振子的能量 $E_n = $ _____. 两者的差异说明, 普朗克的量子假设存在有一定的_____ 性.

28–2　计算振动频率为 $1\,000\,\text{Hz}$ 的基态分子的振动能.

自我检测
参考答案

* 第二十九章　核物理学与粒子物理学

一　目的要求

1. 了解原子核的一般性质.
2. 了解原子核的衰变、裂变、聚变及其应用.
3. 了解描述不同粒子特性的物理量及其守恒定律.
4. 了解相互作用的基本类型及其特性, 了解夸克模型.

二　内容提要

1. 原子核的一般性质

(1) 原子核由质子和中子 (它们统称为核子) 构成, 其大小约为 10^{-15} m 数量级, 其密度约为 2.3×10^{17} kg $\cdot$ m^{-3}.

(2) 原子核具有自旋和磁矩. 其自旋角动量的大小

$$S_I = \sqrt{I(I+1)}\hbar$$

其磁矩的大小为 $\mu = g\sqrt{I(I+1)}\mu_N$.

(3) 质子和中子结合成原子核时放出的能量称为结合能, 其大小

$$E_B = [Zm_p + (A-Z)m_n - m_x]c^2$$

(4) 核子之间存在相互作用 (称为核力), 它是一种短程力, 其大小与核子是否带电无关, 且具有饱和性 (即每个核子只能与邻近的几个核子有核力作用), 核力是通过核子之间交换 π 介子实现的.

2. 原子核的衰变 原子核自发地放射出射线而转变成其他原子核的现象称为原子核的放射性衰变, 简称为衰变. 具有 α 衰变 (放射线为 α 射线的衰变)、β 衰变 (放射线为 β 射线的衰变) 和 γ 衰变 (放射线为 γ 射线的衰变) 三种形式. 其衰变快慢由半衰期 $T_{1/2}$ 表示, 其计算公式为

$$T_{1/2} = \frac{\ln 2}{\lambda} = \frac{0.693}{\lambda}$$

3. 原子核的裂变 原子核受到中子轰击时会裂开为两个新原子核, 并放出大量热量的现象称为原子核的裂变. 铀裂变方程为

$$^{235}_{92}\text{U} + ^1_0\text{n} \rightarrow ^{94}_{38}\text{Sr} + ^{140}_{54}\text{Xe} + 2^1_0\text{n}$$

它是人们制造原子弹和建立核电站的理论依据.

4. 原子核的聚变 由氢原子核聚合成重原子核并放出大量能量的现象称为原子核的聚变. 其总的反应方程为

$$6^2_1\text{H} \rightarrow 2^4_2\text{He} + 2^1_1\text{H} + 2^1_0\text{n} + 43.15\,\text{MeV}$$

聚变反应技术及其控制要比裂变反应复杂. 因此, 和平利用聚变能目前尚有较大难度.

5. 粒子的分类 依据粒子质量及自旋的差异, 粒子大致可分为四类:

(1) 光子类 静质量为 0, 自旋量子数为 1 的粒子称为光子, 如 γ 光子.

(2) 轻子类 自旋量子数为 $\frac{1}{2}$ 的粒子称为轻子, 如正反电子 e^-、e^+ 等.

(3) 介子 自旋量子数为 0 或整数的粒子称为介子, 如 π^+、π^- 及 π^0 介子等.

(4) 重子类 自旋量子数为半整数的粒子称为重子, 如 Λ 超子及 ε 超子等.

6. 粒子间的相互作用 粒子间的相互作用大致可分为强相互作用, 电磁相互作用, 弱相互作用及引力相互作用等四大类. 其性质如表 29-1 所示:

表 29-1

类型	强度	作用空间 (m)	作用时间 (s)	代表粒子
强相互作用	1	10^{-15}	10^{-23}	强子
电磁相互作用	10^{-2}	$\propto \frac{1}{r^2}$	10^{-10}	强子 轻子 光子
弱相互作用	10^{-13}	10^{-17}	10^{-8}	强子 轻子
引力相互作用	10^{-30}	$\propto \frac{1}{r^2}$		一切粒子

7. 粒子反应过程中的守恒定律 粒子 (作用) 反应过程必须遵守如下守恒定律:

(1) 重子数守恒定律 反应前后重子数目不变.

(2) 轻子数守恒定律　反应前后的轻子数目不变.

(3) 奇异数守恒定律　K 介子和超子统称奇异子. 实验发现, 反应前后的奇异子数目不变.

(4) 同位旋守恒定律　用以描述粒子多重态性质的矢量为同位旋. 实验表明, 在强相互作用中同位旋及其分量均守恒, 在电磁相互作用中同位旋不守恒, 但其分量守恒.

(5) 超荷守恒定律　重子数与奇异数之和称为超荷. 实验表明, 在强相互作用和电磁相互作用中, 超荷数不变.

(6) 宇称守恒定律　宇称是微观粒子所特有的一种属性, 用量子数 P 表示. 实验表明, 除弱相互作用外, 其他相互作用中的宇称不变.

三　重点难点

原子核的衰变、裂变、聚变以及粒子之间的相互作用及其规律既是本章的重点, 又是本章的难点. 这些内容不仅能帮助人们正确地认识物质世界的起源, 而且还在科学技术中有着广阔的应用. 因而既具有理论意义, 又具有实际意义.

四　方法技巧

本章通过物质的微观结构, 相互作用及运动规律的介绍来帮助读者了解研究微观物质的基本方法. 因此, 学习时一定要注意加强抽象思维, 加强对物质微观运动图像的理解, 不能随便用宏观的理论、方法来套微观领域的问题. 实际上, 很多微观运动问题都是没有相应的宏观运动规律可类比的.

五　习题解答

29-1　何为核力? 为什么说核力是短程力?

答　核子 (质子、中子的统称) 之间的作用力称为核力. 由于核力的作用范围比核半径 (10^{-15} m) 还要小, 超过此范围便没有核力的作用. 所以, 核力是短程力.

29-2　核能的和平利用有哪几种主要途径?

答　核能的和平利用, 目前仅有两种主要途径: 一种是利用核反应放出的热量发电建立核电站; 另一种是低温核供热, 建立低温核供热堆.

29-3　粒子分为哪几类?

答　据目前所知, 粒子可分为四类: 第一类是光子, 如 γ 光子; 第二类是轻子, 如正反电子, 正反 μ 子; 第三类是介子, 如正反 π 介子; 第四类是重子, 如质子、电子和超子.

29-4　粒子所进行的过程还必须遵守哪些特殊的守恒定律?

答　粒子的反应过程除了要遵守常见的质量、能量、动量等守恒定律外, 还要遵守如下四个特殊的守恒定律, 它们是: (1) 重子数守恒定律; (2) 轻子数守恒定律; (3) 奇异数守恒定律;

(4) 宇称守恒定律.

29–5 粒子之间有哪几种相互作用? 它们各有什么特点?

答 共有四种相互作用: (1) 强相互作用, 特点是强度大, 力程短 (一般小于 10^{-15} m), 作用时间亦短 (约 10^{-23} s); (2) 弱相互作用, 特点是强度弱, 力程最短 (约 10^{-17} m), 作用时间长 (约 10^{-8} s); (3) 电磁相互作用, 特点是强度居中, 力程长, 作用时间居中 ($10^{-9} \sim 10^{-8}$ s), 范围广 (四类粒子具有此作用); (4) 万有引力相互作用, 特点是力程长, 强度弱, 且大小随相互作用的粒子质量的增减而增减. 由于粒子质量很小, 因此, 此力对粒子来说可以忽略.

＊ 第三十章　广义相对论与宇宙学

一　目的要求

> 1. 了解广义相对论的两条基本原理，了解时空弯曲效应.
> 2. 了解恒星的形成与演化.
> 3. 了解大爆炸理论和宇宙的演化.

二　内容提要

1. 广义相对论的两条基本原理

(1) 等效原理　对于均匀引力场而言，引力和惯性力在物理效果上等效.

(2) 广义相对性原理　任何参考系对于描述物理现象来说都是等价的.

2. 时空弯曲
广义相对论认为，整个时空是弯曲的，且质量密度越大的地方，时空的弯曲程度就越显著.

3. 恒星的形成
宇宙之初，由于涨落致使宇宙局部物质 (如气体) 密度变大，引力增强，导致更多的其他物质被吸引过来. 密度继续增加，引力继续增大，吸收更多物质，进而便会发生周围物质向引力中心塌缩，形成球状 "星坯"，在其内部产生高温、高压，发生热核聚变，产生巨大压力，以与塌缩引力形成平衡，致使 "星坯" 稳定下来，形成恒星.

4. 白矮星
一种质量小于 1.44 倍太阳质量 (m_s) 的无核能的恒星，其特点是密度大，体积小，表面温度高，且发白光，其归宿是红矮星 —— 黑矮星 —— 直至消亡.

5. 中子星　质量处于 $1.44\ m_s$ 到 $2.0\ m_s$ 之间的恒星, 它主要由中子组成, 依靠中子气体的简并压强抗衡引力塌缩, 保持相对稳定状态的致密星体, 其密度比原子核的密度还要大.

6. 黑洞　大质量的恒星在其内部燃料耗尽, 热核反应停止后, 便会失去辐射压力而加速塌缩, 使其体积越来越小, 密度和引力越来越大, 致使到达星体表面附近的物质, 包括光线在内均被席卷进去, 既不能反射光线, 也不能发射光线, 被形象地称为黑洞. 其特征仅由质量、电荷和角动量确定.

7. 大爆炸宇宙学　大爆炸宇宙学认为, 我们的宇宙创生于一次热核大爆炸, 尔后便开始膨胀, 冷却.

大爆炸后大约 10^{-44} s, 开始有了时空概念及引力作用, 10^{-37} s 后有宇宙能量的生成, 10^{-10} s 后开始生成夸克, 10^{-5} s 后生成强子, 10^2 s 后出现核的合成, 大约 30 万年后生成原子, 100 万年后出现星云或星球, 92 亿年后出现太阳系, 99 亿年后出现地球, 118 亿年后出现生命, 138 亿年后出现人类.

三　重点难点

星体演化及大爆炸宇宙学是本章的重点. 通过它们的学习可以帮助读者建立起科学的自然观和宇宙观, 获得天体与宇宙演化的科学图像.

广义相对论是本章的难点, 它是研究宇宙学的理论基础. 通过广义相对论的学习, 可以帮助读者建立起相应的科学时空观.

四　方法技巧

本章内容主要涉及引力理论、量子理论和膨胀理论. 因此, 学习本章内容时应适当地复习一下前面学过的相关基础知识, 温故知新, 这对于正确理解本章知识是非常有益的.

五　习题解答

30–1　什么叫等效原理?

答　对于一个均匀的引力场而言, 引力场与匀加速参考系等效, 这就叫广义相对论的等效原理.

30–2　什么叫广义相对性原理?

答　任何参考系对于描述物理现象来说都是等价的, 这就叫广义相对性原理.

30–3　什么叫中子星? 中子星是如何形成的?

答　主要由中子组成的星体称为中子星. 恒星失去核聚变反应后便会进行塌缩, 当恒星塌缩到一定程度后, 其原子核会变成中子核, 致使核结构松散, 大量中子从核中分离出来, 称为自由中子. 当恒星密度塌缩到 4×10^{11} kg·cm^{-3} 时, 核结构开始瓦解, 自由中子进而变成中子气体, 其简并压强很大, 足以阻止星球的进一步塌缩, 称为一个相对恒定的星球 —— 中子星.

30-4　什么叫黑洞? 黑洞是如何形成的?

答　如果一个天体表面引力异常强大, 致使周围时空弯曲, 经过其表面附近的任何物体 (包括光线在内) 均被吸入其中, 无一逃逸, 这样的天体就叫黑洞.

如果某一恒星内部核聚变反应停止, 那么它便会在引力作用下开始塌缩, 使其半径越来越小, 密度越来越大, 表面引力越来越强, 当塌缩达到一定程度时, 其表面附近的引力异常强大, 致使附近时空弯曲, 途经附近的任务物质 (包括光线在内) 都被席卷入其中, 无一逃逸, 于是便形成了黑洞.

30-5　什么叫大爆炸宇宙学? 有哪些观测事实支持它?

答　大爆炸宇宙学是宇宙学中的一种主流学说. 它认为我们的宇宙起源于 100 多亿年前的一次真空大爆炸, 使它从无到有, 从有到强, 生生不灭, 不断产生, 不断消亡.

支持大爆炸宇宙学的观测事实主要有以下三项: (1) 河外星系红移, 1929 年由美国科学家发现; (2) 3 K 微波背景辐射, 1965 年由美国工程师发现; (3) 氦的高丰度, 观测表面, 宇宙的氦丰度约为 28%, 对应的温度约为 10^9 K, 说明宇宙至少经历过 10^9 K 高温, 这只有发生大爆炸才有可能.